Thomas Haipeter

Interessenvertretung in der Industrie 4.0

Das gewerkschaftliche Projekt Arbeit 2020

Unter Mitarbeit von Gerhard Bosch, Tabea Bromberg, Jutta Schmitz und Anne-Christin Spallek

Nomos

edition sigma

Die Druckvorstufe dieser Publikation wurde durch
die Universität Duisburg-Essen unterstützt.

Die Deutsche Nationalbibliothek verzeichnet diese Publikation in der Deutschen Nationalbibliografie; detaillierte bibliografische Daten sind im Internet über http://dnb.d-nb.de abrufbar.

1. Auflage 2019

edition sigma in der Nomos Verlagsgesellschaft

Publiziert von
Nomos Verlagsgesellschaft mbH & Co. KG
Waldseestraße 3-5 | 76530 Baden-Baden
www.nomos.de

Gesamtherstellung:
Nomos Verlagsgesellschaft mbH & Co. KG
Waldseestraße 3-5 | 76530 Baden-Baden

Gedruckt in Deutschland auf alterungsbeständigem Papier.

ISBN (Print): 978-3-8487-5409-0
ISBN (ePDF): 978-3-8452-9577-0

DOI: https://doi.org/10.5771/9783845295770

Vorwort

Dieses Buch stellt ein gewerkschaftliches Projekt vor, das in mehrerlei Hinsicht außergewöhnlich ist. „Arbeit 2020 in NRW“ ist ein gemeinsames Projekt mehrerer Gewerkschaften, nämlich der IG Metall, der IG BCE und der NGG. Es dreht sich um die aktuelle Frage der Verbreitung und des interessenvertretungspolitischen Umgangs mit der Digitalisierung, die in den Branchen des Industriesektors vor allem unter der Überschrift „Industrie 4.0“ diskutiert wird. Das Projekt weist eine kohärente Struktur von der Datenerhebung über die Identifizierung arbeitspolitischer Themen bis hin zu Verhandlungen und zum Abschluss betrieblicher Vereinbarungen, so bezeichneter Zukunftsvereinbarungen, auf. Und es kombiniert Elemente eines neuen Handlungsrepertoires der Gewerkschaften, nämlich die Aktivierung von Betriebsräten, die Beteiligung von Beschäftigten und die Orientierung an Mitgliedern und betrieblicher Organisationsmacht.

Die Untersuchung dieses Projekts konnte im Rahmen eines von der Hans-Böckler-Stiftung finanzierten Forschungsprojekts durchgeführt werden. Der Hans-Böckler-Stiftung und unserem Referatsleiter Marc Schietinger gebührt daher der besondere Dank des Forschungsteams, denn ohne ihre finanzielle und inhaltliche Unterstützung hätte die Untersuchung nicht stattfinden können. Unser Dank gilt aber ebenso den beteiligten drei Gewerkschaften und namentlich der Projektleiterin Gabi Schilling und den weiteren Projektsekretär*innen, die uns ins Boot genommen haben und uns das Vertrauen geschenkt haben, in einer erheblichen Zahl der Teilnehmerbetriebe des Projekts „Arbeit 2020 in NRW“ die Projektworkshops als teilnehmende Beobachter begleiten zu dürfen, sodass wir Bestandteil des gewerkschaftlichen Projekts wurden. Auf diese Weise konnte ein innovatives Forschungs- und Evaluationsdesign erprobt werden. Zudem haben sie uns als Gesprächs- und Interviewpartner immer zur Verfügung gestanden. Ähnliches gilt für die Betriebsräte, die uns offen gegenübergetreten sind und unsere Anwesenheit in den Betrieben vorbehaltlos akzeptiert haben.

Schließlich gilt es noch einen Dank in eigener Sache auszusprechen. Dieses Projekt wurde von einem Wissenschaftler*innenteam des Instituts Arbeit und Qualifikation (IAQ) durchgeführt. Mitglieder dieses Teams waren Gerhard Bosch, Tabea Bromberg, Thomas Haipeter, Jutta Schmitz und Anne-Christin Spallek. Aufgrund von Verzögerungen der Projektdurchführung war es nicht möglich, im Rahmen der Projektlaufzeit einen abschließenden Projektbericht zu schreiben, und die anderen Projektmitglieder waren danach bereits in anderen Forschungsprojekten eingebunden. Deshalb habe ich die Aufgabe übernommen, die Untersuchungsergebnisse in ein Buchformat zu fassen, wohlwissend, dass dieses Buch ohne den engagierten Einsatz und die umfangreichen Vorarbeiten der anderen Teammitglieder nicht hätte geschrieben werden können. Auch ihnen gilt daher mein Dank. Die Verantwortung für den Text liegt selbstverständlich alleine beim Verfasser.

Duisburg, den 20.03.2019 Thomas Haipeter

Inhaltsverzeichnis

Abbildungsverzeichnis

Tabellenverzeichnis

1 Einleitung

Digitalisierung gilt seit einigen Jahren als Megatrend von Wirtschaft und Arbeit. Der Digitalisierung werden nicht weniger als revolutionäre und radikale Auswirkungen auf die bestehenden Strukturen von Wirtschaftssektoren, Beschäftigung, Qualifikationsbedarfen oder Arbeitszeiten zugesprochen. Im Zentrum der damit verbundenen Visionen und Leitbilder steht vor allem der Gedanke der Verknüpfung von physischer Produktion und ihrer digitalen Vernetzung über das Internet, die neuartige Möglichkeiten der Verbindung und Koordinierung physischer und informationeller Prozesse – Maschinen, Güter, Menschen und Informationen – bereithält und damit Echtzeitsteuerung, die Nutzung algorithmischer Verfahren und die Produktion von Big Data verspricht. Diese Zusammenhänge werden in Deutschland vor allem unter der Überschrift „Industrie 4.0“ diskutiert; darüber hinaus gibt es mit Blick auf die Entwicklung von Arbeit aber auch weitere Schwerpunkte der Aufmerksamkeit, vor allem die Plattformökonomie.

Zwar wurde in diesem Zusammenhang kritisch angemerkt, dass es sich bei den Diskursen um Digitalisierung nicht zuletzt um einen Hype und ein Agenda-Setting handelt, das von Akteuren wie Verbänden, Managern, Beratern und Wissenschaftlern, jeweils mit durchaus eigenen wirtschaftlichen oder politischen Interessen, erfolgreich inszeniert wurde (Pfeiffer 2015). Die aktuelle Reichweite der Durchdringung der Unternehmen mit digitalen Technologien liegt demnach noch weit hinter den kursierenden Leitbildern und Visionen zurück (Howaldt et al. 2018; Pfeiffer 2015; Urban 2016). Dennoch gilt die Digitalisierung, gerade in der konzeptionellen Fassung der „Industrie 4.0“, als neuer Markenkern der Wettbewerbsfähigkeit der deutschen Exportindustrie. Auf der politischen Ebene werden immer neue Kommissionen oder Ministerien eingerichtet, die sich mit dem Thema befassen und neue politische Initiativen zur digitalen Durchdringung von Wirtschaft und Gesellschaft entwickeln oder die Folgewirkungen für Arbeit und Beschäftigung oder auch den Datenschutz einzuschätzen und zu bearbeiten versuchen. In Innovationsprogrammen wie der aktuellen „High-Tech Strategie 2025“ der Bundesregierung werden erhebliche Finanzmittel eingesetzt, um die Entwicklung und Verbreitung der Digitalisierung in den Unternehmen und darüber hinaus zu fördern. Arbeitgeber- und Wirtschaftsverbände propagieren Digitalisierung und unterstützen

Unternehmen durch Informationen und Beratung. Unternehmen erhalten auf diese Weise Anreize, auf den Zug der Digitalisierungszug aufzuspringen, sei es, um ihre Konkurrenzfähigkeit zu verbessern oder sei es, um ihre Fassade von Fortschrittlichkeit und Rationalität aufrechtzuerhalten.

Es sind nach Brynjolfsson und McAffee (2016) vor allem drei technologische Neuerungen, die den Einsatz digitaler Technologien in Unternehmen prägen: die Erfassung, Vernetzung und damit Produktion digitaler Informationen und Daten im Sinne von Big Data; die informationstechnologische Verbindung von Internet, Maschinen und Menschen durch Software und Datennetze; und der Einsatz neuer Generationen von Maschinen und Robotern, die mit Hilfe neuer Formen der Sensorik neue Funktionen ausüben und Hand in Hand mit Menschen interagieren können. Der für den industriellen Exportsektor entwickelte Topos der „Industrie 4.0“ unterstellt einen radikalen technologischen Bruch und eine damit einhergehende „vierte industrielle Revolution“ (Arbeitskreis Industrie 4.0 2012; Spath 2013). Technologischer Kern der „Industrie 4.0“ ist der Einsatz Cyber-Physischer-Systeme, in denen Menschen, Maschinen, Materialen und Produkte sensorisch verknüpft sind und über das Internet kommunizieren können. In der „Industrie 4.0“ wird die Erfassung und Verknüpfung aller – sowohl der produktionsbezogenen als auch der betriebswirtschaftlichen – Daten mit einer dezentralen Selbststeuerung durch prozessbezogene Kommunikation in Echtzeit verbunden. Auf diese Weise, so das damit einhergehende Versprechen, wird nicht nur die Steuerung und Organisation der betrieblichen und überbetrieblichen Prozesse entlang der Wertschöpfungskette verbessert, sondern auch Kleinserien- oder Einzelfertigung automatisierbar und betriebswirtschaftlich rentabel. Im Rahmen der „Industrie 4.0“ wird zudem auch der Einsatz neuer Formen der Robotik (Gerst 2016) oder IT-basierter Assistenzsysteme (Niehaus 2017; Kuhlmann 2018) diskutiert, bei denen nach ihren Potenzialen für Unterstützung und Autonomie auf der einen oder Kontrolle und Standardisierung von Arbeit auf der anderen Seite gefragt wird.

Seit Lancierung des Konzepts wird zu ermitteln versucht, welche Verbreitung die „Industrie 4.0“ tatsächlich bislang in den Industrieunternehmen gefunden hat. Befragungen zeigen, dass sich die Anwendung des neuen technologischen Paradigmas auf größere Unternehmen konzentriert und dass es dabei zunächst um einzelne technologische Neuerungen geht, die an die bestehenden Produktions- und IT-Technologien andocken (Lerch et al 2017). Für einen radikalen Bruch gibt es demnach aktuell kaum Hinweise. Hirsch-Kreinsen (2018) unterscheidet auf der Grundlage der bisherigen Befunde mit Blick auf die „Industrie 4.0“ drei Typen von

Unternehmen: Erstens die Vorreiterunternehmen, die digitale Technologien wie IT-gestützte Produktions- und Steuerungssysteme anwenden, Systeme vernetzen und selbststeuernde Systeme wie Leichtbauroboter in der Produktion einsetzen; dabei handelt es sich zumeist um Großunternehmen mit komplexen Prozessen und hohen Seriengrößen. Zweitens die abwartenden Unternehmen oder Follower, die sich an den Vorreiterunternehmen orientieren und ebenfalls an der Vernetzung der Systeme arbeiten oder auch mobile Endgeräte einführen. Drittens schließlich die Nachzügler, die nur vereinzelt digitale Steuerungssysteme aufweisen, traditionell wenig forschungs- und technologieintensiv sind und nur geringe Losgrößen produzieren. Während die erste Gruppe mit rund 20% der Unternehmen taxiert werden kann, entfallen nach Hirsch-Kreinsen auf die beiden anderen Gruppen jeweils etwa 50% und 30% der Unternehmen.

Dabei wird von sehr unterschiedlichen Entwicklungsszenarien der Industriearbeit ausgegangen. Hirsch-Kreinsen (2014; 2015) vermutet Wandlungsprozesse der Arbeitsorganisation zwischen zwei Polen: Auf der einen Seite die polarisierte Organisation mit einer zunehmenden Aufspaltung von Aufgaben, Qualifikationen und Positionen zwischen einfachen und hochstandardisierten operativen Tätigkeiten und qualifizierten dispositiven Tätigkeiten mit hohen Handlungsspielräumen; auf der anderen Seite die Schwarm-Organisation, die von qualifizierten Beschäftigten in vernetzten Strukturen geprägt ist, deren Hauptaufgabe darin besteht, Prozessprobleme in Stör- und Sondersituationen zu bewältigen.

Ähnlich komplex sind die vorläufigen Befunde auch für andere Dimensionen von Arbeit wie die Beschäftigungssicherheit, die Qualifikationsbedarfe oder die Entgrenzung von Arbeit. Mit Blick auf die Beschäftigungsentwicklung stehen sich Szenarien drastischer Beschäftigungsverluste durch digitale Automatisierung (so Frey/Osborne 2013), Prognosen mäßigen Beschäftigungsrückgangs (so Bonin et al. 2015), aber auch Annahmen eines Strukturwandels mit Verlusten in bestimmten und Zuwächsen von Beschäftigung in anderen Sektoren, so durch Aufbau neuer digitaler Geschäftsfelder, gegenüber. Ähnlich ist die Lage bei den Qualifikationsbedarfen. Einige Autor*innen, gerade auch Verfechter des Leitbilds der „Industrie 4.0“, prognostizieren einen generellen Anstieg des Qualifikationsbedarfs beispielsweise für kompetente Stör- und Fehlerbeseitigung (Kagermann 2014), andere Autor*innen wie Brynjolfsson und McAffee (2016) vermuten eine Polarisierung, und wieder andere Autor*innen gehen von zumindest aktuell geringen Veränderungen der fachlichen Qualifikationsanforderungen zumindest mit Blick auf industrielle Facharbeit aus (Abel 2018). Auch bei der Entgrenzung schließlich ist die Befundlage alles andere als klar. So bringen demnach globale IT-gestützte Informationsräume Entgrenzungspotenziale mit sich, weil sie Kommunikation zu allen Tages- und Nachtzeiten ermöglichen (und womöglich einfordern), und auch die Aufhebung der räumlichen Trennung von Arbeit und Privatleben durch Telearbeit oder mobile Arbeit schafft Entgrenzungsspielräume (Schwemmle/Wedde 2018). Zugleich aber werden Telearbeit und mobile Arbeit als Chance für Zugewinne an Arbeitszeitautonomie und eine Verbesserung der Vereinbarkeit von Beruf und Privatleben betrachtet (BMAS 2017).

Diese Befunde und Hypothesen zeigen, dass die Digitalisierungsfolgen mit Blick auf Arbeit alles andere als einfach zu bestimmen sind, nicht zuletzt, weil widersprüchliche Entwicklungstendenzen beobachtet werden können. Damit aber ist bislang auch kaum auszumachen, welche konkreten arbeitspolitischen Herausforderungen mit der Digitalisierung einhergehen. Bedroht die Automatisierung die Beschäftigung im Industriesektor, und wenn ja, welche Beschäftigtengruppen sind davon besonders betroffen? Welche neuen Tätigkeiten entwickeln sich, welche Qualifikationsanforderungen gehen damit einher, und wie können diese bearbeitet werden? In welchen Tätigkeitsbereichen und aus welchen Gründen verschlechtern sich die Arbeitsbedingungen im Zuge der Digitalisierung? Wie lassen sich Zuwächse an Arbeitsintensität oder auch Arbeitszeit eindämmen? Welche neuen Kontrollpotenziale eröffnen sich mit digitalen Technologien, und wie lassen sich diese ihrerseits kontrollieren?

Die Frage der arbeitspolitischen Herausforderungen erweist sich auch deshalb als kompliziert, weil andere Entwicklungstrends von Arbeit existieren oder fortbestehen, die sich mit der Digitalisierung vermischen. Dazu gehören die Globalisierung der Unternehmen und damit Verlagerungsstrategien ebenso wie die Finanzialisierung der Corporate Governance und renditegetriebene Restrukturierungen und Auslagerungen (Haipeter 2018). Daher lassen sich arbeitspolitische Herausforderungen auf den ersten Blick nur bedingt der Digitalisierung zurechnen. Häufig haben sie andere Ursachen, werden aber durch die Nutzung digitaler Technologien möglicherweise verstärkt oder auch abgeschwächt. Ein Beispiel für eine Verstärkung wären Mehrarbeit und lange Arbeitszeiten, die originär durch knappe Personalbemessungen aufgrund eng geschnittener Budgets und Kostenvorgaben verursacht werden. Auf diese Weise entsteht eine Personalpolitik der unteren Linie, die Unternehmen mit Verweis auf Standortkonkurrenz oder Renditevorgaben fahren und die vorsieht, Überschreitungen der Kapazität zunächst mit Mehrarbeit auszugleichen, dann möglicherweise flexible Erweiterungen durch Leiharbeit oder Auslagerungen zu nutzen und erst am Ende Neueinstellungen vorzunehmen. Ergänzend können lange Arbeitszeiten ihre Wurzeln in Dispositionen der Beschäftigten wie Leistungsorientierung, fachlicher Motivation oder Karrierezielen haben (Haipeter et al. 2016). Digitalisierung kann dann verstärkend wirken, wenn Beschäftigte neue Softwareprogramme einsetzen müssen, ohne dafür richtig geschult zu werden oder wenn Beschäftigte technische Probleme neuer Softwareschnittstellen oder des Auslaufens der alten Programme lösen müssen, so dass technisch bedingte Mehrarbeit entsteht.

Ein zweites, eng damit zusammenhängendes Beispiel ist die zu beobachtende Zunahme der Arbeitsintensität und des Leistungsdrucks (DGB-Index 2017). Auch hier wirken unterschiedliche Treiber zusammen. Ohne die Kenntnisnahme der angesprochenen Personalstrategien der unteren Linie wäre diese kaum erklärbar. Hinzu kommen Arbeitsorganisationsformen, die darauf abzielen, die „Poren des Arbeitstages" zu schließen. Zu denken ist dabei an Ganzheitliche Produktionssysteme in der industriellen Fertigung, die auf die beschäftigtengetragene Optimierung von Standards abzielen (Clarke 2005), aber auch an Projektstrukturen in hochqualifizierten Arbeitsbereichen mit knappen Budgets, unklaren Zuständigkeiten und mangelnder Anpassung an veränderte Bedingungen (Kalkowski/Mickler 2009). Digitalisierung schafft für solche Prozesse eine Infrastruktur, weil damit neue Standards auditiert und verbreitet werden können oder Kommunikation in Projekten auch über räumliche und zeitliche Distanzen erfolgen kann. Sie kann aber auch Prozesse verkomplizieren, wenn die Technik nicht problemlos funktioniert und die Beschäftigten die Probleme lösen müssen. Dann sind Mehrarbeit und Leistungsdruck wahrscheinliche Folgewirkungen.

Drittens ist an die oben beschriebene Entwicklung des Outsourcings und der Verlagerung zu denken, für die digitale Technologien neue Möglichkeiten eröffnen. So ist das Offshoring von zentralen Funktionen wie der Sachbearbeitung in Controlling und Rechnungswesen oder auch im HR-Bereich in den Unternehmen technisch daran gebunden, dass die jeweiligen Prozesse digital bearbeitet und online und quasi in Echtzeit auch am räumlichen Sitz dieser Funktionen verfügbar sind. Digitale Datenverarbeitung ist wiederum durch die digitale Technologie zumindest potenziell gut kontrollierbar.

Diese Liste ließe sich fortsetzen. Das Zurechnungsproblem wird dadurch verschärft, dass nicht immer klar ist, welche Befunde zu den Arbeitsbedingungen tatsächlich der Digitalisierung zuzuschreiben sind. So wurden beispielsweise in der WSI-Betriebsrätebefragung von 2016 beispielsweise die Betriebsräte nach der Entwicklung der Arbeitsbedingungen gefragt (Ahlers 2018 a); 78% der Befragten gaben dabei an, dass die Arbeitsintensität zunimmt, jeweils rund ein Viertel, dass der Anteil standardisierter Tätigkeiten sowie Verhaltens- und Leistungskontrollen ansteigen, aber auch knapp 40%, dass die Möglichkeiten eigenverantwortlichen Arbeitens wachsen. Diese Entwicklungen wurden unter der Überschrift „Risiken der Digitalisierung“ gefasst, jedoch bleibt in der Fragestellung offen, ob die Digitalisierung dafür als einzige oder wichtigste Ursache zu betrachten ist. Den größten Handlungsbedarf sahen die Betriebsräte demnach übrigens auf den arbeitspolitischen Feldern der Personalbemessung, der Begrenzung der Arbeitsintensität, der Beschäftigungssicherung, der Qualifizierung und der Vereinbarkeit von Privatleben und Beruf.

Jenseits des Zurechnungsproblems kann es aber – insbesondere für Interessenvertretungen – trotzdem arbeitspolitisch sinnvoll sein, diese vielfältigen Herausforderungen und Handlungsbedarfe unter der Überschrift der Digitalisierung zu behandeln. Der Grund dafür liegt auf der Hand: Die Digitalisierung erhält aktuell hohe öffentliche Aufmerksamkeit, und auf diese Weise können auch arbeitspolitische Probleme gut politisiert werden, die nur mittelbar auf die Digitalisierung zurückzuführen sind. Langfristige Probleme der Arbeitsbedingungen können so in die öffentliche Wahrnehmung gerückt werden, die sonst weniger Beachtung fänden. Nicht zuletzt deshalb sind die Gewerkschaften in der Debatte um Digitalisierung überaus aktiv und versuchen, sich in die politischen Prozesse einzubringen. Das erklärte Ziel dabei lautet, Prozesse zu gestalten und mitzuprägen, um mögliche negative Folgewirkungen der Digitalisierung mit Blick auf Beschäftigung oder Arbeitsbedingungen abzuwenden und Chancen der Digitalisierung für eine Verbesserung der Arbeitsbedingungen, beispielweise mit Blick auf die Automatisierung von physisch belastenden Tätigkeiten oder eine Erweiterung von Autonomiespielräumen, systematischer nutzen zu können.

Dabei sind die Gewerkschaften in vielen Handlungsarenen präsent. Auf der Ebene der Politik wirken sie in den Programmen der Bundesregierung mit, insbesondere der „Plattform 4.0“ und den damit verbundenen Prozessen, aber auch in Initiativen auf Länderebene wie der „Initiative Wirtschaft und Arbeit 4.0 in NRW“. Insgesamt sind hier Ansatzpunkte eines neuen, thematisch fokussierten Korporatismus in den Industriebranchen zu erkennen (Schröder 2016). Auf der Tarifebene gibt es zudem gemeinsame Erklärungen mit den Arbeitsgeberverbänden wie die von Metall NRW und der IG Metall aus dem Jahr 2015 mit dem Titel „Digitalisierung, Industrie 4.0 und Arbeit 4.0“, in der sich die Tarifvertragsparteien zu einer „arbeitspolitischen Begleitung der Digitalisierung“ bekennen und dazu mehrere

Themenfelder wie Qualifizierung, Arbeitszeit, Entgelt oder Arbeits- und Gesundheitsschutz benennen.

Die wichtigste Handlungsarena der arbeitspolitischen Auseinandersetzung mit der Digitalisierung aber ist der Betrieb. Zwar ist die Ebene der Politik und der Konzepte auch wichtig, denn hier werden politische Entscheidungen getroffen und Fördermittel vergeben. Doch Investitionsentscheidungen und Technologieeinführungen erfolgen in den Betrieben und Unternehmen, und hier arbeiten die Beschäftigten, die neue Technologien anwenden oder davon verdrängt werden. Deshalb zeigen sich auch hier die Folgen der Digitalisierung für Arbeit und Arbeitsbedingungen, und hier erfolgt die arbeitspolitische Auseinandersetzung um die Anwendungsbedingungen der Arbeitskraft unter den neuen Vorzeichen der Digitalisierung.

Die Industriegewerkschaften, und allen voran die IG Metall, haben auf diese Entwicklung mit neuen betriebspolitischen Konzepten reagiert, die auf die aktive Gestaltung der Digitalisierung durch die Interessenvertretungen in den Betrieben abzielen. Eine zentrale Initiative ist das beim Vorstand der IG Metall angesiedelte Projekt „Arbeit und Innovation 4.0“. Hier sollen Betriebsräte in Schulungen befähigt werden, den technologischen Wandel proaktiv mitzugestalten. Grundlage dafür sind Beratungen, die in den Bildungszentren der Gewerkschaft stattfinden, verbunden mit einer von der Gemeinsamen Arbeitsstelle RUB/IG Metall organisierten Qualifizierungsreihe.

Im Zentrum der Analyse dieses Buchs aber steht das Projekt „Arbeit 2020 in NRW“ (im Folgenden der Einfachheit halber als „Arbeit 2020“ bezeichnet), das im Jahr 2016 als Gemeinschaftsprojekt der Industriegewerkschaften IG Metall, IG BCE und NGG startete. Dieses neben „Arbeit und Innovation“ derzeit avancierteste Digitalisierungsprojekt deutscher Gewerkschaften hat zum Ziel, die Betriebsräte für die Herausforderungen der Digitalisierung – aber auch anderer Umbrüche in den Betrieben – zu sensibilisieren, ihr Wissen über Veränderungen zu verbessern, ihre Handlungsfähigkeit zu stärken und schließlich auch Vereinbarungen mit der Unternehmensseite zum Thema abzuschließen (Nettelstroth/Schilling 2017; Haipeter et al. 2018). Wichtigster Baustein des Projekts sind betriebliche Beratungsworkshops, die von einem Projektteam aus Berater*innen und Projektsekretär*innen mit den Betriebsräten, aber auch mit Beschäftigten als Expert*innen ihrer Arbeit durchgeführt werden. In diesen Workshops sollen Landkarten der Digitalisierung in den Betrieben erstellt und arbeitspolitische Themen der Betriebsratsarbeit identifiziert werden. Schließlich sollen Verhandlungen mit der Unternehmensseite über Vereinbarungen geführt werden, in denen den Betriebsräten Möglichkeiten der Gestaltung des technologischen Wandels und seiner Folgen für Arbeit und Arbeitsbedingungen eingeräumt werden. Auf diese Weise sollen die Betriebsräte aktiviert und für die neuen Herausforderungen fit gemacht werden; zugleich soll aber auch die Position der Gewerkschaften in den Betrieben gefestigt werden.

Insgesamt sind in der ersten Phase des Projekts – das Projekt besteht aus fördertechnischen Gründen aus zwei Phasen – 35 Betriebe einbezogen worden. In der zum Zeitpunkt der Abfassung dieses Buchs stattfindenden zweiten Phase soll eine ähnlich große Zahl an Betrieben erreicht werden. Die erste Phase wurde wissenschaftlich begleitet von einem Team aus Wissenschaftler*innen des IAQ. Die Wissenschaftler*innen konnten im Rahmen eines von der Hans-Böckler-Stiftung geförderten Forschungsprojekts an einem größeren Teil der Workshops teilnehmen und mit den Gewerkschaften in den Dialog über die beobachteten Prozesse und Entwicklungen in den Betrieben treten. Ein zentrales Ziel der Begleitung war die Analyse des gewerkschaftlichen Projekts „Arbeit 2020" auf der Grundlage teilnehmender Beobachtungen.

Die Analyse folgt leitenden Forschungsfragen zu drei Themenblöcken: Den Prozessen des Projekts „Arbeit 2020", die sich in mehrere Stufen aufteilen; den Befunden, die in den Workshops zu Digitalisierung, ihren Folgen sowie den arbeitspolitischen Herausforderungen zu Tage gefördert wurden; und schließlich den Veränderungsimpulsen, die von dem Projekt auf die Mitbestimmungspraxis der Betriebsräte ausgehen, aber auch auf die Entwicklung der Zusammenarbeit mit der Gewerkschaft und der gewerkschaftlichen Organisationsmacht im Betrieb.

1. Prozesse: Welche Prozesse der Beratung und Aktivierung entwickelten sich im Verlauf des Projekts? Welche Bedeutung haben dabei einzelne Elemente des Projekts wie die Betriebslandkarten, die Identifizierung arbeitspolitischer Themen und die Zukunftsvereinbarungen mit den Unternehmensleitungen? Welche Bedingungen begünstigen den Abschuss von Zukunftsvereinbarungen?
2. Befunde zur Digitalisierung: Welche Aufschlüsse liefern die Landkarten über den Stand der Digitalisierung in den Projektbetrieben? Welche Folgen für die Arbeitsbedingungen sind damit verbunden? Und welche arbeitspolitischen Themen werden dadurch aufgeworfen?
3. Mitbestimmung und Gewerkschaft: Welche Auswirkungen hat das Projekt „Arbeit 2020" auf die Mitbestimmungspraxis der Betriebsräte? Wie verändert sich diese Praxis gegenüber den Unternehmensleitungen und gegenüber den Beschäftigten? Und was bedeutet dies für die Zusam-

menarbeit zwischen den Betriebsräten und den Gewerkschaften und die Position der Gewerkschaften im Betrieb?

Die Untersuchung ist wie folgt aufgebaut. Zunächst wird der Hintergrund des gewerkschaftlichen Projekts „Arbeit 2020“ ausgeleuchtet, der durch die Krise des dualen Systems der Arbeitsbeziehungen bestimmt wird. Dazu gehören der Rückgang der Tarifbindung, das Schwinden der gewerkschaftlichen Organisationsmacht in den Betrieben, eine rückläufige Deckungsrate der Betriebsräte nach Beschäftigten, aber auch eine wachsende Differenzierung der Wirksamkeit betrieblicher Interessenvertretungen. Auf diese Krise haben die Gewerkschaften mit einer Neuausrichtung und Erweiterung ihres Handlungsrepertoires in Richtung Mitgliederorientierung, Beteiligung und Aktivierung reagiert; das Projekt „Arbeit 2020“ ist ein neuer Baustein dieser Neuausrichtung, der die Elemente des Handlungsrepertoires auf bestimmte Weise kombiniert. Aufbauend darauf wird die Fragestellung der Analyse weiter geschärft. Das folgende Kapitel diskutiert die methodischen Grundlagen der Untersuchung. Die Untersuchung reiht sich zwar in die Tradition der arbeits- und industriesoziologischen Fallstudienforschung ein, doch weist sie zugleich einige Besonderheiten auf. Diese entstehen dadurch, dass die Untersuchung als Begleitforschung konzipiert war und sich die Erhebung stark auf teilnehmende Beobachtungen stützte. In diesem Rahmen werden die Betriebe vorgestellt, die in die Untersuchung einbezogen wurden.

Die daran anknüpfenden vier Kapitel präsentieren die Ergebnisse der Untersuchung. Zunächst wird der Blick auf das Projekt „Arbeit 2020“ und die Projektstrukturen gerichtet. Dabei stehen die Motive, Deutungen und Bewertungen der Projektakteure, der gewerkschaftlichen Projektsekretär*innen und der Berater*innen, im Zentrum des Interesses. Anschließend werden die Befunde rekonstruiert, die im Rahmen des Landkartenprozesses zur Digitalisierung in den teilnehmenden Betrieben erhoben worden sind. Diese Befunde sind nicht repräsentativ, bieten aber Einblick in die Praxis der Digitalisierung vor allem in den Klein- und Mittelständischen (KMU-) Familienbetrieben, die das Untersuchungssample prägen. Im darauffolgenden Kapitel werden die arbeitspolitischen Themen analysiert, die in den Betrieben identifiziert wurden. Zudem werden die Inhalte der Zukunftsvereinbarungen genauer untersucht. Im letzten Analysekapitel wird das Augenmerk auf die Mitbestimmungspraxis in den Betrieben gelenkt. Dabei stehen die Veränderungen im Vordergrund, die durch das Projekt „Arbeit 2020“ hervorgerufen wurden. In diesem Zusammenhang wird auch nach den Auswirkungen gefragt, die mit dem Projekt für die Stellung und die Machtressourcen der Gewerkschaft in den Betrieben einhergehen. Die Befunde werden in der Zusammenfassung gebündelt und in die Debatte um den Wandel der Interessenvertretungen eingeordnet.

2 Gewerkschaften und Betriebsräte: Machtressourcen und Handlungsrepertoires im dualen System der Arbeitsbeziehungen

2.1 *Machtressourcen, Fähigkeiten und Revitalisierung der Gewerkschaften*

Ein wichtiger Ausgangspunkt der Betrachtung eines gewerkschaftlichen Projekts wie „Arbeit 2020" ist die Ressourcenfrage. Die Durchführung eines solchen Projekts kostet Ressourcen; vor allem aber ist es darauf ausgerichtet, gewerkschaftliche Ressourcen auf- und auszubauen. Denn Handlungsressourcen sind eine zentrale Bedingung für die Entwicklung von Handlungs- und Durchsetzungsfähigkeit der Interessenvertretungen von Arbeitnehmern. Diese Erkenntnis erscheint zunächst nicht besonders überraschend, ist aber doch nicht selbstverständlich. Marx wies als erster auf die Bedeutung solcher Machtressourcen hin, die Gewerkschaften brauchen, um handlungsfähig zu sein. Dabei hatte er vor allem die Kommunikations- und Transportinfrastruktur im Auge, die den Austausch zwischen Arbeitern ermöglicht und ihnen die Chance eröffnet, sich über ihre Interessen zu verständigen. Sind diese Voraussetzungen gegeben, ist allerdings nach Marx die Entwicklung gemeinsamer Interessen und weiterer Machtressourcen wegen der Einheitlichkeit der Klassenlage der Arbeiter fast schon ein Automatismus. Gleiches gilt für die Entwicklung der Gewerkschaften als Organisationen, die diese Interessen kollektiv vertreten. Wird einmal der Verständigungsprozess in Gang gesetzt, bilden sich Gewerkschaften, und diese können sich auf die Mitgliedschaft und Gefolgschaft der Arbeiter als Machtressource verlassen. Dies gilt nach Marx insbesondere deshalb, weil sich die Gewerkschaften im alltäglichen Kampf um Löhne und Arbeitszeiten professionalisieren, Handlungsfähigkeit entwickeln und Handlungsmacht entfalten können und damit immer attraktiver für die Beschäftigten werden.

Doch diese Aufwärtsspirale hat sich historisch nicht eingestellt. Gewerkschaften konnten immer und in allen entwickelten kapitalistischen Ökonomien nur einen – freilich sehr unterschiedlich großen – Teil der abhängig Beschäftigten organisieren (Gumbrell-Mc-Cormick/Hyman 2014), und ihre Handlungsmacht unterlag historisch starken Schwankungen (Kelly 1998). Offe und Wiesenthal (1980) haben dies darauf zurückgeführt, dass die Arbeiter viele und widersprüchliche Interessen haben, vom Interesse an hohem Entgelt über einem Interesse an kurzen Arbeitszeiten bis hin zu einem Interesse an kostengünstigen Konsumgütern. Ähnlich haben Schumann et al. (1982) Arbeitskraft- und Subjektinteressen der Beschäftigten unterschieden, beispielweise das Interesse an hohem Entgelt und geringem Verschleiß der Arbeitskraft auf der einen oder das Interesse an Autonomie und Entfaltungsmöglichkeiten in der Arbeit auf der anderen Seite. Auch diese Interessen sind nicht umstandslos unter einen Hut zu bringen und zu organisieren, und dies umso weniger, je mehr sie sich auf die Arbeiter unterschiedlich verteilen. Offe und Wiesenthal wiesen daher darauf hin, dass die Organisierung von Arbeiterinteressen kein Selbstläufer ist und dass Gewerkschaften als Interessenvertretungen deshalb Interessen beständig mit ihren Mitgliedern kommunizieren müssen, um bei den Arbeitern Mitglieds- und Handlungsbereitschaft zu erzeugen.

Diese Ansätze gaben erste Hinweise darauf, dass die Handlungsmacht von Interessenvertretungen – verstanden als Kapazität, Interessen zu realisieren (Wright 2000) – ein Problem sein kann, und zwar sowohl ein handlungspraktisches Problem der Interessenvertretungen als auch ein Problem, dass der Mühe der Forschung wert sein könnte. Worauf aber diese gewerkschaftliche Handlungsmacht beruhen könnte, wurde zunächst nicht systematisch beleuchtet. Natürlich lag es nahe, dafür die Zahl der Mitglieder als Maßstab zu nehmen, vor allem in der Form des Organisationsgrads, also in Beziehung gesetzt zu allen abhängig Beschäftigten eines gewerkschaftlichen Organisationsbereichs. Doch bereits Offe und Wiesenthal hatten dabei ein Problem ausgemacht: Je mehr Mitglieder eine Gewerkschaft organisiert, umso schwerer fällt die Verständigung auf gemeinsame Interessen und umso problematischer ist die Mobilisierung der Beschäftigten und ihre Mitgliederbindung. Es ist also nicht die große Zahl der Mitglieder alleine, die gewerkschaftliche Handlungsmacht begründet.

Ein erster Ansatz der Unterscheidung unterschiedlicher Quellen der Arbeitermacht war die Auftrennung von Primär- und Sekundärmacht (Jürgens 1984). Während sich die Primärmacht demnach aus den sozialen Machtpositionen von Beschäftigten im Betrieb speist, beruht die Sekundärmacht auf kollektiven Regelungen und Institutionen, seien sie rechtlicher oder tarifvertraglicher Natur. Beschäftigte können also Macht ausüben, sofern sie im Betrieb eine Machtposition innehaben – und sei es eine Position, die es ihnen erlaubt, den reibungslosen Betriebsablauf zu stören – oder sofern sie sich auf institutionelle Regelungen berufen können, die ihre Handlungsfähigkeit erweitern. Allerdings blieb bei dieser Unterscheidung die Frage der Gewerkschaftsmacht außen vor; sie ist hier eine institutionelle Machtquelle für die Arbeiter, ohne dass aufgeklärt würde, woher ihre eigene Macht kommt. Natürlich kann diese sich, dem Ansatz folgend, wiederum selber aus sekundären Machtquellen wie der Anerkennung durch den Staat oder die Arbeitgeber oder anderen staatlichen Unterstützungsleistungen speisen. Doch ist offensichtlich, dass sich die Gewerkschaftsmacht darin kaum erschöpft.

Zentrale Impulse zur Klärung dieser Fragen kamen dann aus den USA (zusammenfassend bei Dörre 2018). Wright (2000) und im Anschluss daran Silver (2003) unterschieden strukturelle Macht und Organisationsmacht der Arbeitnehmer. Die strukturelle Macht wurzelt sowohl in der Knappheit von Qualifikationen und Fähigkeiten am Arbeitsmarkt als auch – und hier deckt sie sich mit dem Primärmachtkonzept – in den betrieblichen Machtpositionen, die durch die Stellung in der betrieblichen Hierarchie ebenso begründet sein können wie durch die Kontrolle von Ungewissheitszonen oder die Arbeit an Stellen, die für den Betriebsablauf wichtig sind. Die Organisationsmacht beruht auf der Bildung von Arbeiterorganisationen, sei es gewerkschaftlich, sei es politisch. Organisationsmacht bildet eine kollektive Handlungskomponente neben der individuellen strukturellen Macht der Beschäftigten. Die Organisationsmacht hängt sowohl von der Zahl der Organisierten als auch von ihrer Mobilisierungsfähigkeit ab; Arbeitskämpfe und Streiks können nur geführt werden, wenn Gewerkschaften ihre Mitglieder auch zum Handeln bewegen können. Auch zeigt der Verweis auf die strukturelle Macht, dass es für die Handlungsmacht einer Gewerkschaft nicht egal ist, wen sie organisiert; ihre Organisationsmacht wächst mit der strukturellen Macht ihrer Mitglieder.

Die institutionelle Macht als dritte Machtressource – in der von Dörre (2018) weiterentwickelten Unterscheidung – entsteht durch die staatliche Anerkennung von Gewerkschaften und durch rechtlich festgeschriebene Institutionen wie Betriebsräten, staatlichen Organisationshilfen wie dem Ghent-System oder auch Zwangsmitgliedschaften. Die institutionelle Macht der Gewerkschaften ist ihrerseits ein Ausdruck erfolgreichen Interessenhandelns in gesellschaftlichen Konflikten und politischer Kompromisse, die in formelle Institutionen übersetzt wurden. Die institutionellen Machtressourcen zeichnen sich dadurch aus, dass sie wegen ihrer rechtlichen Formalisierung langlebig sind. Allerdings müssen sie durch Interessenhandeln aktualisiert werden, ansonsten droht ihre Aushöhlung. Die Tarifautonomie ist nur so lange auch tatsächlich eine Machtressource, wie Gewerkschaften in der Lage sind, Tarifvereinbarungen auszuhandeln und auch Verbesserungen der Löhne und Arbeitsbedingungen durchzusetzen; und dafür wiederum ist strukturelle Macht und Organisationsmacht erforderlich. Auch Betriebsräte sind eine institutionelle Machtquelle nur unter zwei Bedingungen: Erstens, dass sie überhaupt existieren und zweitens, dass sie dann auch Wirkungsmächtigkeit entwickeln.

Die vierte Machtressource schließlich ist die Kommunikations- oder Diskursmacht. Gewerkschaften können Themen im gesellschaftlichen und politischen Diskurs setzen um damit Deutungen zu prägen oder unmittelbar auch politische Entscheidungen zu beeinflussen oder herbeizuführen versuchen. Im Zentrum stehen dabei Fragen der Gerechtigkeit oder der Fairness (Kelly 1998). Ein Beispiel dafür ist Kampagne der Gewerkschaften NGG und Verdi, und später des DGB, für die Einführung des gesetzlichen Mindestlohns (Bosch 2015). Hier gelang es den Gewerkschaften, niedrige Löhne zum Thema zu machen und Verständnis dafür zu wecken, dass diese unfair sind und dass es einen gesellschaftlichen Lohnmindeststandard aus Gründen der Lohngerechtigkeit braucht. Auf diese Weise konnte eine Deutungshegemonie in gesellschaftlichen Diskurs erzeugt werden, die mit zuvor herrschenden Denkmustern wie „Hauptsache Arbeit" brach. Diskursmacht weist mit ihrer Orientierung auf den politischen und öffentlichen Diskurs über die Grenzen der institutionellen Befriedung des Klassenkonflikts (Dahrendorf 1959) hinaus, die gerade dadurch gezogen werden, dass Arbeitskonflikte in den Systemen der industriellen Beziehungen nach institutionalisierten Spielregeln bearbeitet werden.

Jede einzelne Ressource ist für sich genommen wichtig, doch für die Handlungsfähigkeit der Gewerkschaften kommt es vor allem darauf an, die Ressourcen auch tatsächlich zu nutzen. Eine Ressource alleine ist wenig wert; sie muss im sozialen Handeln strategisch eingesetzt werden. Umgekehrt braucht es auch nicht immer viele Ressourcen, um handlungsfähig zu sein; auch in einer zunächst unterlegenen Position kann Macht entfaltet werden (Giddens 1984). In einer Situation schwacher Organisationsmacht und institutioneller Macht kann es für Gewerkschaften eine sinnvolle Strategie sein, Diskursmacht einzusetzen und über die Beeinflussung gesellschaftlicher Deutungen Themen und Forderungen zu entwickeln, die im Feld der Arbeitsbeziehungen nicht durchsetzbar wären. Dazu könnten auch Koalitionen mit anderen zivilgesellschaftlichen Akteuren im Sinne eines „Social Movement Unionism" (Turner/Hurd 2001) gesucht werden. Eine wachsende Diskursmacht wiederum kann positive Auswirkungen auf die Organisationsmacht haben, weil sie neue Anreize bietet, in Gewerkschaften einzutreten. Sie kann aber auch die institutionelle Macht stärken, weil neue Gesetze – wie beispielsweise das Mindestlohngesetz in Deutschland – verabschiedet werden, die neue institutionelle Machtressourcen eröffnen. Umgekehrt erleichtert eine gut verankerte institutionelle Machtposition die Ausübung von Diskursmacht, weil sie den Gewerkschaften eine höhere Legitimität verleiht und dadurch die Glaubwürdigkeit ihrer Deutungen stärkt.

Besonders eng sind die Beziehungen zwischen institutioneller Macht und Organisationsmacht. Die institutionelle Macht kann eine wichtige Stütze der Organisationsmacht sein, sofern sie die Organisierung der Gewerkschaften begünstigt. Das wichtigste Beispiel dafür in Deutschland sind die Betriebsräte, die als Interessenvertretungen in den Betrieben traditionell die Aufgabe der Mitgliedergewinnung für die Gewerkschaften übernommen haben. Umgekehrt aber bietet die institutionelle Macht dafür alleine keine Gewähr; die Gewerkschaften müssen die Betriebsräte dazu auch aktivieren, und dazu braucht es Organisationsmacht. Dieses Zusammenspiel zeigt sich auch bei der Aktualisierung struktureller Beschäftigtenmacht für die gewerkschaftliche Organisationsmacht. Zum einen sind die Gewerkschaften auf die Betriebsräte angewiesen, unterschiedliche Beschäftigtengruppen in den Betrieben anzusprechen; sie können dazu aber auch selber Initiativen entwickeln und im Erfolgsfall auch die Repräsentationskraft der Betriebsräte erhöhen (am Beispiel Angestellte Haipeter et al. 2016).

Diese – keinesfalls vollständigen – Möglichkeiten des Zusammenspiels der Machtressourcen haben allerdings eine entscheidende Voraussetzung: die Fähigkeiten der Gewerkschaften, Ressourcen zu erkennen, zu entwickeln und strategisch einzusetzen. Diesen Sacherhalt haben Lévesque und Murray (2010) als „Capabilities“ bezeichnet. Zuvor jedoch haben sie die Palette der gewerkschaftlichen Ressourcen vor allem mit Blick auf die inneren Prozesse von Gewerkschaftsorganisationen noch erweitert. Sie unterscheiden vier Ressourcen. Die interne Solidarität als Ressource ergibt sich daraus, dass es Gewerkschaften gelingt, kollektive Identitäten zwischen ihren Mitgliedern zu formen, aber auch die Mitglieder in die gewerkschaftlichen Entscheidungsprozesse einzubinden und sie daran zu beteiligen. Die Einbettung in Netzwerke als zweite Ressource betrifft die Fähigkeit, größere Koalitionen und „breitere Zonen der Solidarität“ zu schmieden. Die narrativen Ressourcen drittens entstehen aus gemeinsamen Werten und geteilten Deutungen, die sich in Geschichten verdichten können, die wiederum Identitäten und Interessen prägen und Handlungsmotive setzen. Infrastrukturelle Ressourcen schließlich haben mehrere Dimensionen: die Erschließung externer Mittel beispielweise in Form von staatlichen Zuschüssen oder Projekten, der Zugang zu Wissen und Expertise und auch die Organisationspraxis mit Blick auf die Schulung von Mitgliedern, die Nutzung neuer Technologien für interne Kommunikation und schließlich die Entwicklung neuer Methoden der Mitgliederrekrutierung einschließlich der damit verbundenen Investitionen und organisatorischen Veränderungen.

Diese Ressourcen stellen in vielerlei Hinsicht Voraussetzungen für die Entfaltung von Organisationsmacht und institutioneller Macht dar, ebenso wie für die Erschließung struktureller Machtressourcen oder die Entfaltung von Diskursmacht. Doch ihre Nutzung beruht auf strategischen Fähigkeiten, die Gewerkschaften erst in die Lage versetzen, die Ressourcen auch zu entwickeln und einzusetzen. Lévesque und Murray heben vier solcher Fähigkeiten hervor: Die Fähigkeit der Vermittlung bezieht sich darauf, unterschiedliche Akteure mit unterschiedlichen Interessen innerhalb und außerhalb der Gewerkschaftsorganisationen einzubinden, also sowohl unterschiedliche Beschäftigtengruppen zu mobilisieren als auch unterschiedliche Akteure in Netzwerken zusammenzubringen. Das Framing beschreibt die Fähigkeit, Strategien zu entwickeln und in einem Deutungsrahmen Problemursachen, Ziele und konkrete Handlungsschritte zu benennen. Die Artikulation als dritte Fähigkeit bezieht sich auf die Koordinierung von Interessen zwischen unterschiedlichen Handlungsebenen der Gewerkschaften (oder auch einer betrieblichen Interessenvertretung, dazu Haipeter et al. 2019) wie den lokalen und den nationalen, aber auch den transnationalen Handlungsräumen der Interessenvertretung. Das Lernen schließlich meint die Fähigkeit, Lehren aus den Erfahrungen der Vergangenheit zu ziehen und daraus Handlungsstrategien für die Zukunft zu entwickeln.

Die in vielen entwickelten Industrieländern seit mittlerweile zwei oder drei Jahrzehnten fortschreitende Krise der gewerkschaftlichen Interessenvertretung (Gumbrell-Mc-Cormick/Hyman 2014; Lehndorff/Dribbusch/Schulten 2018; Brinkmann et al. 2008) hat die Frage der Perspektiven und Strategien der gewerkschaftlichen Erneuerung aufgeworfen (Haipeter/Dörre 2011). Frege und Kelly (2003) haben auf der Grundlage vergleichender Länderanalysen insgesamt sechs Strategien der Revitalisierung unterschieden, die von Gewerkschaften als Antworten auf Herausforderungen wie rückläufige Organisationsgrade oder Erosion der Tarifbindungen entwickelt worden sind. Die erste Strategie ist das Organizing, das auf die Gewinnung von Mitgliedern, aber auch auf Bildung von Interessenvertretungen in Betrieben abzielt und das mit professionellen Taktiken und Strategien angegangen wird. Im Zentrum der zweiten Strategie stehen organisatorische Restrukturierungen, seien es Zusammenschlüsse von Gewerkschaften oder seien es Änderungen in den Organisationsstrukturen und Neuverteilungen von Ressourcen innerhalb einer Organisation. Das „Coalition Building" drittens zielt auf gemeinsame Kampagnen und Aktionen mit anderen zivilgesellschaftlichen Akteuren und die Bündelung von Ressourcen, aber auch auf die Ausweitung von Themen und Interessen. Der vierte Ansatz, die Sozialpartnerschaft, kann den Gewerkschaften Chancen eröffnen, tarifliche Institutionen zu verteidigen, neue Themen zusammen mit den Arbeitgebern zu entwickeln und antagonistische Orientierungen im Arbeitgeberlager aufzuweichen. Politisches Handeln fokussiert fünftens auf die Entfaltung politischen Einflusses auf die Gesetzgebung oder in korporatistischen Strukturen der Arbeitsmarktregulierung. Transnationale Strategien schließlich kreisen um die Kooperation mit Gewerkschaften anderer Länder zum Informationsaustausch, zur Koordinierung von Interessen und tarifpolitischen Zielen oder zur Entwicklung gemeinsamer Kampagnen.

Frege und Kelly (2003) gingen seinerzeit davon aus, dass die Wahl der Strategien von Faktoren wie dem Staat und den Arbeitgeberstrategien, dem institutionellen Kontext der Arbeitsbeziehungen und den Gewerkschaftsstrukturen abhängt. Diese Faktoren wirken darauf ein, wie Gewerkschaften die Entwicklungen deuten, welche Probleme sie in den Vordergrund stellen und welche Lösungen sie dafür entwickeln. Auf dieser Grundlage werden Entwicklungen wie Globalisierung, Konkurrenz- und Auslagerungsdruck, Finanzialisierung und Auslagerungsstrategien der Unternehmen oder Tertiarisierung und der Wandel der Beschäftigungsstruktur in verschiedenen Ländern auf unterschiedliche Weise von den Interessenvertretungen der Arbeitnehmer wahrgenommen.

Für Deutschland stellten Frege und Kelly fest, dass Institutionen wie die Tarifautonomie und die Betriebsverfassung den Anreiz reduzieren, Strategien des Organizing einzuschlagen. Vielmehr eröffnen Flächentarifverträge und Betriebsräte demnach die Möglichkeit, in den eingespielten Institutionen neue Themen zu verhandeln und so die inhaltliche Reichweite der Tarifverträge auszudehnen oder in den Betrieben neue sozialpartnerschaftliche Bündnisse einzugehen. Auf diese Weise könnten sozialpartnerschaftliche Arrangements aus einer Position der Stärke weiterentwickelt werden, zumal sie durch den hohen Stellenwert der Sozialpartnerschaft im politischen System und die Anerkennung des Tarifsystems durch die Arbeitgeberverbände begünstigt würden. Diese institutionellen Vorteile – oder die institutionelle Macht – führe bei den deutschen Gewerkschaften auch dazu, dass sie die gewerkschaftliche Organisationskrise weit weniger dramatisch deuten als Gewerkschaften in anderen Ländern und dass sie stärker auf sozialpartnerschaftliche Strategien als auf Organisierungsstrategien setzen.

Heute, gut 15 Jahre später, lässt sich diese Lesart nicht mehr aufrechterhalten. Dies liegt zum einen daran, dass sich die Probleme der Arbeitnehmervertretungen in Deutschland weiter verschärft haben. Der gewerkschaftliche Organisationsgrad hat sich auf inzwischen 17% seit Ende der 1980er Jahre nahezu halbiert (OECD 2019), und die Reichweite der Institutionen der Arbeitsbeziehungen nimmt kontinuierlich ab. Zum anderen aber haben sich auch die Deutungsmuster in den Reihen der Gewerkschaften stark verändert. Die Gewerkschaften haben auf die Krise reagiert und ihr strategisches Handlungsrepertoire ausgeweitet. „Arbeit 2020" ist eine neue Facette dieses Handlungsrepertoires.

2.2 *Die Krise des dualen Systems und das neue Handlungsrepertoire der deutschen Gewerkschaften*

Dualität hat sich seit den 1980er Jahren als zentraler Begriff zur Beschreibung des deutschen Modells der Arbeitsbeziehungen eingebürgert (Müller-Jentsch 1995). Gemeint ist damit das Zusammenspiel der beiden Kerninstitutionen und ihrer Akteure, der Tarifautonomie und der Gewerkschaften (sowie der Arbeitgeberverbände) auf der einen und der Betriebsverfassung und der Mitbestimmung der Betriebsräte auf der anderen Seite.

Dieses Zusammenspiel ist zunächst durch die klare Hierarchie zwischen tariflichen und betrieblichen Regelungen charakterisiert, die durch den Tarifvorrang und das Günstigkeitsprinzip rechtlich vorgegeben ist. Betriebliche Regelungen dürfen demnach zu Tarifvereinbarungsthemen nur dann abgeschlossen werden, wenn sie für die Beschäftigten günstigere Bedingungen bieten. Ausnahmen von dieser Regel können nur von den Tarifvertragsparteien in Tarifverträgen vereinbart werden. Tarifverträge regeln die Verkaufsbedingungen, Betriebsvereinbarungen die betrieblichen Anwendungsbedingungen der Arbeitskraft (Müller-Jentsch 1992). Auf dieser Grundlage kann ein Konflikttransfer von der betrieblichen zur tariflichen Ebene entstehen, weil Konfliktthemen wie die Höhe der Löhne und die Dauer der Arbeitszeiten auf der tariflichen Ebene ausgetragen werden. Nur dort können die Arbeitnehmervertretungen auch Maßnahmen des Arbeitskampfs ergreifen, im Betrieb ist ihnen dies rechtlich untersagt.

Anders als die Regulierungsebenen befinden sich die Akteure hingegen nicht in einem Hierarchieverhältnis. Die „widersprüchliche Einheit" (Streeck 1979) zwischen Betriebsräten und Gewerkschaften ist vielmehr ein wechselseitiges Unterstützungsverhältnis. Ursprünglich von der Gesetzgebung bei der Verabschiedung des ersten Betriebsverfassungsgesetzes als

Konkurrenzorganisation zu Gewerkschaften angedacht, gingen die Betriebsräte in den folgenden Jahrzehnten eine enge Symbiose mit den Gewerkschaften ein. Es kam zu einer „Vergewerkschaftung" der Betriebsräte (Schmidt/Trinczek 1999), weil es den Gewerkschaften gelang, viele Betriebsräte gewerkschaftlich zu organisieren. Zugleich aber gewannen auch die Betriebsräte, vor allem die Betriebsräte der Großunternehmen, Einfluss in gewerkschaftlichen Tarifkommissionen und in den Gewerkschaftsorganisationen insgesamt.

Seitdem hat sich auch die wechselseitige Unterstützung als Austausch von Leistungen entwickelt, bei dem Betriebsräte zu einer institutionellen Machtquelle der Gewerkschaften geworden sind, umgekehrt aber von der Organisationsmacht und den Ressourcen der Gewerkschaft profitieren. Idealtypisch gestaltet sich dieser Austausch wie folgt. Auf der einen Seite entlasten die Gewerkschaften die Betriebsräte durch den Abschluss von Tarifverträgen von zentralen Konfliktthemen. Sie leisten elementare Bildungsarbeit für die Betriebsräte und machen sie dadurch arbeitsfähig. Zudem unterstützen sie die Betriebsräte durch Beratungen oder durch Vermittlung von Expertenwissen. Sie „verleihen" ihnen ihre Organisationsmacht, die Betriebsräte als Drohkulisse in Verhandlungen mit der Arbeitgeberseite nutzen können. Und schließlich organisieren sie Arbeitskämpfe, die die Betriebsräte selber nicht führen dürfen und die sie deshalb auch nicht führen müssen.

Auf der anderen Seite übernehmen die Betriebsräte die Aufgabe, die Umsetzung der Tarifverträge in ihren Unternehmen zu kontrollieren, und sie kommen Handlungsverpflichtungen nach, die sich aus den Tarifverträgen ergeben, sofern dort bestimmte Themen – wie beispielweise die flexible Verteilung von Arbeitszeiten – zur Regelung an die Betriebsparteien übergeben werden. Die Betriebsräte gestalten zudem in Tarifkommissionen die Tarifpolitik mit. Sie spielen eine Rolle bei der Mobilisierung von Arbeitskämpfen. Und sie haben schließlich die zentrale Aufgabe, Gewerkschaftsmitglieder zu rekrutieren. Dabei hilft ihnen, dass sie zu allen Bereichen des Betriebs Zugang haben und die Beschäftigten zu Zwecken der Mitgliederwerbung ansprechen können. Damit bestimmen sie über den Lebensnerv der Gewerkschaften, die von der betrieblichen Mitgliederentwicklung abhängig sind, weil diese über ihre Organisationsmacht und ihre finanziellen Ressourcen entscheidet. Schmidt und Trinczek (1999) sprechen deshalb auch von einer Beziehungsasymmetrie, weil die Betriebsräte notfalls ohne die Gewerkschaften auskommen könnten, die Gewerkschaften aber nicht ohne die Betriebsräte.

Dieses Modell ist allerdings ein Idealtypus, der in der sozialen Wirklichkeit nur noch bedingt vorfindbar ist. Die Erosion des dualen Systems ist unübersehbar. Sie zeigt sich vor allem im Rückgang der Reichweite der dualen Institutionen. Die Flächentarifvertragsbindung ist seit den 1990er Jahren von über 70% auf nur noch knapp 50% abgesunken, und nur mehr knapp 40% der Beschäftigten werden von Betriebsräten repräsentiert, ein Rückgang von rund zehn Prozentpunkten in den letzten Jahren. Die Schnittmenge der Beschäftigten, die sowohl in tarifgebundenen Betrieben arbeiten als auch von Betriebsräten vertreten werden, beträgt inzwischen weniger als 30% (Ellguth/Kohaut 2018). Nur noch knapp ein Drittel der Beschäftigten arbeitet damit in den Kernzonen es dualen Systems. Flächentarifvertragsbindung und Deckungsrate der Betriebsräte reichen zwar als einzelne Institutionen noch weiter. Auch ist die Verbreitung stark ungleichgewichtig zwischen Sektoren und Branchen, denn die Repräsentanz des Systems ist in den Branchen des Verarbeitenden Gewerbes durchschnittlich deutlich größer als in den Branchen des Dienstleistungsgewerbes. Doch gilt insgesamt, dass die „weißen Flecken" ohne Bindekraft des dualen Systems größer werden. Die institutionelle Dualität der Arbeitsbeziehungen hat keine prägende Kraft mehr für die Mehrheit der Betriebe und Arbeitsverhältnisse in Deutschland. Mit Schröder (2016) lassen sich drei Welten der Arbeitsbeziehungen unterscheiden: die erste Welt der Exportindustrie, in der die dualen Institutionen noch Prägekraft entfalten, eine zweite Welt, in die sie in Form einzelner Institutionen oder informeller Anlehnungen an den Flächentarifvertrag noch ausstrahlen, und eine dritte Welt, in der die Bande zu diesen Institutionen gekappt sind.

Die erste Welt ist die Welt, die das Projekt „Arbeit 2020" adressiert. Aber auch diese Welt ist keine heile Welt aus Sicht der Arbeitnehmervertretungen. Zwar konnten hier die weißen Flecken bislang eingedämmt werden, und die Gewerkschaften arbeiten daran, sie zu reduzieren. Doch gibt es jenseits der Großbetriebe, in denen die Gewerkschaften zumeist höhere Organisationsgrade und betriebspolitische Handlungsfähigkeit aufweisen, auch viele „graue Flecken", „die schwache Strukturen ohne wirkliche gewerkschaftliche Traditionen haben. Etwas, das man Betriebspolitik nennen könnte, existiert in ihnen eigentlich nicht" (Wetzel 2013: 25). Zwar fallen diese Zonen in die erste Welt, doch findet sich dort kein aktives Zusammenspiel der Akteure der dualen Institutionen, sei es, weil die Gewerkschaft als Akteur nicht in den Betrieben präsent ist und bislang keine Maßnahmen ergriffen hat, dies zu ändern, oder sei es, weil die Betriebsräte diesen Zustand aktiv fördern, um ihre Autonomie gegenüber den Gewerkschaften zu wahren.

Ein zweites Problem der ersten Welt der Arbeitsbeziehungen ist die Dezentralisierung des Tarifsystems und die damit einhergehende partielle Verlagerung der Regelungskompetenzen von der tariflichen auf die betriebliche Ebene. Ausgangspunkt dieser Entwicklung war die Flexibilisierung der Arbeitszeiten und der in vielen Flächentarifverträgen formulierte Auftrag an die Betriebsparteien, dazu in tariflich definiertem Rahmen betriebliche Vereinbarungen auszuhandeln. Später kamen, je nach Branche, weitere Themen wie Qualifizierung, Demografie oder auch Langzeitkonten hinzu, aber auch gesetzliche Aufträge wie die Durchführung von Gefährdungsbeurteilungen. Der weitreichendste Schritt der Dezentralisierung wurde durch tarifliche Öffnungsklauseln gemacht, die betriebsbezogene Tarifabweichungen von den Flächentarifverträgen ermöglichen. Nach den Ergebnissen der letzten Welle der Betriebsrätebefragung des WSI nutzten im Jahr 2015 rund 20% der tarifgebundenen Betriebe solche Öffnungs- und Differenzierungsklauseln, wobei dieses Instrument in den Großbetrieben mit einer Verbreitung von mehr als 30% am häufigsten eingesetzt wird. Die Haltung der Betriebsräte dazu ist zwiespältig. 50% der befragten Betriebsräte sehen darin keine Überforderung, und 44% geben an, dass dadurch den betrieblichen Gegebenheiten besser Rechnung getragen wird. Zugleich aber stimmen 75% der Betriebsräte der Aussage zu, dass dadurch dem Arbeitgeber die Möglichkeit gegeben wird, seine betrieblichen Interessen durchzusetzen, und 72% der Betriebsräte betonen, dass auf diese Weise die Unterschiede der Arbeits- und Einkommensbedingungen gestärkt werden (Amlinger/Bispinck 2016).

Unabhängig von diesen Bewertungen lässt sich zumindest für den Organisationsbereich der IG Metall sagen, dass Tarifabweichungen den zentralen Ausgangspunkt für die Entwicklung neuer gewerkschaftlicher Handlungsstrategien und einer gezielten Politik der gewerkschaftlichen Revitalisierung bildeten. Ohne Tarifabweichungen wäre die gewerkschaftliche Entwicklung anders verlaufen. Wie lässt sich diese große Bedeutung erklären, und welche konkreten Impulse gingen von den Tarifabweichungen aus?

Vor der Tariföffnung durch das Pforzheimer Abkommen von 2004 befand sich die Gewerkschaft in einer überaus schwierigen Lage (zum Folgenden auch Haipeter 2009). Ein großer Streik zur Arbeitszeitverkürzung in Ostdeutschland war im Jahr zuvor gescheitert, die Mitgliederzahlen gingen deutlich zurück und in immer mehr Betrieben wurden – inoffiziell, und damit „wild“ und unkontrolliert – tarifliche Normen zu Arbeitszeiten oder Entgelt unterschritten und damit die Tarifnormen und ihre Prägekraft in Frage gestellt. Die Zustimmung der IG Metall zu einer generellen Öffnungsklausel für Tarifabweichungen war daher nicht alleine durch den

Druck der damaligen rot-grünen Bundesregierung bedingt, im Notfall gesetzliche Öffnungsklauseln einzuführen; sie war auch eine Antwort auf einen konkreten Problemdruck und der Versuch, auf diese Weise Transparenz und Kontrolle über die Tarifabweichungen zu gewinnen.

Dieses Ziel jedoch wurde zunächst klar verfehlt. Unternehmensleitungen und Betriebsräte haben die Tariföffnung als Freibrief verstanden, Tarifabweichungen auszuhandeln und damit zur IG Metall zu gehen und um ihre Unterschrift zu bitten. Verschärfend kam die damalige Kampagne der Arbeitgeberverbände für eine Arbeitszeitverlängerung ohne Lohnausgleich hinzu. Die Kontrolle über Tarifabweichungen drohte vollends verloren zu gehen, obwohl im Pforzheimer Tarifvertrag eigentlich festgelegt war, dass nur die IG Metall Tarifabweichungen aushandeln darf. In dieser Situation hat die Gewerkschaft die Notbremse gezogen und zwei überaus wichtige Verfahrensvorgaben gemacht. Die erste Vorgabe lautete, dass vor Verhandlungsbeginn die Bezirksleitungen zu informieren sind. Diese sollten darauf achten, dass ordnungsgemäße Verhandlungskommissionen gebildet werden und dass alle Informationen auch dem Vorstand weiterzugeben sind. Auf diese Weise sollten Transparenz und Kontrolle hergestellt werden. Die zweite Vorgabe bezog sich auf die Rolle der Gewerkschaftsmitglieder. In allen Verhandlungen sollten Mitgliederversammlungen abgehalten werden und die Haltung der Mitglieder erfragt werden. Auf diese Weise sollten Entscheidungen, sei es für die Aufnahme von Verhandlungen, sei es für die Annahme eines Verhandlungsergebnisses, durch Mitgliedervoten festgelegt und legitimiert werden.

Beide Vorgaben haben sich als zentrale Erfolgsfaktoren erwiesen. Durch die Einbindung der Bezirksleitungen konnten die Tarifabweichungen im Mehrebenensystem der Gewerkschaft aus lokalen und bezirklichen Einheiten sowie dem Vorstand weit besser koordiniert werden. Die Bezirksleitungen konnten auf diese Weise auch weitere Vorgaben für die Verhandlungen machen oder diese auch selber durchführen. Und durch die Beteiligung der Mitglieder geschah etwas gänzlich Unerwartetes: Die Gewerkschaft verzeichnete in den betrieblichen Auseinandersetzungen nun in zunehmendem Maße Mitgliederzuwächse statt Mitgliederverluste; die Beteiligung in den Mitgliederversammlungen erwies sich als wichtiges Eintrittsmotiv für die Beschäftigten (Haipeter 2010). Daraus wurde dann die – sicherlich nicht immer umgesetzte – Forderung abgeleitet, dass Tarifabweichungen nur akzeptiert werden sollen, wenn sie im Prozess Mitgliedergewinne gebracht haben. Später dann knüpfte die Gewerkschaft Verhandlungen zu Tarifabweichungen sogar an die Bedingung, dass bereits im Vorfeld ein entsprechender betrieblicher Organisationsgrad erzielt werden muss, damit sie betrieblich handlungsfähig ist und überhaupt aktiv werden kann. Hinzu kam noch eine weitere Entwicklung: Die Gewerkschaft versuchte, neben der Beschäftigungssicherung zusätzliche Gegenleistungen der Unternehmen für die Tarifabweichungen in Richtung Investitionen und Innovationen auszuhandeln. Auf diese Weise sollte die Wettbewerbsfähigkeit der Unternehmen gestärkt werden. Die Unternehmen sollten in die Lage versetzt werden, zukünftig wieder die Flächentarifverträge anwenden zu können, und es sollten Alternativen zur Senkung der Personalkosten aufgezeigt werden.

Die Praxis der Tarifabweichungen brachte für die Gewerkschaften wichtige neue Erkenntnisse; sie war ein Lernprozess, in dessen Verlauf sich neue strategische Handlungsmöglichkeiten abzeichneten. Erstens wurde deutlich, dass eine Strategie der Mitgliederorientierung und -rekrutierung, des Organizing also, in den Betrieben erfolgreich sein kann. Zweitens zeigten die betrieblichen Beispiele, dass dabei die Beteiligung eine zentrale Rolle spielt, denn sie erhöht die Legitimität des Handelns, sie schafft Mitgliedschaftsanreize und sie kann ein Instrument sein, das Expert*innenwissen der Beschäftigten abzurufen. Und drittens schließlich offenbarte der Blick auf die Betriebsräte als „neue Tarifakteure im Betrieb" (Haipeter 2010), dass Betriebsräte sehr von der neuen fachlichen Kooperation mit der Gewerkschaft – beispielsweise bei der Bewertung der Unternehmensanträge auf Abweichungen und der Entwicklung geeigneter Verhandlungsstrategien – profitieren, in den betrieblichen Arbeitsbeziehungen gestärkt werden und neue Aktivitäten entfalten.

Alle drei Aspekte sind eng miteinander verbunden. Sie wurden von den Gewerkschaften aufgegriffen und zu einer Erweiterung ihres strategischen Handlungsrepertoires mit dem Ziel der gewerkschaftlichen Erneuerung genutzt (Schaubild 1). Diese Elemente sind in den deutschen Gewerkschaften des DGB mit unterschiedlichen Akzenten und in unterschiedlichem Umfang entwickelt worden; die folgende Darstellung zeichnet vorwiegend die Entwicklung der IG Metall nach.

Das *Organizing* wurde in der IG Metall zu einer „mitgliederorientierten Offensivstrategie" (Wetzel et al. 2013) ausgebaut. Die Strategie zielt auf die gewerkschaftliche Erschließung der „weißen Flecken" der Landkarte des dualen Systems oder auch auf Betriebe, in denen es zwar formal bereits Betriebsräte oder Tarifbindung gibt, in denen die Gewerkschaft aber faktisch nicht präsent ist. In der IG Metall startete das Organizing mit kleinen lokalen Projekten, die von den Verwaltungsstellen beim Vorstand beantragt werden konnten. Zeitgleich wurden seit 2009 Organizing-Methoden in das Qualifizierungsprogramm für Hauptamtliche aufgenommen, und es wur-

Schaubild 1: Das neue strategische Handlungsrepertoire der deutschen Gewerkschaften

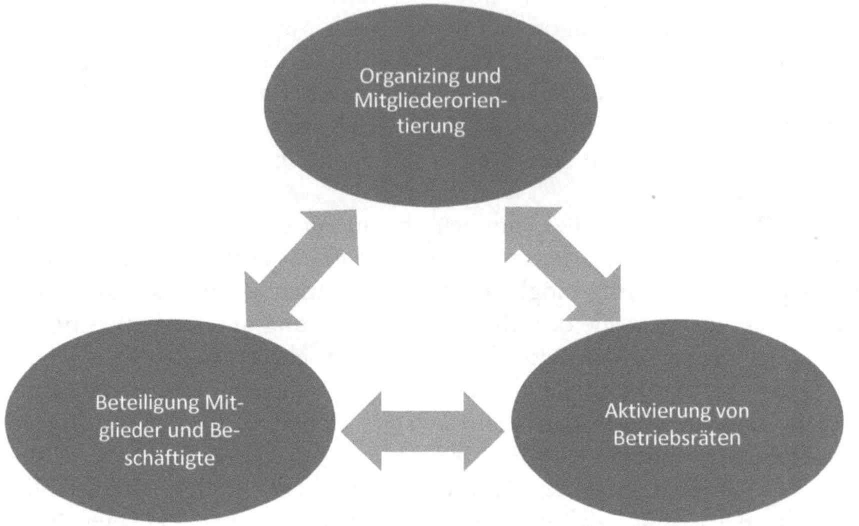

de damit begonnen, auch Organizing-Spezialisten auszubilden (Niemand-Findeisen et al. 2013). Zugleich setzte der Vorstand der Gewerkschaft durch, die Budgets der Organisationseinheiten der IG Metall an den Einnahmen aus Mitgliederbeiträgen auszurichten, unterlegt mit operativen Jahreszielen und Mitglieder-Zielzahlen (Wetzel 2012). Mitgliederorientierung wurde damit zu einer Querschnittsstrategie und zum Erfolgsmaßstab in allen gewerkschaftlichen Handlungsfeldern.

Später schichtete die Gewerkschaft auch ihre Ressourcen um. Stellen im Vorstand wurden abgebaut, die Verwaltungsstellen zu Geschäftsstellen mit eigenen Geschäftsplänen umgestaltet und ein Investitionsfonds geschaffen, über den lokale Projekte der Erschließung neuer Mitglieder auf Antrag der Geschäftsstellen beantragt werden konnten. Mit Blick auf das Organizing wurde zudem ein zentrales, vom Vorstand direkt begleitetes Projekt in der Windkraftindustrie aufgesetzt. Hier wurden Prozessabläufe wie die Identifizierung von Themen, die Bildung von Aktivenkreisen, die Einbeziehung der betrieblichen Öffentlichkeit, aber auch die Zusammenarbeit mit bestehenden Betriebsratsgremien eingeübt (Thünken 2018). Nach Beendigung des Projekts setzte die Gewerkschaft auf die dezentrale Ausrichtung der Erschließungsprojekte, weil Bezirke und Geschäftsstellen die betrieblichen Strukturen und -probleme am besten kennen (dazu auch Hassel/Schröder

2018). Die Verantwortung für die Verteilung der Mittel für Erschließungsprojekte und die Entwicklung geeigneter Konzepte wurde auf die Bezirke und Geschäftsstellen übertragen. In diesem Rahmen wurden die Mittel aufgestockt und die Projektlaufzeiten verlängert. Für einen Zeitraum von neun Jahren stellt die Gewerkschaft ein Budget von rund 170 Mio. Euro für Erschließungsprojekte zur Verfügung. Das Ziel lautet, in dieser Zeit Organizing und Erschließung als Aufgaben in den gewerkschaftlichen Regelbetrieb zu überführen (IG Metall Bezirk Baden-Württemberg 2019; Schröder/Fuchs 2019). Die Erschließungsprojekte weisen unterschiedliche Schwerpunkte auf. Sie können sich auf neue Betriebe beispielsweise der IT-Dienstleistungen beziehen, sie können auf traditionelle Betriebe ausgerichtet sein, und sie können unterschiedliche Beschäftigtengruppen in den Fokus nehmen, wobei hier den Angestellten eine zentrale Rolle zukommt, weil diese zumeist von den Betriebsräten nur unzureichend repräsentiert werden und ihr Organisationsgrad typischerweise niedrig ist (Haipeter et al. 2016).

Beteiligung ist der zweite Eckpfeiler des neuen gewerkschaftlichen Handlungsrepertoires. Ähnlich wie die Mitgliedergewinnung ist sie eine Querschnittsstrategie, die in vielen Themen und Projekten Einzug gehalten hat. In den lokalen Konflikten um Tarifabweichungen hat sich die Mitgliederbeteiligung als zentrale Ressource der Erzeugung demokratischer Legitimität der Verhandlungsführung erwiesen. Auch im Organizing ist Beteiligung ein zentrales Handlungsprinzip. Die Aktivenkreise aus Gewerkschaftsmitgliedern sollen betriebliche Themen selber entwickeln und vorantreiben, der professionelle Organizer hat die Aufgabe, den Prozess zu moderieren (Thünken 2018). Nicht selten werden auch weitere Beschäftigtengruppen an den Organizing-Prozessen beteiligt. Gerade Erschließungsprojekte im Angestelltenbereich sind „Laboratorien neuer Beteiligungsformen“, in denen Beteiligung auf vielfältige Weise praktiziert wird: in Angestellten-Arbeitskreisen des Betriebsrates oder FuE-Projektgruppen, AT-Foren, Abteilungsversammlungen, World Cafés oder Beschäftigtenbefragungen (Haipeter 2015). Die Ziele liegen auf der Hand: mit den Angestellten ins Gespräch zu kommen, die für sie wichtigen Themen zu identifizieren und sie als Expert*innen ihrer Arbeit zu konsultieren, um ihre fachliche Meinung einzuholen.

Beteiligung fand aber auch zunehmend Eingang in die gewerkschaftliche Tarifpolitik. Auf diese Weise soll die Legitimität von Forderungen und Verhandlungsergebnissen gesteigert werden. Beispielhaft dafür stehen die großen Beschäftigtenbefragungen der IG Metall, die bislang in den Jahren 2009, 2013 und 2017 stattfanden. Sie haben mehrere Funktionen: den Beschäftigten zu zeigen, dass ihre Meinung zählt; Betriebsräten und Vertrauensleuten einen Anlass zu geben, auf die Beschäftigten zuzugehen und mit ihnen ins Gespräch zu kommen; und eine Informationsquelle für Tarifforderungen auch über den Rand der Organisation hinaus zu liefern (Bahnmüller/Salm 2018). Beispielhaft dafür steht die Arbeitszeitkampagne der IG Metall in der letzten Tarifrunde; die erfolgreich durchgesetzten Forderungen nach befristeten Arbeitszeitverkürzungen und der Umwandlung von zusätzlichen Entgeltbestandteilen in freie Tage wurden aus den Befragungsergebnissen abgeleitet. Die Ergebnisse der Befragungen können auch nach Betrieben angefordert werden und sind damit für die Betriebspolitik nutzbar (Haipeter et al. 2016).

Ähnliche Entwicklungen lassen sich bei Verdi nachzeichnen. Hier wird seit einigen Jahren bei Tarifabschlüssen ein Mitgliedervotum eingeholt, und im Tarifkonflikt um die Erziehungsberufe wurde im Jahr 2015 auch ein Tarifergebnis durch Mitgliedervotum abgelehnt, so dass weiterverhandelt werden musste. Im Rahmen der „bedingungsgebundenen Tarifpolitik", die bei Verdi im Krankenhaussektor entwickelt wurde, werden Tarifkonflikte um Haustarifverträge mit Befragungen eingeleitet, in denen die Beschäftigten gefragt werden, ob sie Tarifverhandlungen durch die Gewerkschaft wollen. Verhandlungen werden nur dann geführt, wenn der gewerkschaftliche Organisationsgrad auch eine starke Verhandlungsposition ermöglicht. Auf diese Weise werden Tarifverhandlungen und Mitgliedergewinnung miteinander verknüpft (zur Praxis bei Verdi Artus/Rösch 2017).

Die dritte neue Strategie im Handlungsrepertoire der Gewerkschaften schließlich ist die *Aktivierung von Betriebsräten*. Anders als das Organizing zielt die Aktivierung der Betriebsräte in erste Linie auf Betriebe, die zur „ersten Welt" der tarifgebundenen Betriebe mit Betriebsrat gehören. Allerdings kann es auch Überschneidungen geben. Erschließungsprojekte in den Angestelltenbereichen von Industriebetrieben beispielsweise sind auch auf diesen Betriebstypus ausgerichtet, und auch bei ihnen ist die Entfaltung neuer Aktivitäten der betrieblichen Interessenvertretungen für bestimmte Beschäftigtengruppen eine wichtige Zielsetzung. Dennoch sind die inhaltlichen Schwerpunkte anders gelagert. Während bei den Erschließungsprojekten eindeutig die Mitgliedergewinnung im Vordergrund steht und die Verbesserung der Handlungsfähigkeit der Betriebsräte eine davon abgeleitete Zielgröße ist, gilt bei den Aktivierungsprojekten der Steigerung der Handlungsfähigkeit der Betriebsräte in den betrieblichen Austauschbeziehungen das Hauptaugenmerk, und Mitgliedergewinnung ist eine wünschenswerte Nebenfolge.

Das erste zentrale Aktivierungsprojekt der IG Metall war die zunächst im Bezirk NRW entwickelte und dann auf den Vorstand übertragene Kampagne „Besser statt billiger", die Mitte des letzten Jahrzehnts gestartet wurde (zum Folgenden Haipeter et al. 2011). Ausgangspunkt waren auch hier Tarifabweichungen; es ging um die Frage, wie Abweichungen im Vorfeld verhindert werden oder, wenn sie schon unvermeidlich sind, besser ausgestaltet werden können. Deshalb sollten Betriebsräte in die Lage versetzt werden, Alternativen zu Kostensenkungs- und Auslagerungsstrategien der Unternehmen zu entwickeln, um auf diese Weise billigere durch bessere Lösungen zu ersetzen. Die Kampagne hob damit die Stärken des deutschen Produktionsmodells, die Entwicklung und Fertigung innovativer und qualitativ hochwertiger Produkte, hervor, die in den Unternehmen durch kostengetriebene Ver- und Auslagerungsstrategien in Frage gestellt wurden. Kern des Projekts war die Beratung der Betriebsräte durch gewerkschaftsnahe Beratung in konkreten Problemsituationen der Restrukturierung oder Reorganisation von einzelnen Tätigkeitsbereichen oder ganzen Betrieben. Auch spielte hierbei Beteiligung eine zentrale Rolle: Die Berater*innen haben beteiligungsorientierte Beratungsansätze eingeführt und dabei die Beschäftigen als Expert*innen ihrer Arbeit einbezogen, sei es durch Workshops, sei es durch Ansprache vor Ort, oder sei es durch Befragungen. Auf diese Weise konnte Expertenwissen für die Entwicklung alternativer Strategien genutzt werden, das dem Management nicht zur Verfügung stand. Mitgliederrekrutierung war zwar keine ausdrückliche Zielsetzung des Projekts, doch konnten in einigen Fällen auch Mitgliederfolge erzielt werden. „Besser statt billiger" wurde später ergänzt und fortgeführt, so durch das Projekt „ARIBERA", in dessen Rahmen Betriebsräte mit Hilfe von Beratung zu Innovationspromotoren geschult wurden (Niewerth 2016).

Das Projekt „Arbeit 2020" steht in der Tradition dieser Aktivierungsprojekte. Betriebsräte sollen, unterstützt von Beratung und begleitet durch gewerkschaftliche Projektsekretäre, eine Landkarte der Digitalisierung im Betrieb zeichnen, arbeitspolitische Themen und Probleme identifizieren und in Verhandlungen mit Betriebs- und Unternehmensleitungen zu einer Zukunftsvereinbarung eintreten, in der Prozesse des Umgangs mit den Herausforderungen festgelegt werden. Damit ist die Stoßrichtung ähnlich wie die des Vorstandsprojekts der IG Metall, „Arbeit und Innovation", das im Jahr 2016 startete. Hier sollen Betriebsräte in Schulungen befähigt werden, den technologischen Wandel proaktiv mitzugestalten. Teilnehmende Projektbetriebe haben die Möglichkeit, ausgewählte Beschäftigte und Betriebsräte zu "Expert*innen Arbeiten 4.0" ausbilden zu lassen. Anders als bei „Arbeit 2020“ findet das Gros der Beratung allerdings nicht in den Betrieben vor Ort, sondern in den Bildungszentren der Gewerkschaft statt, verbunden mit einer von der Gemeinsamen Arbeitsstelle RUB/IG Metall organisierten Qualifizierungsreihe.

Aktivierungsprojekte zielen auf die Stärkung der Betriebsräte. Welche Entwicklungstendenzen aber zeigen sich bei den Mitbestimmungsmustern der Betriebsräte? Auf welche Praktiken treffen Aktivierungsprojekte wie „Arbeit 2020“ in den Betrieben?

2.3 Die Mitbestimmung der Betriebsräte und Herausforderungen durch die Digitalisierung

Vor allem drei zentrale Befunde wurden von der Betriebsratsforschung (zu ihrer Entwicklung Kotthoff 2016) bis in die 1990er Jahre vorgelegt: Dass es keine einheitliche Mitbestimmungspraxis der Betriebsräte gibt, sondern vielmehr eine Vielfalt von Typen und Formen; dass dies auch für die Muster der Arbeitsbeziehungen zwischen Betriebsräten und Management in den Betrieben gilt; und dass sich trotzdem so etwas wie „Normalformen“ der Mitbestimmungspraxis entwickelt haben, die für deutsche Betriebe als typisch betrachtet werden können.

Von „der“ Mitbestimmung der Betriebsräte zu sprechen verbietet sich demnach mit Blick auf die empirische Praxis; so einheitlich die Normsetzung durch das Betriebsverfassungsgesetz auch ist, so vielfältig sind die konkreten Mitbestimmungspraktiken, die sich daran anschließen. Fast legendär sind inzwischen Kotthoffs (1981) sieben Typen von den „ignorierten“ und „isolierten“ Betriebsräten über die „standfesten“ Betriebsräte und die Betriebsräte als „kooperative Gegenmacht“ bis hin zu den „klassenkämpferischen“ Betriebsräten. Andere Untersuchungen und Typologien haben diese Befunde bestätigt (Osterloh 1993). Diesen Typen liegen jeweils unterschiedliche Handlungs- und Interaktionsmuster der Betriebsräte zugrunde: intensivere oder distanziertere Beziehungen zu Gewerkschaften und Beschäftigten und kooperative oder konfliktorische (oder auch abwesende) Beziehungen zur Geschäftsleitung. Damit gehen wiederum sehr verschiedene Niveaus der Durchsetzungsfähigkeit von Betriebsräten einher; nicht umsonst unterscheidet Kotthoff zwischen vertretungswirksamen und defizitären Mitbestimmungstypen. Während in seiner Studie von 1981 die defizitären Typen unter den Untersuchungsfällen noch in der Mehrheit waren, haben sich seiner Folgeuntersuchung aus den frühen 1990er Jahren zufolge die Gewichte umgekehrt und die vertretungswirksamen Typen an Bedeutung gewonnen (Kotthoff 1994). Diese Feststellung spricht für einen Professionalisierungs- und Emanzipationsschub der Betriebsräte in den 1980er und 1990er Jahren (so auch Bosch 1997).

Ähnlich vielfältig wie die Mitbestimmungspraktiken der Betriebsräte zeigten sich, so der zweite Befund, auch die Arbeitsbeziehungen zum Management und die Beziehungen zu den Belegschaften. Diese wurden auf unterschiedliche Weise konzeptionell gefasst (dazu im Überblick Trinczek 2018). Die bekanntesten Konzepte sind die der „betrieblichen Sozialordnung“ (Kotthoff/Reindl 1990) und der „betrieblichen Austauschbeziehungen“ (Bosch et al. 1999). Diese Konzepte unterscheiden sich vor allem nach ihrem Verständnis sozialer Ordnungen und der Bedeutung, die sie jeweils Macht und Interessen auf der einen und der sozialen Integration durch gemeinsamen Deutungen und Normen auf der anderen Seite beimessen. Unabhängig davon – und von der Frage der Verbindung beider Ansätze in einer strukturationstheoretischen Perspektive (dazu Haipeter 2010) – kann als Ergebnis der Forschung festgehalten werden, dass auch die betrieblichen Arbeitsbeziehungen durch eine Vielzahl unterschiedlicher Muster und Typen gekennzeichnet sind. Bosch et al. (1999) unterscheiden sechs Interaktionsmuster, von „konfliktorischen Austauschbeziehungen“ über die „interessorientierte Kooperation“ und die „integrationsorientierte Integration“ hin zum „harmonistischen Betriebspakt“, der „patriarchalischen Betriebsfamilie“ und dem „autoritär-hegemonialen Regime“. Genauere Zuordnungen dieser Typen zu Betrieben und Betriebsgrößen sind nicht ganz leicht vorzunehmen. Dennoch spricht viel dafür, die ersten drei Typen vor allem bei industriellen oder auch dienstleistenden Großbetrieben und in Aktiengesellschaften zu suchen, die Betriebspakte und Betriebsfamilien sowie autoritär-hegemoniale Regimes eher bei Familienunternehmen und kleinen und mittelgroßen Betrieben (KMU). Dies wird unterstrichen durch die Typenbildung, die Kotthoff und Reindl (1990) für eigentümergeführte KMU entwickelt haben. Die dort aufgezeigten Schattierungen der Arbeitsbeziehungen sind geprägt von einer teilweise starken Sozialintegration und einer zentralen Stellung des Eigentümers, sei es als Identifikations- und Integrationsfigur oder als Konfliktakteur. Vor allem die „Imperien und Patriarchate“ sind autoritär-zentralistische Sozialordnungen, die um den Eigentümer kreisen; die „pragmatischen Produktionsgemeinschaften“ beispielsweise in Facharbeiterbetrieben des Maschinenbaus weisen hingegen partizipativere Ordnungsformen auf. In beiden aber spielen Betriebsräte eine untergeordnete Rolle, sofern sie überhaupt existieren. Anders ist dies in den „integrativen Bürgergesellschaften“, in denen Interessenunterschiede akzeptiert und anerkannt werden.

Der dritte Befund schließlich lautet, dass sich trotz der Vielfalt auch „Normalformen“ (Bosch et al. 1999) als weiter verbreitete Muster der Mitbestimmungspraxis und der Arbeitsbeziehungen herausgebildet haben. Weltz (1978) hat diese Form in einem früheren Artikel auch auf die paradoxe Formel der „kooperativen Konfliktbewältigung“ gebracht. Damit ist gemeint, dass sich die Akteure der Austauschbeziehungen in der Unterschiedlichkeit ihrer Interessen wechselseitig anerkennen, dass sie prinzipiell konfliktfähig sind, und dass sie bestrebt sind, Schnittmengen ihrer Interessen zu finden um Kompromisse schließen zu können. Dem entspricht der Typus der „integrationsorientierten Kooperation“ bei Bosch et al. (1999). Er zeichnet sich durch die Anerkennung unterschiedlicher Interessen bei Dominanz gemeinsamer Interessen, durch die Orientierung beider Seiten am Kompromiss, durch bewusst eingeschränkte Konfliktstrategien und durch eine nur marginale Rolle der Belegschaft in den Arbeitsbeziehungen aus, die von keiner Seite in nennenswerter Weise beteiligt wird. In der Typologie Kotthoffs (1981) entspräche dies einer Mischform aus zwei Typen: dem „standfesten Betriebsrat“, der eine regulierte Konfliktbeziehung zur Geschäftsleitung unterhält, sich stark auf die Einhaltung der Normen des BetrVG konzentriert und kaum Austausch mit der Belegschaft pflegt; und dem Betriebsrat als „kooperativer Gegenmacht“, der mit der Geschäftsleitung offensive Konflikt- und Vertrauensbeziehungen unterhält, eine hohe Vertretungskompetenz aufweist und auch intensiven Kontakt zur Belegschaft hat.

Seit den 1990er Jahren hat sich die Diskussion um die Normalform der Mitbestimmung auf den Begriff des Betriebsrats als *Co-Manager* konzentriert. Der Begriff war von Beginn an durch zwei konträre Akzentuierungen gekennzeichnet, eine offensive und eine defensive. Die offensive Variante findet sich bei Müller-Jentsch (1995), der damit eine offensiv ausgerichtete Mitbestimmung der Betriebsräte in betrieblichen Modernisierungskoalitionen mit dem Management verbindet. Im Rahmen ihrer Betriebsrätebefragung im Maschinenbau konkretisierten Müller-Jentsch und Seitz (1998) das Co-Management anhand zweier Merkmale: Die Betriebsräte behandeln demnach erstens neue Themen, darunter vor allem die Arbeitsorganisation, aber auch flexible Arbeitszeiten, Weiterbildung oder Outsourcing und schließen dazu Betriebsvereinbarungen ab. Und zweitens sind sie an der Umsetzung der Vereinbarungen beteiligt und üben Einfluss auf die Gestaltung der Arbeitsorganisation aus. Die Betriebsräte müssen sich dabei auch als „Interessenmanager“ (Müller-Jentsch 1995) bewähren, denn in partizipativen Organisationsformen werden zwangsläufig konkrete und individuelle Beschäftigteninteressen Gegenstand des Interessenvertretungshandelns. Eine stärkere Beteiligung der Beschäftigten an der Interessenformierung und -durchsetzung ist damit aber nicht gemeint; Co-Manager sind intermediäre Akteure, die Interessen, Themen und Konzepte unabhängig von den Beschäftigten definieren.

In der defensiven Lesart des Co-Managements bei Kotthoff „hinkt" der Betriebsrat als Gestalter der Arbeitsorganisation dem Management hinterher (Kotthoff 1995). Zwar sind demnach die Betriebsräte in Steuer- oder Lenkungskreisen für neue Organisationsformen wie die Gruppenarbeit einbezogen; doch sie bleiben nach Kotthoff reaktiv und wirken als „soziale Feuerwehr" und als Moderatoren von Konflikten. Co-Management bezieht sich in dieser Sichtweise vor allem auf die Einbindung in Managemententscheidungen und die Vertretung einer langfristigen und „ökonomistischen" Perspektive der Beschäftigungssicherung, nicht aber auf erweiterte Mitbestimmung in neuen Handlungsfeldern. Der Co-Manager (vor allem in der Person der Betriebsratsvorsitzenden) beteiligt zudem Beschäftigte nicht, sondern ist ein intermediärer Akteur, der von seiner Autorität lebt, die ihm Unterstützung und Anerkennung der Belegschaft sichert (Kotthoff 1994, S. 54).

Mit dem Bedeutungsgewinn der Standort- und Beschäftigungssicherung haben sich die defensiven Interpretationen des Co-Managements mehr und mehr durchgesetzt. Kotthoff (1998) spricht bereits Ende der 1990er Jahre von „Zeiten interessenvertretungspolitischer Rückschritte" für die Betriebsräte, die demnach nun alle Hände voll damit zu tun haben, Standorte und Beschäftigung zu sichern. Rehder (2003) bezieht das Co-Management ausdrücklich auf die Aushandlung betrieblicher Beschäftigungs- und Standortbündnisse.

Vor allem zwei gravierende Probleme sind mit diesem defensiven Co-Management verbunden worden. Zum einen stellen Restrukturierung und Beschäftigungssicherung andere Herausforderungen als die Arbeitsorganisation. Die Informations- und Beteiligungsmöglichkeiten der Betriebsräte sind bei Fragen der Auslagerung von Tätigkeiten oder Geschäftsfeldern oder der Verlagerung ins Ausland weit schwächer als beim Abbau von Hierarchieebenen oder der Einführung von Gruppenarbeit, auf die noch das offensive Co-Management abzielte, die aber als Zielgröße der Rationalisierung in den Unternehmen an Bedeutung abnehmen (Behrens/Kädtler 2008). Zum anderen gehen mit dem Co-Management der Standort- und Beschäftigungssicherung Legitimationsprobleme einher, weil sich die Konzessionen in solchen Vereinbarungen schlecht als Erfolge verkaufen lassen. Insbesondere bei Aneinanderreihung betrieblicher Bündnisse wächst demnach die Gefahr, dass sich die Beschäftigungssicherung als Legitimationsquelle des Betriebsratshandelns erschöpft (Rehder 2006).

Das offensive Co-Management war vor allem ein Phänomen der Mitbestimmung in Großbetrieben. Es waren die ressourcenstarken und professionellen Betriebsräte dieser zumeist gewerkschaftlich gut organisierten Betriebe, die – vor allem in der Automobilindustrie – in den 1990er Jahren offensive Gestaltungskonzepte der Arbeitsorganisation wie die teilautonome Gruppenarbeit zusammen mit der IG Metall entwickelt und eingefordert haben (Bahnmüller/Salm 1996; Haipeter 2000; Kuhlmann et al. 2004). Es sind aber zugleich auch diese Betriebe, in denen sich inzwischen neue Entwicklungstendenzen der Mitbestimmungspraxis abzeichnen. Die Betriebsräte reagierten dort auf die Probleme des Co-Managements und entwickelten neue Konturen einer *strategischen Interessenvertretung*, wie sich am Beispiel der Mitbestimmung bei VW nachzeichnen lässt (Haipeter 2019).

Die strategische Interessenvertretung weist demnach vier Schwerpunkte auf: erstens den Versuch, stärkeren Einfluss auf strategische Unternehmensentscheidungen zu gewinnen; zweitens die strategische Entwicklung der eigenen Organisationsstrukturen und Ressourcen durch kontinuierliche Anpassung der Arbeitsweisen an neue Herausforderungen; drittens die strategische Einbindung der Beschäftigten in die Mitbestimmungspraxis durch Beteiligung und direkte Kommunikation; und viertens schließlich die strategische Koordinierung der Interessenvertretungsebenen und die Entwicklung einer transnationalen Interessenvertretungspraxis. Dieses Interessenvertretungsmuster lässt sich als Versuch deuten, sowohl die Legitimationsprobleme als auch die Grenzen der mitbestimmungspolitischen Reichweite des Co-Managements hinter sich zu lassen. Der Preis freilich ist ein höherer Ressourcen- und Kompetenzbedarf der Betriebsräte, der ebenfalls strategisch bearbeitet werden muss.

Über die aktuelle Mitbestimmungspraxis in KMU ist hingegen weniger bekannt; breitere Untersuchungen dazu existieren nicht. Einzelbefunde bestätigen die insgesamt geringe Bedeutung und defizitäre Praxis der Betriebsräte in diesen Betrieben (Meyer 2017). Gerade in der Größenklasse der Betriebe von 51-500 Beschäftigten war der Rückgang der Verbreitung von Betriebsräten in den letzten knapp 20 Jahren mit 13 Prozentpunkten zudem überproportional groß (Ellguth/Trinczek 2016); dies lässt auf geringe Verbreitung von gewerkschaftlich aktiven Beschäftigten, schwache Beziehungen zwischen Gewerkschaften und Betriebsräten und mangelnde Akzeptanz der Mitbestimmung bei Geschäftsleitungen schließen (Artus et al. 2016). Viel spricht daher für eine wachsende Kluft der Mitbestimmungspraxis zwischen Großbetrieben und Betrieben der KMU. Die gewerkschaftlichen Aktivierungsprojekte, zu denen auch „Arbeit 2020“ zählt, können deshalb als Versuche gedeutet werden, die Handlungsfähigkeiten der Interessenvertretungen besonders in KMU zu verbessern und dort Elemente einer strategischen Interessenvertretungspraxis zu verankern.

Dies gilt umso mehr, als die Digitalisierung Herausforderungen eigener Art an die Mitbestimmung der Betriebsräte stellt. Aktuelle Befunde aus Betriebsratsbefragungen zeichnen einen wachsenden Qualifikationsbedarf der Betriebsräte im Umgang mit dem Thema. Der Betriebsrätebefragung des WSI zufolge ziehen rund zwei Drittel der Betriebsräte bei Fragen der Digitalisierung sachkundige Arbeitnehmer hinzu, etwa die Hälfte bildet Arbeitsgruppen, und gut 40% suchen die Unterstützung der Gewerkschaften oder nutzen externe Beratung (Ahlers 2018 b). Nach einer auf NRW fokussierten Befragung geben 57% der Betriebsräte an, Einfluss auf die Ausgestaltung der Digitalisierung im Betrieb zu nehmen (Oerder et al. 2018). Einer anderen Befragung zufolge – die auch Betriebe aus dem Projekt „Arbeit 2020“ einbezieht – sind Schulungen von entscheidender Bedeutung für das Mitbestimmungshandeln der Betriebsräte; aus Sicht von Geschäftsleitungen ergreifen 65% der geschulten Betriebsräte Initiativen zum Thema, aber nur 35% der Betriebsräte ohne Schulungen (Lins et al. 2018).

Die Ergebnisse dieser Erhebungen klingen mit Blick auf eigene Initiativen der Betriebsräte recht optimistisch. Demgegenüber ist auch festzuhalten, dass Digitalisierung als Thema von Betriebsvereinbarungen bislang vorwiegend mit Blick auf Datenschutz oder Heimarbeit und mobile Arbeit bedeutsam ist (Baumann et al. 2017). Generellere Betriebsvereinbarungen zur Digitalisierung und ihrer Einführung im Betrieb als Handlungsinstrumente der Betriebsräte haben Ausnahmecharakter. Dafür lassen sich mehrere Gründe anführen (zum Folgenden Matuschek/Kleemann 2018). Digitalisierung hat einen übergreifenden Charakter, berührt vielfältige Themen, ist schwer abgrenzbar und ist deshalb nicht umstandslos in präzise Regelungen zu fassen. Zudem sind Betriebsräte, teilweise aber auch Betriebs- und Unternehmensleitungen, nur unzureichend über Schwerpunkte und Verbreitung digitaler Technologien informiert. Dies liegt daran, dass Digitalisierung häufig in Form kleiner Projekte eingeführt wird, die in der Verantwortung dezentraler Bereiche liegen. Damit ist auch das Wissen um die Digitalisierung in den Betrieben dezentral verteilt und nicht problemlos zentral abrufbar. Umfassende Vereinbarungen können deshalb kaum eindeutige substanzielle Normen definieren, sondern müssten prozeduralen Charakter haben und die Mitbestimmungsakteure in die betrieblichen Prozesse einbinden. Und zugleich brauchen Betriebsräte eine strategische Ausrichtung, um in diesen Prozessen gestaltungsmächtig sein zu können.

Gewerkschaftliche Projekte zur Unterstützung der Betriebsräte in der Digitalisierung wie „Arbeit 2020" stehen damit vor einer komplexen Aufgabe. Denn dabei geht es gleichermaßen darum, Betriebsräte für das Thema zu aktivieren und Ressourcen zu mobilisieren, Wissen über die Entwicklung der Digitalisierung im Betrieb zu erzeugen, arbeitspolitische Handlungsfelder zu identifizieren und prozedurale Beteiligungsmöglichkeiten in Form betrieblicher Vereinbarungen zu verhandeln. In KMU wird eine Aufgabe auch darin bestehen, defizitäre Mitbestimmungsmuster aufzubrechen und die Vertretungswirksamkeit der Interessenvertretungen grundsätzlich zu erhöhen. Die Fragestellung der Untersuchung nach den Wirkungen des Projekts „Arbeit 2020" lässt sich damit in den folgenden fünf Fragen weiter konkretisieren und ausweiten:

1. Welche Machtressourcen der Interessenvertretungen können mit dem Projekt geschaffen oder gestärkt werden?
2. Wie funktioniert die Aktivierung der Betriebsräte? Inwieweit kann durch das Projekt eine strategischere Ausrichtung der Betriebsräte entwickelt und verbreitet werden?
3. Können Lösungen für den Umgang mit den besonderen Herausforderungen der Digitalisierung, also Informationsproblemen, Dezentralität des Wissens oder Projektcharakter der Digitalisierung, gefunden werden?
4. Auf welche Mitbestimmungspraxis und welche politischen Austauschbeziehungen in den Betrieben stößt das Projekt? Welche Rolle spielen unterschiedliche betriebliche Ausgangspunkte für Verlauf und Erfolg des Projekts?
5. Welcher Stellenwert kommt in diesem Projekt neben der Aktivierung der Betriebsräte den anderen Schwerpunkten des neuen gewerkschaftlichen Handlungsrepertoires zu, dem Organizing und der Mitgliederorientierung sowie der Beteiligung der Beschäftigten?

3 Methoden und Vorgehen

3.1 Fallstudien und Untersuchungsmethoden

Im Zentrum der vorliegenden Untersuchung steht die wissenschaftliche Begleitung des gewerkschaftlichen Projekts „Arbeit 2020". Der Fokus des Projekts liegt auf dem Betrieb; es geht um Beratungen für Betriebsräte und Verhandlungen mit Betriebs- oder Unternehmensleitungen, die sich für die Teilnahme am Projekt entschieden haben. Damit war für die wissenschaftliche Begleitung der Betrieb als zentrale Untersuchungseinheit vordefiniert. In die wissenschaftliche Begleitung und die Untersuchung wurden schließlich 19 von 35 Betriebsfällen aus der ersten Welle des Projekts „Arbeit 2020" einbezogen.

Mit ihrem Fokus auf betriebliche Fallstudien reiht sich die Untersuchung damit in die von Pflüger et al. (2010) beschriebene Tradition der deutschen Arbeits- und Industriesoziologie ein. In Anlehnung an die dort entwickelte Fallstudientypologie lässt sich die Untersuchung dem Typus der ‚Vielfalt' zuordnen. Fallstudien in diesen Typus sind darauf ausgerichtet, ein Phänomen in seinen Praxismustern möglichst umfassend und breit zu analysieren, um darauf aufbauend allgemeine Aussagen über diese Muster formulieren zu können, sei es in Form einer Typologie oder sei es in anderen Formen des Fallvergleichs. Dem entsprach die Zielsetzung des Forschungsprojekts, möglichst viele der im Projekt „Arbeit 2020" einbezogenen Betriebe in die Untersuchung aufzunehmen. Auf diese Weise sollte ein wenn nicht vollständiger, so doch möglichst umfangreicher Einblick in die Beratungen, ihre Outputs und die betrieblichen Prozesse, die damit verbunden sind, genommen werden. Auf diese Weise wurden möglichst profunde Aussagen über den Verlauf – oder die Verläufe – des Projekts und ihre Auswirkungen angestrebt.

Allerdings ist in dieser Untersuchung der Betrieb als Organisationseinheit nur ein Näherungswert für das, was letzten Endes als „Fall" betrachtet wird. Bei genauerer Betrachtung zeigt sich, dass der Fall nicht der Betrieb oder bestimmte Charakteristika des Betriebes – wie die betrieblichen Organisationsstrukturen, die Arbeitsprozesse, Rationalisierungsstrategien oder auch die betriebliche Sozialordnung oder die Arbeitsbeziehungen – sind, die üblicherweise im Zentrum der arbeits- und industriesoziologischen Forschung stehen. Der eigentliche Gegenstand sind die Beratungs- und

Verhandlungsprozesse, die im Rahmen des Projekts „Arbeit 2020“ in den Betrieben stattgefunden haben sowie ihre Ergebnisse und Auswirkungen. Der „Betrieb“ mit seinen Eigentümlichkeiten wie den Produktions- und Produktstrategien oder seinen Mitbestimmungsakteuren und -kulturen markiert dafür den Kontext. Der eigentliche Fall aber ist ein Prozess, der sich innerhalb der Betriebe vollzieht und der von außen angestoßen wurde. Allerdings ist dafür der Kontext in dreierlei Hinsicht von Bedeutung. Erstens bildet er den Rahmen für die Beratungsprozesse, den Beratung und gewerkschaftliche Projektsekretär*innen in Rechnung stellen müssen, vor allem mit Blick auf die Ausgangsinteressen der Betriebsräte, ihre Ressourcen und Kompetenzen sowie die Mitbestimmungspraxis und die Kultur der Austauschbeziehungen im Betrieb. Zweitens ist der Kontext der Organisation und der technologischen Rationalisierung ein zentraler Gegenstand der Beratungsprozesse, der im Landkartenprozess erhoben wird. Und drittens schließlich zielt die Beratung auf die Veränderung des Kontextes: auf die Handlungsfähigkeit sowie die Einfluss- und Gestaltungsmöglichkeiten der Betriebsräte, auf die betriebspolitische Stärkung der Gewerkschaft, aber auch auf Impulse für die Modernisierung der Betriebe als Grundlage ihrer Wettbewerbsfähigkeit.

Dementsprechend setzt auch die vergleichende Analyse dieser Fälle drei Schwerpunkte. Im Zentrum der Analyse stehen zunächst das gewerkschaftliche Projekt und der Beratungsprozess mit seinen zentralen Elementen wie Betriebslandkarten und Zukunftsvereinbarungen und seinen betriebspolitischen Auswirkungen. Ein zweiter Fokus ist auf die Outputs der Landkartenerstellung gerichtet, die jeweils einen erheblichen Teil des Beratungsprozesses in Anspruch genommen hat und Hinweise auf den Stand der Digitalisierung und damit verbundene arbeitspolitische Herausforderungen zu Tage fördern sollte. Der dritte Schwerpunkt schließlich liegt auf den Veränderungsimpulsen, die vom Beratungsprozess auf die Mitbestimmungsmuster der Betriebsräte ausgegangen sind.

Damit ist das Erkenntnisinteresse der Studie breit gefächert: es geht um die vergleichende Analyse des gewerkschaftlichen Projekts und der Beratungsprozesse, es geht um die Befunde der Beratungsprozesse, und es geht um die Auswirkungen des Projekts auf die Mitbestimmung der Betriebsräte. Dieses aufgefächerte Erkenntnisinteresse erschwert vergleichende Analysen in Form klassischer Typenbildungen, weil viele Vergleichsdimensionen und Merkmale wie die Mitbestimmungspraxis oder die Arbeitsbeziehungen im Betrieb, aber zugleich auch die Beratungsprozesse und die Rollen von Beratern und Gewerkschaftssekretären oder auch technologische Niveaus und Erscheinungsformen der Digitalisierung betrachtet werden sollen (Kelle/Kluge 2010). Die Nutzung von Typenbildung kann dabei analytisch instruktiv sein, beispielsweise in Form einer groben Zuordnung der Betriebsräte zu bestehenden Betriebsratstypologien, die Aufschluss darüber geben kann, mit welchen Orientierungen und Ausgangsvoraussetzungen die Betriebsräte den Prozess begonnen haben. Sie ist aber kein eigenständiges Erkenntnisziel. In der komparativen Perspektive des Fallstudienvergleichs geht es vielmehr um Prozesse und Veränderungsdynamiken und die Frage, was gute Praxisbeispiele dieser Veränderungen ausmacht und was förderliche und was hinderliche Faktoren für diese guten Praktiken sind.

Die Konzentration der Untersuchung auf das Projekt „Arbeit 2020“ und die damit verbundenen Beratungsprozesse wiederum hat mehrere methodische Implikationen. Dazu gehört vor allem, dass sich die Untersuchung im Kern auf die Begleitung der Beratungsprozesse stützt. Die Forscherinnen sind jeweils mit zu den Workshops gegangen und zählten zusammen mit den Berater*innen und den gewerkschaftlichen Projektsekretär*innen zum Team „Arbeit 2020“. Sie traten gegenüber den betrieblichen Akteuren, den Betriebsräten, den Beschäftigten und auch dem Management als Teil des Projekts auf. Dazu gehörte, dass sie sich in der Rolle als wissenschaftliche Begleiter ausdrücklich vorgestellt und eingeführt haben. Als solche wurden sie von den betrieblichen Akteuren auch akzeptiert; dabei wurde jedoch nicht immer sehr konkret hinterfragt, was genau unter wissenschaftlicher Begleitung zu verstehen und welches Rollenprofil im Projekt damit genau verbunden ist.

Die Prozessbegleitung war wiederum dadurch geprägt, dass „Arbeit 2020“ ein Gestaltungs- und Interventionsprojekt ist; es geht um die Veränderung von Praktiken, um die Gestaltung von Prozessen und, als Voraussetzung dafür, um die Aktivierung von Akteuren, namentlich die Betriebsräte. Damit ist der Fall, der von den Wissenschaftler*innen begleitet wurde, nicht nur eine Beratung, sondern auch eine Intervention. Die Fallstudien weisen daher auch Elemente des Fallstudientypus der Interventionsorientierung (Pflüger et al. 2010) auf. Sie können deshalb als Mischtypen aus interventionsorientierten und Vielfalt anstrebenden Fallstudien betrachtet werden. Im Unterschied zu anderen interventionsorientierten Fallstudien sind allerdings hier die intervenierenden Akteure und die Wissenschaftler zu einem guten Teil getrennt; Berater und Begleiter hatten in den Teams unterschiedliche Rollen, und Fragen der Selbstverortung und der Rollenklärung – und damit der Einhaltung einer kritischen Distanz zum Prozess (Latniak/Wilkesmann 2005) – stellten für die Wissenschaftler daher zumindest kein prinzipielles Problem dar.

Allerdings heißt das nicht, dass Fragen der Beteiligung am Prozess und der damit verbundenen Grenzziehung zum Forschungsgegenstand deshalb keine Rolle gespielt hätten. Die Prozessbegleitung bei „Arbeit 2020" enthielt Elemente mehrerer Forschungsmethoden, bei denen sich diese Fragen stellen. Die erste Methode ist die *teilnehmende Beobachtung*. Prozessbegleitung bedeutete sowohl Beobachtung des Prozesses als auch Teilnahme am Prozess. Die Wissenschaftler haben die Prozesse beobachtet und protokolliert und standen damit außerhalb der eigentlichen Beratung; zugleich aber haben sie mit Fragen oder Beiträgen auch in die Prozesse eingegriffen und an ihnen teilgenommen. Sie befanden sich in einem Spannungsfeld von passiver und aktiver Teilnahme (Lamnek 1995), wobei je nach Situation und nach persönlichem Profil des Wissenschaftlers stärker die Rolle des Teilnehmers als Beobachter oder die des Beobachters als Teilnehmer im Vordergrund stand. Beispiele für Teilnahme sind Fragen an die Betriebsräte oder an die Beschäftigten zur Digitalisierung oder zu den Arbeitsbedingungen in den Bereichen, aber auch Ideen und Hinweise für die weitere Gestaltung des Prozesses im Austausch mit Berater*innen, Projektsekretär*innen und Betriebsräten.

In den Protokollen wurden teilweise auch prägnante Aussagen, die von Akteuren im Rahmen der Workshops gemacht wurden, mitgeschrieben. Im Falle der Betriebsräte wurden diese explizit freigegeben; anders im Falle von Beschäftigten oder anderen Akteuren, doch ist bei ihnen wegen der Fallstudienanonymisierung eine Rückverfolgung der Zitate ohnehin nicht möglich. Die Ergebnisprotokolle waren Teil von Beobachtungsinterviews (Kuhlmann 2002), mit deren Hilfe die Beobachtungen verschriftlicht wurden. Dazu zählten neben den eigentlichen Workshops als zweites Element auch Zusammenfassungen von Pausengesprächen oder weiterer Kommunikation mit Workshopteilnehmer*innen. Diese wurden als wichtige Elemente des Prozesswissens zusammengefasst und in die Fallstudien eingefügt.

Die Veränderungsorientierung der Beratungsprozesse wiederum schuf eine Nähe zur *Aktionsforschung*. Nach Fricke (2010) liegt ein methodischer Vorteil der Aktionsforschung darin, dass durch die Veränderungsimpulse und die damit einhergehenden Kommunikations- und Aushandlungsprozesse innerhalb der Organisation ein Blick hinter die Organisationsfassaden möglich wird, der bei Befragungen oder Interviews möglicherweise verborgen bleibt. Zugleich kann die Prozessperspektive Einsichten in die Dynamik des Organisationswandels – oder des Wandels von Orientierungen und Handlungskompetenzen der betrieblichen Akteure – eröffnen. Anders als bei Interviews und Befragungen deckt die Prozessbegleitung eine zeitliche Entwicklung ab und ermöglicht damit, den Wandel und seine Ursachen genauer zu beleuchten. Ein zweites Kriterium der Aktionsforschung nach Fricke (2010) ist das Gestaltungsinteresse. Im Projekt „Arbeit 2020“ war dies durch den intervenierenden Charakter der Beratung gegeben. Allerdings sind es in der vorliegenden Untersuchung nicht – oder nicht in erster Linie – die Forscher*innen, die dieses Interesse aktiv verfolgten, sondern die Berater*innen und die gewerkschaftlichen Projektsekretär*innen.

Doch die Rolle der Wissenschaftler*innen ging über Beobachtung und Teilnahme am gewerkschaftlichen Projekt „Arbeit 2020“ hinaus; sie erstreckte sich auch darauf, den Prozess zu bewerten. Damit entstand eine Nähe zur *Evaluationsforschung*. Diese setzt sich nach Lüders (2006) aus den beiden Elementen der Forschung und der Evaluation zusammen, versucht also gleichermaßen, theoriegeleitet wissenschaftliches Wissen über einen Gegenstand zu erzeugen als auch den Gegenstand unter dem Blickwinkel politischer Programme oder Interventionen zu bewerten. Im Fall des Projekts „Arbeit 2020“ ging es beispielsweise nicht nur darum, Orientierungen und Kompetenzen der Betriebsräte zu beobachten und mögliche Entwicklungen nachzuzeichnen, sondern auch zu bewerten, ob durch die Beratungsprozesse ihre Handlungsfähigkeit auch verbessert werden konnte und wenn ja, warum dies der Fall war. Auch waren die Wissenschaftler*innen nicht nur Chronisten der Landkartenprozesse, sondern haben sie auch danach bewertet, wie die Beratungsprozesse und die Einbeziehung von Beschäftigten funktioniert haben. Und am Ende des Tages ging es auch um die Frage, ob und inwieweit das Projekt „Arbeit 2020“ tatsächlich auch zur Stärkung der Gewerkschaften beigetragen hat.

Freilich sind solche Fragen nicht unbedingt nur typisch für Evaluationsforschungen; in der Arbeits- und Industriesoziologie, gerade auch in der Gewerkschafts- oder der Mitbestimmungsforschung, wird häufig der Erfolg von gewerkschaftlichen Kampagnen und Projekten oder von bestimmten Mitbestimmungsstrategien der Betriebsräte oder von Veränderungen der rechtlichen Mitbestimmungsgrundlagen betrachtet und auch hinsichtlich seiner Ursachen bewertet. Insofern ist die wissenschaftliche Forschung ohnehin bewertend und damit evaluativ. Der Brückenschlag zur Evaluationsforschung entsteht daraus, dass diese Bewertungen gemeinsam mit den Akteuren kommuniziert und reflektiert werden und möglicherweise im laufenden Projekt Veränderungen der Vorgehensweise nach sich ziehen. So wurden im Laufe des Forschungsprojekts Diskussionsrunden mit dem Leitungs- und Projektteam von „Arbeit 2020“ durchgeführt und dort Eindrücke und Befunde diskutiert, die dann wiederum in die weitere Projektgestaltung einfließen konnten. Unter dem evaluativen Aspekt stand besonders diese Dialogfunktion der Evaluation im Vordergrund und mit ihr die Erkenntnisfunktion. Die von Flick (2006) zudem vorgestellte Kontrollfunktion, die auf Mängel bisheriger Praktiken und Korrekturvorschläge abzielt, oder auch die Legitimationsfunktion, in deren Zentrum die Bewertung von Input und Output und damit von Aufwand und Effizienz steht, spielten dabei eine allenfalls untergeordnete Rolle.

Die Untersuchung des gewerkschaftlichen Projekts „Arbeit 2020" stand damit im Spannungsfeld verschiedener methodischer Zugänge, ohne jeweils in einzelne dieser Zugänge aufzugehen. Auch erwies sich die „Methode" der Prozessbegleitung als nicht alleine hinreichend für die wissenschaftliche Analyse der Fälle; sie eröffnete nur beschränktes Kontextwissen und gab nur wenig explizites Deutungswissen der Akteure frei. Bewertungen der Prozesse durch die Akteure konnten zwar teilweise implizit und informell erfasst werden, doch fehlte vielfach der größere Deutungsrahmen, den die Akteure dafür zugrunde gelegt haben. Auch konnten viele wichtige Informationen über den Kontext der Arbeitsbeziehungen, aber vor allem auch über Motive, Strategien und Interessen der Akteure im Rahmen der Prozessbegleitungen nicht adäquat eingefangen werden. Deshalb wurden in der Mehrzahl der Betriebsfälle noch Expert*inneninterviews mit Betriebsräten durchgeführt, und auf der Ebene des gewerkschaftlichen Projekts Interviews mit gewerkschaftlichen Projektsekretär*innen sowie mit Berater*innen. Auf diese Weise sollten Kontextwissen und hegemoniale Deutungen der Expert*innen zum Prozess „Arbeit 2020" erfragt werden (Bogner/Menz 2005; Meuser/Nagel 2005).

Die Expert*inneninterviews wurden codiert und thematisch geordnet, die Workshopprotokolle wurden ebenfalls nach Themen strukturiert, wobei hier die Landkartenerstellung und die Landkartenergebnisse den größten Raum einnahmen. Beobachtungsinterviews und Expert*inneninterviews wurden dann zu betrieblichen Fallstudien des Projekts „Arbeit 2020" verdichtet, in denen jeweils Abschnitte zum Beratungsprozess, zur Landkarte und ihren Ergebnissen, zu den arbeitspolitischen Themen und den weiteren Verhandlungen und, soweit vorhanden, auch zu den Zukunftsvereinbarungen enthalten sind.

3.1 Fallauswahl und Vorgehen

15 der 19 in die Untersuchung einbezogenen Fälle waren Gegenstand der Prozessbegleitung der Workshops. Hier stand die Prozessbegleitung im

Zentrum der Untersuchungsmethoden. Die vier weiteren Fälle wurden erst nach dem Abschluss der betrieblichen Beratungsprozesse in die Untersuchung aufgenommen. In diesen Fällen fand keine Prozessbegleitung statt. Die Fälle wurden methodisch durch ausführliche Expert*inneninterviews mit den Betriebsräten, in einem Fall mit dem Vorsitzenden, in den anderen mit dem/der Vorsitzenden und weiteren Betriebsräten, erschlossen.

In diesen Fällen war das entscheidende Kriterium des Samplings der Abschluss einer Zukunftsvereinbarung. Auf diese Weise sollten alle Betriebe des Projekte „Arbeit 2020“, die zum Abschluss der Untersuchung eine Zukunftsvereinbarung aufwiesen, in die vergleichende Analyse einbezogen werden und systematisch nach den Bedingungen für den Abschluss, nach den in den Vereinbarungen eingegangenen Themen und nach der Umsetzung der Vereinbarung im Mitbestimmungshandeln der Betriebsräte ausgewertet werden.

Die anderen Fälle wurden im Rahmen eines selektiven Samplings (Schatzmann/Strauss 1973) in Abstimmung mit den jeweils zuständigen Gewerkschaften ermittelt. Dabei wurden mehrere Kriterien für die Fallauswahl zugrunde gelegt. Wichtigstes Kriterium war die Abbildung unterschiedlicher Unterbranchen aus den Organisationsbereichen der Gewerkschaften. Ergänzend kamen Erwartungen hinsichtlich der Verbreitung technologischer Neuerungen in den Betrieben hinzu; freilich war damit nicht gesagt, dass sich diese Erwartungen in den Fällen im Rahmen der Workshops dann auch so erfüllen sollten. Eine Ausnahme bildeten dabei die fünf teilnehmenden Betriebe im Organisationsbereich der IG BCE; hier konnten keine Fallstudien durchgeführt werden, weil von den Betriebsparteien die Beteiligung der wissenschaftlichen Expert*innen an den Workshopsitzungen nicht gewünscht wurde. Dies wiederum hing damit zusammen, dass in der chemischen Industrie die Autonomie der betrieblichen Akteure höher und die Kultur der Einbindung der Gewerkschaft und auch der direkten Kommunikation von Geschäftsleitungen und Gewerkschaft geringer einzuschätzen ist. Deshalb sollte die Zahl der externen Projektteilnehmer so gering wie möglich gehalten werden.

> „Wir reden hier ja gemeinsam mit den Arbeitgebern über diese Dinge als Gewerkschaft, nicht nur als Betriebsrat. Das ist für uns eine neue Dimension aus meiner Sicht, die auch sicherlich eine ziemliche Herausforderung ist. Und das haben wir in den Projekten teilweise auch gemerkt. Zu sehen, dass die IG BCE auf der betrieblichen Ebene eine eigenständige Positionierung entwickelt und darstellt und zeigt. Natürlich immer in Zusammenarbeit mit Betriebsräten. Aber durchaus

auch wahrnehmbar als eigenständig. Das kennen, glaube ich, die Arbeitgeber nur in seltenen Fällen." (Experteninterview IG BCE)

Aus dem Organisationsbereich der Gewerkschaft NGG konnten zwei der fünf teilnehmenden Betriebe in die Untersuchung aufgenommen werden. Die restlichen 17 Fälle – resp. 13 Fälle mit Prozessbegleitung – stammen aus dem Organisationsbereich der IG Metall, die insgesamt 25 Betriebe in der ersten Welle des Projekts „Arbeit 2020" betreute (Tabelle 1).

Tabelle 1: Das Sample der Untersuchungsbetriebe

Betriebe	**Gewerkschaft**	**Beschäftigte Betrieb**	**Stellung des Betriebs**	**Methoden (in Klammern: Zahl der Interviewpartner)**
Möbel	IG Metall	260	Einzelbetrieb – Investor	Prozessbegleitung / Interview BR (2)
Elektrotechnik 1	IG Metall	1.250	Einzelbetrieb – Familiengeführt	Prozessbegleitung
Elektrotechnik 2	IG Metall	1.500	Hauptsitz – Familieneigentum – internationale Standorte	Prozessbegleitung / Interview BR
Elektrotechnik 3	IG Metall	350	Hauptsitz – Familiengeführt – internationale Standorte	Interview BR (2)
Anlagenbau 1	IG Metall	4.900, Bereich: 1.800	Konzernstandort – AG – internationale Standorte	Prozessbegleitung / 2 Interviews BR
Anlagenbau 2	IG Metall	550	Hauptsitz – Familieneigentum – internationale Standorte	Prozessbegleitung
Automobilteile 1	IG Metall	550	Hauptsitz – Familiengeführt – internationale Standorte	Prozessbegleitung / Interview BR
Automobilteile 2	IG Metall	3.000; Bereich 740	Hauptsitz – Familiengeführt – internationale Standorte	Prozessbegleitung
Automobilteile 3	IG Metall	700	Hauptsitz – Familiengeführt - internationale Standorte	Interview BR (2)
Maschinenbau 1	IG Metall	1.200	Hauptsitz – SE – internationale Standorte	Prozessbegleitung / Interview BR
Maschinenbau 2	IG Metall	300	Konzernstandort – Ausländische AG	Prozessbegleitung / Interview BR (2)

Betriebe	Gewerkschaft	Beschäftigte Betrieb	Stellung des Betriebs	Methoden (in Klammern: Zahl der Interviewpartner)
Maschinenbau 3	IG Metall	240	Hauptsitz – Familiengeführt – internationale Standorte	Prozessbegleitung
Antriebstechnik 1	IG Metall	550; Bereich 240	Hauptsitz – Familiengeführt – internationale Standorte	Prozessbegleitung/ Interview BR
Antriebstechnik 2	IG Metall	550	Hauptsitz – Familiengeführt – internationale Standorte	Prozessbegleitung / Interview BR
Wirtschaftsbetriebe	IG Metall	240	Hauptsitz – AG und Besitz öffentliche Hand	Prozessbegleitung
Metallverarbeitung	IG Metall	370	Einzelbetrieb - Familiengeführt	Interview BR
Automationstechnik	IG Metall	450	Hauptsitz – AG/ Konzerngesellschaft – internationale Standorte	Interview BR (4)
Lebensmittel 1	NGG	210	Konzernstandort – AG – internationale Standorte	Prozessbegleitung / Interview BR
Lebensmittel 2	NGG	160	Konzernstandort – AG – internationale Standorte	Prozessbegleitung / Interview BR

Die Betriebe wurden anonymisiert; die Akronyme orientieren sich jeweils an den Branchenzugehörigkeiten der Betriebe. Die Betriebe aus dem Organisationsbereich der IG Metall verteilen sich auf die Branchen Anlagenbau (2), Antriebstechnik (2), Automationstechnik, Automobilzulieferer (3), Elektrotechnik (3), Maschinenbau (3), Metallverarbeitung (1), Möbelindustrie (1) und Wäschereien (1). Die beiden Betriebe aus dem Organisationsbereich der NGG produzieren jeweils Nahrungsmittel, in einem Fall Backwaren und im anderen Fall Feinkost.

Die Betriebsgrößen der Betriebe weisen eine breite Varianz auf; sie liegen zwischen 160 Beschäftigten bei Lebensmittel 2 und knapp 5.000 Beschäftigten bei Anlagenbau 1, wobei hier nur ein bestimmtes Produktsegment des Betriebes mit rund 1.800 Beschäftigten in das Projekt „Arbeit 2020“ einbezogen wurde. Unter den 19 Fällen befinden sich insgesamt fünf Betriebe, die Konzernstandorte inländischer (resp. in einem Fall auch ausländischer) Aktiengesellschaften oder, auch in einem Fall, einer SE sind; die anderen 14 Fälle sind zumeist Hauptsitze von Unternehmen im

Familienbesitz oder, und dies in den meisten dieser Fälle, unter Führung der Eigentümerfamilien. Allerdings sind auch diese Unternehmen bis auf wenige Ausnahmen internationalisiert und haben nicht nur ausländische Vertriebsgesellschaften, sondern auch ausländische Produktionsstandorte und Tochtergesellschaften. Teilweise weisen sie auch, wie alle Betriebe aus dem Bereich der Automobilzulieferer oder der Fall Automationstechnik, mehrere Geschäftsfelder und Produktsegmente auf und sind als Holding-Gesellschaften – aber im Familienbesitz und zumeist unter Familienführung – organisiert. Das Untersuchungssample spiegelt damit zwei Sachverhalte wider: Zum einen die ausgeprägt mittelbetriebliche Unternehmensstruktur der Metallindustrie in Nordrhein-Westfalen, zum anderen aber auch den grundlegenden Wandel, den diese Familienunternehmen mit Blick auf Internationalisierung und die Entwicklung komplexer Unternehmensstrukturen in den letzten Jahrzehnten durchlaufen haben (Meyer 2017). Nur in den Fällen *Wirtschaftsbetriebe*, einer Wäscherei, und *Metallverarbeitung* finden sich noch klassische einzelbetriebliche Familienstrukturen. Auch *Möbel* schließlich ist ein Einzelbetrieb, der sich allerdings im Besitz eines ausländischen Investors befindet.

Das Bild der teilnehmenden und untersuchten Betriebe ist also durchaus heterogen. Allerdings gibt es auch eine wichtige gemeinsame Klammer. Diese bildet die Teilnahme am Projekt „Arbeit 2020". Die Teilnahme signalisiert zweierlei: zum einen das Interesse der Betriebsräte am Projekt, das ein Mindestniveau an Mitbestimmungsaktivitäten in den Betriebsratsgremien nahelegt; und zum anderen das Interesse, oder zumindest die Akzeptanz, der Arbeitgeberseite und damit eine Offenheit gegenüber der Gewerkschaft und, möglicherweise, auf dieser Grundlage auch kooperative Arbeitsbeziehungen in den teilnehmenden Betrieben.

In den vier Betrieben ohne Prozessbegleitung wurde jeweils am Ende der Prozesse, nach Abschluss der Zukunftsvereinbarung, ein zusammenfassendes Interview mit einem oder mehreren Betriebsräten geführt. Diese Betriebe sind *Elektrotechnik 3*, *Automobilteile 3*, *Metallverarbeitung* sowie *Automationstechnik*. In allen anderen Fällen fand eine Prozessbegleitung statt, und in zehn dieser 15 Fälle konnten – zumeist am Ende des Prozesses resp. am Ende der Untersuchung – noch Interviews mit Betriebsräten durchgeführt werden. Dass in fünf Fällen keine Interviews stattfanden lag daran, dass hier die Prozesse im Projekt „Arbeit 2020" abgebrochen wurden oder die Betriebsräte hinterher aus anderen Gründen nicht mehr für Interviews zur Verfügung standen. In Tabelle 1 ist jeweils die Zahl der Interviews ausgewiesen und auch die Zahl der Betriebsräte, die an den Interviews teilgenommen haben.

Fast alle Interviews fanden mit den Betriebsratsvorsitzenden statt, weil diese zumeist die Promotoren des Projekts „Arbeit 2020“ im Betrieb waren und sind und weil sie – gerade in den kleineren Betrieben und dort als einzige Freigestellte – das meiste Kontextwissen aufwiesen sowie auch die für die Betriebsratsgremien hegemonialen Deutungsmuster (dazu Tabelle 2). Die Interviews werden in der folgenden Analyse jeweils mit „Betriebsratsinterview, Fall“ gekennzeichnet, und in den Fällen mit mehreren Interviews oder mehreren Teilnehmern werden diese separat nummeriert (Betriebsrat 1 etc.). Die Zahl der Betriebsratsinterviews summiert sich auf 14, an denen insgesamt 21 Betriebsräte teilnahmen.

Tabelle 2: Workshops und Interviews

Betriebe	**Workshops**	**Interviews**
Möbel	Zehn Workshops	Gruppeninterview BRV und BR Angestellte
Elektrotechnik 1	Fünf Workshops	Keine
Elektrotechnik 2	13 Workshops	Interview BRV
Elektrotechnik 3	Keine Workshopbeteiligung	Gruppeninterview BRV und BR
Anlagenbau 1	11 Workshops	Interview BRV und Interview BR
Anlagenbau 2	Sechs Workshops	Keine
Automobilteile 1	Acht Workshops	Interview BRV
Automobilteile 2	Sechs Workshops	Keine
Automobilteile 3	Keine Workshopbeteiligung	Gruppeninterview KBRV und BRV
Maschinenbau 1	Acht Workshops	Interview BRV
Maschinenbau 2	Sieben Workshops	Gruppeninterview BRV und BR
Maschinenbau 3	Sechs Workshops	Keine
Antriebstechnik 1	Sechs Workshops	Interview BRV
Antriebstechnik 2	Sieben Workshops	Interview BRV
Wirtschaftsbetriebe	Acht Workshops	Keine
Metallverarbeitung	Keine Workshopbeteiligung	Interview BRV
Automationstechnik	Keine Workshopbeteiligung	Gruppeninterview BRV und drei BR
Lebensmittel 1	Acht Workshops	Interview BRV
Lebensmittel 2	Sieben Workshops	Interview BRV

In den von uns begleiteten 15 Fällen wurden insgesamt 114 Workshops durchgeführt. Die Zahl ist je nach Verlauf der Prozesse ungleich auf die Fälle verteilt. Die Workshops wurden protokolliert, und auf der Grundlage der Protokolle wurden schließlich Fallbeschreibungen verfasst. Die Prozesse waren weit langwieriger, als am Anfang des Projekts von den Gewerkschaften prognostiziert; nicht wenige Fälle zogen sich über den gesamten Untersuchungszeitraum hin und teilweise auch darüber hinaus. Dadurch konnte die ursprüngliche Absicht, am Ende der Prozesse noch ergänzende Interviews durchzuführen oder im Bedarfsfall auch noch Beschäftigteninterviews oder -befragungen einzufügen, nicht, wie noch im Projektantrag angedacht, umgesetzt werden. Auch konnte deshalb die Erhebungsphase erst deutlich später als avisiert abgeschlossen werden. Die Prozesse erforderten einen langen Atem von allen Beteiligten

Zusätzlich zu den Fallstudien im engeren Sinne wurden ergänzende Expert*inneninterviews mit gewerkschaftlichen Projektsekretär*innen und Berater*innen durchgeführt. Mit den Projektsekretär*innen wurde über Ziele, Verlauf und Ergebnisse des Projekts sowie die eigenen Bewertungen und Deutungen der Prozesse und der eigenen Rolle gesprochen; in den Interviews mit den Berater*innen wurde diese Punkte aus ihrer Sicht beleuchtet. Insgesamt wurden sieben ergänzende Expert*inneninterviews durchgeführt; darunter waren auch die Personen, die den Prozess für die jeweiligen Gewerkschaften koordiniert und gesteuert haben. Diese wurden aber aus Gründen der Anonymisierung nicht gesondert gekennzeichnet. Die beiden Beratungsinterviews fanden jeweils mit Berater*innen der beiden am Projekt beteiligten Beratungsagenturen statt (Tabelle 3).

Tabelle 3: Weitere Interviews

Interviewpartner	**Zahl der Interviews**
Sekretäre IG Metall	Projektsekretär*in 1 Projektsekretär*in 2 Projektsekretär*in 3
Sekretäre IG BCE	Projektsekretär*in
Sekretäre NGG	Projektsekretär*in (2)
Beratung	Beratung 1 Beratung 2

3.2 *Kurzportraits der Betriebsfälle*

Im Folgenden sollen vor der eigentlichen Auswertung der Befunde die Untersuchungsfälle kurz beschrieben werden. *Möbel* ist ein Betrieb der Holz- und Kunststoffindustrie. Er fertigt Küchenschränke im gehobenen mittleren Markt- und Preissegment und ist seit einigen Jahren im Besitz eines ausländischen Eigentümers mit Schwerpunkt Handel und Vertrieb. Der Eigentümer gewährt dem Betrieb nach Aussage des Betriebsrats geschäftliche Autonomie, zieht aber einen prozentualen Anteil vom Umsatz als Rendite ab; Investitionen muss der Betrieb selber erwirtschaften. In den letzten Jahren gelang es dem Betrieb, sich im mittleren bis höheren Produktsegment zu etablieren. Der Küchenbaubetrieb hat rund 250 Beschäftigte, 160 davon in der Produktion und 90 in der Verwaltung. Im Angestelltenbereich gibt es neben den indirekten Bereichen wie Arbeitsvorbereitung, Planung und technische Entwicklung einen großen Bereich der kaufmännischen Sachbearbeitung. Die dort Beschäftigten arbeiten in einem Großraumbüro, das durch Stellwände unterteilt wird. Der Produktionsbereich ist untergliedert in vier Montagelinien. Die Beschäftigten dort sind teilweise Facharbeiter, teilweise Angelernte. Die Facharbeitsquote in der Sonderschrankmontage ist höher als in anderen Montagebereichen.

Elektrotechnik 1 wurde als Familienunternehmen bereits Anfang des 20. Jahrhunderts gegründet. Das Unternehmen stellt Schalter und Steckdosen her, darüber hinaus aber auch ein breites Spektrum an Elektro-Installations-Systemen unter anderem für Kommunikationstechnik, Türsprechanlagen oder die Automatisierung von Heizung, Licht und Jalousie. Mit dem Geschäftsfeld Kunststofftechnik entwickelt und produziert das Unternehmen außerdem Lösungen für die Medizin- und Pharmaindustrie. Der Betrieb ist in einer stabilen Marktlage. Etwa 650 der 1.250 Beschäftigten des Betriebs arbeiten in den Produktionsbereichen Metall (450) und Kunststoff (200), die anderen 600 Beschäftigten teilen sich auf die Angestelltenbereiche auf wie Vertrieb, Verwaltung, Anwendungstechnik, Entwicklung und Konstruktion, Einkauf, Qualitätssicherung und Design.

Auch *Elektrotechnik 2* ist ein Unternehmen im Familieneigentum, allerdings mit mehreren Standorten und Tochtergesellschaften auch im Ausland. Das Unternehmen produziert Innen- und Außenleuchten für Büros, Geschäfte und Industrie sowie elektronische Komponenten. Die Produkte sind innovationsintensiv, weil sich der Produktmarkt stark wandelt. In den letzten Jahren wurde der Umstieg zur LED-Fertigung bewältigt. Das Unternehmen beschäftigt weltweit mehr als 5.200 Mitarbeiter. Davon arbeiten etwa 1.500 am Hauptsitz, dort etwa zur Hälfte in der Produktion und zur Hälfte in den Angestelltenbereichen. Dies sind zu großen Teilen qualifizierte Beschäftigte. Der mit Abstand größte Angestelltenbereich ist der Vertrieb, aber auch in Entwicklung und IT arbeiten knapp 100 Beschäftigte.

Der Untersuchungsbetrieb *Elektrotechnik 3* ist als Stammsitz auch Sitz der Unternehmensleitung und der Verwaltung von der EDV bis zum Einkauf und der Entwicklung. Die anderen Betriebe des Unternehmens sind verlängerte Werkbänke. Das Unternehmen fertigt elektronische Schaltanlagen vom Serienprodukt bis zur Einzelanfertigung für große Automobilwerke. Nach Einschätzung des Betriebsrats ist die Marktlage des Unternehmens recht komfortabel, weil man nicht unter dem Preisdruck einzelner Abnehmer steht. Im Untersuchungsbetrieb sind 350 Mitarbeiter beschäftigt, weltweit hat das Unternehmen 850 Beschäftigte. Etwa 150 Beschäftigte am Stammsitz arbeiten in den Angestelltenbereichen.

Anlagenbau 1 ist ein Konzernstandort, an dem seit fast 90 Jahren Produkte für den Bau von Kraftwerken hergestellt werden. Der Standort ist zugleich Entwicklungszentrum und Fertigungsstandort, und er gilt als Leitwerk des Konzerns für Dampfturbinen und Generatoren. Im Werk arbeiten knapp 5.000 Beschäftigte in den Bereichen Generator, Turbinen, Service und Administration. Der Produktbereich, der für das Projekt „Arbeit 2020" ausgewählt wurde, umfasst 1.800 Beschäftigte, davon gut 500 Produktionsarbeiter und etwa 1.300 Angestellte. Bis auf einzelne Ausnahmen haben die Beschäftigten mindestens Facharbeiterstatus. Zum Zeitpunkt des Projekts wurden am Standort Arbeitsplätze abgebaut; ein Fertigungsbereich wird verlagert, auf betriebsbedingte Kündigungen wird verzichtet. Die Gründe für die schwierige Lage des Standorts sind vielfältig. Sie liegen einerseits an der sinkenden Nachfrage auf dem Kraftwerksmarkt, bedingt durch die Energiewende und den weltweiten Trend zu erneuerbaren Energien und kleineren, dezentralen Kraftwerken, andererseits aber auch am konzerninternen Kosten- und Verlagerungsdruck und der Wettbewerbsfähigkeit der Produkte.

Im Betrieb *Anlagenbau 2* werden Kernkomponenten für Hütten- und Walzwerke von anspruchsvollen Schweißkonstruktionen bis zu mechanisch gefertigten Teilen produziert. Im Werk arbeiten 2000 Beschäftigte. In das Projekt „Arbeit 2020" wurden nur Teilbereiche mit insgesamt rund 550 Beschäftigte einbezogen, davon arbeiten etwa 400 in der direkten Produktion und 150 Beschäftigte in den Angestelltenbereichen. Die wirtschaftliche Situation des Betriebs hat sich im Projektverlauf verschlechtert, schließlich wurden Entlassungen angekündigt. Zudem wurde der Betrieb durch Einführung von Profit-Center-Strukturen grundlegend reorganisiert.

Automobilteile 1 stellt Teile für die Automobilindustrie her. Der Betrieb verfügt über ein eigenes Presswerk, in dem Bleche erhitzt und dann gebogen und gestanzt werden. Das Werk fertigt weitgehend Teile für LKW's; um die Jahrtausendwende wurden verstärkt PKW-Aufträge hinzugenommen. Ohne diesen Strategiewechsel hätte das Werk nicht überlebt. Die Aufträge werden immer für bestimmte Produktionszyklen eines Automodells vergeben und sichern aktuell die Beschäftigung für die nächsten beiden Jahre. Kostendruck und Standortkonkurrenz im Unternehmen sind sehr ausgeprägt; die Auftragsvergabe innerhalb des Konzerns erfolgt entsprechend den Kompetenzen, die einzelnen Standorten zugeschrieben werden, sowie Kostenvergleichen. Zum Teil existieren im Unternehmen ausländische Standorte mit ähnlichen Kompetenzen, die ein Benchmarking ermöglichen. Im Werk arbeiten rund 550 Beschäftigte, etwa 360 Arbeiter und 190 Angestellte.

Im Werk *Automobilteile 2* sind rund 3.000 Mitarbeiter beschäftigt. Sie produzieren elektrische, elektromechanische und mechatronische Bauteile für industrielle Abnehmer, insbesondere Automobilunternehmen und deren Zulieferer. Das Projekt „Arbeit 2020" wurde im Bereich Automobilelektrik durchgeführt. In diesem Bereich arbeiten etwa 740 Beschäftigte, davon sind rund 420 Arbeiter in den Montagen und im Bereich Mechatronik; die etwa 320 Angestellten verteilen sich auf Abteilungen wie Einkauf, Vertrieb, Elektronik, Entwicklung, Personalwesen und produktionsnahe Bereiche. Die Umsatzentwicklung der letzten Jahre im Gesamtunternehmen verlief dynamisch.

Der Betrieb *Automobilteile 3* ist Teil eines Automobilzulieferunternehmens. Das Unternehmen ist als Holding-Gesellschaft organisiert und hat vier Betriebe in Deutschland. Der Prozess „Arbeit 2020" bezog sich auf einen Betrieb, der Verbindungstechnik produziert und zugleich der größte Standort des Unternehmens ist. Die schließlich im Prozess ausgearbeitete Zukunftsvereinbarung wurde dann aber für alle deutschen Konzernstandorte abgeschlossen. Die Werke sind im Rahmen der Holding-Strukturen operativ selbständig und berichten an die Holding, die sich im Familienbesitz befindet. Das Unternehmen hat knapp 2.000 Beschäftigte in Deutschland und mehr als 3.000 weltweit. Inzwischen gibt es mehrere Standorte im Ausland. Die Auslandsproduktion folgt den Märkten und den Endherstellern. Dies geschieht einerseits aus organisatorischen Gründen und zur Kostensenkung, andererseits auf Druck der OEM. Im Projektbetrieb arbeiten rund 700 Beschäftigte, etwa 400 davon in den Angestelltenbereichen und 300 in der Produktion.

Maschinebau 1 ist ein traditionsreicher Betrieb, der seit Ende des 19. Jahrhunderts existiert und Pumpen für die Heizungstechnik, Klimatisierung, Wasserversorgung und Abwasserbeseitigung herstellt. Die erste Produktionsstätte im Ausland wurde in den 1980er Jahren eröffnet. Heute unterhält das Unternehmen rund 15 Produktionsstandorte weltweit. Die Mitarbeiterzahlen stiegen aufgrund dieses Unternehmenszuwachses auf rund 7.000 Beschäftigte an, von denen etwa 2.600 in Deutschland arbeiten. Der Konzern ist eigentumsrechtlich als SE organisiert, wobei allerdings die Stiftung der ursprünglichen Eigentümerfamilie nach wie vor Mehrheitsgesellschafterin ist. Im Projektbetrieb und Hauptsitz des Unternehmens arbeiten etwa 1.200 Beschäftigte, rund jeweils die Hälfte davon in den Produktions- und in den Angestelltenbereichen. In das Projekt „Arbeit 2020“ wurde nicht alle, aber doch die meisten Bereiche des Betriebs einbezogen.

Maschinenbau 2 ist auf Landmaschinen spezialisiert. Der Betrieb wurde Mitte der 1990er Jahre an einen ausländischen Landmaschinenhersteller verkauft. Etwa 20 Jahre später geriet dieses Unternehmen jedoch in finanzielle Schwierigkeiten und wurde von einem japanischen Konzern übernommen. Der Projektbetrieb produziert Sätechnologie. Der Landmaschinenbau ist ein Saisongeschäft; die Hochsaison liegt zwischen November und April, in dieser Zeit werden Arbeitszeitkonten aufgebaut und zusätzlich Leiharbeiter beschäftigt. Im Werk sind zum Untersuchungszeitpunkt knapp 300 Personen beschäftigt, davon etwa 120 Arbeiter und knapp 180 Angestellte.

Der Betrieb *Maschinebau 3* ist als operativ eigenständige Business Unit Teil einer Holdinggesellschaft. Die Holding, die sich nach wie vor im Familienbesitz befindet, umfasst Vorstand und Verwaltung mit Funktionen wie IT, Personal oder Controlling. Am Standort befinden sich neben dem Projektbetrieb vier weitere Business Units, die allesamt rechtlich eigenständige Gesellschaften sind und Maschinen für die Kunststoffverarbeitung herstellen. Der Untersuchungsbetrieb produziert als Business Unit Komponenten, traditionell vor allem für die anderen Gesellschaften, aber zunehmend auch für den externen Markt. Die Geschäftsführung der Einzelgesellschaften liegt in den Händen bestellter Manager, die sich aber gegenüber den Eigentümern teilweise auch im Tagesgeschäft rechtfertigen müssen. Insgesamt arbeiten in den fünf Gesellschaften am Standort rund 870 Beschäftigte, davon rund 240 bei *Maschinenbau 3*. Von diesen sind gut 80 Beschäftigte im indirekten Bereich und in der Verwaltung beschäftigt, knapp 160 sind Arbeiter in der Produktion.

Der Betrieb *Antriebstechnik 1* ist Hauptsitz eines Unternehmens, das auf eine lange Unternehmensgeschichte zurückblicken kann. Das Familienunternehmen wurde bereits Ende des 19. Jahrhunderts gegründet und befindet sich mittlerweile in der Hand der vierten Generation. Seitdem hat sich das Unternehmen zu einem führenden Hersteller von Kupplungen, Bremsen und Antriebslösungen entwickelt und als Komponentenlieferant in vielen Branchen fest etabliert. Das Unternehmen ist in seinen Kerngeschäftsfeldern Marktführer und einer der sogenannten „Hidden Champions“. Neben dem Hauptsitz existieren Produktionsstandorte im europäischen Ausland und in China. Am Hauptsitz arbeiten etwa 550 Beschäftigte. Vier Abteilungen wurden vom Projekt „Arbeit 2020“ ausgenommen; in den in den Prozess integrierten Abteilungen arbeiteten knapp 240 Beschäftigte, davon rund 180 in der Produktion und 60 Beschäftigte in den Angestelltenbereichen.

Auch der Projektbetrieb *Antriebstechnik 2* ist ein Unternehmen im Familienbesitz. Weltweit beschäftigt das Unternehmen etwa 1.500 Mitarbeiter, davon gut 550 im Projektbetrieb, der zugleich Hauptsitz ist. Neben einem weiteren deutschen Standort gibt es noch drei Auslandswerke. Das Unternehmen konzentriert sich auf drei Geschäftsbereiche: Antriebstechnik, Gerätetechnik und Verstelltechnik. Gefertigt wird unter anderem für die Medizintechnik, die Prozess- und Fördertechnik, den Maschinenbau sowie die Möbel- und die Textilindustrie. Am Untersuchungsstandort werden vor allem Antriebssysteme, Motoren und Pumpen hergestellt; einen großen Teil des Geschäfts machen kundenspezifische Sonderanfertigungen aus. Etwa 390 Beschäftigte arbeiten in den Produktionsbereichen, die anderen 160 in der Verwaltung und den produktionsnahen Dienstleistungen.

Der Projektbetrieb *Wirtschaftsbetriebe* liefert Dienstleistungen für Krankenhäuser und Altenheime. Organisatorisch gliedert sich das Unternehmen in die vier Unternehmensbereiche Textil-, Medizin-, Gebäude- und Energie-Service. Der ursprüngliche Schwerpunkt – und auch heute noch wichtiger Bereich des Unternehmens – ist die Krankenhauswäscherei. Innerhalb der letzten zwei Jahrzehnte Jahre wurde der Betrieb um einen Reinigungsdienst für medizinisches Equipment, die Reinigung von OP-Sälen und Patientenzimmern und die Reinigung von Narkose- und Beatmungstechnik erweitert. Rund 60% des Unternehmensverbundes befinden sich in öffentlicher Hand; Kunden sind teilweise als Gesellschafter im Aufsichtsrat der Unternehmensgruppe aktiv. Am Hauptsitz des Unternehmens arbeiten rund 240 Beschäftigte, davon etwa vier Fünftel in der Produktion (Wäscherei) oder als Fahrer.

Der Betrieb *Metallverarbeitung* ist Hauptsitz und einziges Werk eines eigentümergeführten Unternehmens mit etwa 370 Beschäftigten. Produziert werden Walzanlagen, aber auch Belüftungs- und Filtrieranlagen. Die Wartung der Anlagen hat sich zu einem wichtigen Geschäftsfeld entwickelt. Die Walzgerüste und die Filtrieranlagen sind teilweise so groß, dass sie beim Kunden zusammengebaut werden. Die Belegschaft ist gut qualifiziert; in der Produktion sind nur Facharbeiter eingesetzt, und der hohe Angestelltenteil von rund 60% zeigt die Bedeutung der Konstruktion und Auftragsabwicklung für die Umsetzung besonderer Kundenwünsche.

Der Betrieb *Automationstechnik* ist Teil eines Unternehmens, das vor einigen Jahren von einem Investor gekauft und von der Börse genommen wurde. Das Unternehmen ist noch eine AG, aber zu 100 Prozent im Eigentum des neuen Investors. Es gibt damit weiterhin einen mitbestimmten Aufsichtsrat und einen Vorstand, bestehend aus zwei Personen, dem Vorstandsvorsitzenden und dem Finanzvorstand. Der Eigentümerwechsel hat nach Auskunft des Betriebsrats keine Veränderung im operativen Geschäft nach sich gezogen. Der Eigentümer ist ein konservativer Investor, der keinen Renditedruck ausübt und nur einen kleineren Teil des Ergebnisses entnimmt. Zum Unternehmen gehören insgesamt drei Firmen, in denen etwa 1.400 Beschäftigte weltweit arbeiten, rund 450 davon am Projektstandort. Von diesen wiederum sind gut die Hälfte in der Produktion beschäftigt, die anderen in Verwaltung oder Entwicklung und Konstruktion.

Lebensmittel 1 ist ein Produktionsbetrieb einer Tochtergesellschaft eines internationalen Nahrungsmittelkonzerns, der alle möglichen Sorten von Lebensmitteln produziert. Bis Ende der 1980er Jahre wurde die Tochtergesellschaft, deren angestammtes Geschäft die Produktion von Feinkost ist, noch von den Nachkommen der ehemaligen Eigentümerfamilie geleitet, dann ging sie vollständig in den Besitz des Konzerns über. In Deutschland beschäftigt der Konzern mehr als 12.000 Mitarbeiter*innen. Der Projektstandort ist das Produktionszentrum „Feinkostprodukte" der Tochtergesellschaft. Das Werk besteht seit Mitte der 1950er Jahre; im Jahr 2001 konnte es sich in einem konzerninternen Wettbewerb um ein neues Restrukturierungs- und Rationalisierungskonzept gegenüber einem anderen Werk durchsetzen, das danach geschlossenen wurde. Damals wurde deshalb die Produktionsmenge aufgestockt, und gleichzeitig wurde der Standort vergrößert und neu strukturiert. Neben der Ausweitung der Produktion wurden der Maschinenpark modernisiert, die Materialströme automatisiert und die Logistik neu geordnet. Den größten Automatisierungsschub verzeichnet dabei der Verpackungsbereich, wo durch die Einführung von Packmaschinen ein Großteil der menschlichen Handarbeit überflüssig wurde. Im Werk arbeiten gut 200 Beschäftigte, rund drei Viertel davon in der Produktion.

Auch *Lebensmittel 2* schließlich gehört zu einem internationalen Nahrungsmittelkonzern; der Betrieb wurde Ende der 1980er Jahre als erster Produktionsstandort dieses Unternehmens in Europa gegründet. Im Jahr 2010 wechselte der Betrieb zu einem anderen Konzern mit Spezialisierung auf Backwaren. Innerhalb des Konzerns gehört der Standort nach Aussage des Betriebsrats zu den effektivsten Werken in Europa, verfügt allerdings nur über eine relativ alte Produktionstechnik, obwohl die Produktion hoch automatisiert ist. Der Standort ist zugleich größter Entwicklungsstandort des Konzerns in Europa. Es gibt drei Produktionslinien für zwei unterschiedliche Produkte. Insgesamt arbeiten im Projektbetrieb etwa 160

Festangestellte und gut 50 Aushilfen; von den 160 fest Beschäftigten arbeiten rund 90 im gewerblichen Bereich, der Rest im indirekten Bereich.

4 Das Projekt „Arbeit 2020“

4.1 *Hintergrund des Projekts*

Die Ursprünge des gewerkschaftlichen Projekts „Arbeit 2020“ sind eng mit der Debatte um die „Industrie 4.0“ und den Beginn staatlicher Förderungen verbunden. Dies gilt insbesondere für die umfangreiche Förderung des so bezeichneten Spitzenclusters „it‘s OWL“ in Ostwestfalen-Lippe. „It’s OWL“ ist ein Technologienetzwerk, das 2011 gegründet wurde und das heute aus rund 25 Unternehmen vor allem der Metall- und Elektroindustrie, aus Hochschulen und Forschungseinrichtungen sowie aus Transferpartnern (dazu gehören regionale Industrie- und Handelskammern und Arbeitgeberverbände) und schließlich Fördermitgliedern besteht, vor allem KMU, die vom Technologietransfer profitieren wollen (it‘s OWL 2019). Die Gründung und Entwicklung des Spitzenclusters „it’s OWL“ wurde von der IG Metall nicht von ungefähr intensiv beobachtet, denn hier sollte die Zukunft der „Industrie 4.0“ entwickelt und umgesetzt werden. Dies galt sowohl mit Blick auf die Entwicklung neuer technologischer Lösungen für Produkte und Produktionstechnologien als auch für die Ausgestaltung der „Arbeitswelt der Zukunft“, der „Arbeit 4.0“, in den Unternehmen des Netzwerks. Damit traf das Cluster den industrie- und arbeitspolitischen Nerv der Gewerkschaft. Denn die hier entwickelten Technologien würden absehbar über Konkurrenzfähigkeit und Beschäftigung in der Branche entscheiden, und die dort erarbeiteten arbeitsorganisatorischen Modelle versprachen Strahlkraft zu entwickeln und damit die weitere Entwicklung von Qualifikationsbedarfen, Tätigkeitszuschnitten, Autonomiespielräumen und Arbeitsbedingungen in der Industrie zu prägen.

Die Gewerkschaft war in diesem Netzwerk allerdings von Beginn an außen vor und hatte keine Einflussmöglichkeiten. Vor diesem Hintergrund organisierte die IG Metall im Jahr 2013 zusammen mit der Weiterbildungseinrichtung „Arbeit und Leben“ einen Betriebsräteworkshop in Bielefeld, zu dem Betriebsräte aus den Mitgliedsunternehmen des Clusters eingeladen wurden, um über ihre Erfahrungen mit der „Industrie 4.0“ und dem Cluster zu berichten. Das Ergebnis war aus Sicht der Gewerkschaft erschütternd; nur die wenigsten Betriebsräte konnten damit konkrete Inhalte oder Projekte assoziieren.

> „Und dann die Frage: Was sie eigentlich schon davon mitbekommen haben, was ihr Unternehmen da jetzt tut in Richtung „Industrie 4.0". Das höchste der Gefühle war, dass sie wussten, da gibt es jetzt so ein Spitzencluster. Aber die wussten eigentlich gar nicht, welche Projekte da laufen. Und das war der eine Kick zu sagen: ‚Das kann doch wohl nicht wahr sein.'" (Projektsekretär*in 1, IG Metall)

Doch nicht nur Wissen und Kompetenzen der Betriebsräte erwiesen sich als Problem, auch die eigene Rolle als Gewerkschaft in diesem Cluster und darüber hinaus in Fragen der „Industrie 4.0" wurde nun als Herausforderung erkannt. Den Ausschlag dafür gab auch der angesprochene Betriebsräteworkshop. Dort präsentierte einer der Geschäftsführer des Netzwerks in einem Vortrag die Förderstruktur, Ziele und konkreten Maßnahmen von „it's OWL". Dazu gehörte auch die Identifizierung von Querschnittsfragestellungen. Eine dieser Fragestellungen bezog sich auf die Qualifizierung, und hier sahen die Architekten des Netzwerks eine mögliche Rolle für die IG Metall.

> „Und eine Querschnittsfragestellung war Qualifizierung. Aber in dem großen Schaubild war das nur eine Querschnittsfragestellung von mehreren, und es war nur unten rechts in der Grafik so ein kleines Kästchen. Und da hat der mit einem strahlenden Lächeln gesagt: ‚Und hier sehe ich die Gewerkschaft. Da können wir gut zusammenarbeiten.' Und zwar nach dem Muster: Die Leute müssen sich der Technologie anpassen. Und da haben wir gesagt: ‚Das ist aber eine Rolle, die gefällt uns nicht.'" (Projektsekretär*in 1, IG Metall)

Als subalterner Partner und Erfüllungsgehilfe sahen die Gewerkschaftssekretäre ihre Rolle nicht, das war die einhellige Deutung der Erfahrungen des Workshops. In der Bezirksleitung wurde das Thema daraufhin intensiv diskutiert. Dabei reifte die Überzeugung, dass das Thema „Industrie 4.0" erstens für die Zukunft der Unternehmen im Organisationsbereich der Gewerkschaft überaus wichtig ist und dass zweitens die Gewerkschaft das Ziel verfolgen sollte, in dieser Entwicklung eine aktive und nach Möglichkeit gestaltende Rolle zu entwickeln, um nicht in eine defensive und subalterne Position gerückt zu werden.

Klar war auch, dass bei den gewerkschaftlichen Aktivitäten die Betriebsräte im Zentrum stehen müssten, denn die „Industrie 4.0" würde nicht auf der Ebene der Tarifverträge umgesetzt, sondern in den Betrieben und damit im Mitbestimmungsbereich der Betriebsräte. Diese wiederum waren offensichtlich für das Thema schlecht gerüstet. Und erschwerend kam hinzu, dass nach den Erfahrungen der Gewerkschaftssekretär*innen viele andere Probleme auf die Betriebsräte der Branche warteten, von Restrukturierungen und Globalisierung hin zu Fragen der Konversion und Transformation von Produkten und Geschäftsfeldern, für deren Bearbeitung durch die Betriebsräte ebenfalls weder Rezepte noch hinreichende Kompetenzen vorhanden zu sein schienen. Dies war eine Erfahrung aus Vorgängerprojekten wie „Besser statt billiger“.

> „Auch als Erkenntnis aus all den Projekten, die hier schon gelaufen sind, entstand die Idee: Wir brauchen eigentlich wegen der verschiedensten Veränderungsprozesse in der Industrie, also Globalisierung, Ressourcenfragen, Konversionsfragen, so etwas wie ein Umbruchbüro. Das war unsere Ursprungsidee. Also ganz gezielt die Betriebsräte vorbereiten und mitnehmen. Ihnen auch Wissen vermitteln. Auch vor Ort mal gucken, was da eigentlich los ist. Und da war Digitalisierung sozusagen nur ein Punkt drinnen. Nicht der Einzige.“ (Projektsekretär*in 1, IG Metall)

Zugleich war klar, dass die Bezirksleitung diese Aufgaben nicht aus eigener Kraft und mit den vorhandenen Ressourcen stemmen konnte. Daraufhin entstand die Idee, diese Aufgaben in Projektform anzugehen und dafür externe Mittel einzuwerben. Die Politik in Bund und Land hatte für die Digitalisierung neue Fördertöpfe freigegeben, und zumindest ein Bruchteil der dort verwendeten Fördersummen sollte für die Gewerkschaft mobilisiert werden. Deshalb suchten Vertreter der Bezirksleitung den Dialog mit der Landesregierung und begannen, bei verschiedenen Ministerien mit ihrer Idee vorstellig zu werden. Daraus entwickelte sich ein relativ kontinuierlicher Gesprächskreis zwischen Ministerien, der Gewerkschaft und auch Vertretern der Arbeitgeber, die dazu eingeladen wurden, aus dem schließlich die „Allianz Wirtschaft und Arbeit“ – inzwischen die „Initiative Wirtschaft und Arbeit 4.0“ – entstand, ein korporatistisches Netzwerk, das industriepolitische Gestaltungsfragen auf Landesebene diskutiert.

Damit war jedoch die Finanzierungsfrage weiter ungeklärt, denn die Ministerien verhielten sich zunächst zurückhaltend. Es kam Bewegung in die Sache, als die IG Metall ein Gespräch mit der damaligen Ministerpräsidentin Hannelore Kraft arrangierte, zu dem sie auch Betriebsräte einlud, um aus den Betrieben über die aktuellen Herausforderungen zu berichten. Das Gespräch war so überzeugend, dass danach die Förderung für ein gewerkschaftliches Projekt zugesagt wurde.

> „Da konnten erfahrene Betriebsräte berichten, die sozusagen schon mit Blick auf die vergangenen Veränderungsprozesse gezeigt haben, wie wichtig das war. Und dann war Hannelore Kraft überzeugt, dass

> das gut ist. Sie hat ja auch gesagt, im selben Jahr, dass NRW Mitbestimmungsland Nummer Eins wird. Da konnte man sich dann auch drauf berufen." (Projektsekretär*in 1, IG Metall)

Die Finanzierung erfolgte schließlich durch das Arbeitsministerium in einem Antragsverfahren. Der Projekttitel „Arbeit 2020" ergab sich übrigens nicht aus der zeitlichen Perspektive des Projekts oder der Gestaltungsvision der Gewerkschaft, sondern aus den Förderrichtlinien des Ministeriums. Im Projektantrag wurde die Themensetzung des Vorhabens stark auf die Digitalisierung zugeschnitten, weil sich dadurch die Landesregierung einen größeren politischen Mehrwert erhoffte. Dennoch blieb die Zielperspektive erhalten, Digitalisierung und andere Herausforderungen in den Betrieben integriert zu betrachten und darauf Antworten zu entwickeln.

> „Gut, und dann haben wir das ein bisschen stärker auch auf diese Digitalisierungsfragen konzentriert. Man musste gucken, dass man eine Mischung findet. Und dass man sich auch nicht verzettelt.... In der betrieblichen Begleitung ist es ja auch nicht nur so, dass wir hier stur den Stand der Digitalisierung abfragen. Wir fragen ja: Wo steht ihr? Was für eine Strategie hat eigentlich euer Unternehmen?" (Projektsekretär*in 1, IG Metall)

Das Projekt startete Anfang 2016 mit einer Laufzeit von zunächst zwei Jahren. Im zweiten Jahr wurde dann ein Antrag auf Projektverlängerung für zwei weitere Jahre gestellt, der vom für die Finanzierung zuständigen Arbeitsministerium positiv beschieden wurde. Damit ging das Projekt dann in eine zweite Projektphase mit dem Ziel, die Entwicklung einzelner Betriebe zu vertiefen und ansonsten die Zahl der teilnehmenden Betriebe deutlich auszuweiten.

4.2 Gewerkschaftskooperation

Das Projekt „Arbeit 2020" wurde schließlich als gewerkschaftliches Gemeinschaftsprojekt konzipiert. Der DGB Landesbezirk und zwei weitere Gewerkschaften, die NGG und die IG BCE, wurden in den Projektantrag aufgenommen. Der Hauptgrund dafür war, dass das Arbeitsministerium eine Ausweitung der Antragsteller und des Wirkungsbereichs des Projekts gefordert hat. Daraufhin ist die Bezirksleitung der IG Metall auf die regionalen Gliederungen der beiden anderen Gewerkschaften zugegangen, die mit ihren starken Organisationsbereichen im Industriesektor ein industrieweites Anwendungsfeld für das Projekt versprachen. Von da an war das

Projekt ein Gemeinschaftsvorhaben der drei Gewerkschaften. Die IG Metall blieb die treibende Kraft, doch wurden nun der Projektantrag gemeinsam abgestimmt und auch später die Beratungsinstitute gemeinsam ausgesucht.

> „Gut, auch lag der Schwerpunkt bei der IG Metall, aber wir haben das gemeinsam diskutiert und haben das dann auch gemeinsam eingebracht. Und dann haben wir gemeinsam auch eine öffentliche Ausschreibung gemacht für die Beratung und haben die Projektberatung gemeinsam letztendlich ausgesucht." (Projektsekretär*in 1, NGG)

Die IG Metall stellte unter den Gewerkschaften schließlich die größte Zahl der Projektsekretär*innen; sie war mit vier Sekretär*innen an Bord, die IG BCE und die NGG jeweils mit zwei. Die IG Metall sollte später auch die mit Abstand größte Zahl an Projektbetrieben koordinieren. In der ersten Runde des Projekts kamen 25 Betriebe aus ihrem Organisationsbereich, jeweils fünf aus den Reihen der beiden anderen Gewerkschaften. Im Unterschied zur IG Metall bedeutete das Projekt „Arbeit 2020" für die beiden anderen Gewerkschaften Neuland. Weder in der IG BCE noch in der NGG gab es vergleichbare betriebsbezogene Projekte zuvor.

> „Dieses Projekt unterscheidet sich in vielerlei Hinsicht von dem was wir vorher gemacht haben. Wir haben sehr viel Projektarbeit natürlich mit Betriebsräten, Vertrauensleuten gemacht. Natürlich hat der Arbeitgeber auch immer unterstützt. Aber diese Systematik in betriebliche Prozesse reinzugehen, die sich anzugucken, dort Handlungsfelder daraus abzuleiten. Das haben wir so in der Vergangenheit nicht gemacht." (Projektsekretär*in IG BCE)

Dieser Unterschied bezieht sich vor allem auch auf die betriebspolitische Präsenz der Gewerkschaft, die durch das Projekt erzeugt wird. In der IG Metall ist die aktive Betriebspolitik ein lange etabliertes Feld; in vielen Projekten wie „Besser statt billiger" oder „Arbeit und Innovation" hat die Gewerkschaft versucht, Betriebsräte zu unterstützen und auf diese Weise auch ihre eigene Präsenz in den Betrieben zu stärken. In der IG BCE ist ein solcher Ansatz eher ungewöhnlich; er wird weder von den Betriebsräten noch von den Arbeitgebern als selbstverständlich betrachtet. Die bisherige Strategie lautete eher, auf der Ebene des Vorstands oder auch der Landesbezirke Unterstützungsleistungen zu erarbeiten und anzubieten, ihre Umsetzung aber weitgehend in die Hände der Betriebsparteien zu legen. Dies galt bis dahin auch für das Thema „Industrie 4.0". Dazu gab es zwar auf Vorstandsebene schon Konferenzen, es wurden Materialen in Form von

Broschüren oder Internet-Infos für die Betriebsräte bereitgestellt, aber eine aktive Kooperation mit betrieblichen Akteuren blieb bis dahin aus.

> „Und jetzt sozusagen als eigenständiger Player da auch Anforderungen zu stellen an den Kooperationsprozess im Betrieb. Das ist schon was Neues. Und das steuern wir nicht so stark wie die IG Metall." (Projektsekretär*in IG BCE)

Auch in der NGG erzeugt das gemeinsame Projekt „Arbeit 2020" ein Alleinstellungsmerkmal des Landesbezirks. Auch dort wurde zum Thema in der Grundsatzabteilung der Gewerkschaft bereits gearbeitet, auch dort wurden dazu erste Materialen bereitgestellt, aber eine Einbindung in eine aktive Betriebspolitik erfolgte bislang nicht. Hier hat das Projekt einen Vorzeige- und Modellcharakter. Für die weniger ressourcenstarke NGG ist gerade die externe Finanzierung zentral, denn auf diese Weise kann sie nun Betriebspolitik aktiver gestalten.

> „Da sind wir einzigartig in NRW. Es ist so, dass die Bundesebene und andere Landesbezirke auch mit großen Augen auf uns gucken in NRW, was wir da machen. Dass wir es eben auch schon auf Bundestagungen vorgestellt haben, unser Projekt. Und dass das Interesse in anderen Landesbezirken daran auch groß ist, weil das Thema eben bundesweit Thema ist und nicht ein reines NRW-Thema." (Projektsekretär*in 1, NGG)

4.3 Projektstruktur

Für das Projekt „Arbeit 2020" wurde eine Metastruktur regelmäßiger Koordinierungstreffen zwischen den Projektsekretär*innen der teilnehmenden Gewerkschaften eingerichtet, in denen Erfahrungen, Stände und weitere Projektschritte besprochen werden. Der eigentliche Kern der Projektstruktur aber sind die Projektteams, die jeweils für die Betreuung der betrieblichen Prozesse gebildet werden und die aus einem/einer der gewerkschaftlichen Projektsekretär*innen und einem/einer Berater*in aus den am Projekt teilnehmenden Beratungsorganisationen – die beiden Organisationen wurden nach der Projektbewilligung nach den offiziellen Vergaberichtlinien ausgewählt – zusammengestellt werden. Zu diesem Kernprojektteam kommen noch, je nach Kapazitätslage und terminlicher Verfügbarkeit, die Gewerkschaftssekretär*innen aus den Geschäftsstellen hinzu, die die Betriebe üblicherweise betreuen. In ausgewählten Fällen des Projekts wurden auch Wissenschaftler*innen des von der HBS geförderten Begleitforschungsprojekts als teilnehmende Beobachter in die Workshops einbezogen. Die Rolle der Wissenschaftler wurde im Kapitel zu den Methoden eingehender erörtert.

Das Projekt finanziert Moderations- und Beratungsleistungen für die teilnehmenden Betriebe im Umfang von bis zu zehn Tagen, in denen in den Betrieben Workshops stattfinden. Dazu heißt es in einer der Broschüren, die zum Projekt veröffentlicht wurden:

> „Die Gewerkschaften bringen ihr Gespür und Wissen für die Anliegen von Betriebsräten und Beschäftigten mit und schaffen einen vertrauensvollen Rahmen. Die Beratungseinrichtungen bringen ihr fachliches Know-how und ihre Erfahrungen in den Prozess ein.“ (IG Metall 2017)

Das Projekt beginnt mit einem Vorklärungsgespräch des Projektteams mit den jeweiligen Betriebsräten, in denen die wechselseitigen Interessen und Ziele erkundet und abgesteckt werden. Daran anschließend haben die Betriebsräte die Aufgabe, das Einverständnis der Unternehmensleitung einzuholen und in einer Kooperationsvereinbarung zu formalisieren; auch dabei unterstützt das Projektteam bei Bedarf. Diese Vorgabe wurde aus zwei Gründen gemacht: Zum einen sollte damit sichergestellt werden, dass bei den Unternehmensleitungen zumindest eine prinzipielle Bereitschaft besteht, am Ende des Prozesses auch in Verhandlungen über eine Zukunftsvereinbarung zu treten; und zum anderen war vorgesehen, zu den Workshops nicht freigestellte Betriebsräte und auch Beschäftigte hinzuzuziehen, und ihre temporäre Freistellung dafür sollte mit der Vereinbarung bestätigt werden. Die Vorgabe wurde im Verlauf des Projekts geschärft. In den ersten Projektfällen wurde teilweise auch mit dem Prozess gestartet, ohne dass eine solche Kooperationsvereinbarung bereits vorlag. Damit aber wurden keine guten Erfahrungen gemacht.

> „Am Anfang haben wir gedacht: Wir lassen uns eine Kooperationsvereinbarung unterzeichnen. Und dann hatten wir die Fälle, wo wir lediglich die Aussage hatten: Kein Problem, Chef hat ja gesagt. Das hat in manchen Fällen geklappt und in anderen gar nicht. Und deshalb ist die Devise jetzt für die Folgephase: Wir fangen nirgendwo mehr an, wo wir nicht auch mit der Geschäftsführung gesprochen haben. Das hat zwar das Risiko, dass es manchmal auch nicht zu Stande kommt. Aber wir haben schließlich das Ziel, dass am Ende ja auch eine Zukunftsvereinbarung stehen soll. Und dann muss das passen in die Situation.“ (Projektsekretär*in 1, IG Metall)

Das Projekt folgt in den betrieblichen Fällen einer vorab definierten Vorgehensweise – im Folgenden als Prozess „Arbeit 2020“ bezeichnet – in drei Prozessschritten. Der erste Schritt besteht aus den einführenden Gesprächen sowie der Bestandsaufnahme und Ist-Analyse. Idealerweise startet der Prozess mit einem Workshop mit Betriebsrat und Unternehmensleitung, in dem über Digitalisierungsstrategien, Digitalisierungsprojekte und, breiter, die Unternehmenssituation gesprochen wird. Darauf sollen dann im Dialog mit Betriebsräten und Beschäftigten, aber auch betrieblicher Fachexperten, abteilungsbezogene Einschätzungen zur Digitalisierung erhoben werden. Grundlage dafür ist die eigens für das Projekt entwickelte Betriebslandkarte. Die Struktur der Landkarten wird im folgenden Kapitel ausführlich dargestellt. Das Ziel dieses Schrittes besteht darin, langfristige Entwicklungsperspektiven der Unternehmen aufzuzeigen, Auswirkungen von Digitalisierungsprojekten auszumachen und allgemeine sowie abteilungsspezifische Themen aufzuschlüsseln.

Im zweiten Prozessschritt werden die Befunde der Bestandsaufnahme ausgewertet. Im Anschluss daran sollen arbeitspolitische Handlungsfelder und Veränderungsbedarfe identifiziert werden. Auf dieser Grundlage gilt es, Handlungsstrategien zu entwickeln und zukünftige Gestaltungsansätze herauszuarbeiten. Während beim vorigen Schritt Beschäftigte und andere Expert*innen einbezogen werden sollten, konzentriert sich der zweite Schritt auf das Betriebsratsgremium.

Im dritten Schritt werden die Unternehmensleitungen einbezogen, denen die Ergebnisse vorgestellt werden und mit denen ein Dialog über die Handlungsfelder geführt werden soll. Auf diese Interessenklärung aufbauend soll ein gemeinsames Verständnis der Veränderungen und der zukünftigen Herausforderungen entwickelt werden. Anknüpfend daran werden schließlich Verhandlungen zu einer Zukunftsvereinbarung angestrebt, in der gemeinsame Maßnahmen der Betriebsparteien geregelt werden sollen. Darin sollen idealerweise neben konkreten Maßnahmen beispielsweise zur Qualifizierung auch Prozesse vereinbart werden, wie mit Veränderungen umzugehen ist.

Ergänzend zu den betrieblichen Workshops wird eine Qualifizierungsreihe für Betriebsräte angeboten, die am Projekt „Arbeit 2020“ teilnehmen. Diese beruht auf jeweils zweitägigen Workshops zu definierten Themen. Dazu zählen die Themen Arbeitszeit, Qualifizierung, Arbeitsbedingungen und Belastungen, Beschäftigungssicherung und Datenschutz. Auf diese Weise sollen zentrale Handlungsfelder aufgegriffen werden, die in den betrieblichen Workshops auftauchen. In den von den Berater*innen moderierten Workshops sollen die Betriebsräte untereinander ihre Erfahrungen und Vorgehensweisen austauschen und diskutieren. Die Workshops bieten auch einen externen fachlichen Input, der teilweise von den Wissenschaftler*innen des IAQ erbracht wurde. In der weiteren Analyse werden die Qualifizierungsworkshops nicht aufgegriffen; in den betrieblichen Fallstudien standen die betrieblichen Prozesse im Mittelpunkt des Interesses.

4.4 Projektziele aus Sicht der Akteure

Welche Ziele verbinden die Gewerkschaften mit dem Projekt „Arbeit 2020“? Der gemeinsame Nenner ist einfach zu beschreiben: es geht um die Unterstützung der Betriebsräte im Umgang mit Herausforderungen der Digitalisierung. Dieses Hauptziel ist für alle Gewerkschaften gleich, und doch unterscheiden sich die Erwartungen an das Projekt dann teilweise deutlich je nach ihren betriebspolitischen Traditionen und Strategien.

Bei der IG Metall lassen sich industriepolitische, betriebspolitische und organisationspolitische Zielsetzungen unterscheiden. Industriepolitische Zielsetzungen scheinen bei der Frage durch, worauf die Gewerkschaft ihre Aktivitäten in den Betrieben fokussieren sollte. Ein zentraler Fokus der bisherigen Aktivitäten der Gewerkschaft bezieht sich auf Tarifabweichungen. Ihre Aushandlung bindet eine Menge Ressourcen in den Geschäftsstellen und Bezirksleitungen. Nicht immer, aber doch in einer Reihe von Fällen geht es dabei um Betriebe in einer Krisenphase, und die Tarifabweichung soll dazu dienen, diese Phase zu überwinden. Die Gewerkschaft hat gelernt darauf zu achten, dass dazu nicht nur die Beschäftigungssicherung möglichst wasserdicht vereinbart werden sollte, sondern dass über konkrete Gegenleistungen der Unternehmen insbesondere in Form von Investitionszusagen auch sichergestellt wird, dass die Unternehmen tatsächlich Modernisierungsanstrengungen unternehmen, um die Konkurrenzfähigkeit wiederherzustellen (Haipeter 2009). Diese neue Form eines Produktivitäts- oder Modernisierungskompromisses ist allerdings in ihrem Ursprung defensiv; sie wird nur bei Verhandlungen zu Tarifabweichungen akut. Mit „Arbeit 2020“ hingegen ist eine Neuausrichtung gewerkschaftlicher Aktivitäten auf Betriebe verbunden, in denen zumeist nicht der Notstand herrscht, sondern die Modernisierung bei gestärkter Beteiligung der Betriebsräte proaktiver angegangen werden kann.

> „Und die Idee ist jetzt grob gesprochen da eine Gewichtsverlagerung hinzukriegen. Also zu sagen: Weniger Zeit und Energie immer in die Rettung zu stecken und mehr Zeit dahin, wo auch Hoffnung besteht.“ (Projektsekretär*in 1 IG Metall)

Dazu ist es aus Sicht der Projektsekretär*innen zentral, dass die Herangehensweisen des Projekts auch in die betriebspolitische Arbeit der Geschäftsstellen vor Ort einfließen. Sie müssen zu einem Teil des Regelbetriebs werden, denn die quantitative Reichweite des Projekts ist zu gering, als dass allein damit ein grundlegender Wandel der Betriebspolitik ausgelöst werden könnte. Dabei geht es aus Sicht der Akteure nicht darum, alle Instrumente des Projekts auch so anzuwenden, wie dies im Projektkontext mit den zusätzlichen Ressourcen des Projekts geschieht. Vielmehr würde es ausreichen, die Grundgedanken in den Alltag der Betriebsbetreuung zu übernehmen; nämlich dass die Gewerkschaftssekretär*innen und Betriebsräte aktiver ihre Informationen sammeln und koordinieren und sich mehr Wissen durch externe Beratung organisieren als bislang.

> „Da geht auch viel flöten. Also von dem, was die Sekretäre intuitiv spüren und wissen, was kein anderer wissen kann, aber was sozusagen nicht gerichtet wird in Handlung. Und insofern glauben wir einfach, wenn wir das so ein bisschen aufbereiten, unsere Systematik, dass man vielleicht als Betriebsbetreuer den Anstoß geben kann: Sammelt doch mal, koordiniert diese Infos. Ja. Holt euch vielleicht über § 80.3 (BetrVG, Thomas Haipeter) nochmal einen Berater rein." (Projektsekretär*in 1 IG Metall)

Dazu gehört aber auch, die Betriebsräte stärker in Richtung einer vorausschauenden Mitbestimmungspraxis zu orientieren. Dies wiederum erfordert einen proaktiveren Zugang der Gewerkschaftssekretäre zu den Betriebsratsgremien. So sollten gemeinsame Sitzungen durchgeführt werden, in denen Zukunftsthemen abgeklopft und strategische Orientierungen diskutiert werden. Der Fokus der Sekretär*innen sollte damit stärker auf Aktivierung als auf Krisenbewältigung gelenkt werden.

> „Den Betriebsräten die Möglichkeiten zu zeigen, wie man vorausschauend beispielsweise Betriebsratsarbeit macht. Das gilt aber genauso für die Organisation selber. Das, was wir betrieblich machen, auch in die Arbeit hauptamtlicher Gewerkschaftssekretäre in den Geschäftsstellen zu bringen, stärker, dass da eben nicht nur die Arbeit ist von Betriebsversammlung zu Betriebsversammlung zu hetzen und zwischendrin Sozialpläne zu verhandeln. Sondern wie kommt man eigentlich dahin, sich mit einem Gremium hinzusetzen. Auch selber einen Blick zu gewinnen, was passiert eigentlich in diesen Unternehmen in meinen Geschäftsstellen." (Projektsekretär*in 2, IG Metall)

Auf diese Weise könnten schließlich auch organisationspolitische Ziele auf neue Weise angegangen werden. Denn das Projekt „Arbeit 2020“ wird als Chance gesehen, die Präsenz der Gewerkschaft in den Betrieben zu stärken und ein neues Bild der Gewerkschaft als eine gestaltende Kraft zu zeichnen, die sich nicht nur um Tarifverträge, sondern um konkrete betriebliche Belange und die Zukunftsperspektiven der Beschäftigten kümmert.

> „So, die dahinter stehende Hoffnung ist natürlich, dass die Gewerkschaft auch als eine Gestaltende sichtbar wird im Betrieb. Und der Betriebsrat als ein Gestaltender sichtbar wird und nicht als derjenige, der eine Betriebsvereinbarung nach der anderen abfasst.“ (Projektsekretär*in 1 IG Metall)

Anders als bei Projekten des Organizing steht die Stärkung der gewerkschaftlichen Organisationsmacht nicht im Zentrum des Projekts „Arbeit 2020“. Sie ist aber eine erwünschte Folgewirkung, bei der die duale Struktur der Interessenvertretung im Zentrum steht. Das neue Bild der IG Metall als Gestaltungskraft soll den Betriebsräten neue Argumente für ihre traditionelle Aufgabe der Mitgliederrekrutierung liefern. Auf diese Weise erhoffen sich die Akteure, die Attraktivität der Gewerkschaft auch für die Beschäftigtengruppen zu steigern, die ihr als Tarifvertragspartei bislang fern standen.

> „Da laufe ich nicht sozusagen hinter den Leuten her und drück ihnen eine Mitgliedskarte in die Hand. Sondern ich verändere Wahrnehmungen in bestimmten Bereichen, und dann kann der Betriebsrat ansetzen, das sind ja eigentlich im Prinzip auch die klassischen Werber, und sagen, schau mal, was die IG Metall da macht. Da geht die IG Metall rein in diese Themen, sei doch mit dabei, dass wir auch bei diesen Themen weiter gut der anderen Seite gegenübertreten können. Es geht ja auch um deinen Job und deine Zukunft.“ (Projektsekretär*in 2, IG Metall).

Freilich ist der Ansatz in den Augen der Projektsekretär*innen nicht frei von Zielkonflikten. Konkret wurden zwei Zielkonflikte benannt. Ein erster Zielkonflikt besteht zwischen „Masse und Tiefe“ (Projektsekretär*in 2, IG Metall), also dem Ziel, möglichst viele Betriebe zu erfassen und das Projekt und seine Instrumente „in der Fläche auszurollen“, und dem Ziel, zugleich in den Fällen auch tatsächlich Lern- und Veränderungsprozesse hervorzurufen und zu begleiten. Während das erste Ziel dafür spricht, in vielen Betrieben kurze Interventionen durchzuführen, erfordert die zweite Zielsetzung eine intensive betriebliche Koordinierung und Beratung.

Der zweite Zielkonflikt bezieht sich auf das Spannungsfeld von Aktivierung und Kooperation. Das Projekt „Arbeit 2020“ zielt darauf, zugleich die betrieblichen Interessenvertretungen zu stärken und eine aktivere Mitbestimmungspraxis zu fördern, dabei aber auch nach Möglichkeit Einvernehmen mit dem Management zu finden und eine Zukunftsvereinbarung zum Thema abzuschließen. Zwar wird der Konflikt bei sozialpartnerschaftlichen Orientierungen der Betriebsparteien möglicherweise nicht virulent; doch das Problem droht überall dort aufzubrechen, wo im Prozess „Arbeit 2020“ konfliktträchtige Handlungsfelder aufgedeckt werden, die dann mit der Unternehmensleitung verhandelt werden sollen. Dies gilt umso mehr, als für die angestrebten Vereinbarungen keine Mitbestimmungsrechte nutzbar sind, die gegenüber den Unternehmensleitungen als Zwang wirken würden.

> „Das eine ist, betriebspolitisch aktiv zu werden. Im Zweifelsfall irgendwann auch mal die Samthandschuhe fallen zu lassen. Wenn man nämlich merkt, dass da ziemlich viel im Argen liegt im Betrieb und den Betriebsrat auch dahin zu bringen und zu sagen, das müssen wir jetzt aber einfordern, mit Blick auf die Zukunftsfähigkeit dieser Unternehmen und die Beschäftigungssicherung der Beschäftigten. Und wenn ich parallel dazu aber als Ergebnis eine nette Vereinbarung mit dem Management abschließen will. Dann hab ich einen klassischen Zielkonflikt.“ (Projektsekretär*in 2, IG Metall)

In der NGG sind es vor allem zwei Zielsetzungen, die im Vordergrund stehen: die Stärkung ihrer industriepolitischen Kompetenz auf der einen und die Verankerung von Beteiligungsprozessen in den Betrieben auf der anderen Seite. Die Schärfung der industriepolitischen Kompetenz ist für die NGG als Mehrbranchengewerkschaft wichtig, denn hier bildet die Nahrungsmittelindustrie ja nur einen Teil des Organisationsbereichs, zu dem auch die Dienstleistungen des Hotel- und Gaststättengewerbes und der Handwerksbereich der Nahrungsmittel zählen. Damit werden die Ressourcen der Gewerkschaft auf mehrere Organisationsfelder verteilt und ihr Kompetenzprofil unscharf. Das Thema Digitalisierung soll genutzt werden, Kompetenz aufzubauen und nach außen zu demonstrieren. Das Ziel der Beteiligungsorientierung stützt sich auf die Einschätzung, dass traditionelle Gestaltungsmethoden in der Digitalisierung nicht mehr funktionieren werden, sondern dass eine wirtschaftlich und sozial gelungene digitale Modernisierung nicht ohne Beteiligung von Betriebsräten und Beschäftigten funktionieren wird.

> „Und das Zweite ist, wir gehen davon aus, dass die Arbeit der Zukunft und deren Gestaltung sich nicht mehr mit herkömmlichen, in Anführungsstrichen, Methoden, gestalten lässt. Sondern dass für die Zukunft eine viel größere Beteiligung erforderlich ist. Sowohl von Betriebsräten, als auch darüber hinaus von den Beschäftigten als Experten. Und insofern dient dieses Projekt eben auch dazu, diese stärkere Beteiligung in den Betrieben zu verankern.“ (Projektsekretär*in 1, NGG)

Auf Seiten der IG BCE ist die Sichtweise deutlich kritischer. Dass das Projekt tatsächlich die Betriebsräte wirkungsvoll unterstützen kann, scheint nicht ausgemacht. Dafür werden zwei Zielkonflikte angeführt, die allerdings – als Ausdruck und Folge der großen betriebspolitischen Unterschiede zwischen den Gewerkschaften – anders gelagert sind als die, die von den Sekretär*innen der IG Metall angesprochen wurden. Der erste Konflikt lautet, dass es zu wenige Ressourcen auf den dezentralen Organisationsebenen der Gewerkschaft gibt, um Prozesse wie „Arbeit 2020“ auch längerfristig zu begleiten. Örtliche Betreuer dürften froh sein, wenn das Projekt abgeschlossen ist und nicht mehr ihren terminlich strapazierten Alltag stört.

> „Also da brauchen wir eigentlich viel mehr Ressourcen und darüber hinaus muss das eigentlich weiterhin begleitet werden. Da sind wir glaube ich als IG BCE einfach von den Personalressourcen nicht ganz so gut aufgestellt, dass wir in den Bezirken auch zurzeit das nicht so wirklich gewährleisten können, so eine kontinuierliche Begleitung. Also sie sind einfach auch so zugeschüttet, glaub ich, mit vielen anderen Fragen, dass sie froh sind wenn da dieses Projekt ist und dann war es das.“ (Projektsekretär*in, IG BCE)

Ein zweites Problem ist der selektive Zugriff des Projekts. Es existiert keine Tradition betriebspolitischer Aktivitäten der Gewerkschaft, die Zurückhaltung der Arbeitgeber ist spürbar, und es gibt auch Zugangs- und Strukturprobleme der Betriebsratsgremien. Insbesondere werden dabei, und hier decken sich wieder die Einschätzungen mit denen der IG Metall-Verantwortlichen, Zielkonflikte zwischen Betriebsratsstärkung und dem Abschluss einer gemeinsamen Vereinbarung mit dem Arbeitsgeber vermutet. In dieser Sichtweise könnte das Projekt davon profitieren, die Betriebsratsgremien in das Zentrum zu stellen und das Projekt nur mit ihnen durchzuführen, ohne auf Vereinbarungen mit dem Arbeitgeber abzuzielen.

> „Aber das ist ganz klar sozusagen fokussiert auf gewerkschaftliche Arbeit, Betriebsräte, aus der wir dann Positionen entwickeln können und

müssen. Und da bin ich mir manchmal nicht sicher, ob wir am Ende für das, was man Handlungsfelder nennt, oder das was man machen will, nicht besser aufgestellt wären. Weil wir im Augenblick auch einige Schwierigkeiten haben immer wieder bei diesen Zukunftsvereinbarungen. Dann zicken sie hier und da. Dann wird das nochmal richtig geprüft." (Projektsekretär*in, IG BCE)

4.5 Beratungen und Gewerkschaften

Ein zentraler Aspekt des Projekts ist die Frage der Zusammenarbeit von gewerkschaftlichen Projektsekretär*innen und Berater*innen in den betrieblichen Workshops. Mit welchen Rollenerwartungen gingen sie in den Prozess, und wie haben sich diese Rollen im Projektverlauf möglicherweise verändert? Wie verlief die Zusammenarbeit konkret? Der Ausgangsgedanke des Projekts klang oben bereits an: dass die Akteure ihre wechselseitigen Stärken einbringen, die Projektsekretär*innen als Rahmensetzer und Kenner der Betriebsräte und Beschäftigten, die Beratungseinrichtungen als Träger fachlichen Know-hows und als erfahrene Moderatoren. Doch wie funktionierte die Zusammenarbeit in der Praxis aus Sicht der beiden Akteursgruppen?

Aus Sicht der IG BCE tragen die gewerkschaftlichen Projektsekretär*innen die Verantwortung für die politische Steuerung der Prozesse. Ziele und Vorgehensweisen werden zwischen ihnen und den Betriebsräten geklärt. Die politische Steuerung umfasst in dieser Sichtweise sowohl die Frage, welche Strategien und Themen gegenüber dem Arbeitgeber möglich und sinnvoll zu verfolgen sind, als auch die Frage, welche Strategien und Themen von den Betriebsratsgremien mitgetragen werden. Die Berater*innen können an den Gesprächen beteiligt sein, spielen dabei aber eine sekundäre Rolle. Entscheidend sind hierfür die Erfahrungen und die Sensibilität der Projektsekretär*innen.

„Dass wir sozusagen gemeinsam mit den Betriebsräten die politische Steuerung des Projektes auch machen und gucken, passt das noch, der Prozess, passen die Ziele noch, passen bestimmte Vorgehensweisen für den Betrieb. Da haben wir natürlich eine höhere Sensibilität und Erfahrung als es die Berater haben, weil wir die Betriebe kennen, weil wir den Arbeitgeber kennen, weil wir die Beschäftigten kennen. An solchen Fragen sind die Berater dann schon beteiligt, aber am Ende ist das eine politische Frage der IG BCE." (Projektsekretär*in, IG BCE)

Die Rolle der Beratung beginnt, wenn der politische und strategische Rahmen abgeklopft ist und das Gerüst des Prozesses steht. Dann stehen die Berater*innen mit der Moderation der Workshops im Zentrum. Hier wird ihre Rolle aufgrund ihrer Moderationserfahrungen, vor allem aber auch wegen ihrer Fachkompetenz, die sie aus der Arbeit in vielen Unternehmen gewonnen haben, sehr geschätzt. Bei Verhandlungen zu Zukunftsvereinbarungen gehen dann wieder die Projektsekretär*innen in die erste Reihe.

> „Und ansonsten ist das natürlich absolut hilfreich. Auch die Erfahrung der Berater wie sie das woanders gelöst haben. Und dass die auch bestimmte Themen besprechen, auch inhaltlich über das hinaus, was in dem Prozess gerade passiert. Das ist schon richtig klasse. Aber es gibt manche politische Stellschrauben auch manchmal bei den Zukunftsvereinbarungen am Ende, wo wir das dann alleine machen.“ (Projektsekretär*in, IG BCE)

Bei der NGG ist der Schwerpunkt der Aufgabe der gewerkschaftlichen Projektsekretär*innen – oder der Gewerkschaftssekretär*innen, denn in einigen Fällen wurde der Prozess von örtlichen Sekretär*innen bearbeitet, weil die Gewerkschaft nicht genug Ressourcen hatte, um alle Fälle aus dem Projekt zu begleiten – weniger politisch und strategisch. Ihre Kernaktivität besteht vielmehr darin, in den betrieblichen Gremien Vertrauen herzustellen und die Betriebsräte im Prozess zu unterstützen. Dabei konnten insbesondere die lokalen Sekretär*innen ihr Wissen über die betreffenden Betriebe mit in die Situationsanalyse einbringen. Wichtigste Aufgabe der Beratungen war demnach, die Prozesse zu moderieren, Fachwissen und Sachverstand einzubringen und arbeitspolitische Themen und Handlungsfelder zu identifizieren.

> „Ich hab das als sehr positiv erlebt. Definitiv unterschiedliche Rollen, weil es bei uns ja in der Regel ja auch so war, dass geguckt wurde, dass der örtliche Gewerkschaftssekretär oder Geschäftsführer mit dabei war. Wo die Betriebsräte dementsprechend schon eine Vertrauensperson auch mit dabei hatten…. Und in den Bereichen, wo ich dabei war, hat das eigentlich auch sehr gut geklappt mit der Rollenverteilung. Dass man da wirklich so gesagt hat, das ist der externe Sachverstand speziell zu dem Thema. Und NGG hat eben die Rolle übernommen, Betriebsräte zu unterstützen, auch nochmal den betrieblichen Blickwinkel ein bisschen zu schärfen.“ (Projektsekretär*in 2, NGG)

Die Gewerkschaft selber profitiert aus Sicht der Projektsekretäre dann unmittelbar von dem Prozess, wenn die Berater als fachliche Autorität die

Frage der gewerkschaftlichen Organisationsmacht und der Organisierung ansprechen und damit den Betriebsräten die Bedeutung der Mitgliedergewinnung für die Gewerkschaft vor Augen führen.

> „Schön fand ich auch, dass auch so ein Thema, wie stark seid ihr denn als Gewerkschaft, Mitgliedergewinnung etc. angesprochen wurde. Das war dann ein schönes Zusammenspiel, dass das eben nicht nur von der Gewerkschaft selbst kommt, sondern auch über die Berater deutlich gemacht wurde, wie wichtig ist denn gewerkschaftliche Organisation, damit man eben auch stark ist und seine Ziele durchsetzen kann." (Projektsekretär*in 2, NGG)

Die Projektsekretär*innen der IG Metall betonen vor allem den Teamgedanken; dass sich die Projektakteure vor Ort als Einheit präsentieren, in der – je nach Bedarf – wechselnde Rollen möglich sind. Auf diese Weise können die Projektsekretär*innen abwechselnd als Fachexperten für Digitalisierung oder auch als harte Interessenvertretungspartei fungieren.

> „Das ist ja das Großartige an der Teamstruktur an der Stelle. Ich kann mit verschiedenen Rollen spielen. Ich kann die IG Metall sein vor Ort und die Fahnen schwenken. Nehmen wir mal den Fall, ich hätte sogar noch einen vierten dabei. Nämlich einen lokalen IG Metall-Sekretär. Dann kann der die Fahnen schwenken. Dann kann ich den großen Fach-Muckel „Industrie 4.0" geben, von IG-Metall-Seite." (Projektsekretär*in 2, IG Metall)

Die Berater*innen wiederum können in diesem Prozess als Vermittler auftreten und mögliche Konflikte zwischen Gewerkschaft und Unternehmensleitung entschärfen; sie können aber auch, ausgestattet mit der Erfahrung vieler betrieblicher Beratungen, als fachliche Autorität wirken und aus dieser Perspektive auf kritische Punkte, beispielweise unzureichende Qualifizierungsangebote der Unternehmen, hinweisen. Anders als die Projektsekretär*innen stehen sie dabei nicht in dem Verdacht, Interessenpartei zu sein.

> „Dann habe ich als nächstes noch den Berater, der seine Beratungsrolle macht. Und der sich auch vermittelnd hinstellen kann. Oder manchmal das Thema sogar noch schärfer vortragen kann als ich. Also wenn ich zum Beispiel sage, euer Qualifizierungssystem ist scheiße im Unternehmen, dann sagen die zu mir, erzähl mir nichts. Wenn das aber so ein Berater macht, der in hunderten Beratungsfällen schon drin war, dann kriege ich damit einen ganz anderen Hebel." (Gewerkschaftssekretär*in 2, IG Metall)

Als dritter Akteur kommt dann noch der Betriebsrat hinzu. Hier können die Projektsekretär*innen wertvolle Unterstützungsarbeit leisten, indem sie im Prozess darauf achten, dass die Betriebsräte gestärkt werden. Als Beispiel dafür wurde eine Beschäftigtenbefragung angeführt, die in einem der Fälle durchgeführt werden sollte. Die ursprüngliche Idee der Beratung war eine gemeinsame Befragung von Geschäftsführung und Betriebsrat. Dagegen plädierte die Gewerkschaftsseite dafür, die Befragung nur durch den Betriebsrat durchführen zu lassen, weil er auf diese Weise seine Stellung in dem betreffenden Bereich stärken könnte. Generell können die Gewerkschaftssekretär*innen die Betriebsräte in Konflikten mit den Geschäftsleitungen unterstützen, sie können sie aber auch aus den Konflikten herausnehmen und den Konflikt auf sich lenken. Grundlage dafür ist jeweils die institutionelle Macht, mit der sie als Vertreter*innen der IG Metall ausgestattet sind.

> „Das hat sich bis jetzt eigentlich echt immer sehr gut ausgezahlt. Ich kann auch mehr auf die Gewerkschaftslinie schauen und kann meinen Berater vorschicken, der sozusagen das Verhältnis Geschäftsführung und Betriebsrat kittet. Und ich kann aber gleichzeitig da auch schauen, dass der Betriebsrat sich gut darstellt. Weil mir sozusagen diese institutionelle Macht der IG Metall noch auf den Rücken gebunden ist. Und ich da sagen kann, ich spreche hier für die IG Metall. Und das macht natürlich was.“ (Gewerkschaftssekretär*in 2, IG Metall)

Projektsekretär*in 3 der IG Metall interpretiert seine Rolle deutlich defensiver und zurückhaltender; aus dieser Sicht spielt die Beratung die entscheidende Rolle, weil sie den Prozess mit ihren Kompetenzen und Erfahrungen lenkt und steuert. Die Rolle der gewerkschaftlichen Projektpartei besteht dann vor allem darin, dafür zu sorgen, dass die „Standpunkte der IG Metall dabei nicht verschüttgehen“ (Projektsekretär*in 3). Dies gilt für die Betriebsräte, die im Auge behalten sollen, dass „Arbeit 2020“ keine externe Beratung ist, sondern ein Projekt der IG Metall.

> „Und das muss man oftmals dann noch sagen: Das ist ein IG Metall-Projekt. Also nicht gegenüber den Beratern. Aber dass auch die Betriebsräte nicht vergessen, dass das von der IG Metall gesponsert ist. Und dass da ein Willen der IG Metall dahintersteckt. Und ein Mitgliederwillen. Und ein beteiligungsorientiertes Vorgehen.“ (Projektsekretär*in 3, IG Metall)

Wie sehen umgekehrt die befragten Berater*innen aus den beiden am Projekt beteiligten Beratungsorganisationen ihre Rolle? Aus Sicht von Beratung 1 ist die Aufgabenbeschreibung klar: die Berater*innen haben die Verantwortung für die Durchführung der Workshops. Dennoch bestand zunächst Skepsis, weil in dem Projekt „Arbeit 2020“ viele Akteure zusammenwirken, die jeweils einen Anspruch haben, den Prozess mit zu steuern. Die wichtigste einigende Klammer ist deshalb die persönliche Beziehung zwischen den zentralen Akteuren.

> „Das hat jetzt eigentlich rückblickend total gut funktioniert. Ich weiß, dass ich am Anfang des Prozesse gesagt haben: "Das wird das forderndste Projekt sein, was wir alle je gemacht haben, weil wir so viele Akteure dabei haben“. Aber ich glaube, dass es am Ende doch ok war. Das hat letzten Endes daran gelegen, dass wir mit den anderen Personen der Gewerkschaften gut können. Das ist ein ganz wichtiger Erfolgsfaktor gewesen.“ (Beratung 1)

Dennoch besteht eine wichtige Aufgabe der Beratung darin, in jedem Betrieb neu auszutarieren, wer dort mit welchen Ansprüchen vertreten ist. Zudem stellt sich das grundsätzliche Problem, dass in den Workshops die Beratungen als erste Ansprechpartner von den Betriebsräten adressiert werden, nicht aber die Gewerkschaft, die eigentlich einen Steuerungsanspruch hat. Auch mit diesem Dilemma müssen die Beratungen konstruktiv umgehen.

> „Wo ich ein grundsätzliches Problem drin sehe ist, dass die Leute hinterher auf Dich orientieren. Also ich kann nicht acht Stunden lang Leute unterhalten und meinen, dass die danach mit einer Frage nicht zu mir kommen. Das ist dann ein Problem gegebenenfalls.“ (Beratung 1)

Aus Sicht der Beratung 2 operieren die Berater*innen vor allem als Moderatoren und Coaches der Prozesse; die fachliche Expertise steht dabei deutlich im Hintergrund. Es geht demnach im Kern darum, die anderen Akteure zu befähigen, ihr Wissen zu entfalten, Themen zu entdecken und Strategien zu entwickeln. Die entscheidende fachliche Fähigkeit der Beratung ist in diesem Fall die Anwendung der Methoden, die diesen Prozess auslösen können.

> „Mein Anspruch in der Rolle als Berater ist schon, dass ich das Betriebsratsgremium oder die Projektgruppe ein Stück weit dazu befähige, das als ihr eigenes Projekt aufzufassen und dann auch zu praktizieren. Ich sehe mich da weniger als ein Fachexperte, sondern vielmehr als ein Prozesscoach, der mit einem gewissen methodischen Instru-

> mentarium die Leute dazu bringen soll, viel selber machen zu können.“ (Beratung 2)

Im Ergebnis des Prozesses sollen die Betriebsräte durch die Beratung nicht nur neues fachliches Wissen über Zusammenhänge und Digitalisierungsprozesse im Betrieb gewinnen, sondern auch selber neue methodische Kompetenzen entwickeln, die sie dann in ihrer eigenen Arbeit auch nach dem Projekt anwenden können, insbesondere mit Blick auf Methoden der Beteiligung der Beschäftigten oder der Weitergabe von Informationen. Auf diese Weise könnte das Projekt „Arbeit 2020“ nachhaltige Wirkungen entfalten.

> „So kann man deutlich machen, welche Beteiligungsmethoden oder Informierungsmethoden es gibt. Was man dann als Betriebsrat auch weiterführen kann. Schon allein wenn sie mitbekommen, dass man einfach auch so Befragungen organisieren kann, dass man auch selber einen Fragenbogen entwickeln kann, dass man die Leute einfach mal dazu holt, was halt für den einen oder anderen Betriebsrat eben nicht so gängige Praxis ist“ (Beratung 2)

Für die Gewerkschaftssekretär*innen aus den Geschäftsstellen kann das Projekt demnach gute Informationen liefern, die für die alltägliche Betriebspolitik benötigt werden; umgekehrt können die Sekretär*innen die Diskussionen mit ihrer Betriebskenntnis bereichern und wertvolle Verbindungen zwischen Themen herstellen. Die Rolle der Projektsekretär*innen in den Teams hängt in dieser Sichtweise – neben Unterschieden zwischen den beteiligten Gewerkschaften – stark von ihrem jeweiligen individuellen Rollenverständnis ab.

> „Die Gewerkschaftler beraten den Betriebsrat auch strategisch. Mir ist aufgefallen, dass in den Diskussionen viele Anknüpfungspunkte zu Themen waren, die ohnehin für die Betriebsbetreuerinnen wichtig waren. Also vielleicht auch das Thema Digitalisierung mehr auch mitzudenken in der Betriebspolitik, also in der alltäglichen Gewerkschaftsberatung.“ (Betreuung 2)

4.6 Auswahl der Betriebe

Ein wichtiger Prozessschritt im Projekt „Arbeit 2020“ ist die Rekrutierung von Betrieben. Nach welchen Kriterien und mit welchen Argumenten wurden die Betriebe ausgewählt und eingeworben, die am Projekt teilnehmen oder teilgenommen haben? Dazu sind viele Kriterien denkbar, die zwischen Positiv- und Negativauswahl schwanken. Auf der einen Seite könnten Betriebe rekrutiert werden, die für ihre aktiven und professionellen Interessenvertretungen bekannt sind, mit denen die Gewerkschaften bereits erfolgreich kooperiert haben oder die besonders sozialpartnerschaftliche Austauschbeziehungen zwischen den Betriebsparteien aufweisen. Oder es könnten auf der anderen Seite Betriebe ausgewählt werden, deren Betriebsräte eher defizitäre Mitbestimmungsmuster aufweisen und der Gewerkschaft bislang eher fern standen oder deren Arbeitsbeziehungen von Konflikten geprägt sind. Die Positivauswahl hätte den Vorteil, dass die Wahrscheinlichkeit eines erfolgreichen Projektverlaufs mit Abschluss einer Zielvereinbarung steigt; die zweite Variante hätte den Charme, dass das Projekt dazu genutzt werden könnte, wirkungsarme Betriebsräte stärken und professionalisieren und neuen Schwung in eingefahrene Arbeitsbeziehungen bringen zu können. Beide Varianten weisen freilich auch jeweils mehr oder weniger gravierende Nachteile auf. Im ersten Fall bestünde der Nachteil darin, das Projekt auf wenige traditionelle Flaggschiffbetriebe zu konzentrieren, das Handlungsrepertoire starker Betriebsräte weiter zu stärken, damit aber die Kluft der Mitbestimmungspraxis im Vergleich zu anderen Betrieben zu erhöhen. Im zweiten Fall könnte das Problem entstehen, dass weder die Aktivierung der Betriebsräte noch der Arbeitsbeziehungen gelingt und die Projektakteure aus der Erfolgsperspektive mit leeren Händen dastehen.

Die Gewerkschaften sind in der Akquise von Betrieben unterschiedliche Wege gegangen und weisen daher unterschiedliche Positionen auf dem Spannungsbogen zwischen Positiv- und Negativauswahl auf. Am weitesten Richtung Positivauswahl ging die IG BCE. Dies wurde mit den besonderen Struktur- und Zugangsproblemen erklärt, mit der sich die Gewerkschaft konfrontiert sah. Denn zur Erinnerung sei darauf hingewiesen, dass es im Organisationsbereich der Gewerkschaft keine Tradition gewerkschaftlicher Betriebsprojekte gibt und das Verhältnis zwischen Gewerkschaft und Betriebsräten von größerer Autonomie der Betriebsräte und der betrieblichen Austauschbeziehungen gekennzeichnet ist. Dadurch muss die Gewerkschaft mehr darauf achten, dass die Betriebsräte und die Arbeitgeber auch mitziehen, und die Überzeugungsarbeit am Beginn des Prozesses ist größer, weil das Projekt „Arbeit 2020“ sich nicht umstandslos in die Branchenkulturen einfügt. Im Umkehrschluss entsteht dadurch einiger Erfolgsdruck auch innerhalb der Gewerkschaft, denn es darf vermutet werden, dass die Ergebnisse eines neuen Ansatzes genauer begutachtet werden als die Resultate gängiger Initiativen. Deshalb wurde der Erfolg des Projekts bei der Fallauswahl „mitgedacht“.

> „Also wir haben Betriebe ausgeschlossen wo es innerhalb der Betriebsräte Konstellationen gibt, die ungünstig für das Projekt sind, weil wir natürlich immer das Erfolgskriterium sozusagen natürlich auch mit denken. Und damit wird nur eine ganz spezifische Auswahl dann auch getroffen am Ende. Das ist sozusagen schon da, wo es eigentlich gute Vorrausetzungen gibt, überhaupt sowas zu machen. Das muss man ehrlicher Weise sagen.“ (Projektsekretär*in IG BCE)

Bei der NGG sind die Probleme anders gelagert. Hier ist nicht die Autonomie der Betriebsräte, sondern eher die Schwäche der Betriebsräte das Problem. Nach Aussage der Expert*innen haben zwei Drittel der Industriebetriebe mit mehr als 20 Beschäftigten im Organisationsbereich der Gewerkschaft in NRW keine Betriebsräte; und die Betriebe haben durchschnittlich deutlich geringere Betriebsgrößen – und damit auch kleinere Gremien – als die Betriebe in den Organisationsbereichen der beiden anderen Gewerkschaften. Für die NGG standen zwei Kriterien der Fallauswahl im Zentrum. Das erste Kriterium war ein breiter Branchenmix der Unterbranchen wie Getränke, Backwaren oder Süßwaren. Das zweite Kriterium war das Wissen um die Akzeptanz der Arbeitgeberseite für das Projekt; Akzeptanz meint hier das Ausbleiben von Widerstand, schließt also auch die passive Duldung ein.

> „Also uns war es wichtig, dass wir möglichst unsere Branchen repräsentieren. Ansonsten ist auch ein Kriterium, dass es wirklich auf der Arbeitgeberseite nicht die heftigsten Wiederstände gibt; wenn der Konflikt schon geführt werden muss, nur ob man sich am Projekt beteiligt oder nicht, ist das nicht der richtige Ausgangspunkt.“ (Projektsekretär*in, NGG)

In diesem Rahmen haben die Projektverantwortlichen für das Projekt geworben, auf Betriebsrätetagungen, auf regionalen Vorstandssitzungen und Gewerkschaftstagungen. Auf dieser Informationsgrundlage haben dann Gewerkschaftssekretäre vor Ort die Betriebsräte angesprochen und der Projektleitung Vorschläge gemacht. Zugleich wandte sich die Projektleitung auch direkt an Betriebe und Betriebsräte. Dabei gab es durchaus auch Absagen aus Betrieben, sei es, weil dort gerade ein Konflikt ausgebrochen war oder sei es, weil andere Themen als dringender erachtet wurden. Als zugkräftigstes Argument erwies sich der Hinweis, dass es sich bei „Arbeit 2020“ um ein zentrales Zukunftsprojekt handelt.

> „Der Hauptpunkt war, dass wir gesagt haben, und das auch von den Betriebsräten so gesehen wurde, dass wenn die zukünftige Arbeit gestaltet werden will, dass man sich einfach darum kümmern muss. Das ist so. Das war das Hauptargument, und das funktionierte auch." (Projektsekretär*in, NGG)

Auch bei der IG Metall lief die Rekrutierung über verschiedene Kanäle: es wurde Werbung für das Projekt gemacht, die Geschäftsstellen wurden von der Bezirksleitung informiert, es wurden Informationsveranstaltungen durchgeführt, und es wurde eine Webseite dafür eingerichtet. Die Geschäftsstellen wurden von den Projektverantwortlichen auch direkt angesprochen. Im Zentrum stand dabei die Frage, ob Entwicklungen in Richtung „Industrie 4.0" bekannt sind.

> „Das heißt also, es wurde rumgefragt: IG Metall Geschäftsstelle, seht ihr irgendwo Unternehmen, wo ihr meint, dass da Ansätze oder Auswirkungen, oder Zwischenschritte von Industrie 4.0 irgendwo sich darstellen? Also ist da eine große Automatisierung? Ist da eine Vernetzung da? Habt ihr irgendwie gehört, dass da sehr viel Software neu reinkommt? Und gleichzeitig haben wir gefragt: Seid ihr der Meinung, Geschäftsstelle oder erster Bevollmächtigter oder politischer Sekretär, dass die Geschäftsführung mitmachen würde in solch einem Projekt?" (Gewerkschaftssekretär*in 3, IG Metall)

Wie bereits angesprochen wurde das Kriterium der Zusage durch die Geschäftsführungen später noch durch die Bedingung einer offiziellen Kooperationsvereinbarung gestärkt. In diesem Rahmen haben die Geschäftsstellen Betriebe gemeldet, es haben Betriebsräte aus eigenem Antrieb nachgefragt, und es sind auch Betriebsräte direkt von den Projektsekretär*innen angesprochen worden. Dabei war es der Projektleitung auch wichtig, dass der Organisationsbereich der Gewerkschaft in seiner Breite – von der Automobilindustrie über den Maschinenbau bis hin zur Holz- und Kunststoffindustrie oder der Textilindustrie – mit Fällen in das Projekt einbezogen wurde.

Anders als bei der chemischen Industrie bedeutete dies aber keine Positivauswahl; interessierte Betriebsräte und kooperationsbereite Unternehmensleitungen sind Mindestbedingungen, die eine große Bandbreite tatsächlicher Mitbestimmungspraktiken und Austauschbeziehungen beherbergen können. So könnte sich auch ein autokratischer Betriebsratsvorsitzender mit geringer Wirkungsmacht in den Austauschbeziehungen für eine Teilnahme bewerben, weil ihn persönlich das Thema interessiert, und die Unternehmensleitung könnte ihre Kooperation als Ausdruck ihres guten Willens zusagen, ohne damit eine echte Anerkennung der Mitbestimmungsrechte des Betriebsrats zu verbinden. Die Kriterien lassen fast alle Möglichkeiten offen – ausgenommen sind nur Desinteresse der Betriebsräte und ein offener akuter Konflikt zwischen den Betriebsparteien. Die Unternehmensleitungen ziehen nicht selten mit, weil sie sich durch das Projekt eine Akzeptanz für Veränderungen erhoffen.

> „Und für die ist das Argument, was gut zieht, wenn sie einen Veränderungsprozess vor der Brust haben. Wenn sie wissen, der Betriebsrat könnte ihnen da irgendwie quer kommen. Dass die dann sagen: ok, dann machen wir gute Stimmung“ (Projektsekretär*in 2, IG Metall)

5 Auf dem Weg zur Industrie 4.0? Die Befunde der Landkarten

5.1 Die Landkarte als Erhebungsmethode

Welche Ergebnisse lieferten die im Projekt „Arbeit 2020“ in den betrieblichen Workshops erstellten Betriebslandkarten? Welche Befunde zum Stand der Digitalisierung in den Projektbetrieben lassen sich daraus ableiten? Zunächst einmal ist einschränkend festzuhalten, dass die Ergebnisse der Landkarten nicht repräsentativ für deutsche Industriebetriebe oder auch nur für nordrhein-westfälische Industriebetriebe in den Organisationsbereichen der am Projekt teilnehmenden Gewerkschaften sind. Schließlich erfolgte die Auswahl der Betriebe nicht nach Maßgabe repräsentativer Selektion; diese spielte allenfalls eine Rolle in dem Sinne, dass aus bestimmten Einzelbranchen Betriebe im Sample vertreten sein sollten und danach ausgewählt wurden. Aber auch dabei ging es nicht um Repräsentativität, sondern das entscheidende Kriterium blieb das Interesse der Betriebsräte, ergänzt um die Zusage der Betriebs- respektive Unternehmensleitungen, an dem Projekt mitzuwirken oder es zumindest zu tolerieren.

Auch unterscheiden sich die Erhebungsmethoden recht grundlegend von den bekannten standardisierten Methoden der Datenerhebung wie schriftlichen Befragungen. In deren Zentrum steht ein möglichst elaborierter Fragebogen mit möglichst bewährten und gut strukturierten Fragen, deren Verständlichkeit in einem Pretest im Vorhinein festgestellt werden konnte und der dann an Experten gesendet wird, die ihn ohne Rücksprache ausfüllen und nach Möglichkeit auch zurücksenden (Brake 2005). Befragungen dieser Art haben den Vorteil einer überaus systematisierten und kontrollierten Praxis der Fragebogenerstellung, die durch eine ausgefeilte wissenschaftliche Methodik abgesichert ist. Sie haben aber auch den Nachteil einer wenig systematisierten und kontrollierten Praxis der Fragebogenausfüllung. Da dort – ausgenommen bei telefonischen Befragungen – zumeist keine interaktiven Elemente vorgesehen sind, bleibt letztlich im Ungewissen, wer den Fragebogen ausfüllt, welches Wissen und welche Kompetenzen ihn oder sie dazu befähigen und ob die Fragen im Einzelnen auch tatsächlich so verstanden wurden, wie sie gemeint waren.

Die Systematik der Landkartenerstellung als erste Phase der Workshops des Projekts „Arbeit 2020“ ist gegensätzlich gelagert. Zwar gibt es auch hier ein vorstrukturiertes Raster an Merkmalen, die erfragt werden sollten: nämlich auf der einen Seite der Digitalisierungsgrad, gemessen anhand des Grades der informationstechnologischen Vernetzung und des Grades der Steuerung von Prozessen durch Technik, und auf der anderen Seite die Arbeitsbedingungen, gemessen an den Veränderungen von Beschäftigung, Tätigkeitsanforderungen und Arbeitsbelastungen in den letzten fünf Jahren. Dafür gab es allerdings keine vorstrukturierten Fragen, sondern nur einleitende Fragestellungen, die dann im Verlauf der betrieblichen Diskussionen in den Workshops konkretisiert wurden. Die Daten wurden im Diskurs erzeugt; es gab laufende Rückfragen, was mit den Merkmalen genau gemeint war und ob Einschätzungen, die geäußert wurden, auch realistisch waren, oder es wurden alternative Einschätzungen formuliert und miteinander verglichen. Bei dieser Methode war also die Frageerstellung relativ wenig standardisiert, die Beantwortung hingegen war ein durch die Berater*innen moderierter dialogischer Prozess. Auf die genauen Frageinhalte musste deshalb wenig Mühe verwendet werden, weil mögliche Unklarheiten im dialogischen Erhebungsverfahren geklärt werden konnten und weil zudem die Antworten durch die bei der Landkartenerstellung anwesenden Beteiligten validiert wurden. Auch wenn sich die Landkartenmethode daher nicht als klassisches standardisiertes Verfahren einstufen lässt, spricht wenig dafür, ihre Ergebnisse deshalb als nicht valide einzustufen. Die Schwerpunktverlagerung von der Fragebogenerstellung zur diskursiven Erhebung der Daten verspricht vielmehr sogar eine hohe Datenqualität, weil sich die Daten im Diskurs mehrerer Expert*innen bewähren mussten und weil der Diskurs zugleich Raum bot, mögliche offene Fragen zu klären.

Freilich ließe sich nun argumentieren, dass Betriebsräte und einzelne, nicht nach standardisierten Kriterien ausgewählte Beschäftigte keinen Experten der Unternehmensseite ersetzen können, der einen strukturierten Fragebogen zu den erfragten Items ausfüllt. Doch stellt sich die Frage, wer im Betrieb dieser Experte sein könnte, der umfänglich über den Stand der Digitalisierung Bescheid weiß, der auch einzelne abteilungsbezogene Daten dazu kennt und der zudem treffsichere Aussagen zu den Auswirkungen der Digitalisierung auf Beschäftigung, Arbeitsanforderungen und Arbeitsbedingungen machen kann. In den betrieblichen Workshops jedenfalls haben sich solche Expert*innen auch auf Seiten des Managements nicht finden lassen. Im Gegenteil, vielfach waren die Managementvertreter überrascht und beeindruckt von den Befunden der Landkarte; sie boten einen Überblick, den sie selber so zumeist noch nicht hatten.

Der wichtigste Grund dafür ist die Dezentralität von Digitalisierungsprojekten und -wissen. Es gibt in den Betrieben keine Stelle, in der sich dieses Wissen bündeln würde (so auch Matuschek/Kleemann 2018). Am ehesten noch hätten sich die Landkartenmerkmale deshalb alternativ vermutlich durch eine Befragung der betrieblichen Vorgesetzten der jeweiligen Abteilungen mit Aussicht auf gute Daten erheben lassen. Eine solche Befragung wurde in einem der beteiligten Unternehmen, bei *Antriebstechnik 1*, tatsächlich durchgeführt. Sie konnte den beschäftigtengetragenen Landkartenprozess aber nicht ersetzen, weil darin die Merkmale der Arbeitssituation deutlich vernachlässigt wurden. Damit ist ein wesentliches Ziel der Landkartenerstellung verfehlt worden, das darin besteht, die technologischen Veränderungen im Zusammenhang zu betrachten mit den Entwicklungen von Qualifikationen, Beschäftigung oder der Arbeitsbedingungen.

5.2 Die Landkarten in der Zusammenfassung

Im diesem Abschnitt werden die Befunde der Landkarten verdichtet und zusammengefasst. Sie werden nicht für jeden Betrieb einzeln vorgestellt (dies geschieht im folgenden Abschnitt), sondern als Summe der Betriebe, in denen in der ersten Welle des Projekts „Arbeit 2020“ eine Landkarte erstellt worden ist. Für die Landkartenauswertung konnten alle 29 bis zum Ende des Untersuchungszeitraums erstellten Betriebslandkarten verwendet werden, nicht nur die 15 resp. 19 Landkarten der Betriebe, die Gegenstand der wissenschaftlichen Begleitung oder Auswertung waren.

Die Betriebslandkarten sind ein graphisches Instrument, das dazu dient, Befunde zum Grad der Digitalisierung in den Betrieben und zur Entwicklung der Arbeitsbedingungen übersichtlich darzustellen (Schaubild 2).

Die Landkarten sind nach betrieblichen Abteilungen gegliedert. Dazu werden bestimmte Indikatoren jeweils abteilungsbezogen abgefragt. Insgesamt finden sich dort zwei Schwerpunkte mit fünf Merkmalen (Tabelle 4): Der Grad der Vernetzung und der Grad der Steuerung durch Technik als Merkmale für Automatisierung und Industrie 4.0 auf der einen und die Entwicklungsrichtung von Beschäftigung, Anforderungen an Arbeit und Arbeitsbedingungen als Indikatoren für die Entwicklung der Arbeitssituation in den Betrieben auf der anderen Seite. Die Grade der informationstechnologischen Vernetzung und der Selbststeuerung durch Technik sollten jeweils Entwicklungsstufen technischer Systeme angeben. Diese Stufen sind zwar weniger fein ausgearbeitet als die aus der Arbeits- und Industrie-

Schaubild 2: Die Betriebslandkarte des Projekts „Arbeit 2020"

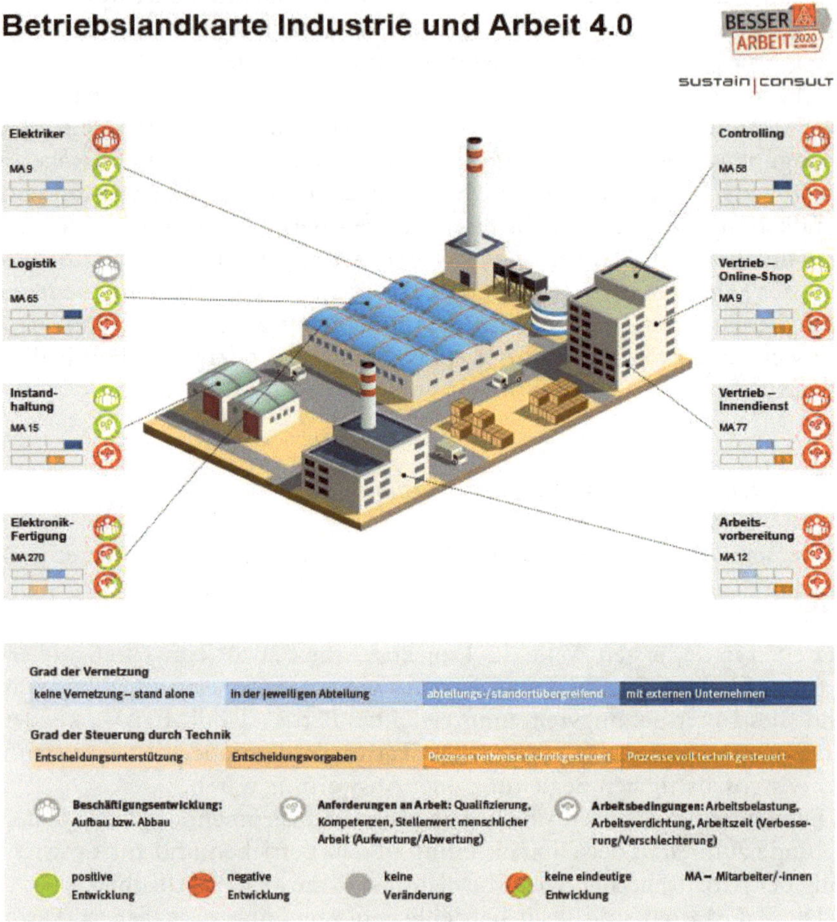

Quelle: https://www.igmetall-nrw.de/betriebslandkarte-zu-arbeit-2020/

soziologie bekannten Mechanisierung- und Automatisierungsstufen (Bright 1958; Kern/Schumann 1977), doch sind sie damit für die Einstufung in den offenen Diskursprozessen der Workshops besser geeignet als die durch Arbeitsplatzanalysen aufwändig zu ermittelnden feinstufigeren Kategorien.

Mit Blick auf die Arbeitssituation wird Beschäftigung als Zu- oder Abnahme gemessen. Die Anforderungen an Arbeit beziehen sich auf Qualifizierung, Kompetenzen und den Stellenwert menschlicher Arbeit insgesamt; gemeint ist damit also sowohl die Ganzheitlichkeit als auch das Niveau von Tätigkeitsanforderungen, gemessen als Auf- oder Abwertung von Arbeit. Die Arbeitsbedingungen schließlich ergeben sich aus den Items Arbeitsbelastung und Arbeitszeitanforderungen, aber auch durch ergonomische Veränderungen. Die Merkmale sind jeweils ordinal skaliert mit den in Tabelle 4 angegebenen Ausprägungen.

Tabelle 4: Digitalisierungsniveaus und Arbeitssituation nach den Landkarten

Merkmale	**Ausprägungen**
Grad der Vernetzung	Keine Vernetzung Vernetzung in der Abteilung Abteilungs-/Standortbezogene Vernetzung Vernetzung mit externen Unternehmen
Grad der Steuerung durch Technik	Entscheidungsunterstützung Entscheidungsvorgaben Teilweise Techniksteuerung Prozesse Volle Techniksteuerung Prozesse
Beschäftigung	Positive Entwicklung Negative Entwicklung Keine Veränderung Keine eindeutige Entwicklung
Anforderungen an Arbeit	Positive Entwicklung Negative Entwicklung Keine Veränderung Keine eindeutige Entwicklung
Arbeitsbedingungen	Positive Entwicklung Negative Entwicklung Keine Veränderung Keine eindeutige Entwicklung

Welche Ergebnisse zeigen die Landkarten? Für die Auswertung wurde die Vielzahl der für jeden Betrieb erhobenen Abteilungen zur vier großen Tätigkeitsbereichen geclustert: Die direkte Produktion, zu der alle Abteilungen wie Fertigung und Montagen gezählt wurden; die produktionsnahen Dienstleistungen, die von der Arbeitsvorbereitung bis zur Logistik reichen; die Verwaltungsbereiche mit Einkauf, Vertrieb oder Personal und IT; sowie schließlich die Bereiche mit Forschung und Entwicklung. Die Häufigkeit dieser Bereiche in den Untersuchungsbetrieben ist unterschiedlich und reicht von 16 Abteilungen, die der Forschung und Entwicklung zuzuschreiben sind, bis zu 77 (direkte Produktion), 98 (Verwaltung) und 99 Abteilungen im Fall der produktionsnahen Dienstleistungen. Die Anzahl der Abteilungen sagt freilich wenig über die damit verbundenen Beschäftigenzahlen aus; hier liegt die Produktion mit etwa 6.500 Beschäftigten vor den produktionsnahen Dienstleistungen (knapp 3.300), der Verwaltung (gut 2.300) und der Forschung und Entwicklung mit gut 800 Beschäftigten.

Schaubild 3 zeigt die Ergebnisse der Betriebslandkarte für die Vernetzung nach Abteilungen. Danach ist der Großteil der Abteilungen in der direkten Produktion abteilungsübergreifend vernetzt, hat also informationstechnologische Verbindungen zu anderen Abteilungen, entweder aus der Produktion selber oder aus den Angestelltenbereichen. Naheliegende Beispiele dafür sind Maschinenprogrammierungen, die von der Arbeitsvorbereitung entsprechend der Produktionsplanung vorgenommen und an die Maschinen gesendet werden, aber auch automatische Bedarfsmeldungen für Material oder Ersatzteile an die Logistik oder den Einkauf.

Schaubild 3: Grad der Vernetzung nach Abteilungen, eigene Auswertung

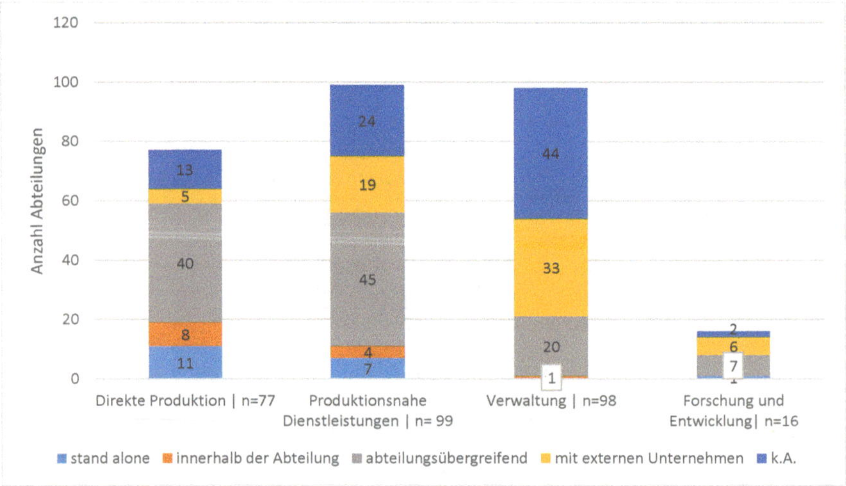

Auch in den produktionsnahen Dienstleitungen dominieren abteilungsübergreifende Vernetzungsformen, die hier entweder zur Produktion oder auch zu anderen Bereichen wie der Konstruktion wahrscheinlich sind; so können Konstruktionszeichnungen digital an die Arbeitsvorbereitung weitergegeben werden, die daraus Kapazitätsbedarfe und Maschinenbelegungen errechnet. Weitere Beispiele wären die Logistik, aus der Teilebedarfe automatisch an den Einkauf gemeldet werden oder die Instandhaltung, die digitale Reparaturanforderungen von den Produktionsmaschinen erhält. Allerdings ist hier das Gewicht externer Vernetzung mit anderen Unternehmen deutlich größer als in der direkten Produktion, beispielsweise, weil die interne Logistik mit der externen Logistik vernetzt ist oder die interne Qualitätssicherung mit der Qualitätssicherung eines Zulieferers oder eines Endherstellers. In den Bereichen der Verwaltung und der Forschung und Entwicklung ist der Grad der Vernetzung zu anderen Unternehmen wenig überraschend noch höher ausgeprägt, denn diese Bereiche bilden die klassischen Schnittstellen zwischen Organisation und Umwelt (Berger 1984). Der Einkauf ist immer häufiger mit Zulieferern vernetzt oder der Verkauf mit Endherstellern oder Großhändlern. Auch in der Forschung und Entwicklung sind unternehmensübergreifende Vernetzungen bedeutsam, die sich durch Entwicklungskooperationen erklären lassen könnten. Die abteilungsübergreifende Vernetzung dürfte hier zu anderen Entwicklungsstandorten oder zur Konstruktion stark ausgeprägt sein.

Eine Gemeinsamkeit der Abteilungscluster besteht darin, dass eine nur abteilungsinterne Vernetzung oder ein „Stand Alone" von Maschinen oder PCs fast nicht mehr vorkommt, allenfalls noch in Fertigungsbereichen, in denen möglicherweise alte Maschinen keine Softwareanwendungen für Vernetzungen zulassen. Die einzelnen Betriebsbereiche sind über Steuerungssoftware wie ERP (Enterprise-Resource-Planning)-Systeme inzwischen nahezu flächendeckend miteinander vernetzt; die alte Zielvision des Computer Integrated Manufacturing (CIM), die informationstechnologische Vernetzung der Betriebe und vor allem die Verknüpfung betriebswirtschaftlicher und produktionswirtschaftlicher Daten (Hirsch-Kreinsen et al. 1990), scheint damit inzwischen Wirklichkeit geworden zu sein.

Dies heißt allerdings nicht, dass mit der Vernetzung auch komplementär ein hohes Niveau der Automatisierung in Form der Selbststeuerung von Maschinen und Programmen einhergehen würde. In den Abteilungsclustern ist die Zahl der Abteilungen (zu denen Angaben vorliegen), in denen die Technologien der Entscheidungsunterstützung dienen, jeweils am größten (Schaubild 4). Die Ausnahme dieser Regel bildet die direkte Produktion; hier herrschen in relativ mehr Abteilungen teilweise selbststeuernde Technologien und Technologien, die Entscheidungsvorgaben machen, vor. Aber auch in den anderen Clustern spielen Entscheidungsvorgaben und die teilweise Selbststeuerung von Programmen und Anlagen eine Rolle. Zusammengenommen ist die Zahl der Abteilungen mit diesen Charakteristika ebenso hoch wie die der Abteilungen mit Entscheidungsunterstützung. Naheliegende Beispiele dafür sind automatisierte Anlagen, die durch direkte Programmierungen der Arbeitsvorbereitungen gesteuert werden und die damit Entscheidungen für die Produktion vorgeben oder Produktionsplanungen, die vom System selber anhand eingehender Daten der Bestellungen, Maschinebelegungen und Materialvorräte berechnet werden, aber dann noch händisch angepasst werden und deshalb nur teilweise selbststeuernd sind.

Eine echte Selbststeuerung ohne solche Eingriffe als höchstes Niveau von Digitalisierung und Automatisierung ist damit in den untersuchten Betrieben zumindest noch eine Ausnahme, die sich am ehesten in den Produktionsbereichen finden lässt. Zentrale Beispiele dafür sind die hochautomatisierten Apparaturen in der chemischen Prozessfertigung oder auch einzelne Fälle automatisierter verkoppelter Anlagen in den Unternehmen mit Massenproduktion. Allerdings geht es in diesen Fällen nicht um „Industrie 4.0“ im Sinne dezentral vernetzter und selbstgesteuerter Cyber-Physischer-Systeme mit autonomer Kommunikation zwischen Maschinen, Produkten und Menschen, sondern um eine möglicherweise digital gesteuerte Automatisierung einzelner kapitalintensiver Produktionsschritte.

Schaubild 4: Grad der Selbststeuerung nach Abteilungen, eigene Auswertung

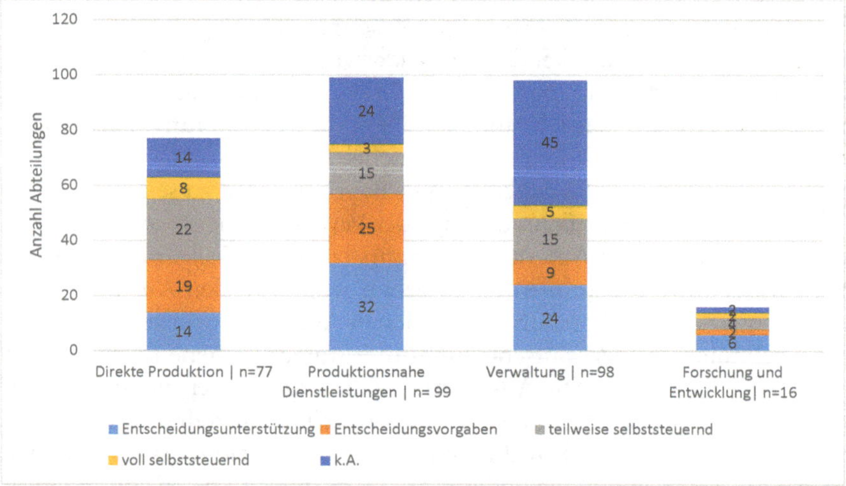

Anhand der Daten der Betriebslandkarten lässt sich damit die – erstens vorläufige und zweitens auf die kleine Zahl der am Projekt teilnehmenden Betriebe beschränkte – Feststellung treffen, dass das Niveau der Vernetzung in den Betrieben höher ist als das Niveau der Selbststeuerung durch Technik und dass damit die Vision einer „Industrie 4.0“ noch recht weit von ihrer Realisierung entfernt zu sein scheint. Ein grundlegender Bruch, eine technologische Disruption, wie sie mit dem Bild der „vierten industriellen Revolution“ gezeichnet wird, ist derzeit nicht erkennbar. Die Unternehmen entwickeln bestehende Technologiepfade weiter, indem sie neue Programme einführen und mit bereits vorhandenen verbinden, oder indem sie in einzelnen Produktionsbereichen einzelne neue Maschinen oder auch Maschinenstraßen einsetzen, aber ansonsten mit den bereits vorhandenen Maschinen weiterarbeiten. Zudem wird die Modernisierung des Maschinenparks nicht nur dadurch angegangen, neue Maschinen zu kaufen, sondern auch dadurch, alte Maschinen durch den Einbau einer neuen Steuerungssoftware „upzugraden" und sie damit anschlussfähig für Vernetzungen zu machen. Auf diese Aspekte der evolutionären Modernisierung wird im folgenden Abschnitt näher eingegangen.

Auffällig ist schließlich die teilweise hohe Zahl von Abteilungen, für die jeweils in den Landkarten keine Angaben gemacht wurden. Der Anteil dieser Abteilungen ist nicht von ungefähr in den Verwaltungsbereichen am höchsten. Es darf vermutet werden, dass die Verwaltungsbereiche nicht in allen Fällen immer mit der gleichen Sorgfalt betrachtet wurden wie die Produktionsbereiche. Insbesondere dort, wo die Betriebsräte vornehmlich aus den Produktionsabteilungen stammen, haben sie möglicherweise hierauf auch das größte Gewicht gelegt. Nicht weniger bedeutsam dürften jedoch auch die Fälle sein, in denen die Landkarten nicht systematisch ausgefüllt wurden oder von den Berater*innen auch eigene Landkarten konstruiert wurden, deren Merkmale sich nur bedingt mit denen der eigentlichen Landkarten, wie sie hier vorgestellt wurden, decken, so dass einige Angaben darauf nicht vorhanden sind. Letzteres liegt daran, dass die Beratungen von zwei unterschiedlichen Beratungsorganisationen durchgeführt wurden, die sich dem vorgestellten Konzept der Landkarte in unterschiedlicher Weise verpflichtet fühlten oder es auf unterschiedliche Weise gedeutet haben. Ein solcher Deutungsunterschied betrifft beispielsweise die Erfassung der Technologie; während einige Berater*innen recht akribisch versucht haben, die gesamte in einem Betrieb vorhandene Software zu dokumentieren, haben andere sich stärker auf zentrale Programme beschränkt.

Welche Angaben enthalten die Landkarten zu den Auswirkungen der Technologien auf die Arbeitssituation der Beschäftigten? Mit Blick auf die Frage der Entwicklung der Beschäftigung ist das aktuelle Bild in den teilnehmenden Betrieben insgesamt positiv (Schaubild 5).

Schaubild 5: Entwicklung der Beschäftigung nach Abteilungen, eigene Auswertung

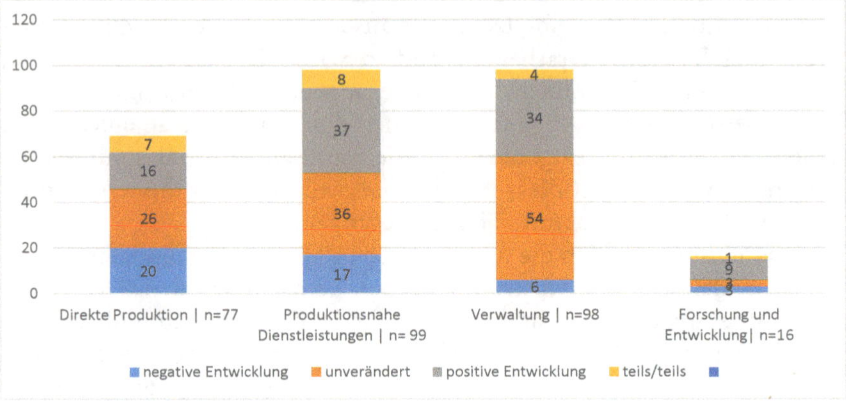

In allen vier Abteilungsclustern mit Ausnahme der Produktion überwiegt die Zahl der Abteilungen mit Beschäftigungsanstieg – wobei Beschäftigungsanstieg nicht heißt, dass es in diesen Abteilungen keine Beschäftigungsverluste gegeben hätte, sondern nur, dass die Zunahme größer ist als eine mögliche Abnahme - die Zahl der Abteilungen, in denen die Beschäftigung in denen letzten Jahren insgesamt reduziert worden ist. Besonders ausgeprägt ist dieser Sachverhalt in den Verwaltungsbereichen, aber auch in den Produktionsnahen Dienstleistungen und der Forschung und Entwicklung, wobei es jeweils auch einen recht hohen Anteil von Abteilungen gibt, für die keine Veränderungen gemeldet wurden. Nur in den Produktionsbereichen liegt die Zahl der Abteilungen mit Personalabbau leicht über denen mit Personalaufbau.

Freilich sagen diese Zahlen wenig aus über die damit tatsächlich verbundene Beschäftigungsentwicklung. Auf Grundlage der Landkarten lassen sich keine genaueren Werte für die Zu- und Abnahmen der Beschäftigung ermitteln. Allerdings können immerhin ergänzende Angaben gemacht werden zum Volumen der Beschäftigung, das mit den Abteilungen verbunden ist, in denen eine Zu- oder eine Abnahme stattgefunden hat. Auskunft darüber gibt Tabelle 5:

Tabelle 5: Beschäftigte in den Abteilungen mit Zu- und Abnahme der Beschäftigung, eigene Berechnungen

	Direkte Produktion	Produktionsnahe Dienstleistungen	Verwaltung	Forschung und Entwicklung	Gesamt
Beschäftigungszunahme	1859	1650	1290	461	5260
Beschäftigungsabnahme	2.200	325	95	97	2717

Nur in der Produktion übertraf die Zahl der Beschäftigten in den Abteilungen mit Beschäftigungsabnahme diejenige in den Abteilungen mit einer Zunahme der Beschäftigungszahlen; in den anderen Bereichen sind die Nettoeffekte der Beschäftigungsentwicklung überaus positiv. In den Betrieben herrscht also den Landkarten zufolge eine positive Beschäftigungsentwicklung vor, die mit einem Strukturwandel der Beschäftigung weg von den Produktions- und hin zu den Angestelltenbereichen verbunden ist. Beide Bewegungen entsprechen auch den aggregierten Entwicklungen. Im Zeitraum 2012 bis 2017 ist die Zahl der Beschäftigten im Verarbeitenden Gewerbe, zu dem die Organisationsbereiche der beteiligten Gewerkschaften gehören, um etwa 270.000 Beschäftigte und damit um gut 5% angestiegen (eigene Berechnungen nach Destatis 2018). Zugleich gibt es einen langfristigen Trend der Tertiarisierung des Industriesektors, angetrieben durch einen Bedeutungsgewinn von Verwaltungsfunktionen in der Forschung und Entwicklung sowie anderen Verwaltungsbereichen und anhaltenden Rationalisierungsbemühungen in den unmittelbaren Produktionsbereichen (Haipeter et al. 2016).

Auch die Tätigkeitsanforderungen haben sich im Überblick der Abteilungen positiv entwickelt; der Begriff der Anforderungen bezieht sich in der Lesart der Landkarten auf Auf- oder Abwertungen menschlicher Arbeit durch Veränderungen der Qualifikation und Kompetenzen, die in den Tätigkeiten abgerufen werden. Schaubild 6 zeigt, dass in der deutlichen Mehrzahl der Abteilungen die so definierten Arbeitsanforderungen angestiegen sind. Abnahmen der Anforderungen finden sich als überwiegende Tendenz nur in einer kleinen Minderheit der Abteilungen. Die Zahl der Abteilungen mit Zunahmen der Anforderungen ist auch höher als die Zahl der Abteilungen, in denen die Anforderungen gleich geblieben sind oder in denen sich gegenläufige Entwicklungen zeigen.

Schaubild 6: Entwicklung der Arbeitsanforderungen nach Abteilungen, eigene Auswertung

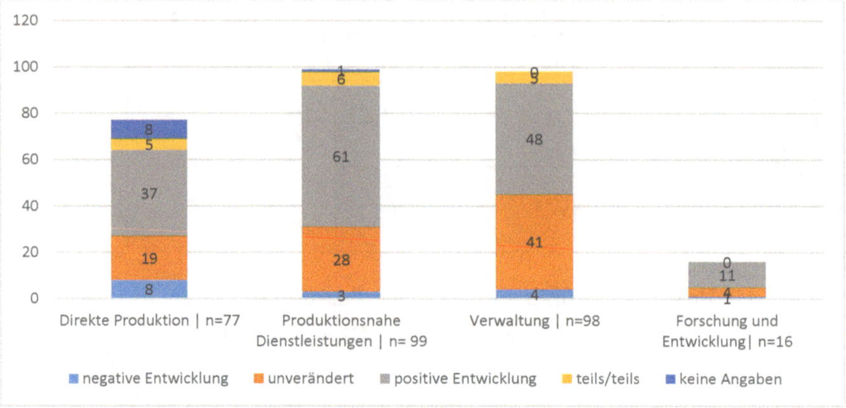

Die Dominanz der Anforderungszunahmen spiegelt sich auch in den entsprechenden Beschäftigungszahlen der betroffenen Abteilungen wider (Tabelle 6), und zwar durchgängig für alle Abteilungscluster; einzig in der direkten Produktion findet sich eine nennenswerte Anzahl von Beschäftigten in Abteilungen, in denen Abnahmen der Anforderungen vorherrschen.

Tabelle 6: Beschäftigte in den Abteilungen mit Zu- und Abnahme der Arbeitsanforderungen, eigene Berechnungen

	Direkte Produktion	Produktionsnahe Dienstleistungen	Verwaltung	Forschung und Entwicklung	Gesamt
Anforderungs-zunahme	3043	2167	1460	703	7373
Anforderungsabnahme	704	62	14	40	820

Diese positive Einschätzung der Betriebsräte und auch der Beschäftigten in den Beratungsworkshops zur Frage der Arbeitsanforderungen dürfte nicht zuletzt darauf zurückzuführen sein, dass in den Bewertungen der Workshops vor allem die zusätzlichen Anforderungen durch die Digitalisierung in die Betrachtung einbezogen wurden. Wer es mit neuen Programmen oder neuer Software zu tun hat, muss zunächst einmal mehr an Kompetenzen erwerben, um damit auch umgehen zu können. Es zeigt darüber hinaus aber auch, dass in allen Abteilungsclustern der Qualifikations- und Kompetenzbedarf in den Untersuchungsbetrieben tendenziell angestiegen ist; eine Dequalifizierung der Arbeit durch Einsatz tayloristischer Methoden oder anderer Formen der Arbeitsstandardisierung ist zumindest in der Breite der Fälle nicht nachweisbar.

Ganz anders ist hingegen das Bild der Arbeitsbedingungen in den Industriebetrieben. Arbeitsbedingungen sind im Landkartenprozess definiert als Summe mehrerer Teilindikatoren, nämlich erstens der physischen und psychischen Arbeitsbelastungen, zu denen auch Arbeitsverdichtung sowie Stress und Belastungen gehören, zweitens der Arbeitszeitautonomie und Belastungen durch Mehrarbeit sowie schließlich drittens ergonomischer Probleme. Die Einschätzungen dazu sind nicht immer trennscharf, und es bleibt bei den Ergebnissen zwangsläufig offen, auf welche der Teilindikatoren sich die Einschätzungen vor allem beziehen und ob es darunter möglicherweise auch gegenläufige Entwicklungen gibt. Abgesehen von diesen Unschärfen ist das Bild, das in den Workshops gezeichnet wird ist, überaus eindeutig. Danach haben sich die Arbeitsbedingungen in allen Abteilungsclustern überwiegend verschlechtert (Schaubild 7). Abteilungen mit einer überwiegend negativen Entwicklung der Arbeitsbelastung weisen in allen Clustern die größten Nennungen auf. Demgegenüber ist die Zahl der Abteilungen mit einer überwiegend positiven Entwicklung sehr klein. Auffällig ist auch, dass im Bereich der Forschung und Entwicklung keine Abteilungen mit einer positiven Entwicklung gezählt wurden.

Schaubild 7: Entwicklung der Arbeitsbedingungen nach Abteilungen, eigene Auswertung

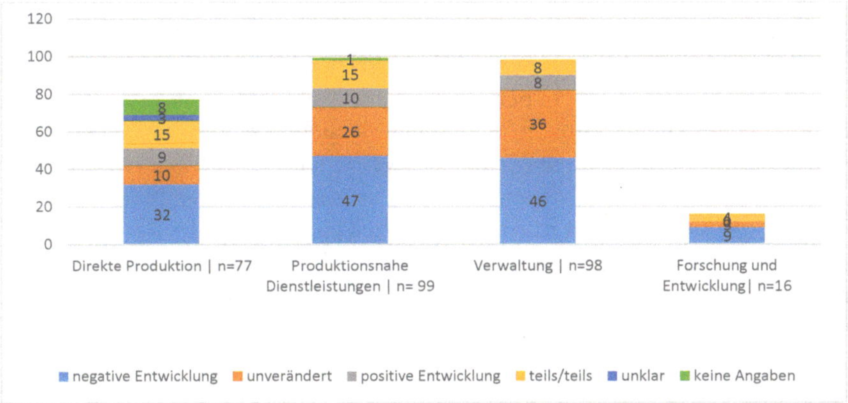

Dieses Bild schlägt sich auch in den Beschäftigtenzahlen nieder, die den Abteilungen zugeordnet werden können (Tabelle 7). Der Anteil der Beschäftigten aus Abteilungen mit überwiegenden Verschlechterungen der Arbeitsbedingungen liegt jeweils deutlich über dem Anteil der Beschäftigten aus Abteilungen mit überwiegenden Verbesserungen. Insgesamt übersteigt der Anteil der ersten Gruppe den der zweiten fast um das Sechsfache.

Tabelle 7: Beschäftigte in den Abteilungen mit Zu- und Abnahme der Arbeitsanforderungen, eigene Berechnungen

	Direkte Produktion	Produktionsnahe Dienstleistungen	Verwaltung	Forschung und Entwicklung	Gesamt
Verbesserung Arbeitsbedingungen	628	310	174	0	1112
Verschlechterung Arbeitsbedingungen	2779	1621	1515	501	6416

Diese Angaben decken sich mit den Daten aus repräsentativen Befragungen zur Entwicklung der Arbeitsintensität. So arbeiten nach der Erwerbstätigenbefragung von BIBB und BAuA von 2012 83% der Beschäftigten unter starkem Termin- und Leistungsdruck, 77% müssen mehrere Arbeiten gleichzeitig betreuen, 71% müssen sehr schnell arbeiten und 63% werden bei der Arbeit häufig unterbrochen (Wittig et al. 2013). Nach dem DGB-Index Gute Arbeit korreliert die Arbeitsintensität positiv mit dem Digitalisierungsniveau; 60% der Beschäftigten auf Arbeitsplätzen mit hohem Digitalisierungsniveau sind demnach häufig gehetzt und arbeiten unter Zeitdruck, und 69% leiden unter häufigen Unterbrechungen (DGB Index Gute Arbeit 2017). Schließlich gaben in der Betriebsrätebefragung des WSI von 2016 78% der Betriebsräte an, dass aus ihrer Sicht die Arbeitsintensität der Beschäftigten in den letzten fünf Jahren gestiegen ist (Ahlers 2018 a).

Die Entwicklung der Arbeitssituation in den Teilnehmerbetrieben des Projekts „Arbeit 2020" ist mithin disparat. Während sich die Beschäftigung zumindest in den Angestelltenbereichen und die Qualifikations- und Kompetenzanforderungen insgesamt positiv entwickelt haben, tragen die Veränderungen der Arbeitsbedingungen eindeutig negative Vorzeichen. Zwar stehen diese Entwicklungen im engen Zusammenhang zu den in den Landkarten abgefragten und diskutierten technologischen Veränderungen, doch sind sie daraus nicht kausal abzuleiten. Digitalisierung ist ein treibender Faktor der Veränderungen der Arbeitssituation, allerdings neben anderen Faktoren.

So können die Beschäftigungsverluste in der direkten Produktion zwar mit einer Erhöhung des Automatisierungsgrades der Produktionsanlagen zusammenhängen; wahrscheinlich aber sind sie in größerem Umfang auch durch Veränderungen der Arbeitsorganisation oder durch die Aus- und Verlagerung von Produktionstätigkeiten hervorgerufen worden. Auch für die Beschäftigungszuwächse liegen alternative Erklärungen nahe wie der strategische Ausbau von Forschung und Entwicklung oder vor allem die gute wirtschaftliche Lage vieler der teilnehmenden Betriebe. Dazu kommt freilich auch der Auf- und Ausbau von IT-Abteilungen. Auch bei den Qualifikations- und Kompetenzanforderungen findet ein Zusammenspiel mehrerer Faktoren statt. Neue Technologien erzeugen neue Anforderungen an ihre betriebliche Nutzung, dafür könnten aber auch veränderte Produktionsverfahren und Organisationsformen wie eine schlanke Fertigung und Ganzheitliche Produktionssysteme (Clarke 2005) oder neue Produkte mit neuen Qualifikationsanforderungen verantwortlich sein. Gleiches gilt schließlich für die Arbeitsbedingungen. Hier kann der Anstieg des Digitalisierungs- und Automatisierungsniveaus Stress und Zeitdruck hervorrufen. Die Nutzung neuer Programme ohne entsprechende Qualifizierung, Mehrarbeit durch unsaubere Schnittstellen zwischen Programmen oder nicht richtig laufende technologische Prozesse, möglicherweise eine neue Komplexität von Programmen, aber auch die Entgrenzung von Kommunikation und Erreichbarkeit wären dafür Beispiele. Zugleich aber verschlechtern sich Arbeitsbedingungen auch durch knappe Personaldecken, starken Kosten- und Budgetdruck und häufige Mehrarbeit.

Es gibt also keine einfachen Kausalbeziehungen zwischen Digitalisierung und Arbeitssituation. Die Faktorenkonstellation ist komplex. Nur im Einzelfall lässt sich entscheiden, warum sich die Arbeitsbedingungen verschlechtern, welche Qualifikationsanforderungen sich warum stellen und weshalb Beschäftigung auf- oder abgebaut wurde. Deshalb soll nun der Blick auf die einzelnen Betriebe und die dort im Landkartenprozess aufgezeigten Entwicklungen genommen werden.

5.3 Digitalisierung und Arbeit in den Betrieben

In den 19 Betrieben, die im näheren Fokus der Untersuchung standen, bestätigt sich das anhand der Landkarten gezeichnete Bild (siehe den Überblick in Tabelle 8). In vielen Betrieben wird aktiv an der Vernetzung gearbeitet, sei es die Vernetzung mit Zulieferern oder Abnehmerbetrieben oder sei es die interne Vernetzung oder beides. Einige Betriebe haben sich auch ausdrücklich die Vernetzung des Maschinenparks auf die Fahnen geschrieben. Vernetzung ist ein zentrales Ziel auch in neuen „4.0“ Fabriken (so bei *Maschinebau 1*). Darüber hinaus finden sich weitere Ansätze der Digitalisierung (oder auch prä-digitaler, aber doch neuer Technologiestufen) vor allem in Produktion und Logistik: Die Einführung von Barcodes zur Identifizierung der Produkte im Herstellungsprozess, die Erhöhung des Automatisierungsniveaus in der Produktion, der Einsatz neuer Roboter sowie die Nutzung von Apps oder Assistenzsystemen. Aber im Unterschied zur Vernetzung finden sich diese Initiativen im Überblick eher vereinzelt. Dies gilt auch für neue Geschäftsfelder oder Produktinnovationen, die im Zusammenhang mit der Digitalisierung diskutiert oder konkret angestrebt werden.

Tabelle 8: Übersicht der Schwerpunkte der Digitalisierung in den Betrieben

Betriebe	**Schwerpunkte der Digitalisierung**
Möbel	Vernetzung intern und mit Kunden und Zulieferern durch Betriebssystem
Elektrotechnik 1	Vereinheitlichung/Abstimmung Prozesse und Systeme; Vernetzung mit Kunden und Zulieferern, neue Produktionshalle
Elektrotechnik 2	Vernetzung mit Zulieferern und Kunden; Teilvernetzung der Produktion; Robotereinsatz; Produktinnovationen und neue Geschäftsfelder
Elektrotechnik 3	Schleichende Erneuerung Software
Anlagenbau 1	Vernetzung und Teilautomatisierung; Vereinheitlichung resp. Abstimmung von Prozessen und Systemen
Anlagenbau 2	Vereinheitlichung und Weiterentwicklung der Software (auch zwischen unterschiedlichen Standorten); generative Fertigungsverfahren; neue Geschäftsmodelle durch Digitalisierung der Anlagen, auch Kooperationen mit Externen (3D-Drucker-Anbieter)
Automobilteile 1	Vernetzung mit Kunden und Zulieferern; Teilvernetzung der Produktion
Automobilteile 2	Interne Vernetzung; Vereinheitlichung und Abstimmung Prozesse und Systeme; Teilvernetzung und Automatisierung der Produktion; Einsatz Barcodes; digitale Personalakte
Automobilteile 3	Interne Vernetzung und Vernetzung mit Kunden
Maschinenbau 1	Neue 4.0 Fabrik; Veränderung von Produkt und Produktionsabläufen; Vernetzung
Maschinenbau 2	Vereinheitlichung, Abstimmung und Optimierung Prozesse und Systeme; Perspektive: Montage-App zur Zeiterfassung und Störungsdokumentation; Produktinnovationen

Betriebe	**Schwerpunkte der Digitalisierung**
Maschinenbau 3	Weiterentwicklung der Steuerungssoftware (insbesondere Produktionssteuerung); Einführung einer digitalen Fertigungsstraße
Antriebstechnik 1	Digitalisierung Logistik durch Funkanbindung; Vereinheitlichung Fertigungssteuerung; Digitalisierung Rechnungen (Rechnungscockpit); Digitale Anleitungen Montage
Antriebstechnik 2	Kaum Digitalisierung und Automatisierung; Insellösungen: Assistenzsystem, bei dem der Mitarbeiter über Bildschirme angeleitet wird; Projekt zur Mensch-Maschine-Interaktion
Wirtschaftsbetriebe	Vernetzung, Test eine Logistik-App im Außendienst
Metallverarbeitung	Neue Software zur Datenerhebung; Produktinnovation; Betrieb aktuell noch im „Stand-Alone“ Modus, aber Vernetzung der Maschinen avisiert
Automationstechnik	Vernetzung; vernetzte Produktionsanlagen
Lebensmittel 1	Hochautomatisierte Fertigung; keine Digitalisierungsprojekte
Lebensmittel 2	Hochautomatisierte Fertigung; keine Digitalisierungsprojekte

Die Vernetzung steht beispielsweise bei *Möbel* im Vordergrund. Hier ist zum Zeitpunkt der Workshops gerade ein neues ERP-System eingeführt worden. Das damit verbundene Fernziel lautet, mit der einheitlichen Betriebssoftware Aufträge vom Kunden mehr oder weniger direkt in die Produktion zu speisen, um Zwischenschritte abbauen zu können und die Produktion taktgenauer und flexibler an die Aufträge zu koppeln. Auch die Bestellungen sollen später an dieses Programm angeschlossen werden, um auf diese Weise eine vernetzte Prozesskette vom Auftrag über die Bestellung bis zur Produktion zu schaffen. Zum Zeitpunkt der Workshops konzentrierten sich die Veränderungen auf den personalintensiven Verkauf. Während dort die Sachbearbeiter*innen im alten System noch die von den Kunden – den Großhändlern – eingegangen Bestellungen berechnen und in interne Aufträge umwandeln mussten, können nun die Kunden die Küche direkt digital mit den korrekten Maßen in das System pflegen und an den Vertrieb senden. Allerdings kann dabei auf interne Kontrolle – noch – nicht verzichtet werden.

> „Heute schreibt man faktisch den Auftrag noch einmal ab. Und die Kontrollfunktion ist wichtig. Die Sachbearbeitung macht eine ganze Menge aus; mit der Einführung des neuen Systems werden wir schneller, weil ich nichts mehr berechnen muss, das macht das System. Das sagt mir dann auch, was nicht in Ordnung ist. Das müssen wir dann natürlich auch weiter bearbeiten.“ (Betriebsrat 2, Möbel)

Das Ziel für den Verkauf lautet, nur noch die Endkontrolle durchzuführen und die Aufträge Eins zu Eins in die Fertigung weiterzugeben. Aber dies wird derzeit durch unvollständige Stücklisten verhindert. Während der Probeläufe des neuen Systems mussten die Daten in zwei Systeme eingeben werden, das alte und das neue. Daraus entstand erheblicher Mehraufwand, aber auch Qualifikationsbedarf für die Schulungen im neuen System. Die Fertigung spielte demgegenüber unter den Vorzeichen der „Industrie 4.0“ nur eine untergeordnete Rolle, denn hier gab es zum Zeitpunkt der betrieblichen Workshops keine echten Digitalisierungsprojekte, weder an den vier Montagelinien des Betriebs noch in den Bereichen des Zuschnitts oder des Bohrens.

Auch bei *Elektrotechnik 1* ist die Vernetzung ein zentrales Digitalisierungsmoment. Im Unternehmen liefen unterschiedliche Digitalisierungsprojekte parallel. Die vier wichtigsten wurden in den Workshops näher betrachtet, weil von ihnen unternehmensweite Auswirkungen erwartet wurden. Dazu zählten CRM (Customer Relationship Management), ein Programm, das Kundendaten sammelt, EWM (Extended Warehouse Management), ein Programm, das den Material- und Auftragsdurchfluss bis zum Warenausgang steuert, PLM (Product Lifecycle Management), ein Programm, das produktbezogene Daten von der Produktidee bis zum Marktaustritt erfasst und schließlich BI/DW (Business Intelligence/Data Warehouse), das SAP-Daten aufbereitet und maßgeschneiderte Kennzahlen-Cockpits für jeden Unternehmensbereich liefern soll.

Zudem baute das Unternehmen zum Zeitpunkt der Workshops eine neue Werkshalle. Dies wurde als Bekenntnis der Unternehmensleitung zum Unternehmenssitz verstanden; zugleich sollten aber auch Teile der Produktion ins Ausland verlagert werden, dazu hatte ein Tochterunternehmen ein Werk in Rumänien gebaut. In der Fertigung gab es einige Automatisierungs- und Rationalisierungsschwerpunkte. Dazu zählte die Montage, in der die Automatisierung verstärkt wurde. Fertigungsaufträge, die zuvor über einen Code in die Maschine eingegeben werden mussten, sollen in der im Bau befindlichen neuen Halle automatisch eingespeist werden. Die Anlagen stellen sich dann bei Auftragswechseln automatisch um, daher sollen keine Umrüstungen mehr nötig sein. Auch die Logistikprozesse sollen stark rationalisiert werden, mit einem vollautomatischen Lager und Transport mit Fördertechnik. Beim einem Fach- und Führungskräfte-Workshop im Rahmen des Prozesses „Arbeit 2020“ wurde übrigens deutlich, dass viele Führungskräfte die Digitalisierungsprojekte nicht kennen.

Bei *Elektrotechnik 2* wird den Workshops zufolge SAP mittlerweile unternehmensweit eingesetzt. Produktakten aus SAP enthalten alle Informationen zu einem Produkt. Sie werden in der Konstruktion neben CAD-Programmen eingesetzt. Die Auftragssteuerung erfolgt aus SAP, die Beschäftigten rufen Programme für Aufträge aus dem System ab und spielen sie auf die Maschinen auf. Auch die Arbeitsvorbereitung bekommt ihre produktbezogenen Daten über SAP aus der Konstruktion, aber auch teilweise noch Daten in Papierform.

Demgegenüber erfolgt der Großteil der Arbeit in der Montage von Hand. Moderne Technik spielt jedoch eine größer werdende Rolle. So gibt es seit kurzem einen Arbeitsplatz mit Mensch-Maschine-Interaktion an einem Roboter. Auch wird seit zwei Jahren ein Planungstool eingesetzt, das die Montagereihenfolge vorgibt. Perspektivisch ist einerseits ein höherer Robotereinsatz denkbar, da die neuen Roboter schnell und leicht zu programmieren und deshalb auch für die Produktion kleinerer Serien geeignet sind. Andererseits verhindert das Design der produzierten Leuchten zum Teil den Einsatz von Robotern, weil montagerelevante Stellen an den Leuchten schwer zugänglich sind. In der Logistik und Fertigungssteuerung werden Fahraufträge inzwischen komplett digital erteilt. Die Gabelstaplerfahrer nehmen Fahraufträge digital entgegen, dadurch ist es technisch möglich, genau die Leistung zu kontrollieren oder Fahrten einzelnen Fahrern zuzuordnen. Derartige Auswertungen erfolgen nach offizieller Auskunft jedoch nicht, in der Diskussion wurden jedoch Befürchtungen in diese Richtung deutlich.

Elektrotechnik 3 hat seinen Digitalisierungsschwerpunkt ebenfalls bei der Vernetzung. Das ERP-System ist inzwischen flächendeckend verankert. Eindeutige Entwicklungslinien der Digitalisierung in den Produktionsbereichen im Betrieb waren jedoch in den Workshops nicht erkennbar. Veränderungen erfolgen eher schrittweise und ungleichmäßig, und sie finden sich weit eher im Bereich der Software als bei den Maschinen.

> „Es ändert sich wohl etwas, aber nicht an allen Punkten so dramatisch. Wir haben neue Produktionslinien bekommen, aber in manchen Bereichen ist die Digitalisierung gar nicht so da. Die kommt mehr oder weniger schleichend. EDV-mäßig ja, neue Programme, andere Rechner, Produktionslinie ist neu, aber eher weniger neue Maschinen. Die Digitalisierung in dem Sinne ist nicht so zu spüren bei uns." (Betriebsrat 1 Elektrotechnik 3)

Anlagenbau 1 ist der mit Abstand größte Betrieb des Fallstudiensamples. Weil dort zudem noch mehrere Produkte aus unterschiedlichen Geschäftsbereichen des Konzerns gefertigt werden, entschlossen sich die Projektakteure, die Workshops auf einen bestimmten Produktbereich, den Bau großer Turbinen, zu konzentrieren. Erschwerend kam hinzu, dass nach Aussagen in den Workshops die Organisationsstruktur am Standort sehr komplex ist und häufig verändert wird. Zudem steht das Geschäftsfeld am Standort unter starkem Druck; zwei Jahre vor den Workshops konnte die Sparte erst nach harten Verhandlungen sowie Interessenausgleich und Sozialplan im Unternehmen gehalten werden. Danach wurde der geplante Stellenabbau halbiert, im Gegenzug wurden übertarifliche Leistungen teilweise gestrichen. Am Standort wurden über 300 Stellen sozialverträglich abgebaut. Das Niveau der Vernetzung im Unternehmen ist den Ergebnissen der Workshops zufolge hoch; im Konzern wird auch eigenständig Software für den Markt entwickelt. In der Entwicklung werden, neben Standardprogrammen wie SAP und CAD-Programmen, mehr als 100 selbstentwickelte Tools benutzt. Das liegt nach Auskunft der Expert*innen nicht zuletzt daran, dass es für viele Problemstellungen keine Standardlösungen gibt.

Im Unterschied zu vielen anderen Unternehmen des Untersuchungssamples hat das Unternehmen konzernweit ein Produktionssystem nach dem Vorbild der Lean Production eingeführt, das durch das Industrial Engineering betreut wird. In technischer Hinsicht nutzt die Abteilung SAP (als Informationsinstrument) und verschiedene Datenbanken. Hier arbeiten Ingenieure, Meister und ein Facharbeiter, und ihre Aufgabe ist die Optimierung der Fertigung: Prozessverbesserung, Durchlaufzeitenreduzierung, Produktkostenreduzierung und Lean Management. Dabei ist auch „Industrie 4.0“ ein Thema:

> „Da arbeiten wir auch dran. Prozesse so zu gestalten, dass sie automatisiert werden können oder Daten zu erheben, sodass sie dafür genutzt werden können. Und die Selbstoptimierung der Werkzeuge: Was kann ich als Werkzeug noch optimaler machen?“ (Beschäftigter im Workshop, Anlagenbau 1)

Bei *Anlagenbau 2* wurde in den letzten Jahren SAP als neue Steuerungssoftware eingeführt. In diesem Betrieb sind in den Workshops zahlreiche Schnittstellen- und Anwendungsprobleme aufgedeckt worden, die sich durch problematische Prozesse erklären lassen. Im Einkauf beispielsweise monierte einer der befragten Mitarbeiter, dass SAP nicht optimal auf die alltäglichen Erfordernisse abgestimmt ist, so dass hier Mehraufwand für die Mitarbeiter entsteht.

> „SAP wurde ja eigentlich angeschafft, um produktorientiert abwickeln zu können. Das bedeutet Schubladenprinzip oder Baukastenprinzip, möglichst viele gleiche Teile. Aber in der täglichen Arbeit wickeln wir

kundenorientiert ab. Das ist genau das Gegenteil und passt einfach nicht zusammen. Wir versuchen SAP soweit es geht zu verbiegen, so dass das zusammen passt. Aber das führt immer wieder zu Problemen." (Beschäftigter Ordermanagement, Anlagenbau 2)

Als anderes Beispiel wurde die Arbeitsvorbereitung benannt. Hier hält SAP einen Arbeitsvorrat mit neuen Aufträgen bereit, die abgearbeitet werden müssen. Die Mitarbeiter zeichnen ein, inwiefern das Teil vorgearbeitet werden soll. Daran wird dann der Arbeitsvorgang geplant. Es ist jedoch oft nicht möglich, auf alte Zeichnungen und die damit verknüpften Materialnummern zurückzugreifen. Wenn eine kleine Bohrung nur etwas anders sitzt, muss eine neue Zeichnung erstellt und eine neue Materialnummer vergeben werden. Man plant nach Aussagen der Expert*innen einen idealtypischen Ablauf, muss aber häufig davon abweichen, so bei Termindruck. Die Liste der Schnittstellenprobleme, auf die die Expert*innen hingewiesen haben, ließe sich verlängern. Generell ist die Produktion wenig kapital- und maschinenintensiv, und der Modernitätsgrad der Maschinen ist niedrig. In der Montage werden nur etwa fünf Prozent des Arbeitsvolumens über Maschinen abgewickelt.

Die Entwicklung bei *Automobilteile 1* steht im Zeichen der Standortkonkurrenz. Auftragsvergaben innerhalb des Konzerns erfolgen nach den Kriterien Kompetenz und Kosten. Die Gefahr, dass deutsche Werke kleingeschrumpfte Standorte werden, ist unübersehbar. Die Vernetzung durch eine Steuerungssoftware – SAP – erfolgt konzernweit. In allen Betrieben des Unternehmens wird die gleiche Software eingesetzt, die funktional differenziert wird. Zwar gibt es eigene IT-Projekte an unterschiedlichen Standorten; diese führen aber zu einheitlichen Standards mit geringer lokaler Anpassung. Ein globales SAP-Team unterstützt die Standorte. Die Software gehört zur Kernkompetenz des Unternehmens, die Hardware ist ausgelagert. Das Unternehmen verfolgt aber keine eigene Software-Entwicklung; es geht eher um die Andockung an bestehende Systeme, die teilweise optimiert oder mit neuen Modulen versehen werden. Ziel ist die Vernetzung der Prozesse.

Ein Beispiel dafür ist das integrierte Lagerplatzverwaltungssystem, das dem Werker ermöglicht, Vorgänge wie Bereitstellungen für Staplerfahrer auszulösen. IT und Arbeitsprozesse werden inzwischen integrierter betrachtet. Zunächst werden die Prozesse z.B. in der Personalverwaltung durchleuchtet und standardisiert – erst dann beginnt die Automatisierung. Das Change Management beginnt mit Piloten an einzelnen Standorten; sofern es dort dann genügend empirische Bezugsgrößen gibt, erfolgt das Ausrollen zum globalen Standard. Dieses Vorgehen wird dadurch begünstigt, dass es viele ähnliche oder parallele Prozesse an den unterschiedlichen Standorten gibt, die in Konkurrenz zueinander stehen. Die Arbeitsplätze sind zudem durch Standardisierung weltweit gleich. Investiert wird nur in IT-Prozesse, die aus Sicht des Unternehmens etwas bringen, nicht aber in „Industrie 4.0" wegen des ‚nice-to have'. Es dominiert eine strikte betriebswirtschaftliche Orientierung.

Im Angestelltenbereich wird, neben SAP, mit über 40 weiteren Systemen gearbeitet. Diese sind zumeist kundenspezifisch. Die Endhersteller der Automobilindustrie verlagern damit ihre Arbeit zunehmend auf das Zulieferwerk. Sie erwarten die Anpassung an ihre jeweiligen Standards mit Blick auf die IT und die Kriterien für die auszufüllenden Lieferformulare. Die Vernetzung zum Kunden ist daher sehr stark; dennoch müssen die Schnittstellen wegen unterschiedlicher IT-Systeme der Kunden noch händisch behandelt werden, um Fehler vermeiden zu können. Deshalb haben die Disponenten eine zentrale Stellung in der Organisation, die mit wachsender psychischer Belastung verbunden ist.

Auch bei *Automobilteile 2* ist das Vernetzungsniveau hoch. SAP wird unternehmensweit eingesetzt, jedoch an die Gegebenheiten und Anforderungen im Betrieb angepasst. So gibt es etwa 18.000 Einzelprogramme und Programm„schnipsel" zur Anpassung von SAP im Unternehmen, andere Unternehmen kommen nach Aussagen in den Workshops mit deutlich weniger aus. In den indirekten Bereichen wurde kritisiert, dass zahlreiche Programme nur sporadisch eingesetzt werden. In der Produktentwicklung beispielsweise werden neben zwei Standardprogrammen ca. 30 Spezialprogramme phasenweise genutzt. Die Arbeit mit diesen Spezialprogrammen fällt vielen Beschäftigten wegen der langen Pausen zwischen den Anwendungen schwer. Zum Teil wurden deshalb Verantwortliche für bestimmte Programme ernannt. Darüber hinaus wird an einem unternehmenseigenen Programm namens METIS gearbeitet, das gewissermaßen ein Unternehmens-Facebook und Wikipedia verbindet und das außerdem Datenaustausch über den Browser ermöglichen soll und damit langfristig auch Outlook ersetzen könnte. Grundsätzlich soll es möglich sein, viele Vorgänge in METIS zu bearbeiten. Damit könnten SAP-Lizenzen gespart werden und Anforderungen an SAP-Kompetenzen würden entfallen. Noch ist unklar, ob METIS eine Verbindung zu Kundenportalen haben soll.

Analog zu *Automobilteile 1* sieht sich auch *Automobilteile 2* als Zulieferer für die Automobilindustrie mit besonderen Anforderungen konfrontiert. Das betrifft sowohl die Dokumentation von Entscheidungen in der Entwicklung, im Einkauf, in der Produktion oder in der Werkserhaltung als auch die Transparenz über Preise, Qualitäts- und Lieferstandards. Zudem müssen die Beschäftigten im Vertrieb auch hier unterschiedliche Kundenportale verwenden. Zu diesen Portalen gibt es keine Schulungen, die Beschäftigten müssen sich den Umgang autodidaktisch erarbeiten. Bislang haben diese Portale lediglich manuell angestoßene Schnittstellen zu SAP; erwartet wird, dass in Zukunft die Kunden selbst die Produktion steuern wollen und damit selbst ins Unternehmens-SAP eingreifen.

Die in der Produktion eingesetzte Technik ist je nach Montagelinie unterschiedlich komplex, automatisiert und vernetzt. Dementsprechend unterscheiden sich auch die Arbeitsanforderungen. Insgesamt werden bereits Elemente von „Industrie 4.0“ eingesetzt. Dazu gehören ein fahrerloses Transportsystem und eine Zunahme der Entscheidungsvorgaben durch Maschinen und Programme, die teilweise nicht mehr übersteuert werden können. Auch wurde zum Zeitpunkt der Workshops mit Testrobotern gearbeitet. Für die Zukunft wird eine stärkere Automatisierung erwartet, weil Testroboter schneller und genauer sind als Menschen und weil sich neue Modelle bei hoher Auslastung in weniger als einem Jahr amortisieren.

Beim Einsatz neuer Technologien tauchen deutliche Koordinationsprobleme auf. So wurde in der Werkserhaltung vor kurzem SAP-PM (Plant Maintenance) eingeführt. Die Mitarbeiter haben dazu eine 20-stündige Schulung besucht, danach dauerte es bis zur tatsächlichen Einführung des Programms allerdings noch ein Jahr. Die Arbeit mit der Software soll zusätzlich zu der bisher geleisteten Arbeit „nebenbei“ erfolgen, neues Personal wurde nicht eingestellt.

Bei *Automobilteile 3* schließlich haben sich die Schnittstellenvernetzungen zu den Endherstellern ähnlich wie bei den beiden anderen Zulieferbetrieben entwickelt. Auch liegt die Vernetzung intern und nach außen auf einem hohen Niveau, und auch hier nimmt die Digitalisierung in der Produktion an Fahrt auf.

> „Digitalisierung, das Thema hatten wir eigentlich erst auf dem Schirm gehabt, als wir da die Umfrage mit den Abteilungen hatten, wo dann wirklich in fast jeder Abteilung Hauptschwerpunkte der Digitalisierung aufkamen. Also, da sind wir quasi bei der Umfrage erst dazu gekommen.“ (Betriebsrat 2, Automobilteile 3)

Maschinenbau 1 ist das einzige Unternehmen im Fallstudiensample, das einen neuen Betrieb – auf dem Werksgelände eines bereits bestehen Betriebs – baut, der offiziell als „Industrie 4.0“-Betrieb ausgeflaggt wurde. Zum Zeitpunkt der Workshops war der neue Betrieb im Bau und die Maschinen – sofern neue Maschinen dafür eingesetzt werden – bestellt. Perspektivisch werden manuelle Arbeiten an Bedeutung verlieren, da sie durch Roboter ersetzt werden können und sollen. In der neuen Fabrik ist ein deutlich automatisierteres Arbeiten geplant, dort werden die Mitarbeiter mehr Kontrollfunktionen wahrnehmen. Zwar ist nicht der Wegfall ganzer Berufe geplant, aber eine Veränderung der Arbeitsinhalte.

Vor allem aber zeigt sich bei *Maschinebau 1* die Digitalisierung derzeit in der Software. Hier wurde jüngst die Software „360°“ eingeführt. Sie hat vor allem die Arbeitsabläufe der Innen- und Außendienstmitarbeiter im Vertrieb grundlegend verändert. Durch das System sind die Mitarbeiter, die im Innendienst die Aufträge annehmen, nun mit den Außendienstmitarbeitern vernetzt. Diese können live die bestehenden Aufträge einsehen und müssen auch alles, was sie tun, digital eingeben. In dem System werden alle Prozesse – Auftragsannahme, Auftragsweiterleitung, Auftragsbearbeitung, Vorbereitung Auftragsabrechnung, Kostenvoranschläge und Angebote – dokumentiert.

Der Vertrieb arbeitet auch mit SAP, hier ist eine Vernetzung über die Abteilungsgrenzen hinweg und mit externen Unternehmen gegeben. Zur SAP-Anbindung von Kunden gibt es ein besonderes System mit dem Namen EDIFACT. Das System wird auf zwei Wegen genutzt. Einerseits übermittelt das System Rechnungen und wickelt die Bezahlung ab, andererseits können die Kunden darüber aber auch Bestellungen vornehmen. Das Programm konvertiert die Kundeneingaben automatisch in einen SAP-File und integriert die Datei. In Zukunft soll es auf der Homepage zudem eine Plattform geben, in die der Kunde seinen Auftrag eintragen kann. Die Angaben sollen dann automatisch in das neue System importiert und an den nächsten Techniker weitergeleitet werden, der den Fall dann bearbeitet. Neben der Vernetzung macht die neue Software aber auch die tatsächlich zur Verfügung stehende Arbeitszeit sichtbar. Außerdem wird deutlich, wie stark die Beschäftigten durch Projekte beansprucht werden, die parallel zu den eigentlichen Arbeitsaufgaben laufen.

> „Wir sind ja schon froh dass wir diese neue Software bekommen, da wird der Mensch auch jetzt endlich mal geplant. Das man auch mal sieht, sorry aber meine Kapazität ist zu Ende. Wir haben teilweise Rückmeldungen bekommen, weil jeder wie wild seine Projekte plant, dass einzelne Kollegen über 60% ihrer Zeit in Projekten sind, jeden Tag. Das funktioniert natürlich nicht.“ (Betriebsrat Maschinenbau 1)

In einem Werbevideo geht die Steuerung/Vernetzung noch weiter: Danach sollen die Pumpen zukünftig so ausgestattet werden, dass sie sich selber beim Techniker melden, wenn sie defekt sind.

Bei *Maschinebau 2* lag ein Fokus der Workshops auf einer für die Montage geplanten App. Mit der App soll eine Echtzeitdatenerfassung und Störungsdokumentation in der Montage realisiert werden. Es soll ein zentrales Cockpit beim Montageleiter geben, in dem alle Daten zusammenfließen. Geplant ist, dass jedes Produkt, das produziert wird, von Anfang an ein Tablet mitbekommt, das es durch die gesamte Montage begleitet. Die Bearbeiter melden das Produkt an den verschiedenen Bearbeitungsstationen an, sodass jedes Produkt durch die Montage „verfolgt" werden kann. Ziel ist eine bessere Austaktung zu erreichen durch einen besseren Überblick über die Produktionsverläufe und eine genauere Übersicht über Störfaktoren. Die Werker werden die Störungen in der App auf dem Tablet dokumentieren. Hintergrund für dieses Vorhaben ist, dass es im Werk seit über zehn Jahren keine Arbeitsvorbereitung mehr gibt. Die Frage, wie lange welche Fertigungsschritte dauern, kann daher aktuell nicht genau beantwortet werden, die kalkulierten Zeiten stimmen nicht. Eine Kernfrage für Geschäftsführung und Betriebsrat ist deshalb, wie Leistung definiert werden kann. Mit der App soll ermittelt werden, wie lange welche Prozesse real dauern. Auch über die Ursachen von Störungen ist aktuell wenig bekannt. Es ist vorgesehen, dass später auch Bauanleitungen und kurze Qualifizierungen auf das Tablet gestellt werden. Da die unterschiedlichen Produkte zum Teil in größeren zeitlichen Abständen gefertigt werden, können Informationen zu einzelnen Arbeitsschritten hilfreich sein. Eine umfassende Werkerführung ist jedoch nicht geplant.

Automatisierung in der Montage durch Einsatz von Robotern ist laut der Geschäftsführung nicht geplant. Denn erstens ist demnach die Komplexität der Produkte sehr hoch und zweitens werden die Landmaschinen nach Kundenwunsch sehr individuell ausgestattet, sodass die Produktion quasi Einzelfertigung ist Deshalb brauche man auch weiterhin qualifizierte Beschäftigte. Automatisierung sei zwar technisch machbar, aber nicht wirtschaftlich.

Im Konzern wird zudem ein SAP-IT-Projekt verfolgt mit dem Ziel, alle Werke mit einem einheitlichen Standard-SAP auszustatten. Dieses Vorhaben zielt darauf ab, die einzelnen Standorte besser vergleichbar zu machen. Digitalisierung im Büro bezieht sich vor allem auf das ERP-System, auf dessen Grundlage in Zukunft viel automatisiert werden soll, beispielsweise indem der Lieferant direkt an die Produktionsplanung angebunden wird und liefert.

Auch *Maschinenbau 3* weist in der Fertigung ein geringes Digitalisierungsniveau auf. Dort wurde allerdings zum Zeitpunkt der Workshops eine neue Maschinenstraße für die Fertigung kleiner Bauteile eingeführt.

Die Maschinen können miteinander vernetzt werden und mehre Funktionen (wie Fräsen und Drehen) integriert durchführen. Hier soll eine Maschine der anderen die Daten des Werkstücks weitergeben. Eine der neuen Maschinen stand zum Zeitpunkt der Landkartenworkshops bereits und produzierte. Die Maschinen der neuen Maschinenstraße haben zudem eine sensorische Überwachung der Laufleistung und melden, wenn die Drehdurchführungen erneuert werden müssen. Die älteren Maschinen im Betrieb sind nicht vernetzt. In der Produktion finden sich auch keine durchgängige Standardisierung, kein Just-in-Time und keine schlanke Fertigung. Es gab Ansätze zur Einführung eines Lean Management, doch wurden diese nicht konsequent umgesetzt.

Bedeutsam ist die Digitalisierung auch in der Produktionssteuerung. Grundlage der Produktionssteuerung ist SAP und das darauf aufgesetzte Programm *Felios*, das die Auftragsprogramme berechnet.

> „Zunächst wird der Arbeitsplan für SAP erstellt, also wie man das Teil bearbeitet und welche Arbeitsschritte es gibt und wie lange die Bearbeitungszeit sein soll. Das ist jetzt automatisiert, vorher hat das die Arbeitsvorbereitung gemacht. Das wird jetzt automatisch freigegeben, nachdem es mal eingeben wurde. Diese Daten werden dann mit Felios geordnet." (Experte Konstruktionn Maschinebau 3)

Felios kombiniert Aufträge mit den Fertigungskapazitäten an den Maschinen und den Personen. Grundlage dafür sind die von der Arbeitsvorbereitung vorgehaltenen Zeitbausteine für die Bearbeitung, die allerdings nur Richtwerte sind, weil sie seit Jahren nicht mehr aktualisiert wurden. Die Personalkapazitäten müssen von den Meistern realistisch eingegeben werden. Das Programm liefert derzeit die Planungsdaten jeweils einmal täglich nach einem Nachtdurchlauf. Man kann aber auch händisch steuern, um das System am Laufen zu halten.

> „Es gibt das System, und es gibt die Praxis des Menschen, die kann ganz anders aussehen." (Experte Fertigung, Maschinenbau 3)

Bei *Antriebstechnik 1* wurden auf Wunsch der Geschäftsleitung vier Bereiche von vorneherein aus der Betrachtung der Landkarte ausgeschlossen, nämlich Vertrieb, Service, Marketing sowie Forschung und Entwicklung. Es sollten keine Informationen über die Wettbewerbsstrategie zu potenziellen Konkurrenten durchsickern können. In der Logistik ist ein Digitalisierungsschritt in Planung. Aus diesem Grund gibt es derzeit ein Projekt, das *„die ganze Transportsteuerung fundamental verändern soll"* (Werkleiter). Hierzu soll die Logistik mit einer Funkanbindung ausgestattet werden. Neben zusätzlichen Stationen für Staplerfahrer soll jeder Mitarbeiter ein Handgerät (Tablet) erhalten. Durch die auf dem Tablet gespeicherten Systeme und Daten soll es möglich werden, Informationen in Echtzeit zu verarbeiten. Nach Erledigung eines Auftrags soll der Staplerfahrer auf den Bildschirm schauen und sich informieren, an welcher Stelle in der Nähe seines Standorts die nächste Fahrt ansteht. Auf diese Weise sollen Leerzeiten vermieden und das Material schneller, effizienter und fehlerfrei bereitgestellt werden.

> „Für uns sind Transporteure nur dann effizient, wenn sie etwas auf der Gabel haben. Bisher machen die Mitarbeiter häufig unnötige oder zu lange Wege. Deshalb brauchen wir eine Software, die diese Arbeiter besser steuert. Die Idee besteht darin, die Fabrik wie ein Schachbrett zu kartographieren, der Fahrer sieht dann: in Quadrant XY1 steht ein Auftrag an und in Quadrant XY2 auch. Er ist näher an XY1 dran und fährt darum dahin und übernimmt den Auftrag." (Werksleiter Antriebstechnik 1)

Die Logistik nutzt SAP; in das System werden alle Bestellungen eingegeben, so dass abgelesen werden kann, welche Materialien nötig sind. Alle Bewegungen laufen über Wareneingangs- und Warenausgangszonen. Von dort aus werden auch alle Materialien auf die Lager verteilt. Die jeweiligen Lagerhaltungsstrategien werden in SAP abgebildet. Auch Einkauf, Fertigungsvorbereitung oder Auftragsannahme arbeiten sämtlich mit SAP, teilweise ergänzt um andere Programme. In der Verwaltung wird derzeit ein so genanntes Rechnungscockpit geplant. Damit sollen die Rechnungen so digitalisiert werden, dass die Abzeichnung über die EDV möglich ist. Auf diese Weise soll die Papierflut, die in der Abteilung herrscht, minimiert werden.

In der Montage startete ein Pilotprojekt zu einer digitalisierten Montageanleitung (Visual Enterprise). Das Pilotprojekt „Hydraulikmontage zur papierlosen Fertigung" umfasst mehrere Neuheiten: neben dem Produkt und der Art der Montage wird auch auf ein Hochregallager umgestellt, so dass die ganze Montagelinie grundsätzlich neu gestaltet ist. Die Montanleitungen werden anschließend digitalisiert und die Arbeitstische mit großen Bildschirmen ausgestattet. Darauf sollen die Mitarbeiter die Anleitungen aufspielen und effizient montieren können. Auch wenn die Baureihe bislang noch nicht vollständig digitalisiert ist (derzeit gibt es auch noch Montageanleitungen in Papierform), steht die Belegschaft hinter diesem Modellprojekt.

> „Die Belegschaft freut sich über das Projekt, denn die haben dafür neue Arbeitstische und neue Werkzeuge bekommen - alles vom Feins-

ten. Das kommt natürlich gut an. Aber es ist bislang ja nur ein Pilotprojekt. Wir werden sehen, ob das funktioniert." (Mitarbeiter Montage, Antriebstechnik 1)

Bei *Antriebstechnik 2* waren kaum ernsthafte Entwicklungen in Richtung Digitalisierung zu verzeichnen. Es fanden sich in den Workshops allenfalls einzelne Ansätze dazu, weshalb auch externe Besichtigungstermine in anderen Betrieben eingebaut wurden, um Digitalisierung für die Akteure im Betrieb greifbarer zu machen. In der Produktion ist das Alter der Maschinen hoch, alte Maschinen werden sukzessive durch jüngere, aber häufig gebrauchte Maschinen ersetzt. An einigen neueren Maschinen wäre Vernetzung möglich, wird aber nicht genutzt. Veränderungen wurden vor allem in zwei Bereichen ausgemacht: Zum einen im Bereich Lager und Wareneingang durch die Einführung von Barcodes, und zum anderen in der Produktion, wo eine neue CNC-Maschine eingeführt wurde, die Möglichkeiten zur Vernetzung bietet. Insgesamt laufen die Veränderungen jedoch eher schleppend:

> „Ich bin seit 40 Jahren hier, die meisten Maschinen kenne ich noch aus der Lehre. Das ist hier ein Museum." (Betriebsrat Antriebstechnik 2)

Das Unternehmen wendet kein einheitliches ERP-System an. Deshalb sind interne Vernetzungen kaum abteilungsübergreifend vorhanden. Externe Vernetzungen mit den Kunden sind von der Geschäftsleitung nicht entwickelt und gewünscht. Verantwortlich gemacht dafür wurde der Datenschutz. Zudem wurde betont, dass man die Selbstständigkeit beibehalten und sich nicht in Abhängigkeit von Großunternehmen und deren Anforderungen an Daten und Dokumentation begeben wolle. Zentral abgelegte Daten seien nicht immer sinnvoll, da hier die Gefahr bestehe, dass „Entscheidungen zu schnell getroffen werden", was sich dann wiederum negativ auf Kosten und Umsetzung von Aufträgen auswirken kann.

Bei *Wirtschaftsbetriebe* erfolgt die Bestellung der Wäsche seit Jahren überwiegend digital, vereinzelt kommen noch Faxe an, die manuell eingelesen werden müssen. Was bestellt wird, kann nachgesehen werden, muss aber durch Außendienstmitarbeiter oder Kundenbetreuer ermittelt werden. Der Bestellprozess wurde in den vergangenen Jahren dahingehend optimiert, dass die größeren Kunden mit Barcode-Scannern ausgestattet wurden und so die Artikel einscannen und angeben können, wie viel sie davon benötigen. Die Scanner wurden vor zwei Jahren teilweise durch Tablets, die mit einer App arbeiten, ersetzt. In einem Pilotprojekt testet ein Fahrer derzeit die Tourenübermittlung per App. Die App Entwicklung erfolgt intern und stellt eine Art Checkliste dar, die der Fahrer abarbeitet. Ist die

Wäsche abgeliefert, nimmt der Fahrer in einem gesonderten Bereich des LKWs anschließend neue Wäsche auf. Durch die App soll dieser Prozess transparenter werden, die Fahrer scannen ihre Arbeitsschritte. So kann der Fuhrparkleiter sehen, was die einzelnen Fahrer gerade machen und ob sie realistisch geplant haben. In Zukunft soll zudem eine Verbindung zwischen App und GPS geschaffen werden, so dass der Fahrer nicht mehr alles abhaken muss, da die App den Standort miterfasst. Da die Planung der App noch im Anfangsstadium ist, ist unklar, wie genau in Zukunft mit den gewonnenen Daten umgegangen wird. Nach Abschluss der Pilotphase wird der Betriebsrat noch einmal mit der Geschäftsführung über die Details verhandeln, und dazu soll eine Betriebsvereinbarung abgeschlossen werden.

Die EDV hat die Möglichkeit, sich auf jede Maschine zu schalten und so in der Einarbeitungsphase Unterstützung anzubieten oder Fehler zu beheben. In der zum Zeitpunkt der Workshops gebauten neuen Wäscherei ist keine weitere Automatisierung geplant, die Arbeitsplätze werden sich also nicht ändern. Neu daran ist jedoch, dass zukünftig ein Teil der Anlage fremdgesteuert sein wird, also nicht mehr vom Mitarbeiter unmittelbar vor Ort bedient wird. Auch der Containerbereich soll massive Änderungen erfahren durch Displays, die den Standort der Container flexibel machen.

Bei *Metallverarbeitung*, einem Betrieb, der Folien produziert, hält die Digitalisierung vor allem produktbezogen Einzug. Der Betrieb hatte kurz vor Start des Projekts ein neues Produkt eingeführt, bei dem die Produktionsdaten von den Anlagen gesammelt und danach ausgewertet werden können.

> „Also man kann sagen, wie gut das Produkt ist. Für was das Produkt verwendet werden kann. Perspektivisch soll es so sein. Der Gedanke dabei ist, dass man diese ganzen Daten auch von der Vorproduktion alle gebündelt hat und man sagen kann, was es nachher für ein Endprodukt gibt." (Betriebsrat Metallverarbeitung)

Dabei geht es um die Bestimmung der Qualität des Materials, aus dem die Folie hergestellt wird. Auf diese Weise soll festgelegt werden können, für welche konkrete Produktverwendung die Folie qualitativ geeignet ist. Dazu wurden die bestehenden Maschinen mit einer neuen Software ausgestattet, die entsprechende Daten erheben kann. Zudem können die Maschinen nun mit Maschinen anderer Werke vernetzt werden, in denen die vorgelagerten Produktionsstufen angesiedelt sind. Abgesehen davon ist das Niveau der Digitalisierung noch bescheiden, datentechnische Vernetzungen auf der Grundlage eines einheitlichen ERP-System gibt es nicht.

Automationstechnik produziert „Industrie 4.0". Die Systeme der Qualitätssicherung, die hier hergestellt werden, sind hoch automatisiert. So können Bleche, die aus der Stahlindustrie kommen, auf ihre Materialqualität hin automatisch geprüft werden. Was früher Menschen abschätzten, kontrolliert nun ein Magnet. Das Digitalisierungsniveau des Betriebs, das mit der Landkarte analysiert wurde, ist insgesamt hoch. Dies gilt insbesondere für die Vernetzung der Maschinen in der Fertigung.

> „Ich würde sagen, dass die Fertigung komplett überwacht ist, also alles, was die tun, lenkt der Computer, neunzig Prozent würde ich sagen." (Betriebsrat 2, Automationstechnik)

Die Steuerung erfolgt über die Arbeitsvorbereitung, die das Arbeitsprogramm nach Auftragslage und Kapazitätsverfügbarkeit kalkuliert; dabei werden Material, Belegung des Arbeitsplatzes und Fertigungszeit berechnet.

> „Wir haben das sogenannte „Weight"-Programm. Das gibt ganz genau vor, dann und dann kommt das und das Material und dann muss das und das gefertigt werden, bis dann und dann ist der und der Arbeitsplatz mit so viel Leuten belegt und dass dieser Auftrag dann abgearbeitet ist." (Betriebsrat 1, Automationstechnik)

Dazu bekommen die Beschäftigten der Arbeitsgruppen jeden Morgen eine Liste, die abzuarbeiten ist. Eine Selbststeuerung der Maschinen wäre möglich, erfolgt nach Aussage der Betriebsräte aber nicht. Ein wichtiger Grund dafür ist die Daten- und Prozesssicherheit.

> „Ein Thema ist ja auf jeden Fall Risikoanalyse. Wenn keiner auf die Maschine von extern zugreifen kann, kann auch keiner die Maschine von extern lahm legen." (Betriebsrat 3, Automationstechnik)

Ein zweiter Grund sind die kleinen Stückzahlen die im Betrieb gefertigt werden und die ein laufendes Umrüsten und Umprogrammieren der Maschinen erfordern. Schließlich wurde vor kurzer Zeit ein neues ERP-System eingeführt, das alle Prozesse vom Vertrieb bis zum Einkauf umfasst und mit dem alle anderen Programme verknüpft worden sind. Die Integration der Programme funktioniert nach Aussage der Betriebsräte bereits gut, aber noch nicht ganz vollständig.

> „Sagen wir mal so, es funktioniert zu 90%. Wenn mal wieder nicht irgendeiner an irgendeiner Schraube versucht zu drehen und da irgendwas zu ändern." (Betriebsrat 4, Automationstechnik)

Lebensmittel 1 und *Lebensmittel 2* schließlich ähneln sich im Niveau der Digitalisierung stark. Beides sind hoch automatisierte Betriebe der Nahrungsmittelindustrie. Nachdem sich der Betrieb *Lebensmittel 1* vor gut 15 Jahren in einem konzerninternen Wettbewerb durchsetzen konnte, wurde der Betrieb vergrößert und neu strukturiert. Neben der Ausweitung der Produktion wurde der Maschinenpark modernisiert, die Materialströme automatisiert und die Logistik neu geordnet. Den größten Automatisierungsschub verzeichnet dabei der Verpackungsbereich, indem durch die Einführung von Packmaschinen ein Großteil der menschlichen Handarbeit überflüssig wurde. Außerdem treibt der Konzern derzeit die Planung einer „Lights-out"-Fabrik voran, die ohne menschliche Arbeit produzieren soll. Darüber hinaus werden verschiedene Bereiche umstrukturiert bzw. rationalisiert. So soll aktuell das bislang werkseigene Labor ausgelagert werden. Die Produktionspolitik folgt dem Ziel, die Produktionszyklen zu verkürzen. Gleichzeitig soll ein hohes Maß an Flexibilität erreicht werden, damit die Kunden auch möglichst kurzfristig beliefert werden können (Ad-hoc-Produktion). Außerdem sollen die Lagerkosten minimiert werden (Just-in-Time-Produktion). Diese Ziele sind aber nur begrenzt miteinander zu vereinbaren.

> „Das Ziel, die Lagerungskosten zu reduzieren, beißt sich mit der von uns erwarteten Flexibilität. Denn wenn wir ein Produkt flexibel fertigen wollen, müssen wir alle Bestandteile im Lager da haben. Unsere Zulieferer sind auch zu weit weg, um spontan für Nachschub zu sorgen. Natürlich könnten wir unsere Folien auch in der Gegend hier und nicht in der Türkei ordern. Aber das kostet deutlich mehr, und den Preis kriegt man im Konzern dann nicht durch" (Betriebsrat, Lebensmittel 1)

Zusammen mit der zentralen Steuerung entstehen so Effektivitätsprobleme, denn das Werk fungiert wie ein „konzerninterner Zulieferer", der je nach Auslastung Aufträge vorgegeben bekommt. Dabei wird nicht darauf geachtet, dass die gleichen Produkte nacheinander hergestellt werden, sondern lediglich, dass die Produktionsauslastung möglichst hoch ist.

Die zu wartenden Maschinen sind sämtlich vernetzt und beziehen ihre Informationen aus der Software. Eine Anbindung an SAP wird gerade eingeführt, so dass zukünftig nichts mehr manuell eingelesen werden muss. Dadurch sind auch die Elektriker der Technik näher an die IT gerückt und müssen mit ihr zusammenarbeiten. SAP ist die Basissoftware in allen Abteilungen, auch in der Fabrikation, wo alle Rezepte auf einem Server hinterlegt sind und von wo sie sich der Mitarbeiter auf den Bildschirm holt. Die Fabrikation bekommt vom Labor freigegebene Rohstoffe. Die Maschinen mischen die Rezepte automatisch zusammen. Die Mitarbeiter kontrollieren die Vorgänge und geben die Daten in SAP ein. Stördaten werden in einem anderen System erfasst, das „übersichtlicher ist als SAP" (Mitarbeiter Fabrikation, Lebensmittel 1).

Bei *Lebensmittel 2* ist die Investitionspolitik noch zurückhaltender als bei *Lebensmittel 1*. Die Produktionsanlagen sind zum großen Teil knapp 30 Jahre alt und nicht internetfähig. Beispielhaft diente dafür in den Workshops die Anschaffung eines Roboters, der vor ein paar Jahren für eine Produktionslinie gekauft wurde, um die verpackten Produkte auf Paletten zu stapeln. Perspektivisch sollte auf diese Weise Personal abgebaut werden. Allerdings wurde die geplante Gesamtlösung aus Kostengründen zusammengestrichen, sodass es häufig zu Problemen bei der Zuführung kommt. In der Folge konnte der geplante Personalabbau nicht realisiert werden.

> „Da war die Planung ganz anders, als hinterher die Umsetzung gemacht worden ist. Da sind einige Sachen weggestrichen worden, auch an der Korbzufuhr, das hat man dann auf Minimum gestrichten [...] Der Roboter an sich ist nicht das Problem, sondern die Anlage, die dahinführt, sorgt für Probleme, weil der Roboter stehen bleibt und häufig verknickt ist. Die Mitarbeiter müssen dann runterlaufen, abnehmen, die Störung beseitigen." (Betriebsrat Lebensmittel 2)

Grundsätzlich sind die Abteilungen durch die einheitliche ERP-Software vernetzt, die in der Verwaltung und Produktionssteuerung zum Einsatz kommt. Es wird aber auch noch viel mit Excellisten oder anderen Hilfsmitteln gearbeitet. Beispielhaft dafür steht die Produktionsplanung, die *SAP* und *Office* verwendet. Die Aufträge des Hauptkunden kommen im Access-Format, werden in Excel umgewandelt und in *SAP* eingespeist. Laut Geschäftsführung sind auch für die nähere Zukunft keine größeren Digitalisierungsprojekte geplant, was glaubhaft erscheint angesichts der sehr zurückhaltenden Investitionspolitik des Konzerns. Dementsprechend schwenkte der „Arbeit 2020"-Prozess um zu einer Standort- und Kernkompetenzanalyse.

Der Blick auf die Wandlungsprozesse der Unternehmen unterstreicht die Auswertung der visualisierten Landkartenbefunde und vertieft das Bild des aktuellen Wandels. Nicht Disruption, sondern pfadabhängige technologische Veränderungen bestimmen die Entwicklung in den Untersuchungsbetrieben. Zwar liegen technologische Welten zwischen dem Standort *Anlagenbau 1* eines großen Technologiekonzerns und den KMU-Betrieben wie *Antriebstechnik 2* oder *Maschinenbau 3*, die allenfalls vereinzelt neue Technologien einsetzen und mit ganz anderen Problemen der Produktivität und Qualität zu kämpfen haben. Schlanke Fertigungsprinzipien wurden hier entweder noch nie eingeführt oder sind gescheitert, und es gibt erhebliche Probleme bei der Funktionsfähigkeit betrieblicher Prozesse. Dennoch lässt sich für fast alle Betriebe die Feststellung treffen, dass sie aktiv an Vernetzungen arbeiten, ihre Produktionsplanungs- und Steuerungssysteme erneuern, IT-Prozesse entlang der Wertschöpfungskette einführen und betriebswirtschaftliche Daten mit Produktionsdaten verknüpfen. Auch dabei kommt es zu mancherlei Prozessproblemen wie der Koexistenz mehrerer Programme für gleiche Funktionen oder unklaren Organisationszuständigkeiten für die Dateneingabe und die Programmsteuerung. Neue Produktionstechnologien im engeren Sinne werden weit zurückhaltender eingesetzt und ergänzen den bestehenden Maschinenpark an bestimmten Stellen. Oftmals werden ältere Maschinen mit neuer Steuerungssoftware ausgestattet und dadurch modernisiert. Systeme der Produkterkennung wie Barcodes sind inzwischen Standard, ebenso wird vielfach an einer Digitalisierung der Logistik gearbeitet. Eine breite Investitionsoffensive ist jedoch nicht erkennbar. Die „Smart Factory" ist in den Untersuchungsbetrieben derzeit eine Zukunftsvision.

6 Arbeitspolitische Themen, Verhandlungen und Vereinbarungen

6.1 Arbeitspolitische Themen

Das „Mapping" der Einsatzfelder digitaler Technologien und ihrer Auswirkungen auf die Arbeitssituation der Beschäftigten ist eine von zwei zentralen Funktion der Landkartenerstellung im Projekt „Arbeit 2020". Die zweite Funktion lautet, aus den Befunden arbeitspolitische Themen und Handlungsfelder für die Mitbestimmung der Betriebsräte abzuleiten. Mit Hilfe der Landkarten sollten die Betriebsräte für Probleme und Herausforderungen der Arbeitspolitik sensibilisiert werden, die in den unterschiedlichen Bereichen der Betriebe existieren und die mit Hilfe der Landkartenmethode zu Tage gefördert wurden. Diese arbeitspolitischen Probleme und Herausforderungen können unmittelbar mit der Digitalisierung zusammenhängen, sie können aber auch anderen Entwicklungen geschuldet sein, so beispielsweise Rationalisierungsstrategien, knappen Budgets und Personaldecken oder Auslagerungen. Problematische Entwicklungen ließen sich häufig nicht nur einer Ursache zuschreiben, und darauf kam es auch gar nicht an. Die Digitalisierung als Ausgangspunkt des Landkartenprozesses bot gewissermaßen ein Einfallstor dafür, auch allgemeinere Probleme der Arbeitssituation der Beschäftigten zu identifizieren, die möglicherweise mit der Digitalisierung nur mittelbar zusammenhängen, die sich aber für die Beschäftigten – sofern sie in den Landkartenprozess einbezogen wurden – als bedeutsam dargestellt haben. In diesem Sinne öffnete der Prozess „Arbeit 2020" einen breiten Raum für die Erarbeitung arbeitspolitischer Themen. Zugleich sollte er diesen Raum auch wieder wenn nicht schließen, so doch eingrenzen. Denn am Ende mussten für die angestrebten Vereinbarungen mit den Unternehmensleitungen die Themen herausgefiltert werden, die tatsächlich mit der Unternehmensseite verhandelt werden sollten und die auch einen einigermaßen realistischen Eingang in eine Vereinbarung zu finden versprachen, die sich von den Interessenvertretungen nicht erzwingen ließ. Diese Themen werden im ersten Teil dieses Kapitels behandelt, bevor im zweiten Teil dann die Inhalte der Zukunftsvereinbarungen analysiert werden.

Tabelle 9: Arbeitspolitische Themen nach Betrieben

Betriebe	**Beschäftigungssicherung**	**Arbeitsbedingungen**	**Qualifizierung**	**Führung / Kommunikation/Prozesse**	**Arbeitszeit**	**Entgelt**	**Beteiligung - Digitalisierung**	**Datenschutz**	**Strategie**
Möbel		X	X	X	X				
Elektrotechnik 1	X		X	X			X		X
Elektrotechnik 2	X	X	X		X				X
Elektrotechnik 3		X	X	X					
Anlagenbau 1	X	X		X					
Anlagenbau 2	X			X					X
Automobilteile 1	X								
Automobilteile 2	X	X				X			
Automobilteile 3			X				X	X	
Maschinenbau 1	X		X	X					
Maschinenbau 2	X		X		X				
Maschinenbau 3		X	X	X	X				
Antriebstechnik 1		X		X			X		
Antriebstechnik 2	X	X	X	X	X		X	X	
Wirtschaftsbetriebe	X	X		X					
Metallverarbeitung		X	X	X					
Automationstechnik			X						
Lebensmittel 1	X	X	X	X					
Lebensmittel 2	X	X			X				X
Nennungen	12	12	12	12	6	1	4	2	4

Am Beginn stand, wie gesagt, die Öffnung der Themen. Teilweise waren die Themen den Betriebsräten nicht unbekannt und ohnehin schon auf ihrer Handlungsagenda, teilweise aber wurden auch neue Themen ausgemacht, die den Betriebsräten vor dem Prozess alles andere als klar waren. Zunächst soll der Frage nachgegangen werden, welche Themen eigentlich in den jeweiligen Fällen als wichtige arbeitspolitische Handlungsfelder im Anschluss an die Landkartendiskussion benannt wurden. In den meisten Fällen wurde dieser Themenentwicklung ein Workshoptag gewidmet. In Tabelle 9 werden die Themen nach den betrieblichen Fällen aufgeschlüsselt.

Unter den angeführten arbeitspolitischen Themen traten vier Themen am häufigsten auf: die Beschäftigungssicherung als Erhalt von Arbeitsplätzen, aber auch von Standorten insgesamt; die Arbeitsbedingungen, zu denen Schwerpunkte wie Belastungen, Arbeitsintensivierung oder Gesundheit gehören; Qualifizierungsfragen, die sowohl die Aus- als auch die Weiterbildung umfassen können; und schließlich Probleme der Führung, der internen Kommunikation oder auch betrieblicher Prozesse bis hin zur Arbeitsorganisation. Während die ersten drei Themen zum klassischen Repertoire der Mitbestimmungspolitik der Betriebsräte gehören, nicht zuletzt aufgrund der dazu vorhandenen Informations-, Beratungs- und Mitbestimmungsrechte im BetrVG, bezieht sich das Themenfeld Führung und Kommunikation auf nicht im engeren Sinne mitbestimmungspflichtige Prozesse. Hier stehen die weichen Faktoren der „Unternehmenskulturen" im Vordergrund, für die Betriebsräte als Experten für die „Gestaltung der Software im Betrieb" (Kotthoff 1995: 428) eine originäre Zuständigkeit haben, ohne dass sich diese üblicherweise in formalen Vereinbarungen niederschlagen würde. Arbeitszeit mit sechs Nennungen ist in einem knappen Drittel der Betriebe als Thema benannt worden. Das Thema Arbeitszeit ist breit gefächert und kann von Problemen der Mehrarbeit bis zu Fragen der Arbeitszeitflexibilität reichen. Das Thema Strategie mit vier Nennungen bezieht sich auf Produktstrategien oder Geschäftsstrategien, aber auch unternehmensinterne oder überbetriebliche Steuerungsprozesse, für die die Interessenvertretungen Verbesserungsbedarf sehen. Der Punkt Beteiligung bei Digitalisierung mit ebenfalls vier Nennungen beruht auf der Forderung der Betriebsräte, stärker in die Einführung digitaler Technologien einbezogen zu werden; hier ist also die Technologie und ihre Anwendung selber das Thema. Entgelt- und Datenschutzfragen schließlich tauchten nur in ein resp. zwei Fällen auf. Im Folgenden werden die einzelnen Themen genauer beleuchtet.

6.1.1 Standortsicherung

Wie sind die Themen in den einzelnen Fällen auf die arbeitspolitische Tagesordnung gekommen? Das Thema *Standortsicherung* hat bei *Elektrotechnik 1* hohe Wellen geschlagen, weil die Geschäftsleitung angekündigt hatte, dass der Personalstand zu hoch sei und mit betriebsbedingten Kündigungen gedroht hat. Zum Zeitpunkt der Workshops wurden befristete Verträge nicht mehr verlängert und Auszubildende nur noch für ein Jahr befristet übernommen. Außerdem wurde die Perspektive betont, im Ausland zu fertigen. Bei *Elektrotechnik 2* wurde die Standortsicherung als zentrales Problemfeld wegen der internen Standortkonkurrenz zu asiatischen Standorten gedeutet.

Auch für den Konzernstandort *Antriebstechnik 1* ging es seit Jahren um Fragen der Standortkonkurrenz, aber auch darum, ob zentrale Geschäftsfelder weiterhin vom Konzern betrieben oder aus Kosten- und Rentabilitätsgründen ausgelagert werden. Zwar wurde der Standort zum „Leitwerk" für den Kraftwerksbau im Konzern ernannt. Doch blieb unklar, was der Leitwerk-Status bedeutet. Darüber hinaus gab es, da der Kraftwerksmarkt auf Grund der Entwicklung zu erneuerbaren Energien schwer planbar ist, keine wirkliche Geschäftsstrategie. Die große Frage lautete deshalb, ob es Sinn macht, in neue Technologie zu investieren, um die Standortzukunft zu sichern, oder ob die neue Technologie vorrangig dazu beitragen würde, Arbeitsplätze abzubauen. Das Handlungsfeld Beschäftigungs- und Standortsicherung betraf allerdings Fragen, bei denen die lokale Entscheidungskompetenz begrenzt ist. Nichtsdestotrotz hat der Betriebsratsvorsitzende, abgestimmt mit Management, Gesamtbetriebsrat und Gewerkschaft, eine Strategie für einen „Experimentierraum Standort" entwickelt. Im Zentrum steht die Idee, Freiräume insbesondere in Form von Personalkapazitäten zu schaffen, um Möglichkeiten für neue Aufträge und Produkte für den Standort zu entwickeln. *Antriebstechnik 2* durchlief seit 2016 einen Beschäftigungsabbau wegen eines Rückgangs der Aufträge.

Auch in den beiden Fällen *Automobilteile 1* und *Automobilteile 2* war die Standortfrage zentral. Im ersten Fall galt die Wettbewerbsfähigkeit innerhalb des Unternehmens wegen der Konkurrenz zu osteuropäischen Standorten als prekär. Für die Zukunft wurde deshalb eine stärkere Automatisierung als Perspektive vorgeschlagen. Das wäre aber mit hohen Investitionen verbunden, die sich wegen der geringeren Arbeitskosten in Polen und Ungarn vermutlich nicht rechnen. Als Vorteil des Standorts wurde die LKW-Kompetenz eingeschätzt, die im Unternehmen sonst kein anderes Werk aufweist. Befürchtet wurde daher weniger eine Stilllegung, sondern eher ein schleichendes Ausbluten des Standorts. Im zweiten Fall wurde der Produktion in Deutschland die Zukunftsperspektive durch die Geschäftsleitung ganz abgesprochen. Die vorhandene Fertigung sollte demnach geschlossen und verlagert werden. Daran hingen wiederum Bereiche wie die Arbeitsvorbereitung oder der Einkauf, mittelbar könnten aber auch Entwicklung und Konstruktion unter Druck geraten.

Bei *Maschinenbau 1* war die Beschäftigungssicherung ein Thema wegen der Angst vor Arbeitsplatzverlusten als Folge der Digitalisierung. Dies galt insbesondere für Bereiche, in denen Maschinen einzelne Mitglieder der Belegschaft ersetzen könnten. Ein wichtiges Thema war die Beschäftigungssicherung auch bei *Maschinebau 2*, besonders, weil der Standort drei Jahre rote Zahlen geschrieben hat und der Konzern für den Fall einer Wiederholung „irgendwelche" Konsequenzen angedroht hat. Auch bei *Antriebstechnik 2* war das Standortproblem zunächst eher gefühlt als real, dort ging es um eine geplante Werkseröffnung in Rumänien und die unklaren Folgen sowie um die Befürchtung, dass die Abteilungen Gießerei und Wickelei ausgelagert werden könnten.

Beschäftigungssicherung ist auch bei *Wirtschaftsbetriebe* sehr wichtig für den Betriebsrat. Sie war sogar ausschlaggebend für die Teilnahme am Projekt, obwohl es eine Vereinbarung zur Beschäftigten- und Standortsicherung gab, die noch bis ins Jahr 2020 Gültigkeit besitzt. *Lebensmittel 1* und *Lebensmittel 2* waren beide in Konzernstrukturen mit der Situation konfrontiert, dass ihre Produktionsumfänge auch von anderen Standorten in den Konzernen bedient werden können. Im Fall von *Lebensmittel 1* ist ein nahegelegener Standort geschlossen worden, und im eigenen Werk stand zum Zeitpunkt der Workshops die Auslagerung des Labors und damit ein Abbau von Arbeitsplätzen auf der Agenda. Die Konzernleitung ging außerdem davon aus, dass das Werk keine eigene kaufmännische Abteilung mehr braucht, sodass die einzelnen Bereiche sukzessive in das osteuropäische Ausland verlagert werden sollen. Dem Einkauf sollen dann nach und nach auch das Controlling und die Personalabteilung folgen. Ähnlich ist die Lage bei *Lebensmittel 2;* auch hier bilden Verlagerungen eine wirksame Drohkulisse.

Standort- und Beschäftigungssicherung ist für die Betriebsräte mithin auch im Projekt Arbeit 2020 ein Kardinalthema. Allerdings sind die Befürchtungen und die tatsächlichen Beschäftigungsprobleme in der großen Mehrheit der Fälle nicht digitalisierungs- und technikgetrieben. Arbeitspolitische Bedeutung erhält das Thema vielmehr wegen der Erfahrungen der Standortkonkurrenz und der damit verbundenen Verlagerungsangst oder auch, in weniger Fällen, wegen akuter wirtschaftlicher Schwierigkeiten der

Betriebe. Nicht von ungefähr zählen zu den Betrieben, die in Unternehmenskontexten mit ausgeprägter Standortkonkurrenz gehören, alle Konzernbetriebe des Samples. Wie die Samplebetriebe zeigen, sind aber auch Betriebe aus Familienunternehmen nicht davor gefeit. Dies gilt vor allem für die Automobilzulieferbetriebe, aber auch für andere. Auch Familienunternehmen haben inzwischen internationalisierte und finanzialisierte Strukturen entwickelt, in denen Kostensenkung, Restrukturierung und die Erfüllung von Renditezielen ebenso zum Alltagsgeschäft gehören wie ein konsequentes Benchmarking von Standorten.

6.1.2 Arbeitsbedingungen

Beim Thema *Arbeitsbedingungen* ist die Lage ähnlich. Auch hier wirken viele Entwicklungen zusammen, zu denen aber auch die Digitalisierung selber gehört. Im Fall *Möbel* standen mehrere Aspekte der Arbeitsbedingungen im Zentrum. Im Rahmen der Landkartenerstellung wurde in vielen Bereichen ein Szenario wachsenden Leistungsdrucks gezeichnet. Die Ergebnisse einer Beschäftigtenbefragung, die im Angestelltenbereich durchgeführt wurde, bestätigten diese Einschätzung mit hohen Werten für Leistungs- und Termindruck. Dafür wurde in diesem Bereich nicht zuletzt auch die Einführung der neuen ERP-Steuerungssoftware verantwortlich gemacht. Auch bei *Elektrotechnik 2* berichteten die Beschäftigten aus nahezu allen Bereichen von wachsendem Leistungsdruck. Bei *Elektrotechnik 3* wurden steigende psychische Belastungen mit Führungsproblemen im Zusammenspiel mit einer zu knappen Personaldecke erklärt.

Ähnlich haben bei *Anlagenbau 1* die Belastungen in vielen Bereichen zugenommen, vor allem wegen knapper Personaldecken und anhaltender Rationalisierungsbestrebungen. Bei *Automobilteile 2* ist die Gemengelage vergleichbar. Zudem stehen die Arbeit in Großraumbüros und die steigenden Arbeitsmengen durch immer mehr Software-Tools, den wachsenden Kommunikations- und Zusatzaufwand durch ausländische Standorte sowie die Übernahme von Administrations- und Projektmanagementarbeiten, dies vor allem in der Entwicklung, im Vordergrund. Außerdem wurde in den Workshops die schlechte Führung thematisiert. Bei *Maschinebau 3* haben die Beschäftigten steigende Belastungen beklagt, vor allem psychischer Art. Unterbrechungen, Druck oder schlechte Kommunikation waren die wichtigsten benannten Punkte. Einige Arbeitsplätze wurden in den letzten Jahren ergonomisch verbessert, bei anderen ist nichts derartiges passiert. Es wird regelmäßig eine Gefährdungsbeurteilung durchgeführt, vor drei Jahren zum ersten Mal auch zum Aspekt psychische Belastungen. Die Betriebsärztin hat einen „Impulsbogen“ verteilt, die Rücklaufquote lag bei über 80 %. Eine Umsetzung von aus der Gefährdungsbeurteilung abgeleiteten Maßnahmen hat jedoch „fast gar nicht“ stattgefunden.

Bei *Antriebstechnik 1* wurde als größtes Problem die schlechte Steuerung identifiziert, die dadurch erzeugt wurde, dass häufig verschiedene Programme parallel betrieben werden. Auf diese Weise entstand regelmäßig zum Monatsende ein erheblicher Termindruck, der wiederum die Arbeitsbelastung erhöhte. Im Vordergrund des Themas Arbeitsbelastungen standen bei *Antriebstechnik 2* Gefährdungsbeurteilungen; die Betriebsräte wünschten sich, dass diese häufiger durchgeführt werden. Davon abgesehen wird das Thema Gesundheit mit dem Fokus auf psychische Belastungen in Form des Projektes „Dynamik 4.0“ im Unternehmen behandelt. Das Projekt befindet sich noch in der Testphase, die bisherigen Ergebnisse zeigen jedoch, dass viele Probleme der Arbeitsbedingungen mit den Führungskräften zusammenhängen:

> „Also die Führungskräfte schneiden hier ziemlich schlecht ab. Generell. Die psychische Belastung kommt stark von der Führungskraft her. Wenn der mich schlecht behandelt, habe ich keine Lust mehr.“ (Betriebsrat, Antriebstechnik 2)

Im Fall von *Wirtschaftsbetriebe* ist es eine Mischung aus physischer und psychischer Belastung; zum einen wurde die Arbeit in der Wäscherei als körperlich überaus hart bewertet, zum anderen stimmen die Rahmenbedingungen nicht und es herrscht viel Druck, so dass auch noch psychische Belastungen hinzukommen. Die Arbeitsbelastung bei *Metallverarbeitung* resultiert wiederum vor allem aus der knappen Personaldecke; Kapazität und Auslastung stehen nicht im Einklang:

> „Dass Menschen bei uns einfach überlastet sind. Dass die über ihren Kapazitäten arbeiten.“ (Betriebsrat, Metallverarbeitung)

In den letzten fünf Jahren wurden bei *Lebensmittel 1* sieben Burnout-Fälle gemeldet. Diese Zahl ist nach Einschätzung des Betriebsratsvorsitzenden „nur die Spitze des Eisbergs“, weil es auch eine Reihe von Mitarbeitern gebe, die sich (immer wieder) krankmeldeten, aber noch keinen Burnout attestiert bekommen haben. Die Ursache für die vielen Burnout-Erkrankungen ist aus Sicht des Betriebsrats auf psychische Belastungen wie Stress, Arbeitsdruck und Überforderung zurückzuführen. Schwere körperliche Arbeit gebe es im Werk wegen der durchgängigen Automatisierung nicht mehr.

> „Macht hier keiner, kein Mensch schreibt hier Überlastungsanzeigen. Es gibt eigentlich nur die Möglichkeit, auch mit mir zu sprechen, ich interveniere dann, spreche dann mit den Verantwortlichen. Aber am Ende muss man sagen, es ist meistens nicht von Erfolg gekrönt." (Betriebsrat, Lebensmittel 1)

Prävention findet demnach nicht statt, und es existiert kein ernstzunehmendes Verfahren, nachdem Überlastungsanzeigen dokumentiert und bearbeitet werden könnten. Die Verschlechterung der Arbeitsbedingungen bei *Lebensmittel 2* erklärt sich schließlich aus der engen Personaldecke und dem Fehlen von Unterstützungs- und Kooperationsmöglichkeiten.

> „Auch in den Führungen wird der Druck gerade in einem Konzern größer, und man versucht, viele Aufgaben auf einzelne Personen zu setzen. Wo früher mal drei gearbeitet haben, macht das heute dann eine Person." (Betriebsrat, Lebensmittel 2)

Auch bei den Arbeitsbedingungen ist es ein Zusammenspiel mehrerer Faktoren, das die Verschlechterung verständlich macht. Knappe Personalbemessungen, schlecht funktionierende Prozesse und Führungsprobleme spielen dabei zusammen.

6.1.3 Qualifizierung

Wenig überraschend ist auch das *Qualifizierungsthema* als arbeitspolitische Herausforderung weit verbreitet unter den Fallunternehmen. Es ist intuitiv einsichtig, dass neue Technologien Qualifikationsbedarf nach sich ziehen, sei es in der Aus- oder sei es, vor allem, in der Weiterbildung. Aber auch bei diesem Thema gilt, dass es noch andere Treiber gibt. Dies ist beispielsweise bei *Möbel* der Fall. Hier wurde die bisherige Qualifizierungspraxis als unzureichend identifiziert, und zwar sowohl mit Blick auf die Produktion als auch auf die Angestelltenbereiche. In der Produktion gab es zum Zeitpunkt der Workshops nur wenig Anlernung und keine Ausbildung; eine Qualifizierungsstrategie war dort nicht erkennbar. Und in den Angestelltenbereichen wurde gerade das neue ERP-Programm eingeführt. Die Vertreterin aus der Sachbearbeitung betonte, dass in ihrem Bereich kaum Zeit für Weiterqualifizierungen besteht; und wenn weiterqualifiziert wird, wie jüngst bei einem neuen Grafik- und Designprogramm, ist der Umfang ungenügend, so dass sie bis heute das Programm nicht richtig nutzen kann. Der Betriebsrat sah insgesamt ein Planungsdefizit im Betrieb. Es fehlte aus seiner Sicht an Analysen und Entwicklungskonzepten.

> „Hier geht es nur um Köpfe. Wie viele Leute brauchen wir da oder da. Was die können müssten oder wohin die sich entwickeln könnten, interessiert nicht. Selbst der Betriebsleiter ist bereits auf uns zugekommen und hat gesagt: Wir bräuchten so eine Matrix, wer kann was und wohin könnte er entwickelt werden". (Betriebsrat, Möbel)

Bei *Elektrotechnik 1* und den beiden anderen Betrieben dieser Branche ist die Situation ähnlich. Hier wurde in den Workshops kritisiert, dass keine Qualifizierungsbedarfsanalyse stattfindet. Qualifikationsmatrizen existieren demnach nur in einigen Bereichen, und es gibt keine strategische Personalplanung und Personalentwicklung. Außerdem wurde Know-how als „Holschuld" angesehen; die Beschäftigten müssten sich neue Kenntnisse häufig in Form von „Learning by doing" aneignen. Die Inhalte von Schulungen seien häufig allgemein und nicht tätigkeitsbezogen. Die Führungskräfte verhielten sich sehr unterschiedlich bei der Gewährung von Fortbildungen („Nasenfaktor"), zudem gebe es keine allgemeinen Regelungen zu Fortbildungen.

Analog dazu wurde bei *Elektrotechnik 2* festgestellt, dass kein strategisches Ziel im Unternehmen zur Steuerung des Qualifizierungsbedarfs vorhanden ist. Im Unterschied zu den beiden anderen Fällen existiert allerdings eine Betriebsvereinbarung zur Qualifizierung, die der Betriebsrat als „an sich gut" bewertete und in der ein „Qualifizierungskreislauf" festgeschrieben ist. Diese Vereinbarung wird aus der Perspektive des Betriebsrats jedoch nicht „gelebt", wobei die Geschäftsführung diese Kritik nicht teilte. Zu dieser Betriebsvereinbarung wurde nach der Einführung eine Bestandsaufnahme gemacht, in der aufgeführt wurde, wer welche Kompetenzen hat. Diese wurde jedoch seitdem nicht erneuert. Der Betriebsrat mahnte deshalb ein „Update" dieser Bestandsaufnahme an.

Ähnlich ergaben die Beschäftigteninterviews bei *Elektrotechnik 3*, dass die Beschäftigten zu wenige Möglichkeiten und Angebote bekommen, sich weiter zu qualifizieren.

> „Aber, auch da muss man sagen, was die Mitarbeiter uns auch gesagt haben, was uns fehlt, was uns wichtig ist, welche Punkte man herausgearbeitet hat, war halt die Qualifizierung für sich selber." (Betriebsrat, Elektrotechnik 3)

Bei *Automobilteile 3* zog sich in der Bestandsaufnahme das Thema Weiterbildung als zentrales Problemfeld durch alle Abteilungen. Das wurde in der Analyse der Landkartenergebnisse deutlich, die in den Workshops durchgeführt wurde.

> „Und danach hatten wir dann eine Analyse gemacht, da hatten wir uns auch wieder mit der IG Metall und dem externen Berater zusammengesetzt und hatten dann die Aussagen und festgestellt, dass in vielen Abteilungen Qualifizierung, Weiterbildung, Schulung fehlen." (Betriebsrat 1, Automobilteile 3)

Das Ziel war aus Sicht des Betriebsrats, eine Weiterbildungs- und Qualifizierungsplanung für den Betrieb zu entwickeln. Qualifizierungsdefizite wurden insbesondere im Angestelltenbereich und im Zusammenhang mit der Einführung neuer Software artikuliert. Der Betriebsrat sah aber Handlungsbedarf auch in der Fertigung; für die Angestellten werde bereits relativ viel gemacht, Weiterbildung in der Fertigung hingegen friste ein Mauerblümchendasein.

> „Jetzt haben wir in der gewerblichen Ebene dann einen Punkt, wo wir sagen: Auch hier müssen wir schulen, wenn wir besser werden wollen, und das ist in der Vergangenheit nicht so gewesen. Das war immer so unser Knackpunkt, wo wir aber nie richtig weitergekommen sind." (Betriebsrat 1, Automobilteile 3)

Das Thema Qualifizierung tauchte als arbeitspolitischer Problembereich in allen drei Maschinenbaubetrieben auf. Bei *Maschinenbau 1* stand die Ausbildung im Vordergrund. Hierzu hat sich zwischen den Betriebsparteien ein veritabler Konflikt entfacht, denn die Geschäftsführung will die Ausbildungszahlen trotz des Baus der neuen „Industrie 4.0" Fabrik reduzieren, der Betriebsrat hingegen hält es für geboten, sie zu erhöhen.

> „Weil auch hier an der Stelle ja, was die Ausbildung angeht, da fahren sie die Ausbildung aktuell runter. Aus irgendwelchen Kosteninitiativen heraus, ja und da haben wir uns die letzten 14 Tage so gestritten... Ja du musst im Grunde genommen die Ausbildung intensivieren, weil der Bedarf in Betreuung, Wartung, Systeme verstehen, Prozesse verstehen, geht hoch." (Betriebsrat, Maschinenbau 1)

Bei *Maschinenbau 2* wurde sogar ein offizieller Qualifizierungs-Stopp von der Konzernleitung verfügt mit dem Ziel, Kosten zu sparen. Qualifizierung besteht demnach nur noch aus „Learning by doing". Auch im Fall von *Maschinenbau 3* fand Qualifizierung und Personalentwicklung nach Darstellung des Betriebsrats eher willkürlich statt. Spezielle Schulungen für Maschinen und Produkte gebe es nicht. Früher existierten Ausbildungspläne für jede Maschine; heute würden nur kurze Anlernzeiten gebilligt.

> „Die Meister kümmern sich kaum daran. Die gehen mal zu den Mitarbeitern und fragen: Wie ist denn der? Da haben wir ein riesiges Führungsproblem. Wir sagen das auch immer der Betriebsleitung. Die wissen das. Aber es geschieht nichts." (Betriebsrat, Maschinebau 3)

Bei Antriebstechnik 2 war das Thema Qualifizierung in der Bestandsaufnahem weniger präsent, rückte aber bei der anschließenden Diskussion über mögliche Themen für die Zukunftsvereinbarung stärker in den Fokus. Qualifizierungsmaßnahmen werden im Betrieb bisher bedarfsorientiert durchgeführt, einen Plan gibt es nicht:

> „Einen Plan darüber gibt es nicht. Das wird, glaube ich, ziemlich ad hoc entschieden, wenn da Handlungsbedarf besteht: Huch, da müssen wir was machen. Bei neuen Maschinen gibt es natürlich Schulungen. Das macht dann die Qualitätssicherung. Die schult dann die Leute einmal kurz. Auch der Maschinenhersteller." (Betriebsrat, Antriebstechnik 2)

Besonders hinsichtlich ungelernter oder angelernter Arbeitskräfte, von denen es viele in den Montagebereichen gibt, wurde die Frage nach einem konkreten Qualifizierungskonzept gestellt. Denn der Betriebsrat ging von wachsenden Anforderungen aus. Generell wurden auch die Ausbildungsbedingungen im Betrieb kritisch beleuchtet; bisher würden die meisten Auszubildenden das Unternehmen nach dem Abschluss wieder verlassen.

Auch bei *Metallverarbeitung* stand das eher grundsätzliche Thema der systematischen Bedarfserfassungen für Qualifizierung im Vordergrund. Eine solche Praxis war im Betrieb bislang nicht üblich; es wurde „von der Hand in den Mund" gelebt. Bei *Automationstechnik* tauchte das Thema Qualifizierung unmittelbar im Zusammenhang mit der Digitalisierung auf. Als Hauptproblem kristallisierte sich hier heraus, dass die Einführung der Software unzureichend mit Qualifizierungsmaßnahmen begleitet wurde. Der Großteil der befragten Mitarbeiter aus den Abteilungen sagte aus, dass sie nicht richtig für ihre Software geschult worden sind. Dadurch wurde Unsicherheit erzeugt. Die Mitarbeiter trauten sich nicht, ihre Unkenntnis den Vorgesetzten mitzuteilen. Dies gilt vor allem für das ERP-System. Das neue Programm war nach Aussage der Beschäftigten größer und deutlich komplizierter als sein Vorläufer. Die Einführung wurde von einer Schulung nach dem Key-User-Prinzip begleitet. Die fachlich geschulten Key User sollten ihr Wissen an die anderen Beschäftigten aus ihren Bereichen weitergeben. Dies hat aber nicht geklappt, weil den Key Usern dazu die notwendige Zeit fehlte. Weil diese vielfach unter Zeitdruck waren, haben sie in die Programme nur oberflächlich eingeführt und hatten keine Geduld für nochmalige Erklärungen und Rückfragen.

> „Die Key User kamen und sagten: Das müsst ihr so und so machen‘ und die ganzen Probleme kamen im Alltag. Wie filtere ich mir das raus? Wie bekomme ich das? Worauf muss ich da klicken? Und zu dem Zeitpunkt war das wirklich so, dass die meisten sich wirklich verlassen fühlten.“ (Betriebsrat 3, Automationstechnik)

Auch bei *Lebensmittel 1* wurden arbeitspolitische Probleme der Qualifizierung direkt mit der Digitalisierung verbunden. Sie betreffen demnach vor allem die älteren Mitarbeiter in der Produktion. Für die Beschäftigten stiegen mit der Einführung digitaler Programme die Anforderungen an ihr technisches Wissen und die Sprachkompetenz. Alle Programme werden konzerneinheitlich auf Englisch betrieben. Das stelle insbesondere ältere Mitarbeiterinnen und Mitarbeiter vor große Herausforderungen. Allerdings sei das Problem teilweise hausgemacht. Denn die Devise *„wer hier arbeiten will, muss Sprachkenntnisse schon mitbringen“* (Betriebsrat in den Workshops) stoße aufgrund der tatsächlichen Qualifikationen der Belegschaft häufig an Grenzen. So beherrschen demnach große Teile der älteren Mitarbeiterinnen und Mitarbeiter das geforderte englische Vokabular nicht, Sprachkurse oder Schulungen würden von der Unternehmensleitung jedoch abgelehnt. Das bremse auch ihre Veränderungsbereitschaft aus: Ältere Mitarbeiterinnen und Mitarbeiter brächten nur eine eingeschränkte Bereitschaft mit, sich auf neue Anforderungen einzustellen und sich weiterzubilden. Der Betriebsrat stellte in den Workshops negative Auswirkungen auf das Betriebsklima fest, zugleich auch einen Druck auf die älteren Mitarbeiter, da sie die geforderten Leistungen nicht mehr einhalten könnten.

Die Qualifizierung zeigt sich in den Untersuchungsbetrieben als breites arbeitspolitisches Handlungsfeld der Betriebsräte. In einigen Fällen steht stärker die Ausbildung im Vordergrund, in anderen die Weiterbildung, in wieder anderen beides. Zudem wurden in den Workshops teilweise sehr grundlegende Probleme der Qualifizierungsplanung aufgedeckt; in nicht wenigen Betrieben findet demnach eine systematische Erhebung des tatsächlichen Qualifizierungsbedarfs offensichtlich nicht statt. Teilweise aber waren die Probleme auch konkreter und bezogen sich auf bestimmte Bereiche, vor allem aber auf die Digitalisierung. Gerade beim Einsatz neuer Softwareprogramme war demnach Qualifizierung in den Betrieben ein Mangelphänomen.

6.1.4 Führung, Prozesse, Werte

Das vierte arbeitspolitische Thema mit großer Verbreitung unter den Samplefällen betrifft Fragen der *Führung, der Organisation und der Prozesse.* Auch dieses Thema wurde in den Betrieben mit unterschiedlichen Facetten und Schwerpunkten an das Tageslicht gefördert. Bei *Möbel* erschien das Thema vor allem als Problem der Kommunikation und der Transparenz von Entscheidungen in der Organisation. Hier sah der Betriebsrat, neben dem Handlungsfeld der Qualifizierung, die größten Defizite in der bisherigen betrieblichen Praxis. Die Beschäftigten werden demnach unzureichend informiert und damit nicht eingebunden und nicht motiviert, Veränderungen auch anzugehen und mitzutragen.

> „Kommunikation und Transparenz ist das A und O in einem Unternehmen. Wenn du Leute mitnehmen willst, dann musst du vernünftig informieren, du musst transparent sein, so weit wie es eben möglich ist. Es geht ja nicht immer in allen Bereichen und man kann auch nicht alles transparent machen. Aber soweit es möglich ist." (Betriebsrat, Möbel)

Im Fall von *Elektrotechnik 1* wurde in einer Mitarbeiterbefragung des Unternehmens die Führung als Problemfeld benannt. Führungskräfte, die schon lange im Unternehmen sind, haben nach Einschätzung des Betriebsrats ein veraltetes, autoritäres Verständnis von Führung. Das Unternehmen hatte vor sechs oder sieben Jahren schon einmal fast alle Führungskräfte ausgetauscht; dadurch ist es nach den Aussagen der Workshops nicht besser, sondern eher schlechter geworden. Dabei wurden zwei zentrale Probleme herausgefiltert: Erstens der Umgang mit Fehlern, der abhängig von der jeweiligen Führungskraft ist; zum Teil gebe es Abmahnungen für Kleinigkeiten. Zweitens die Koordination der zahlreichen Digitalisierungsprojekte; viele Digitalisierungsprojekte laufen demnach im Betrieb gleichzeitig, und es gibt keine koordinierende Stelle. Der IT-Bereich kenne alle Projekte, wird allerdings als überlastet wahrgenommen.

Bei *Elektrotechnik 3* lag der Schwerpunkt des Themas in den Workshops auf der Qualität der Führung und der Frage der Schulung der Führungskräfte. Nicht nur die Mitarbeiter bräuchten Qualifizierungsmaßnahmen, sondern auch die Führungskräfte. Schlechte Führung wirke als Belastung auf die Mitarbeiter.

„Führung war auch ein Thema, weil Führungskräfte brauchen auch Schulung, um mitzukommen. Die psychische Belastung, die dadurch entsteht." (Betriebsrat 1, Elektrotechnik 3)

Bei *Anlagenbau 1* war der Befund der Workshops und die Einschätzung der Betriebsräte nahezu identisch, wobei hier nicht die Kommunikation, sondern die Führung im Mittelpunkt stand; gemeint war aber faktisch dasselbe, nämlich die Art und Weise, wie Entscheidungen in der Organisation verbreitet werden.

> „Führung ist ein wichtiges Thema, und über das Thema Führung glaube ich, kann man auch Einfluss auf das Thema Organisation und Prozesse nehmen. Und das Thema Organisation und Prozesse ist für die Mitarbeiter extrem wichtig" (Betriebsrat, Anlagenbau 1)

Im Fall von *Anlagenbau 2* stand das Thema ganz unter den Vorzeichen einer Reorganisation der Betriebsstrukturen und -prozesse, der Neuausrichtung der Produktion hin zu einem Profitcenter, die insbesondere wegen der Unterauslastung des Werkes Probleme nach sich gezogen hat. Deshalb ließ aus Sicht der Betriebsräte jede „Buy-Entscheidung" Druck und Zweifel bei den Beschäftigten aufkommen. Zudem funktioniert nach ihrer Wahrnehmung sowohl die Steuerung der Produktion als auch die angestrebte Standardisierung von Teilen nicht richtig, und die zeitgleich erfolgte Einführung von SAP läuft nach Aussage der Beschäftigten nicht optimal. Das System sei nicht für das gemacht, was am Standort gemacht wird. Schwierigkeiten und Probleme werden dann – naheliegenderweise – oft als Versäumnisse der Verantwortlichen interpretiert.

Bei *Maschinebau 1* resultieren die Führungsprobleme nach den Ergebnissen der Landkartenerstellung zum überwiegenden Teil auf einer undurchsichtigen und lückenhaften Informationspolitik durch die Geschäftsführung. Als Beispiel dafür wurde die Motorfertigung genannt. Hierzu war bekannt, dass sie an eine andere Stelle im Werk verlagert werden soll. Welche Konsequenzen sich daraus ergeben, wurde allerdings nicht kommuniziert, so dass sich die Belegschaft einer Reihe von unbeantworteter Fragen gegenübersah, insbesondere mit Blick auf die Auswirkungen auf Qualifikation, Personal und Arbeitsplätze.

Im Fall von *Maschinenbau 3* konzentrierte sich das Führungsproblem im Ergebnis der Workshops auf die Rolle der Meister, die kritisch gesehen wurde. Die Meister müssen demnach immer mehr Statistiken bearbeiten, so für das Controlling und mit Blick auf ihre Zielvorgaben. Sie hätten viel mehr Besprechungen in Projekten, in denen sie arbeiten, als früher. Deshalb sind die Meister nach Einschätzung des Betriebsrats inzwischen zu wenig vor Ort.

> „Der Meister sollte vor Ort den Facharbeitern helfen, wenn die nicht mehr weiterwissen. Und jetzt ist das Problem, dass den Meistern die

> Erfahrung fehlt und dass sie Angst haben, falsch zu entscheiden. Meisterbereiche, die gut laufen, fallen uns nicht mehr ein." (Betriebsrat, Maschinebau 3)

Bei *Antriebstechnik 1* stellte sich das Führungsproblem aus Sicht der Akteure in mehrerlei Hinsicht. Erstens wurde den Führungskräften geringes Wissen über Beteiligungsstandards und Beteiligungsmöglichkeiten und damit Informationsbedarf attestiert. Gleichzeitig herrscht demnach eine starke Projektflut, bei der die Beteiligung der Mitarbeiter zwar grundsätzlich gefordert, aber den Projektleitern keine Anleitung oder Hilfestellung zur Seite gestellt wird. Und schließlich wurde moniert, dass dem Betriebsrat Transparenz über Planungen und Entwicklungen fehlt.

Während der Bestandsaufnahme bei *Antriebstechnik 2* stach besonders das Thema Arbeitsbeziehungen heraus. Beide Seiten, die Betriebsräte und die Unternehmensleitung, monierten ein angespanntes und konflikthaftes Verhältnis und insbesondere mangelndes Vertrauen zwischen den Betriebsparteien. Die Akteure formulierten den Wunsch und den Bedarf, Kommunikation und Umgang miteinander zu verbessern. Der Betriebsrat äußerte zudem das Interesse, in aktuelle Projekte stärker involviert zu werden und auch an den jeweiligen Projekttreffen teilnehmen zu können. Dies wurde aus seiner Sicht bei der Terminabstimmung bislang nicht berücksichtigt. Unternehmensleitung und Betriebsrat stellten fest, dass im Unternehmen bislang konkrete Führungsgrundsätze und -leitlinien fehlen. Die Geschäftsführung strebt nach eigener Aussage für die kommenden Jahre einen Kulturwechsel im Betrieb an. Zudem wurde von den befragten Beschäftigten eine größere Wertschätzung ihrer Leistungen angemahnt; ihre Anliegen sollten bei der Geschäftsführung mehr Gehör finden und ernst genommen werden. Und schließlich kritisierten die Betriebsräte die Intransparenz der Prozesse im Unternehmen.

> „Die Prozesse selber, die ganzen Abläufe, versteht kein Mensch. Ich schon mal lange nicht mehr. Ich steige da gar nicht mehr durch, wie die ihre Prozesse hier optimieren" (Betriebsrat, Antriebstechnik 2)

Auch bei *Wirtschaftsbetriebe 1* wurden unter der Überschrift mehrere Einzelthemen geclustert. Dazu zählt zunächst das Thema der Top-Down Information; hier wurden bessere Informationen über die Unternehmensstrategie, aber auch über die neue Fabrik und die damit einhergehenden Veränderungen gewünscht. Mit Blick auf den Arbeitsplatz und die betrieblichen Verbesserungsprozesse wurde angemahnt, den Beschäftigten mehr Gestaltungsmöglichkeiten einzuräumen und Vorschläge von Beschäftigten auch umzusetzen. Auch sollten Arbeitsprozesse besser aufeinander abgestimmt werden. Und schließlich wünschten sich Beschäftigte und Betriebsräte eine Verbesserung des Betriebsklimas und dazu eine stärkere Wertschätzung der Mitarbeiter und mehr Interesse an den Mitarbeitern.

Bei *Metallverarbeitung* kristallisierten sich zwei Schwerpunkte des Themas heraus: Führungs- und Prozessprobleme im Betrieb sowie Werte und Kultur. Das größte Problem, das aus Sicht des Betriebsrats in den Workshops deutlich wurde, ist die Isolierung der Abteilungen. Nach seiner Einschätzung liegt hier eine zentrale Barriere für die weitere Entwicklung von „Industrie 4.0“ im Betrieb. Der Betrieb sei noch im „Stand-alone“-Modus, und verantwortlich dafür sind wesentlich die Führungsstrukturen, in denen Abteilungen wie Fürstentümer behandelt werden. Dieses Prozessproblem ist aus Sicht des Betriebsrats auch der Ausgangspunkt für die Probleme in der sozialen Integration des Betriebs, die in den Workshops zu Tage traten.

> „Ich würde einfach sagen: Wir sind noch sehr in diesem Stand-alone-Bereich unterwegs, oder in den Köpfen. Und wenn das schon nicht klappt, dass man dann kleinere Dinge zwischenmenschlich hinbekommt, dann ist da schon ein großer Hemmschuh, um in Richtung Zukunft unterwegs zu sein.“ (Betriebsrat, Metallverarbeitung)

Bei *Lebensmittel 1* schließlich konzentrierte sich das Thema auf die zentrale Steuerung des Werkes. Die Konzernleitung gebe dabei nicht nur Produktionsanweisungen vor, die teilweise wenig abgestimmt auf Kapazitäten und Umrüstzeiten sind, sondern gestalte auch Abläufe, Prozesse und Standards. Diese würden zentral im Mutterkonzern erarbeitet, aber taugten oft nicht als Vorlage für die einzelnen Tochtergesellschaften. Insgesamt komme es dadurch zu einer undurchsichtigen Gemengelage an Kompetenzen, die sich durch die „4.0-Entwicklung“ weiter verschärfen könnte.

Das Thema Führung, Kommunikation und Prozesse weist zusammenfassend eine Spannweite von Einzelthemen auf. Es geht um Fragen der Transparenz und Kommunikation von Entscheidungen gegenüber Beschäftigten und auch Betriebsräten auf Betriebs- und Unternehmensebene, um Probleme der Führung in der alltäglichen Arbeitspraxis und die mangelnde Einbindung von Beschäftigten, um zwischenmenschliche Probleme und mangelnde Wertschätzung, aber auch um strukturelle Probleme der Organisation wie mangelnde Vernetzung, fehlerhafte Prozesse oder eine nicht gelungene Reorganisation. Die Workshops der Landkartenerstellung haben sich als wirksames Instrument erwiesen, diese Probleme der sozialen Integration und der Organisationsstrukturen aufzudecken. Diese Probleme hängen zumeist nicht unmittelbar mit der Digitalisierung zusammen. Sie wurden aber in den meisten Fällen als Hemmschuh für eine Erhöhung des Digitalisierungsniveaus in den Betrieben betrachtet, weil sie zeigten, dass die Organisationen von einem Leitbild dezentraler Steuerung und Verantwortung bei gleichzeitiger Kooperation und Vernetzung noch weit entfernt sind. Das „weiche“ Thema Unternehmenskultur erweist sich als harter Faktor für die Frage sowohl der sozialen Integration im Betrieb als auch der Modernisierungsfähigkeit der Betriebe.

> „Und dann habe ich gelernt, wie wichtig dieser Faktor der Unternehmenskultur ist. Und wie das entscheidet über Geschäftsmodelle, über die Art und Weise wie sie arbeiten, wie sie verkaufen. Und wenn du das nicht verstehst und du kein Gespür für diesen Faktor entwickelst, dann kommt es zu Fehleinschätzungen. Das ist ein schwieriges Thema, aber es ist gleichzeitig so wichtig.“ (Beratung 1)

6.1.5 Weitere Themen

Auch das Thema *Arbeitszeit* hat zunächst nur mittelbar etwas mit der Digitalisierung zu tun. Bei *Möbel* erwartete der Betriebsrat einen weiter steigenden Flexibilitätsbedarf. Das Ergebnis der Bestandsaufnahmen aber zeigte, dass vor allem Kapazitätsprobleme und die steigenden Mehrarbeits- und Kontenstände im Vordergrund der Arbeitszeitentwicklung standen.

> „Aus Sicht des Betriebsrats ist das wichtigste Ziel, die Mehrarbeit abzubauen. Derzeit können die Mitarbeiter Zeiten ansparen und Zuschläge auszahlen oder beides auszahlen lassen. In der Regel bauen sie Zeit für Freischichten auf, das ist sehr beliebt. Deshalb wollen sie auch keine neuen Arbeitszeitsysteme.“ (Betriebsrat, Möbel)

Insgesamt befanden sich wegen der hohen Kapazitätsauslastung hohe Saldenstände auf den Arbeitszeitkonten. In der Produktion existiert ein Flexikonto (bis 100 Stunden) und ein Freizeitkonto; im Angestelltenbereich ein Gleitzeitkonto und ebenfalls das Freizeitkonto. Im Produktionsbereich werden die Stunden zwar auch in Freizeit entgolten, faktisch aber werden viele Stunden am Jahresende ausgezahlt. Im Angestelltenbereich werden die Gleitzeitstunden in Freizeit entnommen; das klappt nach Aussage einer Betriebsrätin aus diesem Bereich auch recht gut. Die Freizeitstunden aber sind schwer abzubauen, weil die Kapazitäten zu knapp bemessen sind. Deshalb gab es Mitarbeiter mit mehr als 300 Stunden auf ihren Konten.

Ähnlich ist die Situation bei *Maschinebau 3*. Auch hier wurden die Flexibilitätsinstrumente wie Mehrarbeit und Gleitzeit voll ausgeschöpft. Aus

Sicht des Betriebsrats könne die Kapazität auch nicht weiter ausgebaut werden, weil an den Engpassmaschinen schon rund um die Uhr gearbeitet wird und weil die Geschäftsleitung Neueinstellungen verweigert.

> „Wir bräuchten mehr Kapazität. Wir haben 15 Schichten mit den zwei Sonderschichten Samstag früh und Sonntagnachts. Wir könnten nach Betriebsvereinbarung 17 Schichten arbeiten, aber da bräuchten wir mehr Leute, die will die Geschäftsleitung aber nicht mit dem Argument, dass man nicht weiß, ob man sie dauerhaft beschäftigen kann." (Betriebsrat, Maschinenbau 3)

Die tatsächlichen Arbeitszeiten waren nach Angaben des Betriebsrats dadurch sehr lang, sie betrugen demnach 48,5 Stunden im Schnitt, gespeist aus einem Flexikonto mit einer Obergrenze bis 200 Stunden, dem Gleitzeitkonto und bezahlter Mehrarbeit. In den Workshops wurde auch für den indirekten Bereich eine deutliche Belastung durch Mehrarbeit deutlich, die dort in überlaufenden Kontenständen zum Ausdruck kommt. Ebenso wurde bei *Antriebstechnik 2* ein Investitionsdefizit identifiziert, und auch hier wurde auf Produktionsengpässe vor allem mit Mehrarbeit reagiert.

> „Also vor Jahren hätten wir schon Maschinen kaufen müssen. Aber die Leute sehen immer nur: Wir müssen sporadisch zum Sommer hin, wenn es warm wird draußen, länger arbeiten. Oder am Samstag arbeiten. Das wollen die einfach nicht mehr." (Betriebsrat, Antriebstechnik 2)

Bei *Elektrotechnik 2* hat sich ein Konflikt um das Thema Arbeitszeit entwickelt. Im Zuge einer Standortsicherungsvereinbarung sind dort die wöchentlichen Arbeitszeiten verlängert worden. Zugleich drängte zum Zeitpunkt der Workshops die Unternehmensleitung auf die Einführung von Vertrauensarbeitszeit. Der Betriebsrat hingegen hielt die bestehende Gleitzeitregelung mit einem Arbeitszeitrahmen von sechs bis 20 Uhr ohne Kernarbeitszeit für hinreichend flexibel. Aus seiner Sicht sollte es vielmehr darum gehen, die individuellen Wahlmöglichkeiten der Beschäftigten zu stärken, denn die Teilzeit ist demnach im Unternehmen nicht gut akzeptiert. Außerdem drängte er auf eine Regelung zur mobilen Arbeit.

Auch bei *Maschinenbau 2* gab es zum Zeitpunkt der Workshops einen Konflikt zur Arbeitszeit. Ein zentrales Problem dabei waren hohe Mehrarbeitsbestände. Andererseits wurden immer wieder Beschäftigte nach Hause geschickt, weil Material fehlt. Der Betriebsrat hat zudem die Betriebsvereinbarung zur Arbeitszeit, die in Krisenzeiten entstanden war, gekündigt.

Sein Ziel lautete, die Obergrenze für die Überstundenkonten stark zu reduzieren. In dieser Frage ist ein betrieblicher Konflikt entstanden, der auch das Thema Zukunftsvereinbarung blockiert hat.

Bei *Lebensmittel 2* schließlich war es die Geschäftsleitung, die alle Betriebsvereinbarungen zum Thema Arbeitszeit gekündigt hat mit der erklärten Absicht, eine integrierte Vereinbarung abschließen zu wollen. Denn über die Jahre war ein Flickenteppich aus rund 15 kleinteiligen Betriebsvereinbarungen zur Arbeitszeit entstanden, sodass ein Überblick immer schwieriger wurde. Zum Zeitpunkt des Interviews verhandelten Betriebsrat und Geschäftsführung in einem Einigungsstellenverfahren eine neue Vereinbarung.

> „Weil es halt so viele Betriebsvereinbarungen gegeben hat und so viele Wechsel in dem Führungsgremium, wissen die nicht mehr, welche Verträge die alle mit uns abgeschlossen haben, sie finden die auch nicht mehr. […] die sagen nicht, dass es die nicht mehr gibt. Die sagen nur, die wollen jetzt gucken, weil auch viele Sachen vielleicht auch parallel oder gleich sind, dass wir das in einer Betriebsvereinbarung abschließen und da wieder einen Überblick schaffen, und da sitzen wir momentan zusammen." (Betriebsrat, Lebensmittel 2)

Ähnlich wie bei *Lebensmittel 2* tauchte die Arbeitszeit als Thema auch noch in anderen Fällen auf, ohne allerdings als arbeitspolitisches Thema für den Prozess „Arbeit 2020" benannt worden zu sein. In einigen Betrieben wurde die Arbeitszeit vielmehr über die etablierten Verhandlungswege behandelt. Beim Thema Arbeitszeit haben die Betriebsräte umfassende Mitbestimmungsrechte und eingespielte Verhandlungsprozeduren; hier wird deshalb dem gewerkschaftlichen Projekt nur ein geringer Mehrwert zugesprochen. Bei *Anlagenbau 1* beispielsweise wurde das Mehrarbeitsproblem zwar als Verbesserungsbedarf gewertet, doch kam dieser als Thema für das Projekt „Arbeit 2020" nicht in Frage. Das gilt in einigen Fällen auch für Veränderungen der Arbeitszeitregelungen, die recht unmittelbar mit der Digitalisierung in Verbindung stehen wie das Home-Office oder die mobile Arbeit, die durch digitale Technologien ermöglicht werden. Bei *Metallverarbeitung* und *Automationstechnik* wurde parallel zu den Workshops des Projekts „Arbeit 2020" mit der Unternehmensseite über neue Betriebsvereinbarungen zur mobilen Arbeit und, im Falle von *Metallverarbeitung*, auch zu Arbeitszeitkonten insgesamt verhandelt. Der Betriebsrat von *Metallverarbeitung* hat dazu die Hilfe der Geschäftsstelle in Anspruch genommen. Auf diese Weise ist auch das Thema Personalbemessung als Treiber für Arbeitszeitprobleme geregelt worden.

> „Wobei das jetzt über ein anderes Projekt abgegriffen wurde. Da sind die Arbeitszeiten neu geregelt worden sind. Das hatten wir mit den Örtlichen gemacht. Und da ist die Personalbemessung schon zumindest mal jetzt drin. Also das ist sehr wichtig." (Betriebsrat, Metallverarbeitung)

Ansonsten gilt auch für andere Fälle und Betriebsräte die Aussage des Betriebsrats von *Automationstechnik*. Aus seiner Sicht setzten neue Regelungen zur Arbeitszeit erst eine weitere Entwicklung der Digitalisierung voraus. Erst dann könne sich abzeichnen, welche Arbeitszeitregelungen dafür benötigt würden.

> „Erstmal müssen sie alle digitalisiert sein, damit man dann die Arbeitszeit passend zur Digitalisierung anpassen kann." (Automationstechnik, Betriebsrat)

Das Thema *Strategie* bezieht sich auf die Ausrichtung der Produkt-, Markt- und Geschäftsstrategien der Betriebe und Unternehmen. Diese sind in fünf der Fallbetriebe als Problem zu Tage gefördert worden. Bei *Elektrotechnik 1* geht es um die Zielsetzung des Unternehmens, sich von einem Anbieter für Schalter und Steckdosen zu einem Systemanbieter zu transformieren. Früher galt das Unternehmen als Designführer und als besonders innovativ; dies ist in den Augen der Betriebsräte Vergangenheit, aber in der Führungsetage demnach noch nicht bei allen angekommen. Gleichzeitig nahmen die Betriebsratsmitglieder einen Widerspruch wahr zwischen der Strategie, weiter kleinteilig zu produzieren und der angestrebten Ausrichtung auf Systemangebote. Zugleich bestand das Ziel, stärker die Endkunden – bis jetzt steht der Kontakt zu Großhandel und Installateuren im Vordergrund – in den Fokus nehmen und zugleich im In- und Ausland zu wachsen. Insgesamt artikulierte die Betriebsratsseite den Eindruck, das Unternehmen wolle alles gleichzeitig, ohne die Ziele wirklich konsequent zu verfolgen. Auch bei *Elektrotechnik 2* wurde das Geschäftsmodell des Unternehmens kritisch interfragt. Hier verfolgte das Unternehmen ebenfalls die Strategie eines Systemlieferanten. In diesem Zusammenhang wurde auch die Ausgründung von Start-Ups diskutiert. Der Betriebsrat wollte Start-Ups nur zustimmen, wenn ihre Tarifbindung sichergestellt ist.

Im Fall von *Anlagenbau 2* kreisten die Diskussionen in den Workshops auch um die Absatzkrise des Unternehmens, die Auswirkungen auf Beschäftigung und Arbeitsbedingungen hat. Der Rückgang von Aufträgen führte zu Verschiebungen hin zu kleineren Projekten und hin zum Servicegeschäft, die aber nicht strategisch aufgearbeitet wurden. Es fehlten aus Sicht des Betriebsrats Visionen und Ideen, neue Geschäftsfelder jenseits des kriselnden Kerngeschäfts zu entdecken und dann auch systematisch zu bearbeiten.

Bei *Lebensmittel 2* schließlich wurden in einem der Workshops des Projekts „Arbeit 2020" Konturen einer ganzheitlichen Zukunftsbetrachtung des Standorts entwickelt. Im Zuge der Landkartenerstellung wurden in den Bereichen konkrete Investitionserfordernisse identifiziert. Diese sollten in ein ganzheitliches Konzept integriert werden, um das Unternehmen davon zu überzeugen, Investitionen am Standort vorzunehmen. Grundlage dafür war auch eine differenzierte Kostenbetrachtung mit Stillstandszeiten, Leiharbeit, Energie, Ausschuss oder Lager- und Transportkosten.

Ging es beim Thema Strategie damit sowohl um die kritische Betrachtung von Geschäftsstrategien als auch um die Einforderung von Investitionen, so kreist das Thema *Beteiligung* vor allem um die Einbindung der Betriebsräte, aber auch der Beschäftigten, in Digitalisierungsprojekte Bei *Automobilteile 3* gaben den Ausschlag dafür die Informationen der Workshops zur Landkartenerstellung und die Erkenntnis, dass viele Digitalisierungsprojekte im Betrieb laufen und dass der Betriebsrat darin nicht eingebunden ist.

> Projekte, da haben wir erstmal gesehen, wie viele Projekte es gibt … Ich sage mal diese Projekte, das war dann so ein Thema von uns Betriebsräten und da haben wir gesagt 'da müssen wir ran', weil wir wollen in den Projekten früher mit starten und nicht nur immer hinterherlaufen." (Betriebsrat 1, Automobilteile)

Analog haben bei *Antriebstechnik 2* die Betriebsräte festgestellt, dass sie bei Projekten nicht eingebunden werden. Bei *Elektrotechnik 1* hingegen ging es vor allem um die Beteiligung der Beschäftigten. Hier wurde in den Workshops konstatiert, dass Veränderungen Top-Down erfolgen und es kaum Beteiligung und wenig Informationen gibt. Ein Betriebsrat erläuterte an einem Beispiel, dass die Beschäftigten häufig nicht einbezogen werden: In Vorbereitung für das neue Werk musste das automatische Kleinteilelager zunächst so aufgebaut werden, wie eine Führungskraft es wollte. Hinterher stellte sich heraus, dass es so nicht funktioniert; die Beschäftigten wussten das im Vorhinein, wurden aber nicht gefragt und haben alle Vorgaben ausgeführt um zu zeigen, dass es so nicht geht.

Im Fall von *Antriebstechnik 1* wurde moniert, dass die Führungskräfte schlecht über Beteiligungsstandards und Beteiligungsmöglichkeiten informiert sind. Zwar wurde im Betrieb Beteiligung von der Geschäftsleitung als Ziel ausgerufen, doch finde sie faktisch nicht statt. Gleichzeit herrsche eine starke Projektflut, aber den Projektleitern werde keine Anleitung oder

Hilfestellung zur Seite gestellt. Es wurde der Vorschlag erarbeitet, die bisher diffuse Beteiligungsabsicht dadurch zu konkretisieren, dass zu jedem Projekt ein Beteiligungskonzept erstellt wird.

Das Thema *Datenschutz* tauchte nur in zwei Fallbetrieben als arbeitspolitisches Handlungsfeld auf. Bei *Automobilteile 3* kam im Prozess der Landkartenerstellung aus vielen Abteilungen das Signal, dass Datenerhebungen und damit verbunden Datenschutz und Datensicherheit zentrale Probleme der Zukunft sind. Zwar gab es zur Datensicherheit schon eine alte Betriebsvereinbarung, die festlegt, dass keine personenbezogenen Daten genutzt werden dürfen. Doch „Industrie 4.0" stellte aus Sicht der Betriebsräte eine Herausforderung neuer Qualität für die Datensicherheit da.

> „Wir haben Betriebsvereinbarungen wo eigentlich schon immer drinsteht, wie man mit personenbezogenen Daten umgehen soll. Aber das, was jetzt auf uns zukommt mit „4.0" oder Digitalisierung ist ja eigentlich noch eine Schippe oben drauf. Man verspricht ja, man könnte alles optimieren, wenn man Daten sammelt. Ich muss natürlich auch ein Konzept haben, wie will ich die Daten auswerten und was mache ich mit den ausgewerteten Daten. Und das ist eben immer so der Zwiespalt, wo wir auch als Betriebsräte drinhängen." (Betriebsrat 2, Automobilteile 3)

Auch bei *Antriebstechnik 2* war das Thema Datenschutz in der Bestandsaufnahme der Workshops sehr präsent. Zentrale Fragen dabei lauteten, was mit den Daten passiert, die die Mitarbeiter betreffen, und welche Daten wo und wie verknüpft und ausgewertet werden. Es wurde aufgezeigt, dass es im Betrieb Bereiche gibt, zu denen der Zugang nur über einen Fingersensor möglich ist, andere Bereiche sind videoüberwacht. Der Betriebsrat betonte, dass es ihm nicht darum gehe, die Weiterentwicklung der Technik zu behindern, sondern dass er das Thema gestalten will. Der Betriebsrat suchte deshalb den regelmäßigen Austausch mit dem Datenschutzbeauftragten, zuletzt im Zuge der neuen Datenschutzgrundverordnung. Es wurde die Idee ventiliert, einen Ausschuss zu gründen, der sich mit aktuellen Datenschutzfragen auseinandersetzt und vor allem mit dem Problem, ob, wie und von wem genau die Daten im Betrieb genutzt werden.

> „Weil überall müssen Leute aufschreiben, was sie am Tag gemacht haben. Die müssen das in die Terminals einpflegen, damit man nachvollziehen kann für die Nachfolge Abteilung, was die für ein Material zur Verfügung haben. Also ist das ja in meinen Augen eine Leistungskontrolle. [...]. Dann kann man sehen, was die gemacht haben. Jeden einzelnen Motor kann man abfragen. Wie der geprüft worden ist, wie der

> angeschnitten hat. Könnte man. Ob es gemacht wird, weiß ich nicht. Die Qualitätssicherung macht es zwischendurch, als Sicherheit." (Betriebsrat, Antriebstechnik 2)

Aufgrund der engen Verbindung des Themas zu Digitalisierungsfragen ist seine geringe Präsenz als arbeitspolitisches Handlungsfeld erklärungsbedürftig. Warum tauchte das Problem nicht in mehr Betrieben auf? Eine Erklärung wäre, dass es in den Betrieben ältere Vereinbarungen zum Datenschutz gibt, die weiterhin als hinreichend betrachtet werden. Eine andere Erklärung ist die, dass das Datenschutzthema von anderen Fragen überlagert wurde, die für die Entwicklung der Arbeitsbedingungen wichtiger schienen.

> „Dass die Leute merken, da spielt durchaus wahrscheinlich Technik eine Rolle, dass die Anforderungen kontinuierlich gewachsen sind, dass das Arbeitsvolumen immer mehr komprimiert wird auf eine begrenzte Arbeitszeit, die man hat. Das überlagert dann natürlich auch viele Fragestellungen, da wird wahrscheinlich Datenschutz z.B. gar nicht so einen großen Stellenwert haben, oder auch mobile Arbeit, oder Erreichbarkeit und dergleichen, sondern da geht es dann tatsächlich immer noch so um spürbare Belastungen." (Beratung 2)

Entgelt schließlich wurde nur in einem Fall, bei *Automobilteile 2*, explizit thematisiert. Hier ging es in der Montage um die Gruppenprämie und in der Entwicklung um eine schleichende Entgeltreduzierung durch nicht mehr zutreffende Stellenbeschreibungen. Beides waren Probleme, die nicht unmittelbar mit Digitalisierung zu tun haben, sondern mit Problemen der alltäglichen Entgeltpraxis im Betrieb. Zwar galt in einigen Fällen das Entgeltthema als potenziell relevant. Mögliche Veränderungen der Tätigkeitsanforderungen, und insbesondere mögliche Dequalifizierungen durch Automatisierung oder neue Steuerungs- und Kontrolltechnologien wurden hier als Gefahr für Eingruppierungen und Entgeltniveaus gewertet. Doch war der allgemeine Tenor, dass solche Entwicklungen noch nicht absehbar seien oder sich wenn, dann auf einzelne Arbeitsplätze beschränken, für die die Betriebsräte individuelle Lösungen finden könnten.

6.2 Verhandlungen

Wie gestalteten sich in den Untersuchungsfällen die Verhandlungen mit den Unternehmensleitungen? Welche arbeitspolitischen Themen standen dabei im Zentrum? Und in welchen Fällen konnten die Verhandlungen mit einer Vereinbarung abgeschlossen werden? In der Übersicht der Untersuchungsfälle (siehe Tabelle 10) lassen sich vier Fallkonstellationen zu diesen Fragen unterscheiden: Fälle, in denen keine Verhandlungen erfolgten, Fälle mit Verhandlungen, die aber ohne Ergebnis abgebrochen wurden, Fälle mit Verhandlungen, die zum Zeitpunkt des Abschlusses unserer Untersuchung noch nicht beendet waren, sowie schließlich als vierte und im Sinne des Projekts Arbeit 2020 „ideale" Konstellation die Verhandlungen, die auch mit dem Ergebnis einer „Zukunftsvereinbarung" abschlossen wurden. Im Folgenden werden diese Fallkonstellationen näher beleuchtet. Die Vereinbarungen selber werden im daran anschließenden Unterkapitel eingehender untersucht.

Tabelle 10: Verhandlungen und Vereinbarungen

Betriebe	**Verhandlungen**	**Konfliktpunkte/ Probleme**	**Vereinbarungen/ Output**
Möbel	Verhandlung mit Ergebnis	Umfang der Vereinbarung	Zukunftsvereinbarung
Elektrotechnik 1	Keine Verhandlungen	Prozessprobleme Betriebsrat	Keine
Elektrotechnik 2	Verhandlung mit Ergebnis	Tarifabweichung, Vertrauensarbeitszeit	Zukunftsvereinbarung
Elektrotechnik 3	Verhandlung mit Ergebnis	Keine	Zukunftsvereinbarung
Anlagenbau 1	Verhandlung mit Ergebnis	Verhandlungskompetenzen und Personalabbau	Zukunftsvereinbarung
Anlagenbau 2	Prozess offen	Noch keine	Noch keine
Automobilteile 1	Prozess offen	Bereitschaft Betriebsleitung	Noch keine
Automobilteile 2	Verhandlungen ohne Ergebnis	Personalabbau	Keine
Automobilteile 3	Verhandlungen mit Ergebnis	Keine	Zukunftsvereinbarung
Maschinenbau 1	Verhandlungen ohne Ergebnis	Auslagerungen	Andere Vereinbarungen
Maschinenbau 2	Prozess (noch) offen	Arbeitszeit	Keine
Maschinenbau 3	Keine Verhandlungen	Prozessprobleme Betriebsrat	Keine
Antriebstechnik 1	Verhandlungen ohne Ergebnis	Prozessprobleme Betriebsparteien	Keine
Antriebstechnik 2	Prozess offen	Vertrauenskultur	Noch Keine
Wirtschaftsbetriebe	Prozess offen	Keine	Noch Keine

Betriebe	**Verhandlungen**	**Konfliktpunkte/ Probleme**	**Vereinbarungen/ Output**
Metallverarbeitung	Verhandlungen mit Ergebnis	Leitbild und Umgang	Zukunftsvereinbarung
Automationstechnik	Verhandlungen mit Ergebnis	Keine	Zukunftsvereinbarung
Lebensmittel 1	Keine Verhandlungen	Bereitschaft Betriebsleitung	Keine
Lebensmittel 2	Keine Verhandlungen	Bereitschaft Betriebsleitung	Investitionen

6.2.1 Fälle ohne Verhandlungen

In den vier *Fällen ohne Verhandlungen* endete der Prozess „Arbeit 2020" zumeist nach der Erstellung der Landkarten, einer Strategiesitzung mit den Betriebsräten oder auch der Vorstellung der Projektergebnisse vor der Geschäftsleitung. Im Vergleich dieser Fälle lassen sich zwei Gründe dafür auffinden, dass im Anschluss daran keine Verhandlungen eingeleitet werden konnten. Der erste Grund ist die mangelnde Bereitschaft der Unternehmensleitung, Verhandlungen zu einer Zukunftsvereinbarung einzugehen. Dies war in den Fällen *Lebensmittel 1* und *Lebensmittel 2* zu beobachten. Bei *Lebensmittel 1* hatten die Betriebsräte von Beginn des „Arbeit 2020"-Prozesses an die Einschätzung, dass eine Zukunftsvereinbarung kein realistisches Projektziel ist. Der Betriebsrat ging davon aus, dass eine einzelbetriebliche Vereinbarung wegen der das Werk überwölbenden Konzernstruktur kaum möglich sei. Dazu hätte die Betriebsleitung zu wenige Handlungsspielräume.

> „Nein, das war uns aber von vornherein klar, weil unsere Leute vor Ort das hier überhaupt nicht können. Die können überhaupt gar keine Vereinbarung mit uns machen, die können vielleicht eine Vereinbarung mit uns machen, wo es um die Pausenzeiten geht, hier im Standort. Aber dann ist aber auch wirklich schon Schluss." (Betriebsrat, Lebensmittel 1)

Die arbeitspolitischen Handlungsfelder wurden in einem Workshop mit den Betriebsräten im Anschluss an die Landkartenerstellung diskutiert, aber nicht für den Abschluss einer Zukunftsvereinbarung zugespitzt und operationalisiert. Das Projekt wurde dann mit einem Gespräch mit der Werksleitung abgeschlossen, in dem die Landkartenergebnisse vorgestellt wurden. Der Betriebsrat sollte Recht behalten; es gab von der Betriebsleitung weder vor noch während des Gesprächs Signale, dass Verhandlungen über eine Zukunftsvereinbarung eingeleitet werden könnten. Auch zeigte sie während der Laufzeit der Workshops kein Interesse an dem Projekt, wohl aber an den Ergebnissen der Landkarte und den arbeitspolitischen Handlungsfeldern. „Arbeit 2020“ hatte damit für die Betriebsleitung keinerlei strategische Bedeutung.

> „Also die Werkleitung war ganz angetan von diesem Blatt Papier, fand es auch hochgradig interessant, wusste natürlich auch, dass wir an diesen Feldern auch ein Stück weit arbeiten, weil da haben wir sie ja schon mehrfach drauf angesprochen und sind da im Thema, aber ansonsten war es das auch. Sie haben sich zu keiner Zeit, ich sag mal, proaktiv informiert „wie läuft das eigentlich?". Und hätten wir jetzt den Termin nicht gemacht, dann hätte die das nicht interessiert.“ (Betriebsrat, Lebensmittel 1)

Bei *Lebensmittel 2* bietet sich dem Betrachter fast ein Abbild der eben beschriebenen Konstellation. Die Leitungsebene des Betriebs wechselt häufig und hat wenig Entscheidungsspielraum im Konzernverbund. Das war aus Sicht des Betriebsrats auch der Grund, weshalb sich die Leitung mit dem Projekt „Arbeit 2020“ nicht näher befasst hat, obwohl sie die Zusage gegeben hat, dass der Betriebsrat das Projekt durchführen kann.

> „Das war von Anfang an kein Problem. Die Geschäftsführung hat gesagt, ‚das ist kein Problem, könnt ihr gerne machen‘, hat sich aber selber nicht damit auseinandergesetzt. Das hat aber auch damit zu tun, dass wir in einem Konzern sind, und […] die Führungsgremien, die nicht hier vor Ort sitzen, aus dem Konzern, da ist das schwierig zu gestalten.“ (Betriebsrat, Lebensmittel 2)

Auch hier wurde der Abschluss des Projekts durch einen Termin mit der Geschäftsleitung gesetzt. Neben dem Geschäftsführer und dem Betriebsleiter nahmen der Betriebsratsvorsitzende, die beiden Berater und der Vertreter der NGG an diesem Termin teil. Die Berater präsentierten den „Arbeit 2020“-Prozess und seine Ergebnisse sowie mögliche Ansatzpunkte für eine Zukunftsvereinbarung. Die unmittelbaren Reaktionen der Geschäftsleitung auf die Präsentation waren zwiespältig. Auf der einen Seite stimmte sie der Analyse zu, dass das Werk vor einem Investitionsstau steht und Modernisierungen in bestimmten Bereichen dringend nötig wären. Zugleich wies sie aber darauf hin, dass ihr bei diesem Thema die Hände gebunden seien, weil sie keine Investitionsentscheidungen treffen könne, sondern diese auf zentraler Ebene gefällt werden. Auf der anderen Seite wurden weitere zentrale Handlungsempfehlungen, die in den Projektworkshops erarbeitet worden waren, von der Geschäftsleitung nicht ernst genommen.

> „Da war damals die Empfehlung, dass wir die Kunden- und Produktpalette erweitern sollten und dass wir das auf dem Schirm haben sollten mit der Autobahnanbindung, da wurden viele Sachen so ein bisschen ins Lächerliche gezogen." (Betriebsrat, Lebensmittel 2)

Seit diesem Präsentationstermin gab es zum Projekt „Arbeit 2020" keine Kommunikation mit der Geschäftsführung mehr, und der Betriebsratsvorsitzende hat die Idee einer Zukunftsvereinbarung ad acta gelegt.

Der zweite Grund für den Verzicht auf Verhandlungen lag, deutlich überraschender, in der mangelnden Bereitschaft der Betriebsräte. Bei *Elektrotechnik 1* wurden insgesamt fünf Workshops durchgeführt, darunter auch ein Gespräch mit drei der vier Geschäftsführer des Betriebs sowie eine gemeinsame Reflexion und Diskussion der Workshops und ihrer Ergebnisse zwischen Betriebsräten, ausgewählten Führungskräften und der Geschäftsleitung, die als Auftakt zu Verhandlungen mit dem Ziel einer Zukunftsvereinbarung gedacht waren. Dazu kam es dann aber nicht. Zunächst gab es Terminprobleme, ein Treffen zu organisieren, an dem auch der Eigentümer des Unternehmens teilnehmen sollte. Dieses Treffen kam dann doch noch zu Stande, und der Hauptgeschäftsführer signalisierte Interesse an dem Projekt und auch daran, Punkte, die ihm selber wichtig schienen, zu regeln.

Nach Informationen der Projektleitung war es schließlich der Betriebsratsvorsitzende, der das Projekt nicht weiterverfolgen wollte. Er unterhält gute Kontakte zur Geschäftsleitung und wird von dieser auch einbezogen; zugleich aber verfügt der Betriebsrat noch über wenig Erfahrung; er kam erst vor wenigen Jahren nach dem Rücktritt des kompletten vorherigen Betriebsrats in sein Amt. Entsprechend wenig entwickelt sind die Mitbestimmungspraktiken. Ein seit geraumer Zeit eingerichteter Wirtschaftsausschuss hat noch nie getagt, weil sich keine drei Mitglieder finden, die Zeit hätten, an den Sitzungen teilzunehmen. Zudem wird der Betriebsrat nach eigener Aussage systematisch zu spät informiert und ins Boot genommen. Vorhaben werden zum Teil erst dann vom Betriebsrat wahrgenommen, wenn Führungskräfte den Datenschutzbeauftragten ansprechen, der auch der Betriebsratsvorsitzende ist. Die meisten Führungskräfte haben demnach die Mitbestimmung „nicht auf dem Schirm." In der Strategiesitzung der Betriebsräte wurden vom Berater mehrere Vorschläge gemacht, die Lage zu verbessern; darunter die Einrichtung eines paritätischen Steuerkreises für Personalentwicklung und Qualifizierung und die Gründung einer Betriebsratszeitung, um unabhängig von der Unternehmensseite eigene Positionen darstellen und auch stärker polarisieren zu können. Beide Vorschläge fanden wenig Resonanz bei den Betriebsräten. Es wurde unter Verweis auf einen Arbeitskreis zu Kontinuierlichen Verbesserungen argumentiert, dass man damit keine guten Erfahrungen gemacht haben. Und zu der Idee, eine Betriebsratszeitung ins Leben zu rufen, sagte der stellvertretende Vorsitzende im Workshop

> „...wenn ich frage, wer da mitarbeitet, meldet sich sowieso wieder nur x und ich muss das meiste selber machen." (Betriebsrat, Elektrotechnik 1)

Damit schien der Betriebsrat das Interesse an dem Projekt verloren zu haben. Es war im Verlauf des Prozesses offensichtlich nicht gelungen, das Gremium für ein höheres Aktivitätsniveau zu mobilisieren.

Das Problem der Aktivierung des Gremiums war auch der entscheidende Faktor bei *Maschinenbau 3*, obwohl dort das Management großes Interesse an dem Projekt hatte, weil es hoffte, den Beschäftigten auf diese Weise bestimmte Veränderungen – insbesondere den Ausbau der Qualitätssicherung, die als Reaktion auf gestiegene Qualitätsanforderungen externer Kunden vorgenommen wurde und Unzufriedenheit hervorrief – besser erläutern zu können. Hier erwiesen sich im Nachhinein die Erwartungen der Akteure als wenig kompatibel. Anders als Berater und Gewerkschaft war der Betriebsrat offensichtlich nur an einer Beratung interessiert. Im Betrieb sollte eine neue und automatisierte Maschinenstraße eingerichtet werden, und der Betriebsrat wollte Tipps, wie man datenschutzrechtlich damit umgeht. Den Prozess der Landkartenerstellung hat er noch mitgetragen, wenn auch mehr schlecht als recht organisiert und ohne eigenes Interesse an der Beteiligung von Beschäftigten. Bei der Frage der arbeitspolitischen Handlungsfelder ist das Problem dann aber eskaliert; der Betriebsrat hat sich geweigert, Handlungsfelder zu identifizieren, weil er nicht handeln wollte. Zudem gab es in diesem Fall weitere Episoden, die eine Zusammenarbeit erschwerten. Eine Episode war, dass die Betriebsräte während der Landkartenerstellung die Aussage formuliert haben, dass es im Unternehmen keine Personalplanung gäbe. Mit dieser Aussage hatte die Projektleitung die Geschäftsleitung im Gespräch dann konfrontiert, worauf der Betriebsratsvorsitzende und sein Stellvertreter zurückzogen und feststellten, dass sie dies nie gesagt hätten. Letztlich ist in diesem Betrieb das Projekt an der Inkompatibilität der Rollenerwartungen gescheitert und an dem Unwillen des Betriebsrats, sich für die aktive und gestaltende Rolle zu entscheiden, die im Projekt „Arbeit 2020“ mit den Betriebsräten erarbeitet werden soll.

> „Ja, und dann sagt er: ‚aber das will ich doch gar nicht. Ich will doch gar nicht sozusagen jetzt vom Management quasi mit in Haftung genommen werden.‘ Also die wollen einfach Betriebsrat auf der Seitenlinie sein. Und Betriebsrat auf der Seitenlinie heißt immer, da sitzen und schimpfen, was alles nicht geht, und sich aber nicht irgendwie in Prozessen mitbeteiligen.“ (Projektsekretär*in 2, IG Metall)

6.2.2 Fälle mit Verhandlungen ohne Ergebnis

Bei den Fallkonstellationen *mit Verhandlungen, aber ohne Ergebnis* sind die Gründe für den Abbruch des Prozesses etwas anders gelagert; hier gab es nach den Workshops jeweils einen Grundkonsens für Verhandlungen zwischen den Akteuren, der dann aber während des weiteren Prozesses aufbrach. Auch dafür gab es unterschiedliche Gründe, darunter ein intervenierender betrieblicher Konflikt zwischen den Betriebsparteien, der aus einem anderen Handlungsfeld entsprang, sich aber auf den Prozess „Arbeit 2020“ ausweitete und ihn überlagerte.

Dafür steht der Fall *Maschinenbau 1.* Hier wurde nach Abschluss der Bestandsaufnahme eine Arbeitsgruppe gebildet, die an dem Entwurf einer Zukunftsvereinbarung arbeiten sollte. An diesen Gesprächen nahm neben den Mitgliedern aus dem Betriebsratsgremium, der Projektsekretär*in von der IG Metall, der Berater*in und der Wissenschaftler*in auch der Betriebsbetreuer von der IG Metall teil. Im Rahmen von mehreren Workshop- und Gesprächsterminen wurde das gesamte Material, das während der Bestandsaufnahme gesammelt worden war, gesichtet, systematisiert und gewichtet. Anschließend wurde von der Beratung und der gewerkschaftlichen Projektbegleitung eine Zukunftsvereinbarung entworfen. Der Entwurf enthielt die Kernthemen Beschäftigungssicherung, Personalpolitik und Gesundheit, Prozessstabilität und -optimierung (in Produktion und Verwaltung), die Einrichtung eines Koordinationskreises zwischen Betriebsrat und Geschäftsleitung zum Thema „Digitale Transformation“ sowie schließlich die gemeinsame Verpflichtung von Geschäftsführung und Betriebsrat, an vier Betriebsvereinbarungen zu den Themen Beschäftigungsstruktur, Altersteilzeit und Leiharbeit, flexible Arbeitsorganisation und Qualifikation zu arbeiten

Die Zukunftsvereinbarung ging jedoch über den Entwurfsstatus nicht hinaus. Die Arbeit innerhalb der Betriebsratsgruppe kam genauso zum Erliegen wie auch der – ohnehin kaum vorhandene – Austausch mit der Geschäftsführung. Die Geschäftsführung hat die spärlichen Gespräche eingestellt und stattdessen entschieden, einen Fertigungsschritt nicht mehr selber im Haus zu erledigen, sondern an externe Auftragnehmer auszugliedern. Damit hat sich dann auch der Betriebsrat nach und nach aus den Projektstrukturen herausgezogen und seine Betriebspolitik wie gewohnt fortgesetzt. Er musste nach eigenen Angaben seine zeitlichen Ressourcen bündeln, um auf die neue Herausforderung angemessen reagieren zu können.

> „Die haben es extrem schwierig mit einer Zukunftsvereinbarung, die haben sich verkämpft da. Die wollen das eigentlich, aber da liegt auch ganz schön viel übereinander." (Beratung 1)

Schließlich gelang es dem Betriebsrat aber, eine Vereinbarung abzuschließen, die im Kern Inhalte der im Projekt erarbeiteten Zukunftsvereinbarung enthält. Auf diese Weise sind die Projektergebnisse schließlich doch noch in eine betriebliche Vereinbarung mit eingeflossen.

> „Auf jeden Fall ist die Zielvereinbarung erstmal mehr oder weniger abgeblockt worden und wurde überlagert mit der Auslagerung der beiden Abteilungen. Wir haben gesagt, wir möchten gerne, dass die Beschäftigten, die davon betroffen sind, erstmal zwei Jahre Entgeltsicherung bekommen, mit dem Tag der Versetzung. Und innerhalb der zwei Jahre Entgeltsicherung, Qualifizierung auf neue Technologien die zukünftig kommen. Aber im Prinzip sind das auch die Inhalte aus der Zukunftsvereinbarung, die wir im Projekt erarbeitet haben: betriebsbedingte Kündigung wegen der Digitalisierung wollten wir ausschließen, dann haben wir gesagt, mehr Qualifizierung insbesondere bei Versetzungen, das haben wir ja drin gehabt in den Punkten." (Betriebsrat, Maschinenbau 1)

Der Abschluss dieser Betriebsvereinbarung war möglich, weil Betriebsräte und Beschäftigte Druck auf die Geschäftsleitung ausgeübt haben. Neben spontanen Versammlungen auf dem Shopfloor hat der Betriebsrat in Telefonaten und Gesprächen und auch Berichten an den Vorstand vehement auf die Unruhe in der Belegschaft hingewiesen.

> „Letztendlich war aber großes Interesse daran, das so zu machen, weil eins ist klar, wenn ihr jetzt für Existenzängste sorgt, bekommt ihr keine Teile, wenn ihr keine Teile bekommt, verkauft ihr keine Pumpen. Ja, also der Zwang für das Unternehmen an der Stelle für Ruhe zu sorgen, war natürlich sehr groß." (Betriebsrat, Maschinenbau 1)

Auch bei *Automobilteile 2* war es die Entscheidung der Unternehmensleitung für Personalabbau, der den Prozess „Arbeit 2020“ zum Erliegen brachte. Hier wurden im sechsten Workshop die arbeitspolitischen Handlungsfelder identifiziert, die mit Blick auf die Zukunftsvereinbarung angesprochen werden sollten. Daraufhin suchten die beiden Betriebsratsvorsitzenden das Gespräch mit der Geschäftsleitung, um den weiteren Prozess zu klären und sich eine Zusage für Verhandlungen zu holen. Diese Zusage bekamen sie auch, doch konnten daraufhin keine Termine mit der Geschäftsleitung vereinbart werden; vielmehr sollte zunächst nur ein Gespräch mit der Berater*in durchgeführt werden. In diesem Gespräch zeigte die Geschäftsleitung zwar Interesse an der Betriebslandkarte und wertete sie als instruktives Instrument. Zugleich aber wies sie darauf hin, dass aus ihrer Sicht die Produktion in Deutschland keine Zukunftschance hat und dass im Übrigen der Betriebsrat in unternehmerischen Entscheidungen nichts zu sagen habe. Schon im Verlauf des Prozesses hatte das Unternehmen angekündigt, etwa rund 100 Arbeitsplätze in der Produktion abzubauen, weil Produkte auslaufen beziehungsweise ins Ausland ausgelagert werden sollten; dafür wurden Aufhebungsgespräche eingeleitet. Nach dem Ende des Prozesses hat das Unternehmen dann entscheiden, weitere 330 Arbeitsplätze an deutschen Standorten zu verlagern.

Auf die Ankündigung, dass sich Produktion in Deutschland nicht mehr lohne, haben die Betriebsräte zunächst fatalistisch reagiert. Einige Zeit später sind die Betriebsratsvorsitzenden aber aus ihrer Erstarrung aufgewacht und aktiv geworden; sie machten eine Baumpflanz-Aktion auf dem Werksgelände, führten eine Beschäftigtenbefragung durch und adressierten an die Geschäftsleitung die Frage, was sie für die nachhaltige Erhaltung des Standorts tun will. Diese Initiative wurde vom Erschließungsprojekt der lokalen Geschäftsstelle der Gewerkschaft betreut, hatte aber ihren Ausgang im Projekt „Arbeit 2020“.

> „Dann haben wir uns hingesetzt; die Bevollmächtigte oder die Geschäftsführerin und Betriebsbetreuung der IG Metall, und haben den Betriebsräten gesagt: "Also ihr könnt jetzt euren Standort sterben lassen, oder ihr stellt euch auf die Hinterbeine". Wir haben da ein ziemlich düsteres Bild gezeichnet und haben sie so richtig rausgefordert. Und ich kann Dir natürlich nicht sagen, wie direkt der Zusammenhang ist, aber ich glaube schon, dass der Prozess einen Anteil daran hatte, dass sie eine riesengroße Aktion gemacht haben.“ (Beratung 1)

Auch bei *Antriebstechnik 1* konnte schließlich trotz Verhandlungen keine Zukunftsvereinbarung unterschrieben werden. Hier gab es allerdings kein unmittelbar intervenierendes Problem wie den Personalabbau, sondern eine *gemeinsame Entscheidung* von Betriebsrat und Geschäftsführung, den Prozess nach dem Ende der Beratung gemeinsam, aber unter Ausschluss von Gewerkschaft und Beratern weiter fortsetzen. Eine Zukunftsvereinbarung mit Unterschrift der Gewerkschaft entsprach schließlich nicht der eigenen Deutung von der besonderen Offenheit und Harmonie der betrieblichen Arbeitsbeziehungen. In diesem Geist kooperativen Vertrauens wollten die Betriebsparteien die Beratungen fortsetzen und Themen diskutieren.

> „Mit der Zukunftsvereinbarung war halt, was wir auch als Betriebsrat so gesehen haben, die brauchen wir nicht. Weil wir hier so eine Kultur haben, die funktioniert." (Betriebsrat Antriebstechnik 1)

6.2.3 Offene Fälle

Bei den Fällen mit *offenen Prozessen* sind zwei Varianten zu unterscheiden: sehr neue Fälle, in denen die Landkartenprozesse noch nicht abgeschlossen sind oder gerade mit Verhandlungen begonnen wurde auf der einen und ältere Fälle, in denen der Prozess stockt, aber noch nicht aufgegeben wurde, auf der anderen Seite.

Zu den älteren Fällen mit noch offenem Prozess zählt *Maschinenbau 2*. Hier wurde die Betriebslandkarte während des sechsten betrieblichen Workshops mit dem Management besprochen. Nachdem zum siebten Workshoptermin die Themen für die Zukunftsvereinbarung herausgearbeitet wurden, sollte eigentlich der erste Verhandlungstermin mit der Geschäftsleitung erfolgen. Dieser musste aber zunächst wegen einer längerfristigen Erkrankung des Geschäftsführers um mehrere Monate aufgeschoben werden. In diesem Zeitraum hat dann der Betriebsrat die Betriebsvereinbarung zu Arbeitszeiten gekündigt. Schon während der Workshops wurde das Problem thematisiert, dass viele Beschäftigte Überstunden fahren und dass es kaum Gelegenheiten zum Freizeitausgleich gibt. Zugleich wurde moniert, dass immer wieder Beschäftigte nach Hause geschickt werden, weil Material fehlt. Die aktuelle Vereinbarung war in einer schwierigen konjunkturellen Lage entstanden, und die Betriebsräte hatten seinerzeit recht weit gezogenen Obergrenzen für die Überstundenkonten zugestimmt, weil die Beschäftigten ohnehin weit davon entfernt waren, diese auszuschöpfen. Nun jedoch forderten sie eine Reduzierung dieser Obergrenzen. Daraus ist ein betrieblicher Konflikt entstanden, denn die Unternehmensleitung bestand und besteht auf Weiterführung der alten Regelungen. Damit wurden weitere Verhandlungen zur Zukunftsvereinbarung blockiert. Dennoch blieb die den Fall betreuende gewerkschaftliche Projektsekretär*in optimistisch, dass die Verhandlungen noch starten könnten. Ein wichtiges Indiz dafür war demnach, dass das Management bei der Vorstellung der Landkarte am Tisch geblieben ist, obwohl die Ergebnisse einen überaus schlechten Zustand der Arbeitsbedingungen im Betrieb attestierten.

> „Der Knackpunkt war der, wo man das dann der anderen Seite vorgelegt hat und die sich zwar sehr angezählt gefühlt hat, aber sie trotzdem nicht vom Tisch gegangen ist und gesagt hat, mit euch reden wir nie wieder, sondern wir reden irgendwie weiter." (Projektsekretär*in 2, IG Metall)

Bei *Automobilteile 1* wurden die Landkartenergebnisse ebenfalls der Geschäftsleitung vorgestellt, und zwar dem Unternehmenseigentümer und Vorstandsvorsitzenden, nicht der lokalen Betriebsleitung. Der Eigentümer zeigte sich dabei überrascht, dass die Stimmung im Werk wegen der Standortkonkurrenz und mangelnder Zukunftsperspektiven schlecht sei. Er betonte die Qualitäten des Standorts, vor allem die Fähigkeiten zur schnellen Umstellung und zu kleinen Serien. Die lokale Geschäftsleitung hat allerdings zurückhaltend auf die Ergebnisse reagiert, auch weil sie sich durch die Einschaltung und den direkten Kontakt zwischen Projektakteuren und Unternehmensleitung in ihrer Autorität in Frage gestellt sah. Zum Teil informierte der Betriebsrat die örtliche Geschäftsleitung über die Gespräche. Die Ergebnisvorstellung endete schließlich ohne direkte Vereinbarung, und wenig später erkrankte der Betriebsratsvorsitzende. Ohne ihn stockte der Prozess

Fast zehn Monate später kam es dann zu einer überraschenden Neuinitiative. Der Eigentümer und Unternehmensleiter selber wollte den Prozess fortsetzen. Zudem kandidierte der Betriebsratsvorsitzende wieder für den Betriebsrat, was vorher wegen einer langen Krankheit nicht klar war. Schließlich hat der Betrieb in der Zwischenzeit auch wieder Aufträge bekommen, so dass Kapazitäten und Beschäftigung für einige Jahre gesichert schienen. Zum Zeitpunkt des Interviews war dem Betriebsratsvorsitzenden selber noch nicht klar, wie eine solche Zukunftsvereinbarung aussehen könnte.

> „Konkret haben wir die Zielvereinbarung noch nicht. Drüber werden wir diskutieren und versuchen, etwas Passendes für den Standort zu schneidern. Einfach zu sagen, dass wir mehr qualifizieren wollen, bringt uns nicht weiter. Die Qualifikationen, die notwendig sind, wer-

> den ja sowieso gemacht. Uns geht es darum, die Belegschaft in diese neue „Industrie 4.0"-Welt irgendwie mitzunehmen. Wie wir das formulieren und wie wir unsere Belegschaft da mitnehmen können, da haben wir hier und heute noch nichts". (Betriebsrat, Automobilteile 1)

Betriebsrat und Projektteam entwickelten daraufhin die Idee, den Betrieb zu einem Technologiestandort im Konzern für eine bestimmte Bearbeitungstechnik zu entwickeln und ihm damit ein Alleinstellungsmerkmal und langfristige Zukunftsaussichten zu ermöglichen. Mit diesem Konzept sind die Akteure in die weiteren Gespräche gegangen.

Die anderen Fälle mit offenen Prozessen sind erst zu einem späteren Zeitpunkt in das Projekt „Arbeit 2020" aufgenommen worden; hier laufen daher die Workshops noch nicht lange. Deshalb haben Aussagen über Verhandlungsprozesse hier nur vorläufigen Charakter. Bei *Antriebstechnik 2* haben bereits zwei Verhandlungsrunden über die Zukunftsvereinbarung stattgefunden. Die Verhandlungen trafen zu Beginn auf eine ausgesprochene Misstrauenskultur zwischen den Betriebsparteien und ein Anerkennungsproblem des Betriebsrats, das durch den Prozess "Arbeit 2020" zwar gedämpft, aber nicht beseitigt werden konnte. Der Betriebsrat jedenfalls unterstellt der Geschäftsführung strategische Motive und das Fehlen eines eigenen Interesses an den Ergebnissen.

Bei *Automationstechnik* und *Wirtschaftsbetriebe* gab es jeweils noch keine Verhandlungsrunden. Im Fall von Wirtschaftsbetriebe hat sich hier die erschwerende Bedingung ergeben, dass personelle Wechsel in der Geschäftsleitung die Projektdynamik unterbrochen haben; die ursprüngliche Zusage der Geschäftsleitungen, Verhandlungen durchzuführen, wurde dadurch in Frage gestellt.

> „Das ist für uns definitiv zu früh, da wirklich eine klare Aussage zu treffen, weil wir einfach in der Luft hängen. Wir wissen nicht genau, wie es weitergeht hier im Betrieb im Moment. Das ist schwierig, da können wir uns gar nicht so festlegen." (Betriebsrat, Wirtschaftsbetriebe)

Auch bei *Anlagenbau 2* kam der Prozess nach der Landkartenerstellung zu einem vorläufigen Stillstand. Zwar wurde das Projekt auch hier nicht offiziell beendet, doch sprach zu diesem Zeitpunkt einiges dafür, dass eine Weiterführung in Richtung Zukunftsvereinbarung zumindest unwahrscheinlich sein würde. Der Prozess der Landkartenerstellung hat viele Konflikte zwischen Abteilungen zu Tage gefördert und ein deutliches Licht auf die schlechte Unternehmenskultur geworfen, die im Betrieb herrschte. Zudem stieß das Projekt inzwischen nur noch auf mittelmäßiges Interesse.

Zwar war der Produktionsleiter im Boot und wollte sich daran auch unbedingt beteiligen. Aber das Unternehmen hatte zu diesem Zeitpunkt andere Probleme, die darauf zurückzuführen sind, dass zum Jahresende 2017 die Abteilungsstrukturen geändert und Profitcenter eingeführt wurden. Seitdem wird jede Abteilung so behandelt, als sei sie ein eigenständiger Wirtschaftsbetrieb mit einem festen Budget und dem Druck, immer schwarze Zahlen schreiben zu müssen. Das führe aus Sicht des Betriebsrats dazu, dass die Abteilungen teilweise gegen- und nicht miteinander arbeiten, damit jeder bestmöglich dasteht. Dies wiederum habe das Betriebsklima stark verändert. Es wurde berichtet, dass *Anlagenbau 2* früher ein echter Familienbetrieb war und dort teilweise ganze Familien arbeiteten. Mit dem Kauf durch die neue Muttergesellschaft hat sich das aber drastisch geändert. Seitdem weht in dem Betrieb die Luft eines Großkonzerns, und es werden auch harte Personalentscheidungen getroffen. Das Projekt „Arbeit 2020“ kam dann zum Erliegen, als ganz plötzlich Entlassungen angekündigt wurden.

6.2.4 Fälle mit Zukunftsvereinbarungen

Anders als die Landkartenerstellung, die zumeist in recht dicht getakteten Workshops stattfand, zogen sich die Verhandlungen zu den Zukunftsvereinbarungen teilweise über längere Zeiträume hin und stockten aus unterschiedlichen Gründen. Verhandlungen zu Zukunftsvereinbarungen können als ein „integrative bargaining“ (Walton/McKersie 1991) bezeichnet werden. Sie drehen sich nicht, wie typischerweise Tarifverhandlungen und das „distributive bargaining“, um Verteilungsthemen und Nullsummenspiele, sondern um Positivsummenspiele, die für beide Verhandlungsseiten Vorteile aus der Kooperation versprechen. Dennoch sind sie schlecht planbar. Zum einen gibt es keinen institutionellen Zwang, sie zu vereinbaren, sondern sie sind für beide Seiten freiwillig. Die Akteure – und, wie in den Fällen von *Elektrotechnik 1* und *Maschinebau 3* dokumentiert, auch die Betriebsräte – können sich deshalb im Prozess auch immer gegen die Verhandlungen entscheiden. Auch ein personeller Wechsel von Akteuren und das Auftreten neuer Akteure, die sich nicht an alte Zusagen gebunden fühlen, können die Verhandlungen beenden. Zum anderen besteht die Gefahr, dass die Verhandlungen mit anderen Konflikten um distributive Themen verbunden werden, wie bei *Maschinenbau 1* oder *Maschinenbau 2* zu beobachten. Hier hat die Verquickung der beiden Verhandlungslogiken jeweils zu einem zumindest vorläufigen Ende des Prozesses geführt.

Diese Gefahren wurden auch in einigen der Fälle virulent, in denen schließlich Zukunftsvereinbarungen abgeschlossen werden konnten. Bei *Elektrotechnik 2* war das zentrale Problem in den Verhandlungen der Versuch der Unternehmensleitung, die Zukunftsvereinbarung mit der Frage eines abweichenden Ergänzungstarifvertrages zu verquicken. Die Verhandlungen waren in diesem Fall besonders schwierig und langwierig und dauerten von der ersten Präsentation der Forderungen des Betriebsrats bis zur Unterzeichnung der Zukunftsvereinbarung rund elf Monate. Zwischendurch gab es immer wieder Momente, in denen ein Abbruch der Verhandlungen denkbar schien. Die Forderungen beider Seiten waren allerdings auch weitreichend. So forderte der Betriebsrat unter anderem die Einrichtung eines paritätisch besetzten „Works Board", das Veränderungsprojekte initiiert und steuert; den Aufbau einer systematischen und strategischen Personalentwicklung inklusive des Rechts der Beschäftigten auf „Schnuppertage" in anderen Arbeitsbereichen; Maßnahmen zur Verbesserung von Unternehmenskultur und Führung (wie die Einführung eines Stimmungsbarometers und eines „360 Grad-Feedbacks"); die Akzeptanz für Teilzeit und Nutzung von Elternzeit; eine Regelung zum Home-Office; die Förderung des Gesundheitsmanagements; die Prüfung der Möglichkeit, das in fünf Gesellschaften aufgeteilte Unternehmen zu re-integrieren; Regelungen für Start-ups und Ausgliederungen, insbesondere zur Tarifbindung und zur Zuständigkeit des Betriebsrats; geregelte Zeiterfassung und Rückkehrgarantien für Beschäftigte; Regelungen zum Change- und Projektmanagement wie bessere Information und Beteiligung oder angemessene Arbeitskapazitäten für Projektleiter und -mitarbeiter; Überprüfungen und Verbesserungen im Bereich IT und Datenschutz; und schließlich einen Betriebsrats-Referenten, eine zusätzliche Freistellung für den Betriebsrat sowie ein zeitgemäßes Betriebsratsbüro. Die Geschäftsführung verfolgte hingegen das Ziel, den Abschluss einer Zukunftsvereinbarung mit einer Verlängerung der bestehenden, sich langsam ihrem Ende nähernden Tarifabweichung zu verknüpfen. In dieser Tarifabweichung war seinerzeit die Verlängerung der Wochenarbeitszeit ohne Entgeltausgleich vereinbart worden. Außerdem forderte die Unternehmensleitung eine weitere Flexibilisierung der Arbeitszeit durch Einführung von Vertrauensarbeitszeit sowie eine Regelung zu einem erweiterten Einsatz von Leiharbeit.

Viele Forderungen des Betriebsrats lehnte der Geschäftsführer als Forderung nach erweiterter Mitbestimmung kategorisch ab, andere Forderungen bezeichnete er als unnötig, sie seien bereits gute Praxis im Unternehmen. Im Laufe der Monate gab es mehrere Verhandlungsrunden, in denen es zunächst schwerpunktmäßig darum ging, die Vorstellung der Geschäftsführung einer Verknüpfung der Zukunftsvereinbarung mit einer Verlängerung der Tarifabweichung auszuräumen.

> „Wir haben ihm klargemacht: Das sind zwei verschiedene Paar Schuhe. Das kannst du nicht vermischen. [...] Die Regularien, die da einzuhalten sind, die können wir ja in der Zukunftsvereinbarung nicht aushebeln." (Betriebsrat, Elektrotechnik 2)

Neuen „Drive" bekamen die Verhandlungen, als die Geschäftsleitung schließlich auf die Idee kam, sich an einer Ausschreibung des Bundesministeriums für Arbeit und Soziales zum Thema „Zukunftsfähige Unternehmen und Verwaltungen im digitalen Wandel" zu beteiligen. Im Rahmen dieser Förderrichtlinie wurden nur Vorhaben gefördert, die mit der Projektskizze eine schriftliche Zustimmung von einer Arbeitgeber- und einer Arbeitnehmervertretung vorlegen können; die Zustimmung von nur einer Vertretungsseite war nicht ausreichend. Mit der Motivation einer möglichen Förderung nahmen die Verhandlungen wieder Fahrt auf, und schließlich wurde der Durchbruch erreicht. Verhandelt wurde in wechselnden Zusammensetzungen, zum Teil im kleinen Kreis (von Betriebsratsseite aus die beiden Vorsitzenden), zum Teil im größeren Kreis (die drei Freigestellten plus die beiden Betriebsräte, die sich im „Arbeit 2020"-Projekt besonders engagieren). Die jeweils aktiven Betriebsräte haben den aktuellen Stand der Verhandlungen immer wieder dem Gesamtgremium vorgestellt und sich bestätigen lassen oder Änderungswünsche aufgenommen.

Eine der Forderungen des Betriebsrats war zum Zeitpunkt des Interviews bereits erfüllt. So hat der Betriebsrat neue, größere Räumlichkeiten mit einer besseren Ausstattung erhalten. Diese Maßnahme ist allerding nicht in direkten Zusammenhang mit den Verhandlungen um die Zukunftsvereinbarung zu sehen – der interviewte Betriebsrat geht sogar davon aus, dass dem Geschäftsführer gar nicht bewusst war, dass mit dem Umzug eine der Forderungen aus dem „Arbeit 2020"-Projekt erfüllt wurde. Einige der Forderungen des Betriebsrats waren für die Geschäftsführung jedoch nicht verhandelbar. Dazu gehörten die Einrichtung eines paritätischen „Works Boards", eine zusätzliche Freistellung für den Betriebsrat sowie eine Regelung des Themenzusammenhangs Start-ups und Ausgliederungen.

> „Da hat es so viele Punkte gegeben, über die wir, teilweise lautstark, diskutiert haben. Ich meine, die größten Knackpunkte waren: Das, was sie als Erweiterung der Mitbestimmung angesehen haben, dass wir hier ein Works Board aufbauen wollten, das war kein Thema. Da sind sie überhaupt nicht mitgegangen. Erweiterung der Betriebsratskapazi-

> täten durch eine zusätzliche Freistellung war auch kein Thema. Da wollten sie auch auf keinen Fall dran. Jetzt eventuell in einer Richtung – befristete Einstellung eines Referenten für den Betriebsrat. Gar kein Thema waren Start-ups und Ausgliederung. Da wollte man sich überhaupt nichts sagen lassen." (Betriebsrat, Elektrotechnik 2)

In der Vereinbarung enthalten sind hingegen die vom Betriebsrat geforderten „Schnupper-Tage" für alle Beschäftigten. Alle Beschäftigten erhalten Anspruch auf mindestens einen solchen Tag pro Jahr und bekommen so die Möglichkeit, andere Arbeitsbereiche im Unternehmen kennenzulernen. Mit dem Gesamtergebnis der Zukunftsvereinbarung ist der stellvertretende Betriebsratsvorsitzende zufrieden. Zwar konnten einige Forderungen nicht durchgesetzt werden, aber das Gremium ist davon nicht überrascht und sieht das als normalen Bestandteil des Verhandlungsprozesses. Es hatte sich jedoch auch explizite „rote Linien" gesetzt wie die Einführung von Vertrauensarbeitszeit, hinter die es nicht bereit war, zurückzugehen. Diese Linien konnten gehalten werden.

> „Und letztendlich haben wir jetzt tatsächlich eine Zukunftsvereinbarung vorliegen, die … naja, nicht mehr das ist, was wir uns mal vorgestellt hatten. Aber klar, wir hatten da ja auch Maximalvorstellungen." (Betriebsrat, Elektrotechnik 2)

Auch bei *Anlagenbau 1* stockten die Verhandlungen zur Zukunftsvereinbarung zwischenzeitlich merklich. Ausschlaggebender Faktor dafür war hier die Ankündigung eines Stellenabbaus durch die Konzernleitung. Vorher wurden bereits zwei Gesprächsrunden mit der Standortleitung des Betriebs durchgeführt, und es gab einen Konsens, dass die Handlungsfelder, die in der Landkartenerstellung identifiziert wurden, weiterbearbeitet werden sollen. Zugleich sollten die Ergebnisse mit einem anderen Projekt der Betriebsleitung zum Veränderungsmanagement abgeglichen und verbunden werden. So wurde verabredet, die Betriebslandkarte und die Übersicht über den Wertstrom und die relevanten Projekte unternehmensintern regelmäßig zu aktualisieren und einen Arbeitskreis „Digitalisierung" einzurichten.

> „Wenn beide Seiten sagen, sie haben eine Verantwortung gegenüber den Beschäftigten, dann müssen wir uns quartalsmäßig abgleichen, was tut sich im Bereich Digitalisierung und künstliche Intelligenz [am Standort] und was bedeutet das für die Beschäftigten?" (Betriebsrat, Anlagenbau 1)

Auch das Thema Qualifizierung, das in den Workshops auch zur Überraschung der Betriebsräte als problematisch eingestuft wurde, sollte vertieft werden. Und es wurde verabredet, den Prozess „Arbeit 2020“ auch auf den Service-Bereich anzuwenden. Zu einer Zukunftsvereinbarung kam es jedoch zunächst nicht. Zum einen entschied die Konzernleitung, keine standortbezogenen Vereinbarungen dieser Art abschließen zu wollen, zum anderen wurde ein Personalabbau angekündigt in dem Geschäftsfeld, zu dem auch der am Projekt teilnehmende Betriebsteil gehört. Schließlich aber kam es doch zu einer Betriebsvereinbarung zwischen den Betriebsparteien zum Thema Digitalisierung, weil Betriebsrat und Standortleitung gemeinsam darauf gedrungen haben, angetrieben nicht zuletzt von der Personalabbaudebatte, die beide Akteure nicht wollten. Ausschlaggebend war also die Standortkoalition zwischen den Betriebsparteien als Notgemeinschaft.

> „Ja, ja, die Not ist so groß. Die Standortleitungen sind ja selbst betroffen, also von daher machen die ihren Spagat zwischen: Was müssen sie auf der einen Seite umsetzen? Auf der anderen Seite schon auch in den Gesprächen erkennen lassen, wo sie auch selber Zweifel an den Entscheidungen haben. Und somit uns sozusagen auch Türen öffnen, wo wir auch reingehen können, also davon profitieren wir ja“ (Betriebsrat, Anlagenbau 1)

In den anderen fünf Fällen mit Zukunftsvereinbarung hingegen verliefen die Verhandlungen zu den Zukunftsvereinbarungen vergleichsweise reibungslos. Noch am größten war der Verhandlungsaufwand bei *Möbel*. Hier hat ein juristischer Berater des Unternehmens recht intensiv an dem Dokument gefeilt, und die Geschäftsführung forderte schließlich eine deutliche Kürzung des Textvorschlages, den das Projektteam „Arbeit 2020“ erarbeitet hatte. Dabei ging es allerdings mehr um die Form als um Inhalte des Textes, und am Ende wurde nach einer weiteren kurzen Verhandlung ein Kompromiss mit der Geschäftsleitung gefunden.

> „So und dann hat das zwei Gespräche gedauert und dann hat unsere Geschäftsleitung das auch so hingesetzt, wie wir das im Vorfeld quasi aufgesetzt hatten. Und der Vertrag wurde unterschrieben.“ (Betriebsrat, Möbel)

Ähnlich verlief der Prozess bei *Automobilteile 3* oder auch *Elektrotechnik 3*. Im letztgenannten Fall haben – nach dem Workshop mit dem Management –Berater*in und Projektsekretär*in einen Textvorschlag aufgesetzt. Der Text wurde im Betriebsrat diskutiert, verändert, und dann zur Geschäftsleitung weitergeleitet. Diese hatte noch Änderungsbedarf im Detail, doch verlief der Prozess insgesamt äußerst reibungslos.

> „Dann haben die nochmal drüber geguckt und haben sich dann an dem einen oder anderen Punkt auch noch gestoßen und gesagt, den müssen wir vielleicht anders formulieren. Das haben wir dann auch getan, bis dann letztendlich eine Endfassung da war." (Betriebsrat 2, Elektrotechnik 3)

Im Fall von *Metallverarbeitung* stand bei den Verhandlungen mit dem Management vor allem die Frage des Leitbildes im Vordergrund. Längere Diskussionen gab es mit Blick auf die Einrichtung eines gemeinsamen Steuerkreises aus Geschäftsleitung und Betriebsrat, dessen Aufgabe darin besteht, Projekte, Beteiligungsprozesse und Qualifizierungsmaßnahmen nachzuhalten. Vor allem stieß sich die Unternehmensseite an paritätischen Prozessen.

> „Aber vor allen Dingen da drauf, dass in den Projekten beteiligt wird. Und das Qualifikationsbedarfe ermittelt werden, in dem Projekt von den Projektleitern. Die müssen in diesem Steuerkreis auch vorsprechen, das war eine lange Diskussion. Und die Besetzung war eine lange Diskussion. Also das Wort paritätisch, das war glaube ich das meist gehasste Wort hier. Das haben wir auch nachher hergeschenkt und haben dann ‚zu gleichen Teilen' genommen."

Bei *Automationstechnik* schließlich rannte das Projektteam „Arbeit 2020" bei der Geschäftsleitung offene Türen ein. Qualifizierung war ein gemeinsames Interesse der Betriebsparteien, und weitere Themen, die Eingang in die Vereinbarung hätten finden können, gab es nicht.

Welche Faktoren haben in den Fällen des Untersuchungssamples den Abschluss einer Zukunftsvereinbarung begünstigt? Die auf den ersten Blick wichtigste Bedingung ist ein Basiskonsens der Betriebsparteien über die wechselseitigen Vorteile einer solchen Vereinbarung. Die Betriebsräte erhofften sich dadurch mehr Einfluss auf die Einführung digitaler Technologien und auf die Entwicklung der Arbeitsbedingungen, die Unternehmensleitungen suchten das Einverständnis und die Akzeptanz bei Betriebsräten und Beschäftigten oder sahen in der Einbindung Vorteile für die Stärkung von Standorten. Es sind diese Win-Win-Überlegungen, die den fruchtbaren Boden für Zukunftsvereinbarungen in den Betrieben bereitet haben. Dieser Basiskonsens kommt in den beschriebenen Fällen nicht von ungefähr; er wurzelt in einer Tradition kooperativer Arbeitsbeziehungen, die sich in den betreffenden Betrieben und Unternehmen entwickelt haben und die impliziten Regeln und Routinen der Akteure, die politische Kultur ihrer Austauschbeziehungen (Schmidt/Trinczek 1999) und die Muster der sozialen Integration in der „betrieblichen Sozialordnung" (Kotthoff/Reindl 1990) prägen.

Dennoch braucht es dazu noch mehr. Kooperation allein ist nicht genug. Dies zeigen die Fälle des Samples, in denen es trotz kooperativer Austauschbeziehungen und starker Sozialintegration der Betriebsräte zu keiner Zukunftsvereinbarung kam. Beispielhaft dafür sind die Fälle *Antriebstechnik 1* und *Elektrotechnik 1*. Hier haben sich am Ende der Landkartenerstellung die Betriebsparteien entschieden, den Prozess alleine und ohne Berater und vor allem ohne Gewerkschaft weiterzuführen. Dabei agierten sie im Stile einer *Elitenkooperation*, die auf Verhandlungen zwischen Unternehmensleitung und Betriebsratsspitze beruht. Die im Projekt „Arbeit 2020" anvisierte Aktivierung der Betriebsräte und insbesondere der Gremien und mit ihr die Handlungsmuster der Beteiligung griffen hier nicht. Die Wirkung des Projekts beschränkte sich auf Informationssammlungen, die dann von der Betriebsratsspitze weiterverwendet wurden, um die alten Kooperationsmuster mit der Geschäftsleitung weiterzuführen. Die betrieblichen Austauschbeziehungen erwiesen sich als zu sperrig, um sie für neue Impulse von außen zu öffnen. Es gelang nicht, die Abschottung auch gegenüber der Gewerkschaft entscheidend zu lockern; die Gewerkschaft blieb ein externer Akteur, und ihr wurde der weitergehende Zugang in den Betrieb verwehrt.

Der zweite zentrale Hemmschuh neben der Festigkeit gewerkschaftsferner betrieblicher Kooperationsmuster klingt dabei bereits an: die fehlgeschlagene *Aktivierung* der Betriebsräte in den Workshops. Bei *Elektrotechnik 1*, insbesondere aber auch bei *Maschinenbau 3*, ist es im Prozess der Landkartenerstellung und der Themenfindung nicht gelungen, die Betriebsräte in den Gremien für das Thema zu begeistern und ihr Interesse zu wecken, mit Hilfe des Projekts „Arbeit 2020" stärker als bislang Einfluss auf betriebliche Entscheidungen zu nehmen und eine aktivere Rolle im Betrieb zu spielen. Sie ließen diese Chance verstreichen, sei es, weil sie sich nicht aufraffen konnten, mehr zu tun als bislang, oder sei es, weil sie bewusst die Ausweitung ihre Einflussmöglichkeiten ablehnten. Dann hätten sie das vom Projektsekretär 2 der IG Metall als „Betriebsrat an der Seitenlinie" beschriebene Handlungsmuster eines zwar lautstarken, aber nicht durchsetzungsfähigen Akteurs aufgeben und sich einmischen müssen; der Preis, dann nicht mehr alles beklagen und kritisieren zu können, war ihnen zu hoch.

Als dritte Störgröße im Prozess erwiesen sich *intervenierende Konflikte*, die zwar in einer „Konfliktpartnerschaft“ vorkommen können, die aber in einigen Fällen zu einer Vermischung von Handlungsfeldern und einer Verquickung von „integrative“ und „distributive bargaining“ geführt haben. Personalabbau, Arbeitszeitkonflikte oder Konflikte um Tarifabweichungen boten den Unternehmen Anlass, ihre Kooperation im Projekt „Arbeit 2020“ als Leistung zu betrachten, für die sie an anderer Stelle Konzessionen einfordern können.

Diese Logik konnte immerhin in den beiden Fällen *Anlagenbau 1* und *Elektrotechnik 2* durchbrochen werden; hier gelang es, trotz komplexer Verhandlungslagen die Themen des Projekts „Arbeit 2020“ wieder zu isolieren und in Vereinbarungen zu überführen. Ausschlaggebend dafür war in diesen Fällen jeweils das hohe Aktivitätsniveau der Betriebsräte, die diese Vereinbarungen nachdrücklich wollten und die dies mit Hilfe von Druck und Beteiligung sowie mit Verhandlungsgeschick auch realisieren konnten. Im Fall von *Maschinenbau 1* griffen die Betriebsräte auch zum Mittel der Mobilisierung und konnten auf diese Weise eine Betriebsvereinbarung erzielen, die zwar keine Zukunftsvereinbarung im Sinne des Projekts „Arbeit 2020“ war, die aber wichtige Themen umsetzen konnte, die in den Workshops erarbeitet worden waren und die deshalb als funktionales Äquivalent für eine Zukunftsvereinbarung betrachtet werden kann.

6.3 Zukunftsvereinbarungen

6.3.1 Inhalte der Zukunftsvereinbarungen

Welche Inhalte finden sich in den abgeschlossenen Zukunftsvereinbarungen? Und werden diese Vereinbarungen dann auch tatsächlich praktisch wirksam für das Mitbestimmungshandeln der Betriebsräte? Beide Fragen werden nun behandelt, allerdings mit der Einschränkung, dass zur zweiten Frage nur erste Eindrücke formuliert werden können. Denn die Zeitspanne zwischen dem Abschluss der Vereinbarungen und dem Ende der Begleitforschung unseres Projekts war jeweils eng bemessen – und in den Fällen *Antriebstechnik 1* und *Elektrotechnik 2* wurden die Vereinbarungen sogar jeweils kurz nach Abschluss unseres Projekts getroffen.

Doch zunächst zu den Inhalten der insgesamt sieben Vereinbarungen, die im Prozess „Arbeit 2020“ bis zum Ende der Laufzeit unseres Projekts abgeschlossen worden sind. Drei der sieben Vereinbarungen gelten jeweils für die einzelnen Betriebe, vier für das gesamte Unternehmen. Drei der

Vereinbarungen sind unbefristet, die anderen vier haben jeweils definierte Laufzeiten von zumeist drei oder vier Jahren. Die Präambeln versprechen Aufschluss über die Zielsetzungen der Unterzeichner der Vereinbarungen (Schaubild 8).

Schaubild 8: Ziele nach Präambeln in den Zukunftsvereinbarungen

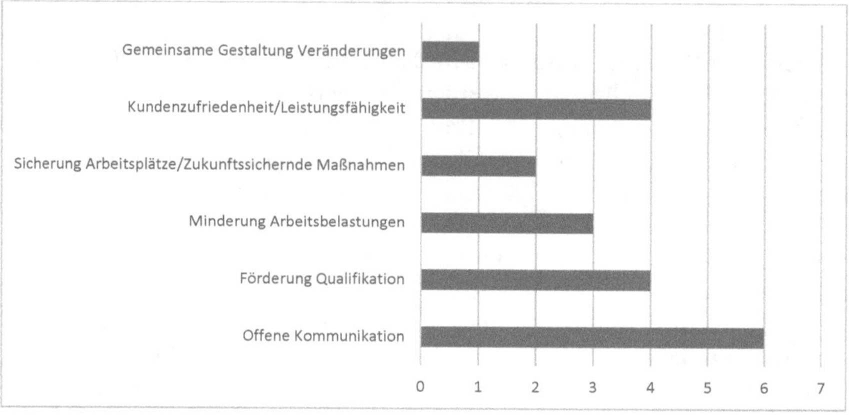

Danach sollen die Vereinbarungen zunächst Auswirkungen auf die Kultur der Austauschbeziehungen zwischen den Betriebsparteien selber haben: sie sollen die offene Kommunikation zwischen den Betriebsparteien fördern, und eine Vereinbarung enthält auch die Zielsetzung der gemeinsamen Gestaltung von Veränderungen. Die anderen Punkte beziehen sich auf Ziele, die im Ergebnis der aufgeführten Maßnahmen erhofft werden. Dazu gehören die Verbesserung der Kundenzufriedenheit und der Leistungsfähigkeit und die Zukunftssicherung ebenso wie die Förderung der Qualifikation und die Verminderung der Arbeitsbelastung.

Die Inhalte der Vereinbarungen lassen sich grob in zwei Schwerpunkte unterteilen: die Themen und Handlungsfelder, die in den Verhandlungen angesprochen werden auf der einen und die Prozessnormen, die mit diesen Themen verbunden werden, auf der anderen Seite. Einen Überblick über die Themen und Handlungsfelder gibt Schaubild 9.

Schaubild 9: Handlungsfelder und Themen in den Zukunftsvereinbarungen

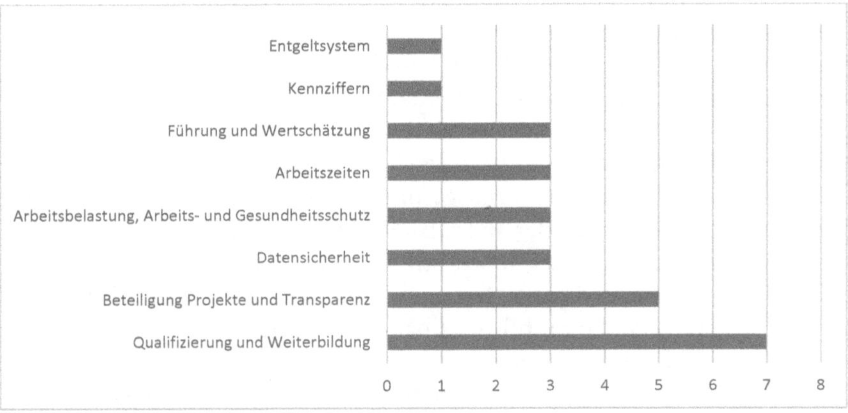

Das Thema mit der häufigsten Nennung in den Zukunftsvereinbarungen ist *Qualifizierung und Weiterbildung*. Das Thema hat in den Vereinbarungen unterschiedliche Schwerpunkte. Im Fall von *Möbel* beispielsweise geht es sowohl um die Verpflichtung zur Aufnahme von Ausbildungsaktivitäten in der Produktion – in diesem Bereich war das Unternehmen vorher kein Ausbildungsbetrieb – als auch um die Stärkung der Weiterbildungsaktivitäten des Betriebs. Bei *Elektrotechnik 2* stehen die Themen strategische Personalplanung und strategische Personalentwicklung im Vordergrund, zu denen auch die „Schnuppertage" für die Beschäftigten – hier können Beschäftigte freiwillig in andere Abteilungen ihrer Wahl für ein bis zwei Tage „hineinschnuppern" – gehören, die sowohl die Kultur abteilungsübergreifender Personalwechsel als auch das wechselseitige Verständnis der Abteilungen füreinander stärken sollen. Die Vereinbarung bei *Elektrotechnik 3* formuliert das allgemeinere Ziel, die Qualifizierung und Weiterentwicklung der Beschäftigten im Unternehmen zu unterstützen, aber auch dem Betriebsrat vermehrte Freistellungen für Qualifizierung und für themenbezogene Beratung zu gewähren. Bei *Anlagenbau 1* wird ein „ganzheitliches Qualifizierungskonzept zur Bewältigung neuer Aufgaben und zur Reduzierung der Belastung der Beschäftigten" als Handlungsfeld benannt. Laut der Vereinbarung von *Automobilteile 3* sollen Qualifizierungsbedarfe aufgedeckt, Qualifizierungskonzepte entwickelt und Qualifizierungsmaßnahmen eingeleitet werden. Bei *Metallverarbeitung* soll die Kompetenzentwicklung durch Bedarfsanalysen und persönliche Entwicklungspläne vorangetrieben werden, und bei *Automation* schließlich geht es um die Identifizierung von Weiterbildungsbedarfen, die Entwicklung geeigneter Maßnahmen und neuer Qualifizierungsthemen, aber auch die genaue Klärung der Aufgaben von Key Usern.

An zweiter Stelle der Nennungen liegt das Handlungsfeld *Beteiligung* an Digitalisierungsprojekten und die Verpflichtung der Unternehmen zur Transparenz über diese Projekte. Hier steht die Einbindung der Interessenvertretungen im Vordergrund. Bei *Möbel* werden die Abteilungsverantwortlichen angehalten, Betriebsrat und Beschäftigte über Veränderungen zu informieren, zudem sollen Quartalsgespräche dazu zwischen den Betriebsparteien stattfinden, und der Betriebsrat kann abteilungsbezogene Befragungen durchführen. Bei *Elektrotechnik 2* sollen digitale Technologien zunächst in Form von Pilotprojekten eingeführt und von den Betriebsparteien evaluiert werden; die Einführung hat dann „möglichst einvernehmlich“ zu erfolgen. Weit weniger konkret sind die Vorgaben in der Vereinbarung von *Anlagenbau 1*, hier soll eine „Kommunikation 4.0“ ausgebaut werden; zugleich wird die Beteiligung der Beschäftigten als Querschnittsaufgabe definiert. Bei *Automobilteile 3* ist der Betriebsrat über neue und laufende Projekte zur Digitalisierung und Vernetzung umfassend zu informieren, er erhält Einsicht in die Projektdatenbank des Unternehmens, und er kann Projektleiter und Geschäftsleitung zur Klärung offener Fragen einladen. Im Fall von *Metallverarbeitung* ist Transparenz über Projekte zu schaffen, und Betriebsrat und Mitarbeiter sind in diese Projekte einzubeziehen und daran zu beteiligen. Ferner ist ein „Werkzeugkasten für Beteiligung“ zu entwickeln.

Noch relativ prominent sind auch die Themen Arbeits- und Gesundheitsschutz, Führung und Kultur sowie Datensicherheit und Arbeitszeiten vertreten. In der Vereinbarung von *Möbel* werden zum *Arbeits- und Gesundheitsschutz* die Reduzierung belastender Tätigkeiten und die Schaffung alternsgerechter Arbeitsbedingungen als Handlungsziele benannt. Dazu können auf Wunsch des Betriebsrats oder der Beschäftigten Belastungsanalysen durchgeführt werden; übermäßige Belastungen sind zeitnah zu beheben, und Maßnahmen können vom Betriebsrat angemahnt werden. Bei *Elektrotechnik 2* geht es um Gesundheitsmanagement und Wiedereingliederung. Vereinbart wurde, im Rahmen eines betrieblichen Gesundheitsmanagements geeignete Präventionsmaßnahmen zu entwickeln und ein betriebliches Wiedereingliederungsmanagement auszubauen. Nach der Vereinbarung von *Anlagenbau 1* ist ein Instrumentarium für veränderte Belastungssituationen zu entwickeln, und die bestehenden Gefährdungsbeurteilungen sind anzupassen.

Das Thema *Führung und Unternehmenskultur* wird in der Vereinbarung von *Elektrotechnik 1* mit der Weiterentwicklung des Coachings für Führungskräfte verbunden. Hier sollen Themen wie Digitalisierung, agile Unternehmenskultur oder Eigenverantwortung der Mitarbeiter eingeführt oder gestärkt werden; zugleich soll die Führungskräftebeurteilung ausgebaut werden. Die Stärkung der Unternehmenskultur soll auch durch Weiterentwicklung der Sozialpartnerschaft im Betrieb erfolgen. Bei *Elektrotechnik 3* soll ein neues Leitbild der „Führung 4.0" entwickelt und mit neuen Instrumenten wie Mitarbeitergesprächen, Befragungen oder Abteilungsbesprechungen unterfüttert werden. Laut Vereinbarung von *Metallverarbeitung* sollen „alle Führungskräfte gezielt und auf Grundlage der Kultur und Werte des Unternehmens auf die sich wandelnde Aufgabe vorbereitet und im laufenden Prozess unterstützt werden." Zugleich soll ein gemeinsames Leitbild und Werteverständnis entwickelt werden.

Zum *Datenschutz* wird bei *Elektrotechnik 2* vereinbart, die vorhandenen Regelungen an neue Aufgaben der Digitalisierung anzupassen und in einem ersten Schritt im Rahmen eines Audits einen Soll/Ist-Vergleich mit externer Expertise vorzunehmen. In der Regelung von *Automobilteile 3* wurde festgelegt, die Mitglieder des IT-Ausschusses hinsichtlich der Auswirkungen von Digitalisierungsprojekten auf die Beschäftigten zu informieren; zudem wurde bestimmt, dass an den Sitzungen des Ausschusses auch der/die Datenschutzbeauftragte teilzunehmen hat. Bei *Anlagenbau 1* soll ein „Grundmodell zum Datenumgang entwickelt und eine Betriebsvereinbarung zum Thema „unter Berücksichtigung der 4.0-Auswirkungen" verhandelt werden.

Das Thema *Arbeitszeit* findet sich ebenfalls in drei Vereinbarungen. Bei *Möbel* wurde festgelegt, dass im Sinne alternsgerechten Arbeitens Mehrarbeit zu vermeiden ist und dass das Unternehmen sich zur jährlichen Analyse der tatsächlich vereinbarten Arbeitszeit verpflichtet, aus der eine detaillierte Personalbedarfsplanung abzuleiten ist. Im Fall von *Elektrotechnik 2* wird die Anpassung der Arbeitszeitregeln zur Steigerung der Flexibilität und der Zeitsouveränität als Ziel formuliert. Konkret werden dazu eine Überarbeitung des Gleitzeitrahmens und eine Verbesserung der Kohärenz von Produktionszeiten und Nachfrageschwankungen genannt; zum letzten Punkt sollen die Pausenzeiten diskutiert werden. Auch bei *Elektrotechnik 3* sollen unter der Überschrift „Atmende Fabrik" die Arbeitszeitregelungen angepasst werden. Es sollen flexiblere Arbeitszeitmodelle für Fertigung und Verwaltung entwickelt werden, und es wird eine Vereinbarung zur Vereinbarkeit der Arbeit mit Familie und Pflege angestrebt.

Entgeltfragen sind nur in der Vereinbarung von *Anlagenbau 1* enthalten. Hier wird die Vorgabe formuliert, das betriebliche Entgeltsystem weiter zu entwickeln und die Aufgabenbeschreibung zu überprüfen und zu überarbeiten. Bei *Elektrotechnik 3* ist schließlich noch der Punkt Kennziffern als Handlungsfeld angeführt. Es wurde vereinbart, ein Kennzahlensystem einzuführen, das Transparenz und Steuerung verbessert und sich „an den wirtschaftlichen Gegebenheiten“ orientiert. In diesem Rahmen sollen auch Kennziffern für die Handlungsfelder Führung und Arbeitszeiten entwickelt werden.

Insgesamt sind die Regelungen zu den jeweiligen Handlungsfeldern in den Zukunftsvereinbarungen eher vage gehalten; konkrete materielle Normen, die mit Vorgaben verbunden wären, finden sich kaum. Die Vorgaben, die es gibt, beziehen sich zumeist auf gemeinsam getragene Handlungsverpflichtungen, bestimmte Prozesse zu den jeweiligen Themen einzuleiten oder weitere Vereinbarungen zu treffen. Die Zukunftsvereinbarungen enthalten damit weit mehr Handlungsanstöße als Handlungsvorgaben; sie strukturieren zukünftige Handlungsfelder, legen aber noch nicht alle Normen dazu fest. Damit erhalten in den Vereinbarungen *Prozessnormen* einen weit höheren Stellenwert als materielle Normen. Dies spiegelt sich auch darin wider, dass viele dieser Prozesse in den Vereinbarungen noch weiter präzisiert werden (siehe dazu Schaubild 10).

Schaubild 10: Prozesse in den Zukunftsvereinbarungen

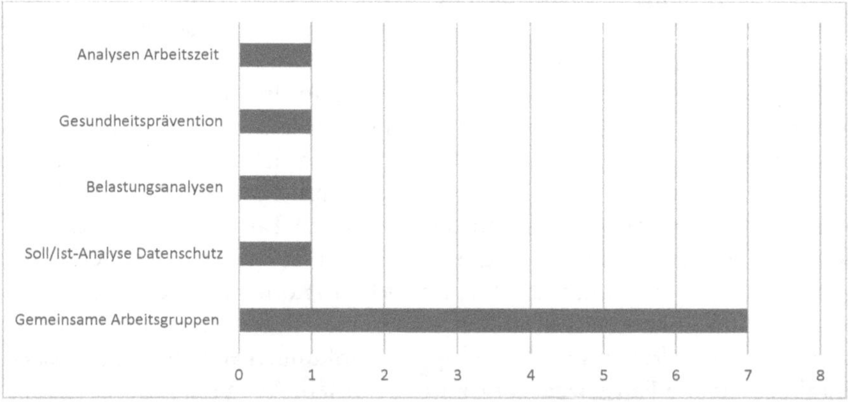

Der Überblick über die Prozesse zeigt, dass die zentrale Vorgabe der Zukunftsvereinbarungen die Einrichtung *gemeinsamer Arbeitsgruppen* ist. Bei *Möbel* ist eine solche Arbeitsgruppe als „paritätisch aus Geschäftsleitung und Betriebsrat besetzte Gruppe“ zum Handlungsfeld Qualifizierung und Weiterbildung vorgesehen. Ihre Aufgaben bestehen darin, notwendige Qualifizierungsangebote zu definieren, Qualifikationsbedarfe zu ermitteln, Maßnahmen zu kontrollieren und ihre Nachhaltigkeit sicherzustellen. Bei *Elektrotechnik 3* sollen für alle in der Vereinbarung aufgeführten Handlungsfelder paritätisch besetzte Arbeitsgruppen nach § 28 a BetrVG gegründet werden, demzufolge der Betriebsrat Aufgaben an Arbeitsgruppen abgeben kann, zu denen auch Beschäftigte gehören. Solche Arbeitsgruppen finden sich auch in anderen Fällen. Bei *Automobilteile 3* ist eine Arbeitsgruppe für das Handlungsfeld Qualifizierung und Weiterbildung einzurichten, die paritätisch aus Vertretern der Geschäftsleitung und des Betriebsrats besetzt werden soll und deren Aufgabe darin besteht, Qualifizierungsangebote zu entwickeln und den Qualifizierungsbedarf zu definieren. Die Regelung der Arbeitsgruppe zum Themenfeld Qualifizierung und Weiterbildung bei *Automation* ist deckungsgleich.

Im Fall von *Metallverarbeitung* ist analog ein Steuerkreis vorgesehen, der alle Themen begleitet und koordiniert. Der Steuerkreis ist „zu gleichen Teilen" von Betriebsrat und Geschäftsleitung zu besetzen; bei Bedarf können auch externe Partner und Vertreter der Tarifvertragsparteien hinzugezogen werden. Hauptaufgabe des Steuerkreises ist „die Initiierung und Steuerung der Veränderungsprozesse und -projekte. Die einzelnen Projekte werden über Steckbriefe definiert und über deren Fortschritt im Steuerungskreis von den Projektleitern berichtet." Zusätzlich soll der Steuerkreis die rechtzeitige und umfassende Information und Kommunikation im Unternehmen sicherstellen. Bei *Anlagenbau 1* sollen die Prozesse durch eine Arbeitsgruppe aus Mitgliedern der Arbeitsgeberseite und dem Betriebsratsausschuss zur Digitalisierung unterstützt werden. Im Fall von *Elektrotechnik 2* schließlich soll eine gemeinsame Arbeitsgruppe zur Bearbeitung des Themas Arbeitszeitflexibilisierung eingerichtet werden mit dem Ziel, Vorschläge für neue Regelungen zu erarbeiten. Zudem wird in der Regelung der „enge Schulterschluss" von Geschäftsleitung und Betriebsrat betont und an den einzelnen Punkten hervorgehoben, dass die Bearbeitung der Themen gemeinsam durch die Betriebsparteien zu erfolgen hat. Andere und vereinzelt auftauchende Prozessvorgaben wie die Durchführung von Arbeitszeitanalysen und Belastungsanalysen bei *Möbel* oder die Maßnahmen zur Gesundheitsprävention bei *Elektrotechnik 2* wurden oben bereits behandelt.

6.3.2 Umsetzung der Zukunftsvereinbarungen

Mit ihrer Orientierung an Prozessnormen und an der kooperativen Bearbeitung der angeführten Handlungsfelder haben die Zukunftsvereinbarungen prozeduralen Charakter. Nicht die Festlegung von Standards, sondern die Beteiligungsmöglichkeiten der Betriebsräte und Prozesswege zur Bearbeitung der Themen stehen im Zentrum. Die damit beschriebene Hauptaufgabe der Betriebsräte liegt daher nicht in der Kontrolle und dem Monitoring von Standards, sondern darin, die Themen aktiv zu bearbeiten und zusammen mit den Geschäfts- und Betriebsleitungen zu gestalten. Die Zukunftsvereinbarungen formulieren einen Handlungsauftrag und eine Handlungsverpflichtung nicht nur für die Geschäftsleitungen, sondern auch für die Betriebsräte selber. Die Vereinbarungen können nur dann praktische Wirksamkeit entfalten, wenn die Betriebsräte diesen Handlungsauftrag auch ernstnehmen.

Handlungsaufträge durch Vereinbarungen sind zwar nichts grundsätzlich Neues. Diese wurden bislang vor allem durch Tarifverträge formuliert. Ein neuer Entgeltrahmentarifvertrag beispielsweise geht mit dem Handlungsauftrag einher, in den Betrieben Stellenbewertungen und Eingruppierungen neu zu ordnen (dazu Bahnmüller/Schmidt 2009). Öffnungsklauseln zur Arbeitszeit verlagern die Aufgabe der Verhandlung flexibler Arbeitszeitregelungen auf die Betriebsparteien (Haipeter/Lehndorff 2004). Die Betriebsräte kennen sich also mit Handlungsaufträgen aus, doch mussten sie dabei zumeist nicht initiativ werden. Arbeitgeber setzen Entgeltrahmentarifverträge im eigenen Interesse um, weil sie sich davon Kosteneinsparungen erhoffen, und sie haben ein Interesse an Regelungen zu flexiblen Arbeitszeiten (Herrmann et al. 1999). Die Aufgabe der Betriebsräte bestand bei diesen Themen vor allem darin, Schutzrechte und Interessen der Beschäftigten einzubringen, nicht aber darin, die Initiative dafür zu ergreifen, dass dazu Regelungen tatsächlich entwickelt und umgesetzt werden.

Das ist bei den Zukunftsvereinbarungen anders. Hier haben sich die Betriebsräte verpflichtet, aktiv mitzuarbeiten. Zudem ist davon auszugehen, dass die Unternehmensseite die Initiative dazu nicht ergreifen wird; die Betriebsräte werden selber drängen müssen, dass die Prozesse auch angestoßen und entwickelt werden. Deshalb sind diese Regelungen wert- und wirkungslos, wenn sie nach Abschluss im Aktenschrank deponiert werden; sie müssen auf dem Tisch liegen und bearbeitet werden.

Daher lautet eine zentrale Frage mit Blick auf die Zukunftsvereinbarungen, wie die Betriebsräte eigentlich mit dem Handlungsauftrag umgehen, der darin formuliert wird. Was passiert nach Abschluss der Vereinbarungen? Zur Beantwortung dieser Frage können auf der Grundlage dieser Untersuchung keine systematischen Befunde ermittelt werden. Ausschlaggebend dafür ist zum einen der Umstand, dass sich die Prozessbegleitung auf die Durchführung der Workshops bezog und der Prozess „Arbeit 2020“ mit dem Abschluss der Vereinbarungen in den Betrieben zunächst endete. Zudem wurden in zwei Betrieben die Vereinbarungen erst nach Ende der operativen Phase unseres Projekts abgeschlossen; hier liegen keine Informationen zur Umsetzung vor. Zu den anderen Fällen aber lassen sich immerhin einige Befunde aus den Interviews präsentieren. In einem Fall, *Möbel*, konnten die Prozesse auch noch nach Abschluss der Zukunftsvereinbarung ein Stück begleitet werden.

Die besondere Situation bei *Möbel* hat zwei Gründe: zum einen konnte hier das Projekt „Arbeit 2020“ und die Zukunftsvereinbarung in einem wenn auch nicht reibungslosen und schnellen, so doch kontinuierlichem Prozess realisiert werden. Der Prozess wurde nicht unbedingt zügig durchgeführt, sondern es wurde für wichtige Elemente auch genügend Zeit eingeräumt. Es wurde eine Beschäftigtenbefragung bei den Angestellten durchgeführt, es gab eine Abteilungsversammlung mit den Angestellten des Einkaufs, auf der die Ergebnisse vorgestellt worden sind, und auch die Unternehmensleitung brauchte schließlich etwas Zeit zur Prüfung und Aushandlung des Vereinbarungstextes. Doch fanden keine Unterbrechungen durch Neuorientierungen der Akteure oder intervenierende Konflikte statt. Im Gegenteil, nach Abschluss der Vereinbarung entschlossen sich die Akteure, Betriebsrat, Beratung, IG Metall und dann schließlich auch die Geschäftsleitung, den Prozess fortzusetzen und in die zweite Finanzierungsrunde des Projekts „Arbeit 2020“ wieder einzusteigen, diesmal mit dem Ziel der aktiven Umsetzung der Zukunftsvereinbarung.

Die Umsetzung erfolgte sehr umfassend. Ihr ging ein Strategietreffen voraus, auf dem die konkreten Ziele des weiteren Projektverlaufs festgelegt wurden. Die eigentliche Umsetzung begann dann mit der Ausschussarbeit. Dazu legte der Betriebsrat fest, welche Mitglieder in welchen Arbeitskreis gehen sollten. Zudem wurde die Idee entwickelt, neben dem in der Zukunftsvereinbarung festgelegten Ausschuss zum Thema Qualifizierung auch weitere gemeinsame Ausschüsse zu den anderen beiden zentralen Themen der Vereinbarung, Kommunikation und Transparenz sowie Arbeits- und Gesundheitsschutz, einzurichten.

Gestartet wurde mit dem Ausschuss zur Qualifizierung, der sich zunächst über Fragen der Auditierung und des Qualifikationsbedarfs in der Produktion Gedanken machte. Unter anderem wurde hier vereinbart, Gespräche mit den Beschäftigten zu führen, um ihre Motivation und ihre Wünsche zur Qualifizierung in Erfahrung zu bringen. Zudem wurde eine zweite Befragung – nach einer ersten im Rahmen der Landkartenerstellung – in der Verwaltung bei den Beschäftigten durchgeführt, die bereits mit dem neuen IT-System arbeiten. Ihre Zufriedenheit mit Qualifizierung und Arbeitsbedingungen war deutlich höher als die Werte der ersten Befragung.

Der gemeinsame Arbeitskreis zur Kommunikation und Transparenz diskutierte, welche Botschaften zu Digitalisierung formuliert werden können, welche Themen sie betreffen und welche Kommunikationswege dafür genutzt werden könnten. Dabei wurden auch die Informationsstände zur Digitalisierung aktualisiert und Konsens darüber getroffen, dass Planungen auch dann kommuniziert werden sollen, wenn sie noch nicht fertig sind; auf diese Weise soll den Beschäftigten die Möglichkeit gegeben werden, dazu Erfahrungen oder Meinungen einzubringen.

In der Arbeitsgruppe zu Arbeits- und Gesundheitsschutz schließlich will der Betriebsrat das Thema Gefährdungsbeurteilungen stärken und auch psychische Beurteilungen durchführen lassen. Als erster Schritt auf dem Weg zu alternsgerechtem Arbeiten soll eine Altersstrukturanalyse durchführt werden, und die Belastungsanalyse im Rahmen der Betriebslandkarte soll noch einmal aufgearbeitet werden. Ein weiteres wichtiges Ziel besteht darin, die Arbeitszeitanalyse durchzuführen und im Anschluss daran mit einer Personalbedarfsanalyse zu starten.

Bei *Möbel* entfaltet die Zukunftsvereinbarung damit eine hohe praktische Wirksamkeit; sie strukturiert die Aktivitäten und Themenschwerpunkte des Betriebsrats wesentlich vor. Nicht von ungefähr hat der Betriebsrat in diesem Zusammenhang auch alle vorher bestehenden Betriebsratsausschüsse mit Ausnahme des Wirtschaftsausschusses aufgelöst, um seine Kapazitäten auf die neuen Arbeitsgruppen ausrichten zu können.

> „Ja, so und da hat sich ja gezeigt, dass weniger mehr ist. Also lieber drei, vier Ausschüsse weniger und dafür die, die da sind, gezielter und intensiver. Weil du kannst zehn Ausschüsse machen, dann wird keiner richtig arbeiten. Das bringt ja überhaupt nichts. Dann haben wir gesagt, wir reduzieren lieber die Ausschüsse und das, was wir machen, versuchen wir vernünftiger und auch intensiver zu machen." (Betriebsrat, Möbel)

Ähnlich aktiv zeigt sich auch der Betriebsrat bei *Metallverarbeitung*. Auch hier hat der Betriebsrat nach Abschluss der Vereinbarung auf Umsetzung gedrängt. In der Praxis des Managements digitaler Projekte hat sich eine enge Abstimmung zwischen Betriebsrat und Personalleitung eingespielt. Beide informieren sich wechselseitig, und beide geben den Projekten Input.

> „Das machen wir so ein bisschen zusammen. Also das wird vom Personalleiter und mir betrieben. … Also immer, wenn von uns einer was mitkriegt. Das ist so ein Commitment jetzt. Dann springen wir eigentlich beide rein. Halten so eine Art Workshop. Stellen dem nochmal diese Dinge vor, die wir uns vorstellen unter Projektmanagement. Dinge, die reinspielen mit Beteiligung. Stellen diesen Steuerkreis vor. Also viele sagen dann immer: Mensch ist ja toll, dass wir das jetzt so machen wollen." (Betriebsrat, Metallverarbeitung)

Der in der Zukunftsvereinbarung vorgesehene Steuerkreis für die Projekte bietet einen Ansatzpunkt für das Controlling und Monitoring. Dies gilt gerade auch mit Blick auf externe Berater, die, sofern sie zu Projekten hinzugezogen werden, sich im Steuerkreis vorstellen müssen. Aber auch die Projektleiter sind angehalten, dort die Projekte zu präsentieren. Man hat sich im Betrieb auf einen monatlichen Sitzungsturnus des Steuerkreises verständigt.

> „Der Steuerkreis ist so ein bisschen die Überwachungsinstanz dieser Zukunftsvereinbarung. Und dieser Steuerkreis ist halt der Knoten, der das alles zusammenhält. Wo auch alle Fäden dann zusammenlaufen. Wo die Projektleiter reinkommen. Wo externe Berater reinkommen würden und sich vorstellen würden. Wo man halt eben über, ja, Fortschritte von Projekten guckt und sowas." (Betriebsrat Metallverarbeitung)

Zudem strebte der Betriebsrat, wie auch bei *Möbel*, eine Projektverlängerung des Projekts „Arbeit 2020" an, in der die Beteiligungswerkzeuge, die in der Zukunftsvereinbarung enthalten sind, entwickelt und angewendet werden sollen. Dieser Prozess und der Steuerkreis sollen parallel laufen. Werte und Kultur sollen eines der Projekte sein, die der Steuerkreis begleitet. Dazu wurde der erste Schritt auf einer Betriebsversammlung bereits gemacht; der Betriebsrat hat dort eine Art „Ausschreibung" öffentlich gemacht, in der er „Mitgestalter für Werte und Kultur" suchte.

> „Dann haben sich da zehn Leute gemeldet. Also bisher schon zehn. Also mit denen würde man sich dann jetzt mal zusammen hocken." (Betriebsrat, Metallverarbeitung)

Dazu können aus Sicht des Betriebsrats noch weitere Projekte hinzukommen; eines davon könnte sich mit der Vertiefung der Vertrauensbeziehungen zwischen Betriebsrat und Management beschäftigen.

Auch in einem dritten Fall, *Automobilteile 3*, sind die Betriebsräte nach Abschluss der Zukunftsvereinbarung bereits aktiv geworden; und auch hier soll der Prozess durch die Weiterführung von „Arbeit 2020" noch vertieft werden. Dies gilt vor allem für die gemeinsame Arbeitsgruppe, die in der Vereinbarung als wichtiges Prozessinstrument festgeschrieben worden war. Die Gruppe ist noch nicht gestartet, weil es einen Wechsel im Personalvorstand gab. Der Start der Arbeitsgruppe soll mit der Fortsetzung des Arbeit 2020 Projekts verbunden werden; im Projekt sollen Themen, Konzepte und Initiativen für die Arbeitsgruppe entwickelt werden. Die ersten Signale der Geschäftsleitung dazu waren nicht ablehnend, es wurde nur darauf verwiesen, dass die neue Personalchefin darüber mitentscheiden soll.

Die Beteiligung des Betriebsrats an den Projekten ist hingegen bereits angelaufen. Der Betriebsrat hat Zugang zum Projektordner auf den Unternehmenslaufwerken bekommen und damit Zugriff auf alle Informationen, die es im Unternehmen zu den Projekten gibt.

> „Und wir sind jetzt auch durch das Projekt soweit, dass ich als KBR-Vorsitzender den Zugriff in Laufwerk G habe, wo auch unsere Geschäftsleitungen drauf zugreifen. Und das war halt ein Punkt, wo wir jetzt eigentlich schon sagen können, das ist abgearbeitet." (Betriebsrat, Automobilteile 3)

Der Betriebsrat zeigte am Beispiel eines Projekts zum Schichtsystem, wie das Verfahren laufen kann: Er benennt aus seinen Reihen zuständige Bearbeiter, die dann die Beschäftigten als Experten und Betroffene durch Befragungen einbeziehen. Die Geschäftsleitung hat den Betriebsrat ausdrücklich damit beauftragt, die Experten zu identifizieren, weil er sich vor Ort viel besser auskennt.

Ähnlich war das Verfahren im Fall des Projekts „SUGA", „Smart und Gesund Arbeiten". In dem Projekt geht es um Mobilarbeitsplätze und das Arbeiten mit Handy und Smartphone. Auch hier hat der Betriebsrat aus den eigenen Reihen Verantwortliche benannt, die sich um das Projekt kümmern und bei allen Diskussionen dabei sind. Während der Betriebsrat früher zumeist erst spät in Projektphasen eingeschaltet wurde, auch wenn die Projekte thematisch der Mitbestimmung unterlagen, ist er jetzt schon bei den Anläufen der Projekte dabei. Dadurch hat er deutlich mehr zu tun als in der alten Welt.

> „Und jetzt ist es so, dass wir auch bei solchen Projekten von vorneherein mit Betriebsräten teilnehmen. Wir nehmen auch an solchen Projekttagen teil, können mitdiskutieren. ...Heißt, da kommt natürlich auch eine Menge Arbeit auf uns zu." (Betriebsrat Automobilteile 3)

Deshalb arbeitet der Betriebsrat zur Arbeitserleichterung mit Priorisierungen und unterscheidet die Projekte nach thematischer Bedeutung und Dringlichkeit sowie nach den eigenen Einflussmöglichkeiten. Die in der Zukunftsvereinbarung anvisierte Regelung zum Datenschutz schließlich wird gerade angegangen; hier hat der Betriebsrat sich zunächst mit dem Datenschutzbeauftragten des Unternehmens in Verbindung gesetzt, um sich fachlich zu informieren. Als Auftakt wird es eine Sitzung mit dem IT-Ausschussvorsitzenden des Betriebsrats und den Betriebsratsvorsitzenden der Werke geben.

Deutlich weniger Aktivität haben die Betriebsräte in den Fällen *Elektrotechnik 3* und *Automationstechnik* entfaltet. Bei *Elektrotechnik 3* konnten die in der Zukunftsvereinbarung festgelegten Prozesse zum Zeitpunkt des Interviews noch nicht richtig gestartet werden. Verantwortlich dafür ist aus Sicht des Betriebsrats der Umstand, dass er derzeit mit aufwändigen anderen Dingen beschäftigt ist, vor allem einem Projekt zur Einführung der Lean Production im Betrieb. Mit dem Konzept „Lean" sind in diesem Fall konkret Teamstrukturen, Prinzipien wie „5S" sowie die Standardisierung der Prozesse in Eigenregie durch die Beschäftigten verbunden. Aus Sicht des Betriebsrats ist die schlanke Produktion zum einen notwendig als Instrument der Prozessoptimierung; zum anderen eröffnet sich dem Betriebsrat damit die Möglichkeit, nicht über Personalabbau in Folge unzureichender Wettbewerbsfähigkeit sprechen zu müssen, sondern Qualifizierung als Grundlage erfolgreicher Selbstoptimierung der Prozesse einfordern zu können. Er ist im Steuerkreis des Projekts mit von der Partie.

Die Umsetzung der Zukunftsvereinbarung hingegen soll über eine Weiterführung des Projekts „Arbeit 2020" erfolgen. Der Betriebsrat ist dankbar, dass das Projekt in seinem Betrieb fortgesetzt werden kann. Damit bekommt er für die Umsetzung der Zukunftsvereinbarung Hilfe von außen, ohne die er es nach eigener Einschätzung nicht schaffen würde.

> „Wird nochmal finanziert. Da sind wir auch dankbar für. Also Betriebsräte brauchen schon Hilfe von außen. Diesen Job kann man ja nicht lernen. Es gibt ja keinen Lehrberuf Betriebsrat." (Betriebsrat 1, Elektrotechnik 3)

Jetzt soll aus Sicht des Betriebsrats der Faden wiederaufgenommen werden, der mit Landkarte und Zukunftsvereinbarung gesponnen worden war.

> „Ja, jetzt müssen wir das aufnehmen. Wir müssen am Ball bleiben, das ist so. Das ist dann schon wieder nicht vergessen, das will ich nicht sagen, aber wenn man das dann anspricht mit dem Betriebsrat, heißt es: ‚klar, müssen wir dran arbeiten'". (Betriebsrat 1, Elektrotechnik 3)

Ähnlich galt auch für die Unternehmensleitung, dass ihr eine unmittelbare Fortsetzung von „Arbeit 2020“ nicht gelegen kam, weil sie nach dem Führungswechsel zunächst ein eigenes Projekte zum Thema Unternehmensziele aufgestellt hatte. In Zukunft sollen diese Themen und die Themen der Zukunftsvereinbarung gemeinsam angegangen werden. Im Zuge des Managementprozesses sollen die Unternehmensziele bis auf Abteilungsebene kaskadiert werden. Bei den Kennzahlen handelt es sich um Kapazitätsziffern und ihre aktuelle Nutzung. Interessanterweise geht es dabei um Ziele bis 2020. Nicht nur deshalb passen beide Projekte aus Sicht des Betriebsrats gut zusammen. Trotz der Gemeinsamkeiten mit der Unternehmensleitung ist sich der Betriebsrat darüber im Klaren, dass sich nichts bewegen wird, wenn er es nicht fordert und antreibt.

> „Wie gesagt, das müssen wir jetzt nochmal neu anstoßen, das ist so. Wir müssen da schon munter bleiben. Weil, das ist jetzt gar nicht böse gemeint. Aber die Geschäftsleitung hat andere Sorgen. Die denken strategisch, Wirtschaft, Markt, wo wachsen wir? Um sowas kümmern die sich.“ (Betriebsrat 1, Elektrotechnik 3)

Bei *Automationstechnik* schließlich steht das Thema Qualifizierung im Vordergrund. Hier konnten die Betriebsräte an eine bestehende Weiterbildungseinrichtung des Unternehmens anknüpfen, die „Academy“. Als erste und bislang einzige Maßnahme im Gefolge der Zukunftsvereinbarung hat der Betriebsrat veranlasst, dass in der „Academy“ ein neuer Kurs angeboten wird, der die Probleme mit dem ERP-System aufgreift. Allerdings war der Effekt ziemlich überschaubar; nur ganze vier Beschäftigte haben an dem Kurs auch teilgenommen.

> „Da haben wir vom Betriebsrat halt auch, aufgrund der ERP-Probleme, die wir haben, noch einen Kursus reingestellt, was aber nicht so viel gebracht hat, weil in der Veranstaltung dann hinterher kaum welche waren.“ (Betriebsrat 2, Automationstechnik)

Selbstkritisch reflektieren, die Betriebsräte, dass sie das Qualifizierungsangebot aus heutiger Sicht anders hätten organisieren müssen, nämlich in Form bereichsbezogener Veranstaltungen im Betrieb und nicht als freiwillige Zusatzveranstaltung außerhalb des Betriebs, und außerdem als beteiligungsorientierten Prozess, nicht als gegebenes Lehrmodul. Ansonsten hat der Betriebsrat die in der Zukunftsvereinbarung angegeben Erweiterungen seines Handlungsrepertoires kaum genutzt. Allein bei den halbjährlichen Beratungen über das Qualifizierungs- und Schulungsangebot der „Academy“ ist er mit dabei. Alles Weitere ist aus seiner Sicht auch ein Zeit- und Ressourcenproblem.

> „Also wir können es ja umsetzen, wir haben es ja schwarz auf weiß, nur da sind wir wieder beim Thema Zeit. Wir sind ja jetzt schon froh soweit, dass wir uns zumindest mal alle halbe Jahre zusammensetzen, wenn dieses Programm neu aufgestellt wird für die „Academy“. Und das liegt dann auch zum großen Teil mit an uns, wie wir da weiter mit leben.“ (Betriebsrat 1, Automationstechnik)

Der Umgang der Betriebsräte mit den Zukunftsvereinbarungen ist sehr unterschiedlich. Es finden sich sowohl Fälle, in denen die Zukunftsvereinbarungen zur Erschließung neuer Themen und Handlungsfelder und, wie bei *Möbel* und auch bei *Metallverarbeitung*, sogar zu einer grundsätzlichen Neustrukturierung der Betriebsratsarbeit genutzt wurden. Doch es gibt auch die Fälle, in denen der Handlungsauftrag der Zukunftsvereinbarung zumindest bislang nicht umgesetzt wurde oder werden konnte. Diese Varianz zeigt, dass Zukunftsvereinbarungen auf der einen und die Aktivierung der Betriebsräte auf der anderen Seite nicht gleichzusetzen sind. Betriebsräte werden nicht deshalb automatisch aktiver, weil es eine Zukunftsvereinbarung gibt; und sie können durchaus durch das Projekt auch aktiviert worden sein, ohne dass es zu einer Zukunftsvereinbarung kam. *Maschinenbau 1* und *Automobilteile 2* sind dafür Beispiele; im ersten Fall haben die Betriebsräte nach dem Projekt „Arbeit 2020“ noch Inhalte in einer Betriebsvereinbarung im Konflikt erstreiten können, die sie im Projekt erlernt haben, im anderen Fall sind die Betriebsräte aktiv und beteiligungsorientiert gegen die Schließung der Produktion am Standort vorgegangen. Beide Fälle werden im folgenden Kapitel noch eingehender beleuchtet.

Diese Fälle zeigen, dass sich der Erfolg des Projekts „Arbeit 2020“ nicht am Abschluss von Zukunftsvereinbarungen allein bemisst oder bemessen sollte. Mit Blick auf die Handlungs- und Gestaltungsfähigkeit der Betriebsräte im Handlungsfeld Digitalisierung und – wie die Beispiele zeigen auch darüber hinaus – sind die Aktivierung der Betriebsräte, die Erschließung neuer Themen und das Erlernen neuer Mitbestimmungspraktiken zumindest gleichrangige Erfolgskriterien. Zukunftsvereinbarungen liefern dafür wiederum einen guten Handlungsrahmen, weil sie Handlungsnormen definieren, die die Betriebsräte als Handlungsressourcen nutzen können.

7 „Arbeit 2020“: Aktivierung der Betriebsräte und Beteiligung der Beschäftigten

7.1 Ausgangsbedingungen: Motive der Teilnahme und Struktur der Betriebsratsgremien

In diesem Kapitel werden die Mitbestimmungs- und Beteiligungsprozesse untersucht, denen im Projektdesign von „Arbeit 2020“ eine zentrale Rolle zukommt. Dabei stehen zwei Fragen im Vordergrund. Die erste Frage lautet, ob und inwieweit das Projekt zu einer Aktivierung der Betriebsräte beigetragen hat. Aktivierung heißt in diesem Fall, dass sich Betriebsräte neue Handlungsfelder erschließen und neue Handlungsmuster entwickeln, mit deren Hilfe sie neue Handlungsressourcen nutzen oder die vorhandenen Ressourcen besser einsetzen. Dazu gehören Punkte wie die Organisation der Gremienarbeit ebenso wie neue Deutungsmuster und Zielsetzungen der Betriebsräte, neue Themen und Konfliktlinien in den Arbeitsbeziehungen und auch neue Interaktionsmuster zu den Gewerkschaften.

Die zweite Frage hängt damit eng zusammen. Sie bezieht sich auf die Bedeutung und die praktische Umsetzung der Beteiligung von Beschäftigten im Prozess „Arbeit 2020“. Die Beschäftigtenbeteiligung kann für die Betriebsräte in mehrerer Hinsicht eine wichtige Ressource sein: als Expertenwissen der Beschäftigten, das Betriebsräte für die Entwicklung von Themen, für ihre Problemwahrnehmung und für Problemlösungen nutzen können; als Legitimationsinstrument, das dem Betriebsratshandeln Rückendeckung dadurch gibt, dass die Betriebsräte durch Beteiligung konkrete Interessen der Beschäftigten identifizieren und vertreten können; aber auch als Druckmittel gegenüber den Geschäftsleitungen, denen deutlich gemacht werden kann, dass die Beschäftigten hinter den Betriebsräten stehen. Wurde diese Ressource genutzt? Und auf welche Weise?

Zunächst soll jedoch beleuchtet werden, warum die Betriebsräte, aber auch die Unternehmensleitungen des Untersuchungssamples sich überhaupt am Projekt „Arbeit 2020“ beteiligt haben und welche Handlungsmotive und -ziele sie verfolgten (siehe auch den Überblick in Tabelle 11). Dabei wird der Blick auch auf die Austauschbeziehungen zwischen den Betriebsparteien vor dem Projekt „Arbeit 2020“ geworfen.

Tabelle 11: Handlungsziele und Betriebsratsgremien

Betriebe	**Teilnahmemotive Betriebsrat**	**Teilnahmemotive Geschäfts-/ Betriebsleitung**	**Austauschbeziehungen**	**Betriebsratsgremien**
Möbel	Zukunftsthema Neue Digitalisierungsprojekte	Akzeptanz und Verbesserung Prozesse	Kooperativ	Neun Mitglieder, ein(e) Freigestellte
Elektrotechnik 1	Zukunftsthema Neue Digitalisierungsprojekte	Akzeptanz	Kooperativ	15 Mitglieder, drei Freigestellte
Elektrotechnik 2	Neue Digitalisierungsprojekte Projekterfahrungen	Interesse am Thema	Kooperation und Konflikt	15 Mitglieder, drei Freigestellte
Elektrotechnik 3	Zukunftsthema	Interesse am Thema und Information	Kooperativ	11 Mitglieder, ein(e) Freigestellte
Anlagenbau 1	Zukunftsthema Standortsicherung	Interesse am Thema	Kooperativ – Standortkoalition	29 Mitglieder, sieben Freigestellte
Anlagenbau 2	Probleme der Restrukturierung	Interesse am Thema	Kooperation und Konflikt	11 Mitglieder, zwei Freigestellte
Automobilteile 1	Zukunftsthema Standortsicherung	Akzeptanz	Kooperativ Standortfatalismus	11 Mitglieder, zwei Freigestellte
Automobilteile 2	Standortsicherung	Akzeptanz (Ex Post)	Kooperation und Konflikt Paternalismus vor dem Aus	23 Mitglieder, fünf Freigestellte
Automobilteile 3	Zukunftsthema	Akzeptanz	Kooperativ	13 Mitglieder, drei Freigestellte
Maschinenbau 1	Digitalisierungsprojekte	Akzeptanz	Kooperation und Konflikt	19 Mitglieder, vier Freigestellte
Maschinenbau 2	Digitalisierungsprojekte Projekterfahrungen	Akzeptanz	Kooperation und Konflikt	9 Mitglieder, ein(e) Freigestellte

Betriebe	Teilnahmemotive Betriebsrat	Teilnahmemotive Geschäfts-/ Betriebsleitung	Austauschbeziehungen	Betriebsratsgremien
Maschinenbau 3	Digitalisierungsprojekte	Interesse am Thema Verbesserung Kommunikation	Schwache Kooperation und schwacher Konflikt	Neun Mitglieder, ein(e) Freigestellte
Antriebstechnik 1	Zukunftsthema Transparenz	Interesse am Thema Sensibilisierung Führungskräfte	Kooperativ Paternalismus	Neun Mitglieder, ein(e) Freigestellte
Antriebstechnik 2	Zukunftsthema Kommunikation	Interesse am Thema Verbesserung Kommunikation	Konfliktorisch Anerkennungsprobleme	11 Mitglieder, ein(e) Freigestellte
Wirtschaftsbetriebe	Automatisierungsprojekte Beschäftigungssicherung	Interesse am Thema Kommunikation	Kooperativ mit vereinzelten Konflikten	11 Mitglieder, zwei Freigestellte
Metallverarbeitung	Zukunftsthema	Interesse am Thema	Kooperativ	Neun Mitglieder, ein(e) Freigestellte
Automationstechnik	Zukunftsthema	Interesse am Thema	Kooperativ	11 Mitglieder, ein(e) Freigestellte
Lebensmittel 1	Zukunftsthema	Keine	Konfliktorisch Entleerte Arbeitsbeziehungen	Neun Mitglieder, ein(e) Freigestellte
Lebensmittel 2	Zukunftsthema Beschäftigungssicherung	Keine	Kooperation und Konflikt Entleerte Arbeitsbeziehungen	Neun Mitglieder, ein(e) Freigestellte

7.1.1 Kooperative Arbeitsbeziehungen

Bei *Möbel* war es eine Mischung aus allgemeinem Interesse und der konkreten Einführung einer neuen Software, die den Betriebsrat zur Teilnahme bewegte. „Industrie 4.0" erschien dem Betriebsratsvorsitzenden zunächst als Zukunftsthema in weiter Entfernung.

> „Ich war auf einem Branchenseminar. Und da war unter anderem das Thema digitale Vernetzung von Maschinen in Echtzeit, da habe ich das erste Mal überhaupt von „4.0" gehört. Zu dem Zeitpunkt war das so weit weg, da habe ich gedacht, da brauchst du dich eigentlich noch gar nicht mit beschäftigen." (Betriebsrat 1, Möbel)

Der Vorsitzende ist seit über 14 Jahren im Amt und insgesamt seit 30 Jahren im Betriebsrat. Seine Distanz zum Thema änderte sich, als er zwei bis drei Jahre später von der lokalen Geschäftsstelle der IG Metall auf das Projekt „Arbeit 2020" angesprochen wurde. Auch da war im den Produktionsbereichen von Digitalisierung noch wenig zu spüren, aber im Einkauf sollte zu diesem Zeitpunkt die Einführung des neuen ERP-Systems starten.

> „Dass der Kunde, also sprich Händler bei uns, in der Lage sein wird, Aufträge zu generieren, die durchgängig durch das gesamte Unternehmen bis zur Erstellung der Lieferpapiere und der Rechnung von den Kunden ausgelöst werden können. Wenn es irgendwann dann mal optimal läuft hat der Sachbearbeiter nur noch Überwachungstätigkeiten. Und das ist ja auch „Industrie 4.0."" (Betriebsrat 1, Möbel)

Im Gespräch mit der Projektsekretär*in der IG Metall wurden dann die Details besprochen und die Voraussetzungen der Teilnahme geklärt. Der Betriebsrat informierte darauf die Geschäftsleitung und fragte an, ob sie eine Teilnahme an dem Projekt befürwortet und unterstützt. Dies war der Fall. Grundlage dafür war ein gemeinsames Interesse an der langfristigen wirtschaftlichen Entwicklung des Betriebs sowie eine im Betrieb herrschende offene Kommunikation. Die Unternehmensleitung war gegenüber der Teilnahme am Projekt „Arbeit 2020" sehr aufgeschlossen. Sie ging zwischenzeitlich nach einer Tarifrunde auf Distanz, hat dann aber ihre Mitarbeit an dem Projekt fest zugesagt. Dabei schien für sie vor allem die Annahme im Vordergrund zu stehen, mit dem Projekt die Akzeptanz für anstehende Änderungen erhöhen zu können und ein Verständnis für die Anforderungen des Wettbewerbs zu erreichen. Es sollte alles gefördert werden, was die Prozesse verbessert und den Betrieb „nach vorne bringt". Das sei ein gemeinsames Interesse. Und dafür erwartete sie von dem Projekt

Impulse. Der Geschäftsführer hat ausdrücklich festgestellt, dass er keine eigenen Konzepte entwickeln will, sondern auf die Ideen und Vorschläge wartet, die im Projekt generiert werden.

> „Das ist für uns hier auch keine Showveranstaltung, wir wollen einen kritischen Blick auf die Dinge“ (Geschäftsführer Möbel im Workshop)

In dem aus neun Mitgliedern bestehenden Betriebsratsgremium, von den sechs aus dem Produktionsbereich kommen, gab es dazu kaum Diskussionen; alle Mitglieder waren rasch davon überzeugt, an dem Projekt teilzunehmen.

> „Im Gremium ging das sofort durch. Da haben wir gesagt, wenn wir da schon mitmachen dürfen und sowohl für das Gremium als auch von der Geschäftsführung her Unterstützung angeboten wird, dann sollten wir zuschlagen. Also da waren wir uns schon alle einig.“ (Betriebsrat 1, Möbel)

Das Gremium arbeitete langjährig zusammen, die personelle Kontinuität war hoch und die Zusammenarbeit funktionierte nach Aussagen nicht nur des Vorgesetzten, sondern auch anderer Mitglieder des Gremiums gut, auch wenn naturgemäß das Gros der Betriebsratsarbeit auf den Schultern des Vorsitzenden als einzigem freigestellten Betriebsratsmitglied lastete.

Auch bei *Elektrotechnik 1* war die Teilnahme eine konsensuale Entscheidung zwischen Betriebsrat und Geschäftsleitung. Der Betriebsrat hatte neue Digitalisierungsprojekte vor Augen, die im Betrieb gestartet worden waren, und wollte das Projekt „Arbeit 2020“ nutzen, um sich einen Überblick über die Entwicklungen verschaffen. Deshalb sagte er einem Auftaktgespräch mit der Gewerkschaft zu. Aufgrund eines traditionell guten Verhältnisses zur Geschäftsführung konnte er auch rasch Einvernehmen über „Arbeit 2020“ mit der Geschäftsführung erzielen. Diese sieht den Betriebsrat nach eigener Aussage als wichtige Quelle „ungefilterter“ Informationen. Doch die Geschäftsführung ging noch weiter. Sie betrachtete das „Arbeit 2020“-Projekt auch als ein Projekt des Unternehmens, das dabei helfen sollte, die Prozesse im Unternehmen besser zu koordinieren. Auch im Gremium war die Zustimmung eindeutig. Im Unterschied zu Möbel war dieses Gremium allerdings wenig gefestigt. Es schleppte nach eigener Aussage in den Workshops eine „Altlast“ mit sich herum, denn der vorherige Betriebsrat war komplett zurückgetreten, und man habe deshalb ein „angekratztes Image.“ Wirkliche Betriebsratsarbeit fand nach Aussage der Betriebsräte „erst seit sechs Jahren statt“. Zudem gibt es Bereiche im Betrieb, in denen der Betriebsrat nicht vertreten ist. Ein Wirtschaftsausschuss wurde erst Anfang 2016 geschaffen, hat aber lange nicht getagt. Der Vorsitzende war sehr aktiv, pflegte eine intensive Kommunikation zur Geschäftsleitung und übernahm auch Funktionen in der IG Metall.

Der Betriebsrat von *Elektrotechnik 3* wurde von der Geschäftsstelle angefragt, ob er bei dem Projekt mitmachen möchte. Als der Vorsitzende Interesse signalisierte, weil er die Digitalisierung als Zukunftsthema für sehr bedeutsam hielt, wurde das Projekt von der der Projektsekretär*in, der Geschäftsstelle und der zuständigen Berater*in vorgestellt. Im Gremium selber waren die Einschätzungen zunächst unterschiedlich. Einige Betriebsräte waren sehr dafür, andere verhalten. Die Skeptiker wiesen auf den erheblichen Arbeitsaufwand hin, der mit dem Projekt verbunden sein würde. Insgesamt aber fand sich am Ende eine deutliche Mehrheit für die Teilnahme.

> „Es waren elf Leute, aber auch elf unterschiedliche Meinungen und ja, sag ich mal, manche haben das sehr befürwortet, manche wiederum nicht. Hatte jetzt teilweise nicht unbedingt nur was mit dem Thema zu tun, sondern auch mit der Arbeitslage. Aber nichtsdestotrotz, die Mehrheit, die war dafür, und dann haben wir das ganze ja angestoßen." (Betriebsrat, Elektrotechnik 3)

Das Projekt wurde im Vorfeld auch mit der Geschäftsleitung abgesprochen. Diese signalisierte Interesse und gab das Einverständnis, dass das Projekt im Betrieb stattfinden kann. Ausschlaggebend dafür waren zum einen die ohnehin kooperativen Arbeitsbeziehungen und zum anderen der Generationenwechsel an der Unternehmensspitze; die neue Unternehmensleitung war sehr offen für Themen der Digitalisierung. Widerstand gegen die Projektleitung der IG Metall gab es nicht.

> „Nein, die waren da in der Hinsicht schon offen, die IG Metall, die darf ja immer reinkommen. Ist jetzt nicht so wie bei anderen Firmen, und wir haben auch noch einen Generationenwechsel gehabt, der Juniorchef ist jetzt mit dabei. Junges Blut ist natürlich dann auch immer mehr, sag ich mal, im Bereich Digitalisierung unterwegs. Und dementsprechend wurde das Ganze natürlich dann auch mit befürwortet." (Betriebsrat, Elektrotechnik 3)

Die Geschäftsleitung hatte aus Sicht des Betriebsrats auch die Hoffnung, durch das Projekt mehr über die Erwartungen und Einschätzungen der Belegschaft zu erfahren.

> „Die sagten dann `Macht ihr das mal'. Und für uns ist es auch wichtig, zu erfahren, was denken denn die Menschen in unserem Betrieb, wie es hier vorangeht.“ (Betriebsrat, Elektrotechnik 3)

Anlagenbau 1 hat das mit 29 Mitgliedern, darunter sieben Freigestellte, mit Abstand größte Betriebsratsgremium. Laut Betriebsratsvorsitzendem war der Standort von Gewerkschaftsseite her zunächst nicht für das „Arbeit 2020“-Projekt vorgesehen, weil der Betriebsrat vor Ort bereits vergleichsweise aktiv war und unter den Standort-Gremien der Region eine vergleichsweise wichtige Rolle spielte. Die IG Metall wollte stattdessen bewusst Standort-Betriebsräte unterstützen, die ein geringeres Aktivitätsniveau aufwiesen. Dem Betriebsratsvorsitzenden war es jedoch wichtig, das Thema „Industrie 4.0“ zu besetzen, zum einen weil es aus seiner Sicht ein arbeitspolitisch wichtiges Thema war, zum anderen, weil er darin Chancen für die Standortsicherung sah. Deshalb hat er explizit um Beteiligung am Projekt gebeten. Im Gremium gab es in der Fraktion der IG Metall-Betriebsräte – sechs Betriebsräte kommen von einer anderen Fraktion der christlichen Gewerkschaft CGM – volle Zustimmung. Auch die Standortleitung sagte ihre Unterstützung für das Projekt zu. Zum einen hatte sie Interesse am Thema, zum anderen pflegen die Betriebsparteien nach eigener Aussage ein offenes und konstruktives Verhältnis. In den Kämpfen um den Standorterhalt, Produktzuweisungen und Beschäftigungssicherung hatte sich allmählich eine Standortkoalition geformt, in der sich beide Seiten wertzuschätzen gelernt haben.

> „Ich hätte jetzt fast gesagt, die Not schweißt zusammen [...] Und wir haben Manager, die nicht so klassisch sind, dass sie eine Ablehnung gegen die IG Metall haben. Und ich glaube, von unserem Auftreten als Gremium sind wir nicht so, dass wir grundsätzlich verschrecken. Und es gibt auch einen gesunden Respekt gegenüber der Belegschaft und gegenüber dem Organisationsgrad.“ (Betriebsrat 2, Anlagenbau 1)

Bei *Automobilteile 1* wurden die Betriebsräte von der IG Metall angesprochen, ob sie an dem Projekt teilnehmen möchten. Sie stimmten zwar zu, blieben aber dem Projekt gegenüber eher zurückhaltend. Die Betriebsräte betonten bereits im Auftaktworkshop, dass der Betrieb einen langen Weg der Modernisierung hinter sich habe. „Industrie 4.0“ werteten sie nicht als neues Thema, sondern als einen Prozess. Das Projekt komme eher zu spät, da gerade drei Aufträge nicht an das Werk vergeben wurden, die die Beschäftigung in den nächsten Jahren hätten sichern können. Auf der Unternehmensseite war die Konstellation recht spezifisch; hier war es vor allem die Unternehmensleitung, die das Projekt durchführen wollte, während die Standortleitung ein allenfalls verhaltenes Interesse hatte und ihre Beteiligung kritisch auf ihren Ertrag prüfen wollte. Standortleitung und Betriebsrat arbeiteten zwar kooperativ zusammen. Dennoch aber bildeten sie zum Startpunkt des Projekts keine aktive Standortkoalition, wie sie bei *Anlagenbau 1* zu beobachten ist, die gemeinsame Modernisierungsanstrengungen und Konzepte entwickelt mit dem Ziel, den Standort langfristig zu sichern. Im Fall von *Automobilteile 1* lässt sich vielmehr von einem kooperativen Standortfatalismus sprechen.

Bei *Automobilteile 3* lief der Weg zum Projekt „Arbeit 2020“ über die Geschäftsstelle der Gewerkschaft. Sie hat den Betriebsrat darauf angesprochen. In einem ersten Schritt wurde das Projekt von der Projektbetreuung der IG Metall dem Betriebsratsgremium vorgestellt, danach dann der Unternehmensleitung. Nach der Vorstellung im Gremium waren die Betriebsratsvorsitzenden erst ziemlich skeptisch, ob das Projekt auch wirklich relevant für sie ist. Schließlich aber hat sich im Betriebsrat die Auffassung durchgesetzt, dass im Projekt „Arbeit 2020“ wichtige Zukunftsthemen angesprochen werden, die für ihn an Bedeutung gewinnen könnten.

> „Digitalisierung, das Thema hatten wir eigentlich erst auf dem Schirm gehabt, als wir da die Umfrage mit den Abteilungen hatten, wo dann wirklich in fast jeder Abteilung ein Hauptschwerpunkt war mit Digitalisierung, „4.0“ und Datenerhebung. Da sind wir quasi bei der Umfrage erst dazu gekommen.“ (Betriebsrat, Automobilteile 3)

Vielmehr standen für den Betriebsrat bestimmte Themen am Ausgangspunkt, die er über das Projekt voranbringen wollte. Dazu zählte erstens das Thema Qualifizierung. Dazu gibt es zwar schon ein Programm, das aber in den Augen der Betriebsräte zu selektiv auf die Angestellten ausgelegt war. Das zweite Thema waren Projekte. Dem Betriebsrat war aufgefallen, dass es im Unternehmen immer mehr Projekte gibt, er aber als Interessenvertretung dabei nicht einbezogen wurde.

> „Da waren Top-Ten-Projekte, so nannte sich das. Die haben wir immer gesehen, wir wussten aber, es gibt eine ganze Ecke mehr. Wir wussten nur nie, was ist da alles.“ (Betriebsrat, Automobilteile 3)

Im Betriebsratsgremium gab es keine Bedenken; das Projekt wurde als eine Chance für die Interessenvertretung gesehen. Aus dem Management hingegen kamen zunächst kritische Töne, und es war dann der Personalchef, der das Projekt promotete und den Vorstand schließlich überzeugen konnte. Dieser Erfolg hing aus Sicht der Betriebsräte an den beiden Sekretär*innen der IG Metall, die das Projekt dem Vorstand vorgestellt haben; alleine hätten die Betriebsräte das nach eigener Aussage nicht durchbringen können. Grundsätzlich wird das Verhältnis zur Geschäftsführung aber als gut und vertrauensvoll beschrieben.

> „Wir haben hier eigentlich schon ein sehr gutes Miteinander, auch mit der Geschäftsführung oder auch mit den Inhabern.“ (Betriebsrat, Automobilteile 3)

Bei *Antriebstechnik 1* sind die Arbeitsbeziehungen zwar kooperativ, aber unter der Oberfläche schwelen latente Probleme und Konflikte. Diese wurden aber bislang vom Betriebsrat nicht aufgegriffen. Das hängt mit der paternalistischen Kultur des Unternehmens und dem Generationenwechsel im Betriebsrat zusammen. Während des Prozesses „Arbeit 2020“ leitete der langjährige Vorsitzende seinen Rückzug ein. Einerseits war der Betriebsratsvorsitzende sehr daran interessiert, das Gremium auf zukünftige Themen einzustellen und sich in diesem Zuge auch dem Thema „Industrie 4.0“ zu öffnen:

> „Ich finde es ganz wichtig, dass das Thema in den Handlungsplan des Betriebsrats mit aufgenommen wird. Wenn ich aufhöre, möchte ich eine Agenda hinterlassen, die auf die Zukunft ausgerichtet ist. Bis dahin will ich meine Erfahrungen einbringen, um das Amt gut an die jüngeren Kollegen zu übergeben, die dann nachrücken.“ (Betriebsrat, Antriebstechnik 1)

Andererseits erwies sich diese Haltung als schwere Hypothek für den Arbeitserfolg. Denn als langjähriger Vorsitzender verfügt der Betriebsrat über ganz eigene, auch inoffizielle Kommunikationswege zur der Geschäftsführung die das restliche Gremium teilweise ausschlossen. Die Ziele und Arbeitsrichtung des Betriebsratsvorsitzenden waren daher sowohl für Berater und Gewerkschaft als auch das übrige Gremium nicht immer klar zu erkennen. Der potenzielle neue Betriebsratsvorsitzende – der bisherige Stellvertreter – hätte im Workshopprozess gerne mehr Verantwortung übernommen, wurde von dem aktuellen Amtsinhaber jedoch häufig ausgebremst.

Insgesamt stuft das Gremium die Mitbestimmungskultur im Unternehmen jedoch als gut ein und sieht sich in einer starken Position. Die meisten Informationen bekommt der Betriebsrat nach eigenen Angaben auch ohne ausdrückliche Nachfrage. Doch erwies sich diese Aussage im Verlauf der Workshops als wenig deckungsgleich mit der Realität, so in Bezug auf den Aufbau eines Standorts in China: Ein Teil des Gremiums gab an, dass die Informationen bewusst zurückgehalten wurden und „ein halbes Jahr zu spät kamen“ (Betriebsratsmitglied). Darüber hinaus mauerte die Geschäftsführung beim Thema Personalplanung. Der Wirtschaftsausschuss erstellte quartalsweise einen Fragebogen mit diversen Themen, der unter anderem auch Fragen nach der geplanten Personalentwicklung beinhaltet. Bei Rückgabe des Bogens wurden diese Fragen jedoch nie beantwortet. Wenn dann „zwei Wochen später jemand neues eingestellt wird, ist das schon ärgerlich“ (Betriebsratsmitglied). Inhaltlich hatten die Mitglieder des Betriebsrates noch kein klares Bild darüber vor Augen, in welcher Art und Weise die Digitalisierung bei *Antriebstechnik 1* umgesetzt wird und was das für die Mitarbeiter bedeutet. Die Geschäftsführung hat bestimmte Unternehmensbereiche von vorneherein von der Diskussion im Beratungsprozess ausgeschlossen mit dem Argument, die Weitergabe von Firmeninterna an die Konkurrenz ausschließen zu wollen.

Zu den zentralen Anliegen des Betriebsrats zählte eine bessere Transparenz über geplante Neuerungen und eine fließende Kommunikation mit der Geschäftsführung. Zum Auftakt der Beratungen haben die Betriebsratsmitglieder die Hoffnung formuliert, durch das Projekt Klarheit über zukünftige Änderungen, besonders hinsichtlich Arbeitsinhalten, Qualifikation und Arbeitsplätzen zu erhalten. Dem Betriebsrat ging es darum, die Prognosen und Entwicklungen „greifbarer zu machen“ und einen Eindruck davon zu bekommen, wie die Arbeit im Werk in Zukunft aussehen wird. Zudem bestand der Wunsch, dass der Betriebsrat in die Zukunftsgestaltung einbezogen wird und einen Beitrag dazu leisten kann, Arbeitsplätze zu erhalten. Die Betriebsratsmitglieder stellten vorab fest, dass sich die Beratung für sie gelohnt haben würde, wenn der Dialog im Unternehmen besser läuft und der Betriebsrat weiß, wie er zukünftig mit dem Thema „Industrie 4.0“ umzugehen hat.

Diese Probleme paaren sich bei *Antriebstechnik 1* mit einer nach wie vor durch die Eigentümer geprägten familiären Unternehmenskultur. Nach Angaben des Betriebsrats gelinge es der Geschäftsleitung den Eindruck zu vermitteln, dass *„die Familie vollständig hinter dem Unternehmen steht“* (Betriebsrat, Antriebstechnik 1). Als Beispiele dafür wurden Weihnachts- und Betriebsfeiern, Angebote wie ein gemeinsam nutzbarer Grillplatz oder auch Verständnis und Unterstützung für die Mitarbeiter bei familiären Problemen genannt. Dennoch herrsche in der Belegschaft auch Angst und Demotivation.

> „Wenn man die Unternehmenskultur mal runter bricht auf die unteren Ebenen, dann ist da nicht alles gut. Da gibt es viel Druck, viel Stress, oder Angst vor den Vorgesetzten, die manchmal ganz schön cholerisch sind. Manchmal fehlt es da aber auch einfach an klaren Ansagen durch

> die Geschäftsführung, was Erwartungen und Leistungen angeht." (Betriebsratsmitglied, Antriebstechnik 1)

Aus Sicht der Unternehmensleitung ging es vor allem darum, die neuen informationstechnischen Möglichkeiten intelligent zu nutzen und dadurch Prozesse zu optimieren. Darüber hinaus erfordere die unaufhaltbare Entwicklung der „Industrie 4.0" Anpassungen auf Seiten der Führungsebene. Dazu sollte in den Augen der Geschäftsleitung das Projekt „Arbeit 2020" beitragen.

> „Auf der Führungsebene gibt es viele Menschen, die sich in Sachen Digitalisierung schwertun. Es ist aber an der Zeit, die Leute dafür zu sensibilisieren, dass da etwas kommen wird. Wenn das Projekt eine solche Sensibilisierung leistet, sind wir auf dem richtigen Weg". (Geschäftsführer, Antriebstechnik 1)

Der Betriebsrat von *Metallverarbeitung* war seinerzeit von der Geschäftsstelle der IG Metall angesprochen worden, ob er nicht Lust hätte, sich am Projekt Arbeit 2020 zu beteiligen. Hintergründe dazu kannte der Betriebsrat nicht; er wusste nicht, warum ausgerechnet er gefragt wurde. Ein Grund war aus seiner Sicht die Vermutung des Bevollmächtigten, dass es in seinem Betrieb Aktivitäten in Richtung „Industrie 4.0" gibt.

> „Aber der sprach uns halt eben unter anderem an, dass es da ein Projekt gäbe, auch weil bekannt ist, dass wir da so ein bisschen Richtung Industrie 4.0 auch schon unterwegs waren." (Betriebsrat, Metallverarbeitung)

Der Betriebsrat hatte zuvor noch nie an einem Projekt der Bezirksleitung teilgenommen. Die Projektleitung der IG Metall stellte dann das Projekt dem Vorsitzenden und seinem Stellvertreter vor. Das Projekt stieß beim Betriebsrat auf reges Interesse, und der Betriebsrat sagte zu, bei der Geschäftsleitung vorzufühlen. Daraufhin wurde ein weiterer Termin zusammen mit der Geschäftsleitung organisiert, die dem Projekt ebenfalls ohne Vorbehalte zustimmte. Grundlage dafür war aus Sicht des Betriebsrats erstens das Vertrauensverhältnis, das seiner Einschätzung nach zwischen den Betriebsparteien im Unternehmen herrscht; die betrieblichen Austauschbeziehungen werden als sehr kooperativ wahrgenommen. Zweitens aber bestand demnach auch ein inhaltliches Interesse der Geschäftsleitung an dem Projekt, sich die technologischen Entwicklungen und ihre Auswirkungen im Unternehmen genauer anzuschauen. Das Projekt wurde von der Geschäftsleitung als innovativ eingeschätzt und mit der Bemerkung verbunden, dass die Arbeitgeberverbände noch nichts Vergleichbares auf die Beine gestellt hätten.

> „Also ich glaube, das Verhältnis zwischen Geschäftsleitung und Betriebsrat ist nicht das Schlechteste. Von daher war zumindest mal ein Stück weit Vertrauen da, dass man da jetzt nicht irgendwie mit dem verrücktesten Projekt um die Ecke kommt. Dann ist natürlich unser Geschäftsführer sehr affin für solche technischen Weiterentwicklungen. Und der das halt eben auch sehr spannend fand, diese Prozesse zu beleuchten. Ich glaube den Ansatz fand der sehr innovativ und sehr gut. Also das sagt der heute noch, dass Gewerkschaften gerade in Sachen Digitalisierung viel weiter vor sind als seine Arbeitgeberverbände." (Betriebsrat, Metallverarbeitung)

Im Gremium des Betriebsrats selber gab es keine grundlegende Diskussion dazu. Einzig der konkrete Ansatzpunkt des Projekts „Arbeit 2020" blieb aus Sicht der Betriebsräte noch etwas unscharf, beispielsweise die Frage, wie sehr die konkreten technologischen Entwicklungen im Vordergrund stehen würden. Insbesondere bei Organisationsfragen befand sich der Betrieb nach Einschätzung des Betriebsrats eher auf einem Niveau von „Industrie 1.0".

> „Es war jetzt nicht die große Diskussion, das Einzige was, glaube ich, so ein bisschen schwierig war, dass es halt nicht so greifbar war, was da wirklich genau passiert. Wir waren uns halt eben nicht sicher, ob es für uns das Richtige ist, weil wir zwar in unseren Produkten sehr zukunftsorientiert sind, aber in unseren internen Prozessen eher noch so auf „Industrie 1.0" sind." (Betriebsrat, Metallverarbeitung)

Bei *Automationstechnik* kam der Kontakt zum Projekt eher zufällig zustande. Der Betriebsrat hat die Projektleiterin der IG Metall auf einer Tagung kennengelernt und sie dann eingeladen, das Projekt vor dem gesamten Gremium vorzustellen.

> „Und da haben wir gesagt „machen wir, wenn wir das machen können, machen wir mit". (Betriebsrat 1, Automationstechnik)

Ein wichtiges Kriterium für die Auswahl war aus Sicht der Betriebsräte das Verhältnis zum Arbeitgeber. Die Arbeitsbeziehungen sind in der Firma ausgesprochen kooperativ. Dafür machten die Betriebsräte erstaunlicherweise genau dem Umstand verantwortlich, dass der Betrieb nicht familiengeführt ist.

> „Ich muss dazu sagen wir haben hier ein sehr, sehr gutes Verhältnis zwischen Betriebsrat und Geschäftsführung. Weil es ist kein eigentümergeführtes Unternehmen ist, sondern es wird von einer Geschäftsführung geleitet. Der Vorstand hier, das sind im Endeffekt ja auch Angestellte, und mit denen haben wir ein ausgezeichnetes Verhältnis.“ (Betriebsrat 1, Automationstechnik)

Die Unternehmensleitung bat den Betriebsrat, ihr das Projekt vorzustellen und zeigte daran großes Interesse, weil sie das Thema für zukunftsweisend hielt. Im Gremium selber gab es auch keine Diskussionen, die Betriebsratsmitglieder votierten einheitlich für die Teilnahme. Es war die Beschäftigung mit „Industrie 4.0“ als Thema und die damit verbundene Erweiterung der eigenen Kompetenzen, die für die Betriebsräte im Vordergrund standen.

> „Das war ja auch einfach eine Riesenchance, ich sage mal „Industrie 4.0“ kommt ja sowieso und so mehr wir darüber wissen, können wir ja auch dann entsprechend reagieren oder angeben.“ (Betriebsrat 2, Automationstechnik)

Das Vertrauen in die andere Seite der Arbeitsbeziehungen war so groß, dass sich der Betriebsrat bereits im Vorfeld sicher war, das Projekt auch mit einer Zukunftsvereinbarung abschließen zu können.

7.1.2 Kooperation und Konflikt

Bei *Elektrotechnik 2* war der Betriebsrat ein eingespieltes Team, das auch bereits an mehreren Projekten der Gewerkschaft mitgewirkt hatte. „Arbeit 2020“ war damit zwar inhaltlich neu, konnte aber auf einen Fundus gemeinsamer Erfahrungen auch zu beteiligungsorientierten Prozessen aufbauen. Der Betriebsrat, der aus 15 Mitgliedern besteht, wurde deshalb auch von der IG Metall als einer der ersten Betriebe angefragt. Er hat sich daraufhin die Projektbeschreibung angesehen und ist zu dem Schluss gekommen, dass er aus der geplanten Vorgehensweise „eine Menge Honig ziehen“ könnte. Dazu trug bei, dass die Digitalisierung im Betrieb ein zentrales Thema ist, sowohl mit Blick auf die Produkte als auch auf die Prozesse. Bedenken, ob es Sinn macht, am „Arbeit 2020“-Projekt teilzunehmen, gab es im Gremium nicht. Das galt auch für die Geschäftsführung; der Betriebsrat musste keine Überzeugungsarbeit leisten.

Der interviewte Betriebsrat beschreibt das Verhältnis zur Geschäftsleitung so, dass die inhaltlichen Positionen sich in vielen Fragen zwar deutlich unterscheiden, die Mitbestimmung als solche aber – wenn auch zähneknirschend – akzeptiert wird. Auseinandersetzungen werden kontrovers geführt. Das Unternehmen hat auch Tarifabweichungen mit der Gewerkschaft abgeschlossen, in denen Arbeitszeitverlängerung und Investitions- und Produktzusagen vereinbart wurden. Auch die Verhandlungen um eine Zukunftsvereinbarung waren intensiv und dauerten lange, aber Betriebsrat und Geschäftsführung haben sich in der Vergangenheit bereits mehrfach auf Regelungen einigen können, die beide Seiten als gut für das Unternehmen einschätzen. Der interviewte Betriebsrat sah einen wichtigen Grund für die gute Zusammenarbeit in der Eigentumssituation: Am Hauptstandort eines Familienunternehmens sind die Entscheidungswege vergleichsweise kurz, und anders als in großen Konzernen sind die Beteiligten in der Lage, Vereinbarungen unabhängig zu treffen, ohne dass jemand von außen „reindirigieren" könnte.

> „Allgemein ist es wesentlich besser, als das, was ich von Kollegen weiß, die in Konzernen arbeiten. Man hört uns hier zu. Nicht immer versteht man, was wir sagen. Aber ich glaube, alles in allem ist auch nach diesem Projekt „Arbeit 2020" die Zusammenarbeit noch besser geworden." (Betriebsrat, Elektrotechnik 2)

Bei *Anlagenbau 2* konnte die Teilnahmemotivation nur im Nachhinein ermittelt werden. Hier war die wissenschaftliche Begleitung nicht von Beginn an in den Prozess einbezogen. Dies bezog sich sowohl auf die Anbahnungsgespräche als auch auf den Auftaktworkshop. In den folgenden Workshops und den Pausengesprächen wurde deutlich, dass die Stimmung im Unternehmen schlecht war und zahlreiche Konfliktpunkte aufwarf. Hintergrund dafür war die Restrukturierung des Unternehmens in Richtung Dezentralisierung und Einführung gewinnverantwortlicher Unternehmenseinheiten in Form von Profit Centern, die zu dafür nicht untypischen Verwerfungen führten wie Abschottungen, Konkurrenzsteigerung und dem Fehlen gemeinsamer Zielsetzungen zwischen den Centern. In dieser Situation herrschte die Befürchtung vor, dass zu viele Leute den Prozess gleich zu Beginn behindern würden. Jedenfalls schien der Betriebsrat das Projekt „Arbeit 2020" als ein mögliches Instrument zu werten, auf die schlechte Stimmung in der Belegschaft zu reagieren und diese in dem Projekt zu bündeln. Zudem sahen die Betriebsräte große Gefahren für die Beschäftigungssicherung. Auf der Unternehmensseite war vor allem der Produktionsleiter interessiert, weil er sich Information und Anstöße für die Digitalisierung der Produktion davon erhoffte.

Die Situation bei *Automobilteile 2* war nahezu deckungsgleich. Hier herrschte zum Starttermin des Projekts im Unternehmen ein hohes Maß an Unsicherheit. Die Zukunft des Standorts schien ungewiss zu sein. Betriebsleitung und Betriebsrat warteten auf das, was da kommen sollte. Die Betriebsräte hatten auch keine Erfahrungen damit, eigene Initiativen zu entwickeln. Währen der Erarbeitung der Betriebslandkarte trat der Betriebsratsvorsitzende zurück und hat den Vorsitz an seinen Stellvertreter übergeben. Der Wechsel war geplant, weil der alte Vorsitzende in Altersteilzeit gegangen ist. Er war lange Jahre Betriebsratsvorsitzender und verstand sich gut mit dem Seniorchef des Unternehmens. Beide haben in einer paternalistischen Interaktionskultur viele Mitbestimmungsthemen unter vier Augen und hinter verschlossen Türen ohne Beteiligung des Betriebsratsgremiums behandelt. Der Senior verstarb aber 2015, sein Sohn übernahm, und seitdem war dieser Interaktionsweg für den Betriebsrat verschlossen. Auch auf der Führungsebene darunter vollzog sich ein Generationenwechsel, die neuen Führungskräfte wurden häufig extern eingestellt, haben studiert, kamen nicht aus der Region und würden möglicherweise in ein paar Jahren in ein anderes Unternehmen wechseln. Der Betriebsrat erhoffte sich durch das Projekt eine Perspektive und Handlungsempfehlungen, wie er mit der schwierigen Situation umgehen könnte. Die Geschäftsleitung wurde von ihm sehr spät über das „Arbeit 2020“-Projekt informiert, es wurde lediglich „erwähnt“. Die Beraterin drängt deshalb nach Erstellung der Betriebslandkarte darauf, dass der Betriebsrat einen Termin mit der Unternehmensführung abstimmt. Bei diesem Termin zeigte sich die Unternehmensleitung dann interessiert an den Zwischenergebnissen, lehnte aber Verhandlungen zu einer Vereinbarung ab, weil aus ihrer Sicht die Produktion keine Zukunft in Deutschland hat. Mit dieser Entscheidung wurden den ehemals kooperativen Arbeitsbeziehungen der Boden entzogen und der Paternalismus stand vor dem Aus.

Auch im Fall von *Maschinenbau 1* wurde der Betriebsrat von der IG Metall gezielt angesprochen. Er hat seine Teilnahme ohne Zögern zugesagt. Grundsätzliche Bedenken wurden nach Aussage des Betriebsratsvorsitzenden im Gremium nicht aufgeworfen. Allerdings gab es im Gremium, das in dieser personellen Zusammensetzung noch nicht lange zusammenarbeitete, die Frage, was Projektarbeit konkret heißt und welcher Aufwand damit verbunden sein würde.

> „Zu dem Projekt gab es keine Bedenken. Ein größerer Teil des Gremiums ist erst seit 2014 Betriebsrat, und die fragten: ‚Wie Projekt?‘. Für viele war das eben neu, und die Größenordnung war natürlich für uns alle neu, und deswegen war es eigentlich schon spannend zu sagen,

> was kommt denn da eigentlich auf uns zu?“ (Betriebsrat, Maschinenbau 1)

Das anfänglich geäußerte primäre Ziel des Betriebsrats zur Beteiligung an dem Projekt bestand darin, die Interessen der Belegschaft bestmöglich in dem Umstellungsprozess auf das schlanke Produktionskonzept „5+1“ und den Bau der „Smart Factory“ vertreten zu können. Der Betriebsrat erwartete, dass sich das Unternehmen im Allgemeinen und die Arbeitsplätze im Besonderen durch beide Aspekte drastisch verändern werden.

Nach Angaben der Betriebsräte waren die Austauschbeziehungen zur Unternehmensseite zwar generell durchaus kooperativ. Mit Blick auf Reorganisation und Smart Factory hingegen herrschte zwischen Betriebsrat und Geschäftsführung aber ein drastisches Kommunikationsproblem, das sich in einer sehr begrenzten Gesprächsbereitschaft der Führungsetage ausdrückte. Als problematisch wurde insbesondere gewertet, dass die Geschäftsführung nicht zu Gesprächen bereit war, in denen die Betriebsräte Prozessfehler ansprechen können. Vielmehr würden die durch den Betriebsrat geäußerten Bedenken als „Boykott“ oder „Schwarzmalerei“ abgetan und kritische Fragen nicht beantwortet.

> „Gute Ideen werden von Leuten mit Einfluss unter den Teppich gekehrt“ (Betriebsrat, Maschinebau 1).

Eigenes Interesse der Unternehmensleitung am Projekt „Arbeit 2020“ war nicht erkennbar, sie blockierte das Projekt aber auch nicht.

Auslöser für das Interesse des Betriebsrats von *Maschinenbau 2* am Projekt „Arbeit 2020“ war die Initiative des Unternehmens, eine App in einer Montagelinie einzuführen. Der Betriebsrat fühlte sich von diesem Vorhaben zunächst „ziemlich überrannt“ (Betriebsrat, Maschinenbau 2) und hat sich deshalb nach Unterstützung umgesehen. In dieser Situation berichtete ein Kontakt aus der Hauptverwaltung der IG Metall von einem Vorstandsprojekt, das thematisch dazu passte. Quasi parallel kam von der örtlichen Geschäftsstelle der Hinweis auf das Projekt “Arbeit 2020“. Da der Arbeitgeber bei der Einführung der App „Gas geben“ wollte, hat sich der Betriebsrat entschieden, bei dem Projekt mitzumachen, das am schnellsten starten konnte, und das war dann „Arbeit 2020“. Innerhalb des Betriebsratsgremiums war die Teilnahme an dem Projekt nicht umstritten. Angesichts des Vorhabens des Unternehmens erwartete das gesamte Gremium, dass der Beratungsprozess und die Teilnahme an der Qualifizierungsreihe Handwerkszeug und Hintergrundwissen vermitteln würde. Was der Beratungsprozess genau mit sich bringen würde, war zunächst nicht klar. Die Strategie, auf eine Zukunftsvereinbarung hinzuarbeiten, entsprach aber dem

Ziel des Betriebsrats, mit dem Arbeitgeber gemeinsam Dinge regeln und bewegen zu wollen.

> „Am Anfang ist das ja abstrakt gewesen, weil wir nicht genau wussten, was da alles dranhängt. Die Zukunftsvereinbarung hat sich mit unseren Vorstellungen gedeckt […] Dass Prozesse, die brachlagen und um die sich keiner gekümmert hat, dass die sozusagen belebt werden, weil wir mit dem Arbeitgeber zusammen in eine Richtung gehen.“ (Betriebsrat 1, Maschinenbau 2)

Der Betriebsrat hat auch in der Vergangenheit bereits an zwei externen Projekten teilgenommen, so an einer Potenzialanalyse, die von der IG Metall finanziert wurde und an einem Projekt zum demografischen Wandel. Darüber hinaus hat er sich in IT-Fragen engagiert. Vom Konzern wurde seit einiger Zeit zentral vorgegeben, welche IT-Hardware verwendet werden darf, dies geschah jedoch ohne Rücksicht über die im Laufe der Jahre entstandene lokale Infrastruktur. Darüber hinaus wurden der IT vor Ort die Administrationsrechte weitgehend entzogen. Vor diesem Hintergrund begann der Betriebsrat, sich intensiver mit dem IT- und Datenschutz-Thema zu beschäftigen. Perspektivisch will er einen gemeinsamen „Steuerkreis IT“ ins Leben rufen. Der Betriebsrat sah sich angesichts der Komplexität des IT-Themas allerdings an seine Grenzen gebracht und erhoffte sich Unterstützung.

> „Wir haben angefangen mit dem EDV-Kollegen mal abzuklären, wo er hier Gefahren sieht. Das haben wir uns sozusagen notiert. Aber das ist ein riesen Moloch von Paket. Also da müssen wir mit Sicherheit auch noch externe Hilfe haben. Weil ich glaube, das ist mit unseren eigenen Bordmitteln gar nicht zu stemmen. So viel Sachverstand ist bei uns einfach nicht vorhanden … Und wird es auch niemals sein. Da muss man ganz ehrlich sein.“ (Betriebsrat 2, Maschinebau 2)

Das Verhältnis zwischen Betriebsrat und Geschäftsführung wurde von den interviewten Betriebsräten als schwierig gekennzeichnet. Es sei sehr abhängig von den jeweils aktuell bearbeiteten Themen und den damit zusammenhängenden Konfliktpunkten.

> „Ich würde es so definieren: projektabhängig. In manchen Fällen ist es ein wirklich sehr gutes Verhältnis, weil es wenig Reibungspunkte gibt. Dann haben wir Projekte zwischen Betriebsrat und Arbeitgeber, wo es sehr viele Reibungspunkte gibt […] Also heute so, morgen so.“ (Betriebsrat 1, Maschinenbau 2)

Ein Hauptproblem liegt aus Sicht des Betriebsratsvorsitzenden darin, dass das Management die Mitbestimmungsrechte nicht kennt. Das gilt insbesondere für den aktuellen Geschäftsführer, der aus dem Ausland stammt und deshalb wenig Erfahrungen mit der deutschen Mitbestimmung hat. In der Folge komme er nicht von allein auf den Betriebsrat zu und wundere sich, wenn der Betriebsrat seine Rechte geltend macht. Die Unkenntnis der Mitbestimmungsrechte beschränke sich allerdings nicht auf den Geschäftsführer, auch die anderen Führungskräfte, die nicht aus dem Ausland stammen, weisen in dieser Beziehung aus Sicht des Betriebsrats Wissenslücken auf.

> „Wir Betriebsräte wissen eigentlich relativ genau, welche Rechte wir haben und auch in Anspruch nehmen dürfen. Aber auf der anderen Seite des Tisches, [...] die kennen die nicht." (Betriebsrat 1, Maschinebau 2)

Ob sie die Rechtslage nun kennen oder nicht – wenn der Betriebsrat aktiv wird und seine Rechte einfordert, reagieren die Führungskräfte aus Sicht des Betriebsrats häufig in der Art, dass sie die Meinungsverschiedenheit auch auf einer persönlichen Ebene austragen und beispielsweise Betriebsratsmitglieder nicht mehr grüßen.

> „Wenn bestimmte Dinge von uns angesprochen werden, dann wird das oftmals auf eine emotionale Ebene gezogen. Und das macht es ja nicht leichter in der Arbeit. Wir würden die Themen viel lieber so sachbezogen bearbeiten, wie sie letzten Endes sind. Das heißt, wenn es eine Mitbestimmung [...] gibt, dann ist die da. Da braucht man nicht drüber zu diskutieren." (Betriebsrat 2, Maschinenbau 2)

In der Vergangenheit beschritt der Betriebsrat bereits mehrfach den Klageweg, beispielsweise bezüglich der Beteiligung bei Entsendungen von Mitarbeitern ins Ausland. Auch mit Interessenausgleich und Sozialplan hat der Betriebsrat bereits Erfahrungen. Diese Instrumente kamen zum Einsatz, als die zerspanende und umformende Metallbearbeitung an Zulieferbetriebe ausgelagert wurde.

Der Geschäftsführer zeigte sich bei einem Gespräch zu Beginn des „Arbeit 2020"-Prozesses jedoch offen für das Projekt. Er war am Thema „Industrie 4.0" generell sehr interessiert, sein Fokus lag allerdings auf möglichen Produktinnovationen und auf dem Thema Datensicherheit aus Firmensicht. Angesichts der Erfahrungen im Umgang mit dem Management waren sich die beiden interviewten Betriebsräte einig, dass die angestrebte Zukunftsvereinbarung möglichst „wasserdichte" Regelungen enthalten sollte, offene prozedurale Vereinbarungen hielten sie in ihrem Betrieb für schwierig:

> „Alles was irgendwie in offenen Prozeduren mündet ... ist schwierig. ...Das geschriebene Wort, detailliert, mit möglichst wenig Ausfluchtmöglichkeiten in eine Betriebsvereinbarung rein zu bringen, das ist schon sinnvoll hier." (Betriebsrat 2, Maschinenbau 2)

Die Teilnahmemotive des Betriebsrats von *Maschinenbau 3* wurden erst im Verlauf des Projekts „Arbeit 2020" deutlich. In der ersten Klärungsrunde mit den Projektakteuren wurde die neue Maschinenstraße in den Mittelpunkt gestellt, die dahinter auch ein allgemeineres Interesse an der Digitalisierung als Zukunftsthema aufscheinen ließ. Im weiteren Projektverlauf schälte sich aber heraus, dass sich das Interesse des Betriebsrats vor allem auf den Abschluss einer Vereinbarung zum Datenschutz bezog, die er mit der Geschäftsleitung eingeleitet hatte und für die er sich Beratung erhoffte. Ein derart eingeschränktes Handlungsinteresse war hingegen für die Gewerkschaft nicht akzeptabel.

> „Die wollten konkrete Lösungen für irgendein Problem. Das Problem war eine Datenschutzvereinbarung zu dieser neuen Maschinenstraße. Das haben wir aber von Anfang an gesagt, dass wir das nicht machen. Sondern wir bürsten den Betrieb auf quer. Da sind aber dann Sachen rausgekommen, die denen nicht gefallen haben." (Projektsekretär*in 2, IG Metall)

Der Betriebsrat beschrieb die Arbeitsbeziehungen als wenig kooperativ, aber rechtskonform. Er werde beteiligt, wenn er beteiligt werden muss. Bei allen Fragen, die nicht formal seiner Mitbestimmung bedürfen, entscheide das Unternehmen ohne Einbeziehung des Betriebsrats. Auch Informationen erfolgten dann sehr spät.

> „Bei der neuen Schneckenlinie sind sie erst auf uns zu gekommen, als sie schon einen kompletten Plan hatten und die Maschinen schon bestellt waren. Also ein gutes halbes Jahr zu spät." (Betriebsrat, Maschinenbau 3)

Der Betriebsrat sah auch nur sehr eingeschränkte Möglichkeiten, eine rechtzeitige Information und Konsultation aktiver einzufordern. Im Hintergrund schwebt aus seiner Sicht die – in diesem Betrieb mit hohen Mehrarbeitsvolumen freilich eher imaginäre – Drohkulisse der Verlagerung von Arbeitsplätzen.

> „Hier kommt es nicht drauf an Recht zu haben, sondern den Chef zu überzeugen. Wenn ich mich beschwere, sagt der Arbeitgeber vielleicht: Dann mache ich das woanders." (Betriebsrat, Maschinenbau 3)

Allerdings hielt sich der Unmut des Betriebsrats darüber in Grenzen. Sofern neue Arbeitsplätze geschaffen werden und die Arbeitsbedingungen stimmen, brauche er sich nicht zu exponieren. Dann bestünde seine Aufgabe darin, die Arbeitsbedingungen im Auge zu haben und die Entwicklung zu kontrollieren.

> „Bei der neuen Maschinendiskussion ist für uns entscheidend: es sind neue Arbeitsplätze auf dem Niveau des Flächentarifvertrags. Und, soweit wir das aus den bisherigen Planungen ersehen können, werden die Arbeitsplätze gut gestaltet. Und das kontrollieren wir auch." (Betriebsrat, Maschinenbau 3)

Der Betriebsrat formulierte keinen erweiterten Mitbestimmungsanspruch. Seine Rolle interpretierte er als Kontrolleur und Wächter über die Einhaltung rechtlicher Vorschriften und der Arbeitsbedingungen. Dazu trug die aus seiner Sicht kühle Beziehung zum angestellten Geschäftsführer der Business Unit bei. Zu ihm bestünden nicht die Vertrauensbeziehungen, die es noch zu den Vertretern der Eigentümerfamilie gebe.

> „Eine Erhöhung unseres Mitbestimmungsniveaus streben wir nicht an. Der Geschäftsleitung hat auch weniger Vertrauen in uns, der Inhaber hat deutlich mehr Vertrauen in uns. Der Geschäftsführer hat eine gewisse Angst, dass wir losstürmen könnten, obwohl er das von uns nicht kennt." (Betriebsrat, Maschinenbau 3)

Allerdings hatte die Geschäftsleitung sehr wohl ein eigenständiges Interesse am Projekt und zeigte eine große Bereitschaft zur Kooperation, die der Einschätzung der Betriebsräte deutlich zuwiderlief. Der Hintergrund dafür war die Entwicklung neuer Geschäftsfelder und ihre Konsequenzen für die Produktion. Vormals nur ein interner Komponentenfertiger, hatte sich die Business Unit in den letzten Jahren zunehmend dem externen Markt geöffnet und mehr und mehr für externe Kunden produziert. Damit ging eine erhebliche Verschärfung der Qualitätsansprüche einher, die mit dem Ausbau der internen Qualitätssicherung beantwortet wurde, weil die Fertigungsprozesse bislang keine hinreichende Präzision zuließen. Diese Entwicklung erzeugte Unzufriedenheit im Betrieb; das Projekt „Arbeit 2020" wurde als Vehikel gesehen, die Prozesse besser zu kommunizieren.

> „So, das heißt, die haben zum Beispiel eine riesige Qualitätssicherung aufgebaut. Das haben aber die Betriebsräte und die Werker nicht verstanden, dass da auf einmal so viele unproduktive Leute reingeholt werden, die ihnen das Ergebnis versauen. Kann ich aus der Produktionsbeschäftigtenperspektive total verstehen. Das Management wollte das erklären und hat das Projekt als eine Möglichkeit gesehen, das zu tun.“ (Projektsekretär*in 2, IG Metall)

Bei *Wirtschaftsbetriebe* war das auslösende Moment der Teilnahme am Projekt „Arbeit 2020“ der Bau einer neuen Wäscherei und die damit verbundene Beschäftigungsunsicherheit in der Belegschaft. Zudem hatte der Betriebsrat noch weitere Ziele auf der Agenda: die Teilzeitkräfte im Rahmen des Projekts stärker zu aktivieren und für eine Beteiligung zu gewinnen; die Einbindung der Beschäftigten in den Prozess; die Beteiligung aller Betriebsratsmitglieder; und schließlich die Stärkung der IG Metall im Betrieb.

Die betrieblichen Austauschbeziehungen wurden als insgesamt kooperativ beschrieben, allerdings periodisch getrübt durch Konflikte um die Einhaltung von Betriebsvereinbarungen. Die Betriebsberater*in der Gewerkschaft, die bei der Auftaktsitzung anwesend war, sah das Projekt als „Frühwarnsystem“ um frühzeitig angemessen reagieren zu können und nicht überrascht zu werden. Die Geschäftsführung am Standort unterstützte das Projekt und kündigte an, die Ergebnisse in die zukünftige Planung einfließen lassen. Vor allem aber ging es der Geschäftsleitung darum, etwas gegen die aufkeimende Unruhe in der Belegschaft zu tun. Mit Hilfe von „Arbeit 2020“ erhoffte sie sich, die eigenen Ziele besser kommunizieren zu können.

> „Ich finde das Projekt auch zum jetzigen Zeitpunkt wichtig und richtig, weil es auch darum gehen muss, Ängste abzubauen und die Beschäftigten mitzunehmen. Im Zentrum steht für uns nicht die Rationalisierung, aber wir stehen schon unter Kostendruck. Deshalb sind die Effektivität und die Stabilität der Prozesse für uns ganz wichtig, daran arbeiten wir. Das möchten wir auch unseren Mitarbeitern vermitteln. Daher erhoffe ich mir von dem Projekt auch viel.“ (Geschäftsführer Wirtschaftsbetriebe im Auftaktworkshop)

7.1.3 Konfliktorische Arbeitsbeziehungen

Der Betriebsrat von *Antriebstechnik 2* wurde von der Geschäftsstelle der Gewerkschaft auf das Projekt Arbeit 2020 aufmerksam gemacht. Allerdings war der Betriebsrat nicht von Beginn an von der Teilnahme überzeugt, da das Thema „Industrie 4.0“ noch nicht richtig greifbar war und auch noch nicht relevant erschien.

> „So richtig begeistert waren wir nicht. Weil das Thema nicht bei allen so richtig bekannt war. Kam zwar in den Medien, aber so richtig bekannt war es nicht. [...] Und du siehst ja: Es gibt gar kein Fortkommen, kein Weiterkommen. Und dann denkst du auch nicht so drüber nach. Und denkst: Das bleibt eh immer so stehen auf dem Stand.“ (Betriebsrat, Antriebstechnik 2)

Es bedurfte noch weiterer Überzeugungsarbeit durch die IG Metall um den Betriebsrat für das Projekt zu gewinnen. Die IG Metall hat auch die Geschäftsleitung angesprochen; sie, und nicht der Betriebsrat, war die „treibende Kraft“ der Teilnahme. Darüber hinaus war der zuständige Projektberater im Unternehmen bereits bekannt und genoss nach Aussage des Betriebsrats eine „große Akzeptanz“.

Die Fronten zwischen Geschäftsführung und Betriebsrat waren jedoch verhärtet. Dies lässt sich unter anderem auch auf Auseinandersetzungen um die Tarifbindung zurückführen. 2004 war das Unternehmen aus dem Arbeitgeberverband ausgetreten; erst im Jahr 2007 wurde der Betriebsrat darüber informiert. Tarifentgelte und Arbeitszeit wurden fortgeführt. Nach der Finanzmarktkrise konnte mit Hilfe von Warnstreiks die Tarifbindung wieder erkämpft werden, der Betriebsrat hat dabei eine aktive Rolle gespielt. Seit 2011 hat der Betrieb einen Anerkennungstarifvertrag. Der Betriebsrat fühlte sich grundsätzlich von der Geschäftsführung nicht ernst genommen, da er oft nicht oder erst sehr spät informiert wird, und das häufig nur auf Nachfrage.

> „Da hat die Führung ja gesagt: Wir wollen Zusammenarbeit haben. Wir wollen natürlich auch was nach vorne bringen, mit dem Betriebsrat zusammen. Aber wir haben ja immer unsere Bedenken. Weil wir kriegen ja bis heute nicht richtig Informationen. [...] Also von daher glaube ich da sowieso nicht dran.“ (Betriebsrat, Antriebstechnik 2)

Informationsebenen, die der Betriebsrat vorrangig nutzt, sind der Wirtschaftsausschuss sowie wöchentliche Gespräche mit dem Personalleiter. Lediglich wenn die Unterschrift des Betriebsrates erforderlich ist, werden Informationen von der Geschäftsführung weitergegeben. Es besteht beim Betriebsrat der Eindruck, dass die Geschäftsführung das Engagement des Betriebsrats oft nicht gutheißt und kritisch beäugt:

> „Wird etwas abgeblockt, wird das als Vertrauensbruch gesehen." (Betriebsrat, Antriebstechnik 2)

Der Betriebsrat sieht sich oft als Sündenbock der Geschäftsführung, denn unpopuläre Entscheidungen wie Entlassungen oder Abgruppierungen werden dem Betriebsrat angelastet. Wegen dieser Konflikte haben sich Geschäftsführung und Betriebsrat im Auftaktworkshop in getrennten Arbeitsgruppen über die Zielsetzungen im Projekt verständig und anschließend ihre Ergebnisse vorgestellt. Die Geschäftsführung bewertete dabei die Stimmung und Kommunikation im Betrieb als gut, jedoch auch als ausbaufähig. Sie wünschte sich für das Projekt und die Zukunft, dass auf allen Ebenen ein respektvoller Umgang stattfindet, so dass eine solide Vertrauensbasis geschaffen wird. Die Interessen der Mitarbeiter sollten aufgenommen werden.

Der Betriebsrat wollte frühzeitiger bei Projekten und Überlegungen einbezogen werden und forderte insgesamt eine bessere Kommunikation im Unternehmen ein. Er beklagte sich darüber, nur reagieren zu können und nicht eingebunden zu sein. Dafür seien auch frühere und rechtzeitige Informationen wichtig. Darüber hinaus wünschte er sich die Stärkung des Standorts durch innovative Produkte und leistungsfähige Prozesse, so dass zukunftsfähige Arbeitsplätze geschaffen werden. Dabei sollten auch geringer qualifizierte Mitarbeiter mitgenommen und nicht abgehängt werden. Ein Erfolg wäre aus Sicht des Betriebsratsvorsitzenden, „wenn das Projekt den Beschäftigten etwas bringt" und „wenn die Arbeit wieder Spaß macht", zum Beispiel, indem die Leistungsbeurteilungen fairer werden. Derzeit regiere das „Prinzip Angst" im Betrieb, was sich auch daran zeige, dass die Produktivität steigt, wenn gewisse Meister nicht da sind.

Den Kontakt zum Projekt „Arbeit 2020" stellte im Fall von *Lebensmittel 1* der Betriebsratsvorsitzende über seine Vorstandstätigkeit in der Gewerkschaft NGG her. Dort präsentierte die Geschäftsführerin das Projekt und fragte nach interessierten Betrieben. Der Betriebsratsvorsitzende meldete sich, weil er die Entwicklung der Digitalisierung in seinem Konzern insgesamt als vergleichsweise fortgeschritten einstufte und sein Verständnis der Prozesse schärfen wollte. Das Gremium teilte diese Einschätzung und stimmte dem Projekt zu.

> „Häufig ist es ja so, dass man bestimmte Sachen jeden Tag sieht, aber gar nicht versteht, worum es da eigentlich geht, also diese Betriebs-

blindheit ist ja immer gegeben. Deswegen macht es auch Sinn, sich mit dem Thema intensiv mal zu beschäftigten. Und da habe ich dann gesagt „okay, also wir hätten schon die Bereitschaft". Und habe dann im Nachgang auch hier mit meinem Gremium gesprochen und ja, da war grundlegend positive Stimmung." (Betriebsrat, Lebensmittel 1)

Ein Hauptinteresse des Betriebsrats bestand darin *„mal zu schauen, wie hoch ist denn eigentlich der Grad der Digitalisierung bei uns im Haus? Weil das haben wir eigentlich vorher gar nicht so abgefragt"* (Betriebsrat, Lebensmittel 1). Außerdem sollte die Situation vor Ort beleuchtet werden. Insgesamt sah der Betriebsrat eine große Herausforderung darin, bessere Beteiligungsmöglichkeiten für die eigene Arbeit zu schaffen. Denn dass neue Technologien an Bedeutung gewinnen werden, war Konsens aller Beteiligten. Die Umsetzung und Weiterentwicklung des Werks wollte der Betriebsrat aber gerne mitgestalten, auch wenn er seine Einflussmöglichkeiten nur als gering einschätzt

Die Kommunikation mit der Werksleitung war und ist vor allem dadurch geprägt, dass es sich um einen Konzernbetrieb handelt. Dadurch fehlte es regelmäßig an Grundlagen für echte Diskussionen oder Verhandlungen, und die Betriebsleitung zog sich in den betrieblichen Austauschbeziehungen bewusst auf ihre geringen Entscheidungsspielräume zurück.

„Die Ansagen kommen von der Konzernzentrale, und deren Vorgaben haben in der Vergangenheit immer weiter zugenommen. Wenn wir darüber mit dem Werksleiter diskutieren wollen, drückt der sich genau mit dem Argument vor konstruktiven Gesprächen – er selber kann ja nichts entscheiden" (Betriebsrat, Lebensmittel 1)

Der Abschluss einer Zukunftsvereinbarung zählte deshalb von Beginn an nicht zu den Projektzielen, denn der Betriebsrat ging davon aus, dass eine einzelbetriebliche Vereinbarung wegen der Konzernstruktur kaum möglich sei. Über die Absichten und Ziele der Muttergesellschaft war wenig bekannt. Der Betriebsrat verglich die Konzerntaktik mit einer Salami.

„Man bekommt Scheibe für Scheibe geliefert. Welche Wurst dabei am Ende wirklich rauskommt, ist aber noch völlig unklar" (Betriebsrat, Lebensmittel 1)

Die betrieblichen Austauschbeziehungen waren deshalb durch die Zuständigkeitsstrukturen im Konzern inhaltlich entleert. Das Betriebsklima wurde vom Betriebsrat zudem als sehr schlecht eingestuft. Neben der mangelnden Kommunikation und Transparenz machte er dafür die fehlende Wertschätzung und Anerkennung der Mitarbeiterinnen und Mitarbeiter durch Vorgesetze und die Konzernzentrale verantwortlich. Die Stimmung im Betrieb sei außerdem entscheidend durch die Angst vor Überforderung und Arbeitsplatzverlust geprägt. Der Betriebsrat sprach von „systematischer Überforderung durch überzogene Anforderungen". Ein wesentliches Projektziel des Betriebsrates bestand deswegen darin, sich stärker an dem Prozess zu beteiligen und Top-Down-Entscheidungen der Konzern- oder Werksleitung bestmöglich abzufedern.

Ähnlich entleerte Arbeitsbeziehungen lagen schließlich auch im Fall von *Lebensmittel 2* vor. Der Betriebsratsvorsitzende, der auch im Konzernbetriebsrat und im Vorstand der Region der NGG aktiv ist, wurde von der Hauptverwaltung der Gewerkschaft angesprochen, ob Interesse an einer Teilnahme am „Arbeit 2020"-Projekt besteht. Innerhalb des Gremiums war die Teilnahme am Projekt allerdings durchaus umstritten. Knapp die Hälfte der Betriebsräte hat zumindest die Frage gestellt, ob eine Projektteilnahme Sinn macht. Ein Argument der Kritiker war der zusätzliche Arbeitsaufwand, darüber hinaus wurde aber auch die grundsätzliche Relevanz des Digitalisierungsthemas für den Betrieb hinterfragt.

> „Ich würde lügen, wenn ich sagen würde, alle haben zu 100 % dahintergestanden. Da gab es auch Stimmen, die überhaupt keine Lust darauf hatten. Aber zumindest die Hälfte hat gesagt ‚wir müssen dem offen gegenüberstehen, um in der Zukunft auch mitzugestalten' […] Die Gründe waren verschieden, bei den einen war es der Aufwand […] und die anderen haben das Thema jetzt nicht so aktuell gesehen, dass man sich damit auseinandersetzen muss." (Betriebsrat, Lebensmittel 2)

Der Betriebsratsvorsitzende hat sich im Gremium für eine Teilnahme am Projekt eingesetzt. Sein Interesse geweckt hat die zukunfts- und gestaltungsorientierte Perspektive des Projektes. Ein weiteres Argument für eine Teilnahme war aus seiner Sicht die strategische Bedeutung der Digitalisierung für die Beschäftigung im Betrieb.

Die Beziehung zwischen Betriebsrat und Geschäftsführung im Betrieb wurde als schwierig charakterisiert. Der Betriebsrat wird nach eigener Aussage häufig nicht rechtzeitig über Vorhaben der Geschäftsleitung informiert, bestehende Ansprüche musste der Betriebsrat in der Vergangenheit immer wieder vor Gericht durchsetzen. Dazu kommen häufige Wechsel bei den Führungskräften, die die Arbeitsbeziehungen immer wieder neu „durchrütteln". Zwar wurden inzwischen die Schichtpläne gemeinsam mit dem Betriebsrat erstellt, strategische Themen wie Investitionen werden allerdings ohne ihn entschieden.

Der Betriebsratsvorsitzende legt nach eigener Aussage Wert darauf, in Konfliktsituationen zunächst den Verhandlungsweg zu beschreiten. Wenn das keinen Erfolg hat, sei es jedoch auch wichtig, rechtliche Schritte einzuleiten, um Ansprüche geltend zu machen. Sonst glaube der Arbeitgeber aus Sicht des Betriebsrats, er könne mit dem Betriebsrat machen, was er will.

> „Erstmal versucht man hier vor Ort das Gespräch zu suchen, und wenn dann kein Weiterkommen ist, dann ist auch irgendwann ein Punkt, an dem man sagen muss, ‚ich gehe jetzt auch weiter', das finde ich auch wichtig. Gerade als Betriebsrat, dass man merkt, dass man auch zu den Sachen steht. Der Arbeitgeber kriegt sehr schnell mit, wenn man das nicht tut, dann versucht man mit dem Betriebsrat zu spielen. Wir wollen ja eigentlich nur die Dinge haben, die einem rechtlich zustehen." (Betriebsrat, Lebensmittel 2)

In der Vergangenheit sah sich der Betriebsrat bereits mehrmals gezwungen, vor Gericht zu gehen, um Ansprüche durchzusetzen. Dabei ging es beispielsweise um das Mitbestimmungsrecht bei Einstellung und Kündigung oder um Entgelteinstufungen, die den Beschäftigten laut Tarifvertrag zustehen. Diese juristischen Auseinandersetzungen hat der Betriebsrat auch gewonnen, das war aus seiner Sicht „ein pädagogischer Prozess für die Geschäftsführung". Durch die regelmäßigen Wechsel der Geschäftsführung begann dieser Lernprozess jedoch immer wieder von vorne. Die häufigen personellen Wechsel haben darüber hinaus dazu geführt, dass mündlich getroffene Vereinbarungen problematisch wurden. Deshalb hat sich das Gremium darauf verständigt, in Zukunft nur noch schriftliche Absprachen zu treffen.

> „Das haben die mittlerweile gelernt, eine mündliche Absprache zählt so viel wie ein Handschlag, nämlich eigentlich gar nichts. Weil wenn der Arbeitgeber dann sagt „kann ich mich nicht dran erinnern", was auch schon vorgekommen ist hier, durch den Wechsel, dass das dann besser ist, wenn man eine Vereinbarung macht. Immer in schriftlicher Form und nie mit einer mündlichen Absprache." (Betriebsrat, Lebensmittel 2)

Der Betriebsratsvorsitzende beschrieb die Faustregel, dass ein Betriebsleiter zwei Jahre vor Ort ist, ein Geschäftsführer etwa vier Jahre. Das Verhältnis zur aktuellen Geschäftsführung stufte er – bei allen inhaltlichen Differenzen – als vergleichsweise gut ein. So hatte der Betriebsrat auch problemlos eine Zusage zur Teilnahme am Projekt „Arbeit 2020" bekommen. Auch der Umstand, dass Betriebsräte und Beschäftigte für die Workshops freigestellt werden mussten, stellte kein Problem dar. Aus der Sicht des Betriebsratsvorsitzenden bedeutete dies jedoch nicht, dass die Geschäftsführung sich selbst inhaltlich mit dem Projekt und dem Thema auseinandergesetzt hätte – ein Verhalten, das der Vorsitzende wiederum auf die Vorgaben und Entscheidungsstrukturen im Konzern zurückführt.

> „Die Geschäftsführung hat gesagt, ‚das ist kein Problem, könnt ihr gerne machen‘, hat sich aber selber nicht damit auseinandergesetzt. Also nicht in der Form, die ich mir gewünscht hätte. Das hat aber auch damit zu tun, dass wir in einem Konzern sind, und […] die Führungsgremien, die nicht hier vor Ort sitzen, aus dem Konzern, da ist das schwierig zu gestalten.“ (Betriebsrat, Lebensmittel 2)

Die Betriebsräte wurden auf die Teilnahme am Projekt „Arbeit 2020“ also zumeist von außen angesprochen, sei es durch die Projektsekretär*innen, sei es durch ihre Geschäftsstellen, oder, im Falle der NGG-Betriebe, durch den Gewerkschaftsvorstand. In Ausnahmefällen, so bei *Maschinenbau 2* und bei *Anlagenbau 1*, haben sich die Betriebsräte auch aus eigener Initiative bemüht, an dem Projekt teilzunehmen, weil sie Unterstützungsbedarfe hatten oder das Projekt für strategisch wichtig hielten. Zwei der Betriebsräte, *Elektrotechnik 2* und *Maschinenbau 2*, hatten bereits Vorerfahrungen mit Beratungs- und Unterstützungsprojekten der IG Metall. In vielen Fällen stand dabei für die Betriebsräte die Digitalisierung oder die „Industrie 4.0“ als Zukunftsthema im Vordergrund. Die Vorstellungen darüber waren zumeist ziemlich abstrakt, und es ging für die Betriebsräte vor allem darum, das Thema zu konkretisieren und für sie fassbar und damit auch bearbeitbar zu machen. „Arbeit 2020“ war damit für diese Betriebsräte zu einem guten Teil eine Entdeckungsreise in neue Themen und arbeitspolitische Gefilde. In anderen Fällen waren es aber auch die Erfahrungen konkreter Digitalisierungsprojekte im Betrieb, die die Betriebsräte bewogen, am Projekt „Arbeit 2020“ teilzunehmen. Diese reichten von kleineren Einzelprojekten bis hin zum Bau einer neuen „Smart Factory“ bei *Maschinenbau 1*.

Die Unternehmensleitungen haben in den Untersuchungsfällen die Teilnahme der Betriebsräte und den damit verbundenen Aufwand wie die Abstellung der Betriebsräte, aber auch von Beschäftigten, für die anstehenden Workshops, akzeptiert. In vielen Fällen ging ihr Interesse aber darüber hinaus, sei es, weil sie ein allgemeines Interesse an dem Thema hatten, sei es, weil sie damit konkrete Ziele wie die Verbesserung der Kommunikation im Unternehmen und die Weckung von Verständnis für anstehende oder bereits vollzogene Veränderungen einwerben wollten. Kooperative Austauschbeziehungen im Betrieb waren dafür eine zwar verbreitete, aber nicht notwendige Vorbedingung. Auch in Betrieben mit konflikthaften Austauschbeziehungen erfolgte durchaus eine Zustimmung der Unternehmensseite zumindest für den Projektstart. Bei *Antriebstechnik 2* und auch bei *Maschinenbau 3* erhoffte sich die Unternehmensseite dadurch vielmehr eine Verbesserung der Arbeitsbeziehungen im Betrieb.

Bei mehreren Fallbetrieben flackerte ein anderes Problem auf: die Tradition zentralistischer und paternalistischer Austauschbeziehungen zwischen Eigentümern oder Geschäftsleitungen auf der einen und dominanten Betriebsratsvorsitzenden auf der anderen Seite. Dies sollte sich in diesen Fällen als Bürde für den Prozess „Arbeit 2020“ erweisen. Denn diese Form des Interessenvertretungshandelns bricht sich deutlich mit dem beteiligungsorientierten Vorgehen des Projekts. Die dabei entstehenden Beteiligungsmuster werden im Folgenden eingehender beleuchtet.

7.2 *Beteiligung der Betriebsräte und der Beschäftigten*

Beteiligung ist ein Kernmerkmal des Projekts „Arbeit 2020“. Damit knüpft das Projekt an die Schwerpunktsetzungen anderer gewerkschaftlicher Modernisierungsinitiativen an, die von Beteiligungsprozessen bei Tarifabweichungen über die Beteiligungserfahrungen in der Kampagne „Besser statt billiger“ bis hin zu den beteiligungsorientierten Strategien im Rahmen des gewerkschaftlichen Organizing und gewerkschaftlicher Erschließungsprojekte reichen. In all diesen Kampagnen und Projekten wird der Beteiligung der Beschäftigten ein großer Stellenwert eingeräumt, sei es der demokratischen Beteiligung der Gewerkschaftsmitglieder bei Entscheidungen und Abstimmungen über Tarifabweichungen, sei es der Beteiligung als Experten ihrer Arbeit in betrieblichen Modernisierungsprojekten, oder sei es als gewerkschaftliche Aktive in betrieblichen Erschließungsprozessen. Beteiligung ist ein Schwerpunkt im neuen Handlungsrepertoire der Gewerkschaften.

Im Projekt „Arbeit 2020“ weist Beteiligung zwei vorrangige Formen auf: die Beteiligung der Betriebsratsgremien an den betrieblichen Workshops der Landkartenerstellung und der Themenfindung; und die Beteiligung von Beschäftigten als Experten bei der Analyse betrieblicher Veränderungen von Arbeit und Arbeitsbeziehungen. Darüber hinaus gab es auch Fälle mit weitergehenden Beteiligungsformen. Beteiligung war ein wichtiger Bestandteil des Konzepts, doch fand sie in den einzelnen Fällen in unterschiedlicher Intensität statt. (siehe den Überblick in Tabelle 12). Auch steht damit die Frage im Raum, wie nachhaltig das Projekt „Arbeit 2020“ auf eine Veränderung der Mitbestimmungspraktiken der Betriebsräte wirkt.

Tabelle 12: Beteiligung im Prozess „Arbeit 2020“

Betriebe	Beteiligung der Betriebsräte	Beteiligung der Beschäftigten
Möbel	Arbeitsgruppe im Betriebsrat (7 Beschäftigte)	Führungskräfte (selektiv) Befragungen und Abteilungssitzungen im Angestelltenbereich
Elektrotechnik 1	Arbeitsgruppe im Betriebsrat	Beschäftigte und Führungskräfte (selektiv)
Elektrotechnik 2	Arbeitsgruppe im Betriebsrat	Beschäftigte und Führungskräfte (selektiv) Abteilungsversammlung IT
Elektrotechnik 3	Ganzes Gremium	Interviews mit Beschäftigten (breit gestreut)
Anlagenbau 1	Arbeitsgruppe im Betriebsrat	Umfassende Beteiligung Vertrauensleute, Beschäftigte, Führungskräfte
Anlagenbau 2	Gemeinsame Arbeitsgruppe mit Führungskräften	Beschäftigte (breit gestreut)
Automobilteile 1	Arbeitsgruppe im Betriebsrat	Beschäftigte (selektiv)
Automobilteile 2	Arbeitsgruppe im Betriebsrat Ganzes Gremium	Beschäftigte (selektiv)
Automobilteile 3	Arbeitsgruppe Freigestellte	Beschäftigte (breit gestreut)
Maschinenbau 1	Arbeitsgruppe Freigestellte und weitere	Beschäftigte (selektiv)
Maschinenbau 2	Kernteam	Beschäftigte (breit gestreut)
Maschinenbau 3	Arbeitsgruppe	Beschäftigte (selektiv) Ablehnung des Beteiligungsansatzes
Antriebstechnik 1	Arbeitsgruppe	Führungskräfte (selektiv)
Antriebstechnik 2	Kernteam	Beschäftigte (Führungskräfte) (selektiv)
Wirtschaftsbetriebe	Arbeitsgruppe	Beschäftigte (breit gestreut)
Metallverarbeitung	Ganzes Gremium	Beschäftigte (selektiv)
Automationstechnik	Ganzes Gremium	Beschäftigte (breit gestreut)
Lebensmittel 1	Kernteam	Beschäftigte (breit gestreut)
Lebensmittel 2	Ganzes Gremium	Beschäftigte (selektiv)

7.2.1 Beteiligung der Betriebsräte

In den meisten Fällen wurden im Betriebsrat Arbeitsgruppen gebildet, die den gesamten Prozess „Arbeit 2020“ begleitet haben und die selektiv um weitere Mitglieder der Gremien ergänzt wurden. Das gesamte Gremium wurde dann zumeist bei zentralen Weichenstellungen wie dem Auftakt oder der Identifizierung arbeitspolitischer Themen hinzugezogen. In einigen Fällen war aber auch das gesamte Gremium über den Prozess eingebunden.

Bei *Möbel* hat der Betriebsrat eine Arbeitsgruppe zum Projekt „Arbeit 2020“ eingerichtet, die aus vier Mitgliedern bestand, darunter auch den Betriebsratsvorsitzenden. Die Arbeitsgruppe war bei allen Workshopsitzungen präsent. Beim ersten Workshop waren zunächst alle Betriebsräte des Gremiums anwesend; bei den folgenden Workshops zur Erstellung der Landkarte wurden Betriebsräte über die Grenzen der Arbeitsgruppe hinaus nach Bedarf als Expert*innen ihrer Abteilungen dazu geladen und haben über die Entwicklungen in ihren Bereichen berichtet.

> „Also wir haben das ja konzeptionell so aufgebaut, Gott sei Dank haben wir ja im Betriebsrat flächendeckend Leute, die in allen Bereichen ein bisschen vertreten sind. Haben die natürlich maßgeblich mit involviert, ist ja klar, macht ja Sinn.“ (Betriebsrat 1, Möbel)

Das gesamte Gremium fand wieder zusammen zur Diskussion der Beschäftigtenbefragung in der Abteilungssitzung mit der kaufmännischen Sachbearbeitung auf dem sechsten Workshop. Die Diskussion mit der Geschäftsleitung dazu auf dem Workshop zuvor wurde von der Arbeitsgruppe des Betriebsrats begleitet. Kontinuierlich dabei war auch der stellvertretende Vorsitzende, der sich als EDV-Spezialist durch gute fachliche Kenntnisse auszeichnet. Das Gremium hat auf den Workshops intensiv diskutiert. Alle Beteiligten haben Redebeiträge geliefert, eine kommunikative Dominanz des Vorsitzenden war nicht feststellbar; der Betriebsratsvorsitzende hat sich bemüht, die Diskussion einzuleiten, zu strukturieren und zusammenzufassen, hat aber keine Meinungen vorgegeben. Jeder Betriebsrat hat sich als Experte seines Arbeitsbereichs geäußert.

Bei *Elektrotechnik* 1 wurde eine Arbeitsgruppe im Betriebsrat eingerichtet, die aus rund zehn Betriebsräten bestand; diese Betriebsräte waren auch in den Sitzungen der Landkartenerstellung dabei, hinzu kamen weitere Betriebsräte aus ihren Bereichen als Expert*innen. Im Fall von *Elektrotechnik 2* hingegen waren bei den Workshops zur Erarbeitung der Betriebslandkarte im Großen und Ganzen alle Betriebsratsmitglieder anwesend, auch die stellvertretenden Mitglieder. Alle Mitglieder beteiligten sich – mit gewissen Abstufungen – lebhaft an den Diskussionen. Die rege Beteiligung des Betriebsratsgremiums sprach für das große Interesse der Betriebsräte am Projekt, entsprach aber nicht den Gepflogenheiten des Gremiums. Denn innerhalb des Gremiums herrschten sehr unterschiedliche Aktivitätsniveaus vor; die Betriebsratsarbeit ruhte zu großen Teilen auf den Schultern der drei Freigestellten, darüber hinaus gab es nur wenige aktivere Betriebsratsmitglieder.

> „Viele kommen donnerstags für zwei bis drei Stunden zur Betriebsratssitzung, das ist ihre ganze Betriebsratsarbeit“ (Betriebsrat 2, Elektrotechnik 2).

Die Vorsitzenden planten schon länger eine Klausurtagung des Betriebsrats, bei der die Arbeitsverteilung im Gremium und die Arbeit in und mit Ausschüssen thematisiert werden sollen. Zum Zeitpunkt der Workshops arbeitete nach Einschätzung des stellvertretenden Betriebsratsvorsitzenden lediglich der Entgeltausschuss aktiv. Die Klausurtagung soll nach dem „Arbeit 2020“-Prozess in Angriff genommen werden.

Bei *Elektrotechnik 3* gab es zwei Bestandsaufnahmen. Zunächst haben zum Auftakt der Workshops die Betriebsräte die Bereiche durchleuchtet, aus denen sie kommen: Was dort gemacht wird, wie viele Beschäftigte dort arbeiten, welche Veränderungen sich dort aus ihrer Sicht feststellen lassen. Dabei war jeweils das gesamte Gremium anwesend. Die eigentliche Bestandsaufnahme erfolgte darauf dann mit Einbeziehung der Beschäftigten.

> „Und dann haben wir erstmal mit dem Betriebsrat an sich gesprochen, sehr intensiv die einzelnen Bereiche, also die Tätigkeitsbereiche der Betriebsratsmitglieder erläutert. Ja und dann folgten Termine, und dann sind ja die Beschäftigten gefragt worden, wie die Arbeitsplätze sind, ob die sich verändert haben oder gleichbleiben oder die Anzahl erhöht worden ist, dann wie der Bereich Qualifikation aussieht.“ (Elektrotechnik 3)

Die Beteiligungsformen bei *Anlagenbau 1* unterschieden sich von allen anderen Fällen des Untersuchungssamples dadurch, dass sich hier der Betriebsrat zurückzog, um die Beteiligung der Beschäftigten – in diesem Fall der Vertrauensleute – zu stärken. Beim Betriebsrat des Geschäftsfeldes, in dem das Projekt „Arbeit 2020“ nach dem Kick-Off-Workshop dann stattfand, wurde die Verantwortlichkeit geklärt und das Projekt inhaltlich einem bestehenden Ausschuss für Rationalisierungsvorhaben zugeordnet. Der Ausschuss war vor etwa sieben Jahren im Zusammenhang mit der Entwicklung des Ganzheitlichen Produktionssystems des Unternehmens ins Leben gerufen worden und kann auf eine Datenbank zugreifen, in die von Unternehmensseite – *„zu fast 100 %"* nach Aussage des Betriebsrats – alle Projekte eingestellt werden. Der Ausschuss betrachtet alle in der Datenbank gemeldeten Projekte unter der Fragestellung, ob sie Veränderungen für die Beschäftigten mit sich bringen und holt dann bei Bedarf weitere Informationen zu den Projekten ein, etwa dadurch, dass Ausschussmitglieder an einem Projekttermin teilnehmen oder dass der Projektleiter in den Ausschuss eingeladen wird.

Der Betriebsratsvorsitzende hat das Projekt aus dem Hintergrund gesteuert. Häufig begrüßte er die Teilnehmer zu den Workshops, war beim eigentlichen Workshop aber nicht oder nur zeitweise anwesend. Beim Auftaktworkshop war der Vorsitzende durchgehend dabei, saß aber außerhalb des Kreises in der Ecke und hat nur selten etwas gesagt, dann aber zusammenfassend oder lenkend. Die Auswahl der Dampfturbine als Pilotbereich hat praktisch er vorgenommen, die Entscheidungen zum weiteren Vorgehen traf er gemeinsam mit Gewerkschaft, Beratung und dem Leiter des Teams „Dampf".

Anlagenbau 2 sticht aus dem Fallstudiensample durch eine Besonderheit in der Zusammensetzung des festen Projektteams hervor. Hier wurde zunächst ein Projektteam des Betriebsrats gebildet, dessen Federführung die stellvertretende Betriebsratsvorsitzende übernahm. Dem Projektteam gehörten neben ihr noch sechs weitere Betriebsratsmitglieder aus unterschiedlichen Bereichen an. Die Besonderheit bestand darin, dass das Projektteam dann zu gleichen Teilen aus Führungskräften wie Meistern und Abteilungsleitern ergänzt wurde. Der Produktionsleiter des Betriebs war sehr interessiert an dem Projekt und signalisierte auf diese Weise, dass er eng mit den Betriebsräten kooperieren wollte.

In der Praxis aber hat sich die paritätische Konstruktion als wenig tragfähig erwiesen. Entscheidend für die Probleme war in diesem Fall, dass die Workshops teilweise als Parkett genutzt wurden, um unterschwellige Konflikte zwischen den Abteilungen auszutragen. Einmal geriet der Prozess sogar ins Stocken, weil sich die Mitarbeiter der Auftragssteuerung – die im Zentrum der Kritik von allen Seiten standen – in einem Workshop vorgeführt und falsch behandelt fühlten. Zu diesem Workshop fand dann noch ein Nachgespräch statt, in dem die entsprechenden Mitarbeiter ihre Angaben machen konnten, ohne dass dabei das ganze Projektteam anwesend war. Aufgrund dieser Probleme kam es sehr auf die stellvertretende Betriebsratsvorsitzende an; sie hat nicht nur die Organisation geschultert, sondern auch versucht, das Projektteam zusammenzuhalten.

Auch bei *Automobilteile 1* hat der Betriebsrat eine Arbeitsgruppe gebildet, die zu allen Workshops anwesend war. Die Leitung lag beim Betriebsratsvorsitzenden. Das Thema „Industrie 4.0" wurde bei *Automobilteile 2* hauptsächlich vom Betriebsratsvorsitzenden, seinem Stellvertreter und ein bis zwei weiteren Betriebsräten bearbeitet. Bei den Workshops zur Entwicklung der Betriebslandkarte waren aber im Großen und Ganzen alle Betriebsratsmitglieder anwesend. Alle beteiligten sich lebhaft an den Diskussionen, das Interesse war groß, der Austausch intensiv. So haben sich Betriebsräte aus der Produktion in ihrer Freizeit auf die Workshops vorbereitet, um profunde Aussagen treffen zu können.

Bei *Automobilteile 3* wurde die Arbeit am Projekt im Gremium aufgeteilt. Die freigestellten Betriebsräte waren bei allen Workshops dabei, hinzu kam der Vorsitzende des Konzernbetriebsrats. Denn der Betrieb galt als Pilotbetrieb für die Erarbeitung einer Zukunftsvereinbarung, die dann auf das ganze Unternehmen übertragen werden sollte. Das Kernteam bestand aus vier Betriebsräten. Die nicht freigestellten Betriebsräte wurden immer dann hinzugezogen, wenn es um ihre Bereiche oder Abteilungen ging.

> „Wir haben das schon so aufgeteilt, dass die freigestellten Betriebsräte das hauptsächlich machen. So, die anderen haben wir immer so beigezogen, wie die Abteilungen waren. Wenn es um ihre Abteilungen ging, dass die dann teilgenommen haben."

Sie konnten dann gezielte Fragen zu ihren Abteilungen beantworten und das Bild ergänzen, das die Beschäftigten von den Abteilungen präsentiert haben. Eine kleinere Gruppe hatte aus Sicht der Betriebsräte zudem den Vorteil, dass die Beschäftigten nicht vor einer zu großen Runde Auskunft geben mussten, die sie möglicherweise eingeschüchtert hätte.

> „Dass man einmal auch die Betriebsräte, die in der Abteilung sind, bei den Befragung dann dabeihat, damit man dann konkret, gezielt Fragen stellen konnte. So haben wir uns da aufgestellt. Wenn wir immer mit 14 Betriebsräten hier sitzen wollen, wenn die Mitarbeiter dann zur Befragung kommen, das ist ja dann auch ein Bild, das ist nicht unbedingt gut." (Betriebsrat 1, Automobilteile 3)

Auch bei *Maschinebau 1* haben die Freigestellten an allen Sitzungen der Bestandsaufnahme teilgenommen; aber auch der Rest des Gremiums war im Prozess der Landkartenerstellung nahezu durchgängig vollständig vertreten. Die meisten Mitglieder beteiligten sich dabei regelmäßig durch interessierte und kritische Wortbeiträge, andere zeigten sich hingegen weniger engagiert. Insgesamt herrschte aber ein konzentriertes Workshopklima.

Aus Sicht des Betriebsratsvorsitzenden wurden die Betriebsräte damit auf neue Weise in der Breite für arbeitspolitische Fragen sensibilisiert.

> „Wenn alle mitmachen ist das eine ganz andere Nummer. Und jeder erkennt hier auch für seine Bereiche, ja der eine steht der Produktion näher, der andere steht dem Vertrieb näher. Die haben alle für sich rauskriegen können, wo die Bedrohung liegt. Das heißt also wir haben eine Sensibilisierung geschaffen für die Zukunft, dass die in ihre Bereiche und angrenzende Bereiche sauber reinhören und dann auch in der Lage sind, einen ordentlichen Input zu liefern und die Betriebsratsarbeit zu befruchten." (Betriebsrat, Maschinenbau 1)

Nach Abschluss der Bestandsaufnahme wurde ein Projektteam gebildet, das die weiteren Arbeitsthemen erfassen und an der Zukunftsvereinbarung arbeiten sollte. Nach mehreren Workshops in diesem Arbeitsgremium wurde ein Entwurf für eine Zukunftsvereinbarung erstellt, die dann aber nicht im Unternehmen verhandelt wurde.

Bei *Maschinenbau 2* ist die Organisation des Gremiums eher flexibel, informell und wenig hierarchisch. Mit Blick auf die Teilnahme der Betriebsratsmitglieder an den „Arbeit 2020"-Workshops sagte der Vorsitzende: *„Das ist eine Demokratie. Ich kann nur zu den Workshops einladen, ob sie kommen, entscheiden sie selber."*

Die Beteiligung der Betriebsräte war jedoch nicht hoch; nur im Auftaktworkshop und während der Vorbereitung der Zukunftsvereinbarung waren regelmäßig fünf der neun Betriebsräte dabei, zur Landkartenerstellung waren es nur zwei bis drei. Die Zuständigkeit für das Thema Digitalisierung und das „Arbeit 2020"-Projekt übernahmen der Betriebsratsvorsitzende, der im Vorrichtungs- und Werkzeugbau arbeitet, und ein Betriebsratsmitglied aus dem Bereich Konstruktion. Auch diese Entscheidung wurde eher informell und nach thematischen Vorlieben getroffen:

> „Wir machen das nicht so, dass wir dann den Ausschuss Digitalisierung ins Leben rufen. Wir haben dann gesagt, wir besuchen die Schulungsreihe, und dann sind wir automatisch die, die sich dann weiter um „Industrie 4.0" kümmern." (Betriebsrat, Maschinenbau 2)

Bei *Maschinenbau 3* war zu den Workshops jeweils ein Kern von vier Betriebsräten anwesend, darunter der Betriebsratsvorsitzende und sein Stellvertreter. Der Rest des Gremiums wurde nach Aussage des Betriebsratsvorsitzenden bewusst nicht dazu geladen, weil sie nach seiner Einschätzung mit dem Projekt wenig würden anfangen können; sie sollten dann am Ende mit konkreten Ergebnissen überzeugt werden. Die Betriebsräte beteiligten sich insgesamt recht intensiv an den Workshops, zeigten aber auch bei einzelnen Präsentationen durch Führungskräfte wenig verborgenes Desinteresse.

Auch die Betriebsräte bei *Antriebstechnik 1* haben eine Arbeitsgruppe gebildet, um den Prozess „Arbeit 2020" zu begleiten. Einige Betriebsräte berichteten dann im Rahmen der Landkartenerstellung aus ihren Abteilungen; das Gros der Bestandsaufnahme wurde aber, auch auf Wunsch der Unternehmensleitung und als symbolischer Ausdruck der kooperativen Arbeitsbeziehungen, auf die Führungskräfte aus den entsprechenden Bereichen ausgelagert.

Die Teilnahme der Betriebsräte an den Workshops bei *Antriebstechnik 2* schwankte stark. In den beiden Auftaktsitzungen, die teilweise zusammen mit der Geschäftsleitung stattfanden, waren drei Betriebsräte, darunter der Vorsitzende und sein Stellvertreter, anwesend. Bei der Landkartenerstellung bewegte sich die Zahl zwischen fünf und neun Betriebsräten, je nachdem, wer aus welchen Bereichen zu berichten hatte.

> „Wir hätten gerne mehr Betriebsräte dabeigehabt, aber wir sind durch die 40 Stunden Wochenarbeitszeit eingeschränkt, es können nicht alle dabei sein". (Betriebsrat, Antriebstechnik 2)

Insgesamt übernahm der Vorsitzende die meisten Aufgaben, die sich während des Projekts ergeben haben oder erledigte sie gemeinsam mit dem Betriebsausschuss. Auf den Vorschlag, Arbeitsgruppen zu bilden, reagierte er eher verhalten und verwies darauf, dass die Bildung von Arbeitsgruppen aufgrund der unterschiedlichen Schichtzugehörigkeiten der Betriebsratsmitglieder schwierig sei.

Bei *Wirtschaftsbetriebe* haben an den anfänglichen Terminen zunächst – mit Ausnahme der zu diesem Zeitpunkt erkrankten stellvertretenden Vorsitzenden – alle Betriebsratsmitglieder teilgenommen. Nach den Auftaktterminen mit der Geschäftsführung und im Gremium wurde für die Landkartenerstellung eine Arbeitsgruppe gebildet. Die Arbeitsgruppe wurde von der stellvertretenden Betriebsratsvorsitzenden geleitet, der Vorsitzende kam gelegentlich kurz zur Begrüßung dazu. Der Arbeitsgruppe gehörten neben etwa vier – teilweise wegen des Schichtbetriebs auch wechselnden – Betriebsratsmitgliedern auch zwei weitere Belegschaftsmitglieder an, die nicht zum Betriebsrat gehören. Neben einer Mitarbeiterin aus der Personalabteilung war auch ein Kollege aus der EDV anwesend. Er wollte im Zuge der Gespräche etwas über eine sich im Test befindende App für die Fahrer erfahren und herausfinden, an welchen Stellen es sonstige Digitalisierungsbedarfe gibt. Der Personalerin war ein angemessener Dialog mit den Mitarbeitern wichtig, sie wollte das Thema diskutieren können, ohne direkt Angst zu verbreiten.

Die Teilnahme der beiden Nicht-Betriebsratsmitglieder sorgte zum Auftakt des Prozesses zunächst für Unruhe. IG Metall und Beratung waren besorgt, dass kritische Themen nicht ausreichend besprochen werden könnten oder dass sie interne Informationen an die Geschäftsführung weiterleiten könnten. Allerdings bestätigte sich dieser Anfangsverdacht nicht. Sowohl die Personalerin als auch der EDV-Mitarbeiter erwiesen sich als integrative und an den Belangen der Belegschaft interessierte Arbeitsgruppenmitglieder, bei denen die Bestandsaufnahme nachhaltig Eindruck hinterlassen hat. Beide äußerten abschließend die Absicht, den Betriebsrat zukünftig weiter zu unterstützen.

Das Projekt „Arbeit 2020“ startete bei *Metallverarbeitung* mit einem Betriebsratsworkshop, zu dem das gesamte Gremium anwesend war. Dabei stand vor allem die Sichtweise des Betriebsrats auf die Unternehmensstrategie im Zentrum. Zwar war der Mehrwert dieses Schritts für das Projekt aus Sicht des Vorsitzenden eher gering, doch war er wichtig für das Gremium, weil er die Tiefe und Dauer einer Klausurtagung hatte und die Selbstverständigung förderte.

> „Den Mehrwert für das Projekt würde ich nicht so grade unbedingt sehen. Ich glaube es hat uns als Betriebsrat gutgetan. Einfach ein ganzer Tag, den man sich da genommen hat, wo man kein Handy dabei hat oder sowas. Das war ja wie eine Art Klausur, wo man ungestört war und Zeit für einander hatte.“ (Betriebsrat, Metallverarbeitung)

Klausuren dieser Art führt der Betriebsrat sonst nur im Abstand von etwa vier Jahren durch. Sie finden zumeist nach den Betriebsratswahlen statt mit dem Ziel, die neuen Betriebsratsmitglieder zu integrieren und sich Ziele für die nächsten vier Jahr zu setzen. Auch der umfassende Blick auf die Unternehmensstrategie ist nicht Teil des alltäglichen Geschäfts der Betriebsräte. Das war etwas Außergewöhnliches. Und es war eine der wenigen Gelegenheiten, die Betriebsräte des Gremiums auf einen einheitlichen Wissens- und Diskussionsstand zu bringen.

> „Ja, also es war schon neu, dass man so explizit einfach mal drüber geredet hat. Also ich glaube, es kommt schon hin und wieder in Betriebsratssitzungen vor, gerade mit dem Arbeitgeber. Aber dann eher so ein bisschen bröckchenweise. Aber dass man ganzheitlich mal draufguckt, das war schon eher neu. Und mal eine gute Gelegenheit, die Betriebsräte alle mal auf einen Stand zu bringen.“ (Betriebsrat, Metallverarbeitung)

Dies gilt vor allem für die nicht freigestellten Mitglieder und unter diesen für diejenigen, die nicht im Betriebsausschuss vertreten waren. Diese haben weit seltener Sitzungen und sind nicht so stark in die Arbeit des Gremiums integriert. Das Gremium hat den weiteren Prozess auch als Ganzes begleitet, bis hin zu den Verhandlungen mit der Unternehmensleitung zur Zukunftsvereinbarung, die dann von einer kleineren Gruppe, dem Betriebsausschuss, geführt wurden.

Auch im Fall von *Automationstechnik* war in den meisten der zehn Sitzungen, die im Rahmen des Projekts durchgeführt wurden, das gesamte Gremium anwesend.

> „Wir haben meistens den kompletten Betriebsrat dabeigehabt. Plus Jugendvertreter.“ (Betriebsrat 1, Automationstechnik)

Im Rahmen der Sitzungen wurde dann zunächst ein Organigramm des Betriebs erstellt. Das Hauptproblem hierbei bestand darin, sinnvolle Untersuchungseinheiten zu finden und zusammenzufassen. Dann verteilte die Beratung Hausaufgaben an die Betriebsräte. Eine Aufgabe lautete, Daten zum Umfang der Beschäftigung und zur Zahl der Gewerkschaftsmitglieder zu sammeln. Eine andere Aufgabe war, alle Softwareprogramme zu identifizieren, die im Betrieb genutzt wurden. Und eine dritte Aufgabe schließlich bestand darin, in Interviews mit den Beschäftigten für jede Abteilung herauszufinden, wie sich die Arbeitsplätze verändert haben und welchen Einfluss darauf die Digitalisierung hat. Dies geschah bewusst außerhalb der eigentlichen Sitzungen als „Hausaufgabe“, denn *„das hätten wir ja in den Sitzungen gar nicht schaffen können“ (Betriebsrat 2, Automationstechnik)*

Aber auch wenn sich die Vertreter des Gremiums die Arbeit aufteilten, wurde doch der damit verbundene zeitliche Aufwand von den Betriebsräten kritisch bewertet. Zusätzlich zu den Workshops und dem Alltagsgeschäft erwies sich der Aufwand der Hausaufgaben als „stressig“.

> „Zwischendurch schon haarig. Ich sage mal, man hat ja so die normale Arbeit, die schon viel Zeit in Anspruch nimmt und dann kam ja noch das Bearbeiten des Projektes hinzu, das war streckenweise schon stressig.“ (Betriebsrat 1, Automationstechnik)

Hinzu kam, dass das Projektteam „Arbeit 2020“ ein dicht getaktetes Programm vorgeben wollte und einen Rhythmus von zwei Sitzungen pro Woche anstrebte. Das konnte oder wollte der Betriebsrat so nicht mitgehen. Im Gremium ist nur der Vorsitzende freigestellt, bei den anderen Betriebsräten blieb die Arbeit liegen, die Vorgesetzten fragten nach oder auch die Kollegen, die sie teilweise vertreten mussten. In dieser Situation haben sich die Betriebsräte mit dem Unternehmen darauf verständigt, maximal zwei Sitzungen pro Monat zu machen.

Besonders aufwändig war die Auflistung aller Software-Systeme, die im Betrieb verwendet werden. Dazu ist ein Betriebsrat alle Abteilungen durchgegangen und hat die Kollegen befragt, mit welchen Systemen sie arbeiten. Er erstellte dann eine Liste von insgesamt 140 Systemen. Diese Aufgabe erwies sich schließlich aus Sicht des Betriebsrats als wenig zielführend; denn mehr als festzustellen, dass es diese Systeme gibt, war damit nicht verbunden. Es sei schließlich nicht Aufgabe des Betriebsrats, die Systeme zu hinterfragen.

> „Ja, also das haben wir im Endeffekt gar nicht gebraucht, weil das war ja nicht das entscheidende. Denn die Dinge sind ja da, wir können ja nicht unseren Kollegen sagen ‚Hör mal, weißt du was, die Software die du hast, die ist eigentlich scheiße, mach das mal mit einer anderen‘ und der sagt ‚mit der anderen kann ich gar nicht arbeiten, ich will ja die haben, das ist ja meine Software.‘“ (Betriebsrat 3, Automationstechnik)

Trotz dieses Aufwands kam das Gremium immer in voller Stärke zu den Workshops zusammen. Grund dafür sind die Meilensteine, die abgearbeitet wurden und die die Anwesenheit des Gremiums erfordert hätten.

> „Ja das waren ja auch richtige Meilensteine, damit wir dann den Punkt abschließen und zum nächsten Punkt übergehen konnten. Da musste dann ja auch das ganze Gremium mitgenommen werden oder auch dabei sein.“ (Betriebsrat 1, Automationstechnik)

Im Fall von *Lebensmittel 1* lag die Projektorganisation beim Betriebsratsvorsitzenden. Die Übernahme der Arbeit und der Verantwortung durch den Vorgesetzten ist ein Strukturmerkmal der Arbeitsteilung im Betriebsratsgremium.

> „Ja, also wir haben natürlich hier und da in der Arbeitsgruppe auch Leute, die da aktiv mit sind, aber am Ende muss man sagen, der, der in der Freistellung ist, der ist immer der Vorturner. Der Rest zieht sich eher so ein bisschen zurück, arbeitet vielleicht dann auch mit, keine Frage, aber es sind nicht die, die ganz vorne stehen.“ (Betriebsrat, Lebensmittel 1)

Ursprünglich sollte sich das gesamte Gremium am Projekt „Arbeit 2020“ beteiligen. Das hat aber nicht funktioniert, zum einen, weil nicht alle Betriebsratsmitglieder an den Workshopterminen teilnehmen konnten. Zum anderen war der Projektstart in den Augen einiger Betriebsräte „holprig". Den eigentlichen Landkartenterminen gingen zwei ganztägige Veranstaltungen voraus, in denen die Diskussion nur sehr allgemeine Fragen berührte. Deshalb gab es mehr oder weniger offene Kritik an der Beratung zumindest in dieser Phase.

> „Genau, es waren viele, die, wie gesagt, nicht konnten, aber da waren einige Kollegen, die gesagt haben „Nein, das tue ich mir nicht nochmal an, da habe ich kein Interesse dran". Ich glaube, da hätten wir einiges besser machen können, und dann wäre es auch viel interessanter und intensiver geworden ". (Betriebsrat, Lebensmittel 1)

Neben dem Betriebsratsvorsitzenden gab es einen jüngeren und engagierten Kollegen, der an allen Terminen – auch trotz Urlaub – teilgenommen hat.

Bei *Lebensmittel 2* wurden die Abteilungen Produktion und Technik von den Betriebsräten, die sich aus diesen beiden Bereichen rekrutieren, bearbeitet. Zu den übrigen sieben Abteilungen wurden Beschäftigte als Experten hinzugezogen. Im Betriebsrat wurde keine Arbeitsgruppe zum Projekt eingerichtet; vielmehr hat der Großteil der Betriebsräte jeweils an den Gesprächen mit den Beschäftigten teilgenommen.

Allerdings gab es ein Betriebsratsmitglied, das den Sinn des gesamten Prozesses in Frage stellte. Dies geschah, als die Erarbeitung der Betriebslandkarte bereits fortgeschritten war und deutlich wurde, dass Digitalisierung bei *Lebensmittel 2* keine große Rolle spielt. Die Berater*innen schlugen deshalb vor, im Rahmen der noch zur Verfügung stehenden Workshoptage die Themen Kernkompetenzen und Standortvergleich zu bearbeiten. Daraufhin machte der betreffende Betriebsrat seiner Frustration Luft:

> „Wir gehen auf die Messen, kennen die modernen Maschinen und Roboter, wissen, was möglich ist, aber der Punkt ist: Hier ist kein Geld da. Es wird nicht investiert. Wir sind das Hinterland. Das ist doch alles sinnlos. Was soll man da vergleichen?" (Betriebsrat, Lebensmittel 2)

Als Reaktion auf diesen Ausbruch hat der Vorsitzende zum nächsten „Arbeit 2020"-Termin einen projektbezogenen Ausschuss gegründet, der allen Betriebsräten offenstand, die das Thema weiterbearbeiten wollten. Auf diese Weise wollte er vermeiden, dass sich weitere Mitglieder des Gremiums von dieser pessimistischen Haltung anstecken lassen und sich der „Opposition" anschließen. Dieses Vorgehen hat sich als erfolgreich erwiesen. Die anderen Betriebsratsmitglieder nahmen schließlich weiter am Projekt teil. Im Interview erläutert der Betriebsratsvorsitzende, dass der eine Betriebsrat, der aus dem „Arbeit 2020"-Prozess ausgeschert ist, schon länger eine andere „Grundeinstellung" als die übrigen Betriebsräte gehabt und bereits angekündigt habe, bei den bevorstehenden Wahlen aus dem Gremium auszuscheiden.

Insgesamt sind die Betriebsratsgremien am Prozess „Arbeit 2020" in mehr oder weniger großem Umfang beteiligt, in vielen Fällen als zahlenmäßig zumeist gewichtige Arbeitsgruppe. In zwei Fällen, bei *Maschinenbau 2* und *Antriebstechnik 2*, beschränkte sich die kontinuierliche Arbeit im Projekt jeweils auf ein kleines Kernteam, das nach Bedarf und Bereitschaft anderer Mitglieder erweitert wurde; dafür nahmen aber auch in vier anderen Fällen jeweils die ganzen Betriebsratsgremien zumindest an den Workshops der Landkartenerstellung teil. In den meisten Fällen wurden die gesamten Gremien auch zu den Auftaktworkshops und später zu den Strategiesitzungen, in denen die arbeitspolitischen Themen und Zielsetzungen für Verhandlungen mit der Unternehmensseite festgelegt wurden, hinzugezogen. Damit waren sie an den wichtigen Weichenstellungen des Projektverlaufs beteiligt und konnten daran mitwirken.

Diese Einbeziehung zeigt, dass „Arbeit 2020" kein Projekt der Betriebsratsvorsitzenden war. Im Gegenteil, das Projekt ist mit seinem Fokus auf Erfahrungs- und Wissensaustausch sowie auf gemeinsame Strategiebildung auf die partizipative Einbindung der Betriebsratsgremien zugeschnitten. Mit zentralistischen Gremien (Bosch 1997) und dominierenden oder autoritären Vorsitzenden oder mit elitären Verhandlungsstrukturen und privilegierten Zugängen zur Unternehmensleitung ist das Projekt nicht kompatibel.

Durch „Arbeit 2020" wurden in vielen Fällen die Beteiligungskulturen in den Gremien gestärkt. Teilweise haben sich die Vorsitzenden, wie bei *Anlagenbau 1*, *Antriebstechnik 1* oder *Wirtschaftsbetriebe* auch bewusst zurückgezogen und die Organisation des Prozesses an ihre Stellvertreter oder andere Betriebsräte abgegeben. Freilich war die kontinuierliche Teilnahme am Projekt gerade für die nicht Freigestellten Betriebsräte auch eine Frage der zeitlichen Ressourcen. Umso überraschender ist es, dass sie in manchen Fällen trotzdem an den meisten Workshops teilnahmen. In anderen Fällen war die Einbindung deutlich schwächer; es zeigte sich eine Kluft zwischen freigestellten und nicht freigestellten Betriebsräten und eine stärkere Zurückhaltung der nicht freigestellten Betriebsräte, so bei *Metallverarbeitung* oder bei *Maschinenbau 2*. Bei *Elektrotechnik 2* wurde dieses Thema im Verlauf des Projekts mit gesonderten Maßnahmen der Aktivierung aufgegriffen; darüber wird im nächsten Abschnitt berichtet.

Es gab auch wenige Fälle, darunter *Automationstechnik*, in denen der hohe Aufwand der Workshops und auch der teilweise parallel zu leistenden „Hausaufgaben“ der Betriebsräte kritisch gesehen wurde. Dies lag nicht zuletzt daran, dass in diesen Fällen die Technologieanwendungen recht akribisch ermittelt wurden und der Nutzen dieser Maßnahme nicht deutlich wurde. Ebenfalls als problematisch erwies sich die Bildung einer gemischten Arbeitsgruppe aus Betriebsräten und Führungskräften bei *Anlagenbau 2*; hier waren es die ungeklärten Organisationsprobleme, die durch die Reorganisation in Profit Center erzeugt und die in den Teams dann persönlich ausgetragen wurden, die eine Belastung des Prozesses nach sich zogen.

Dennoch: Insbesondere für die kleineren Gremien wie bei *Metallverarbeitung* bedeuteten die Intensität des Erfahrungsaustauschs und die Herausforderung einer gemeinsamen Strategiebildung echtes Neuland. In diesen Gremien werden Klausurtagungen nie oder, wenn überhaupt, im Abstand mehrerer Jahre geführt; die Interaktion und Abstimmung beschränkt sich zumeist auf die wöchentlichen Betriebsratssitzungen, in denen mehrerer Tops möglichst rasch abgehandelt werden. Insofern wurde der Austausch innerhalb der Gremien zumindest in diesen kleinen Betrieben durch „Arbeit 2020“ deutlich vertieft.

7.2.2 Reorganisation der Betriebsratsarbeit

Wie nachhaltig hat sich die Organisation der Betriebsratsarbeit durch das Projekt „Arbeit 2020“ verändert? Inwieweit haben die Betriebsräte ihre Gremienarbeit und die Beteiligung der Gremienmitglieder auch langfristig verändert? Die Beantwortung dieser Fragen ist methodisch nicht ganz einfach, denn in den meisten Fällen endete unsere Fallbegleitung mit Abschluss des Projekts „Arbeit 2020“ in den Betrieben oder sogar noch davor. Deshalb müssen vor allem Informationen herangezogen werden, die aus nachträglichen Interviews gewonnen wurden. Doch ermöglicht auch die teilnehmende Beobachtung der Prozesse erste Schlussfolgerungen dazu, denn hier zeichnete sich bereits ab, wie die Betriebsräte mit den neuen Beteiligungskulturen umgegangen sind und ob sie darin eine echte Erweiterung ihrer Ressourcen und ihrer Handlungsrepertoires als Interessenvertretungen sahen oder nicht.

Wenig überraschend können Fälle mit und ohne längerfristige Auswirkungen des Projekts „Arbeit 2020“ unterschieden werden. Ein Beispiel für einen Fall ohne längerfristige Auswirkungen auf die innere Organisation der Betriebsratsarbeit ist *Elektrotechnik 1*. Hier ist das Aktivitätsniveau der

Betriebsratsmitglieder sehr unterschiedlich; es ließ sich ein deutliches Gefälle zwischen den freigestellten und den nicht freigestellten Mitgliedern erkennen. Zu der Idee, eine Betriebsratszeitung ins Leben zu rufen, sagte der stellvertretende Betriebsratsvorsitzende: *„wenn ich frage, wer da mitarbeitet, meldet sich sowieso wieder nur x und ich muss das meiste machen.“* Auch der erst Anfang 2016 eingerichtete Wirtschaftsausschuss kam nicht ins Laufen. Der vom Betriebsratsvorsitzenden durchaus mit Einstimmung des Gremiums verfügte frühzeitige Austritt aus dem Projekt verhinderte, dass sich positive Impulse hätten entwickeln können.

Auch bei *Automobilteile 2* wurde zunächst ein Veränderungsbedarf deutlich, aber keine Impulse aus dem Projekt aufgenommen. Wie bei *Elektrotechnik 1* war auch hier der Hemmschuh ein dominierender Betriebsratsvorsitzender, der die Verhandlungsfäden in der Hand hielt. Doch fand in diesem Fall während des Projekts ein Generationenwechsel statt. Der Vorsitzende ist während der Erarbeitung der Betriebslandkarte zurückgetreten und hat den Vorsitz an seinen Stellvertreter übergeben. Der Wechsel war geplant, weil der alte Vorsitzende in Altersteilzeit ging. Er stellte den Betriebsrat jedoch zunächst vor ein Problem, denn der Kontakt zur Geschäftsführung wurde dadurch schwächer, und außerdem hatte die Unternehmensleitung einen Personalabbau in der Produktion angekündigt. So musste vieles neu organisiert werden; die neuen Vorsitzenden beklagten zudem die hohe terminliche sowie psychische Belastung durch Gespräche mit Beschäftigten, die vom Verlust ihres Arbeitsplatzes bedroht waren.

Auch bei *Antriebstechnik 1* stand im Projektverlauf ein Generationentransfer an, und auch dort gestaltete er sich schwierig. Einerseits war der Betriebsratsvorsitzende sehr daran interessiert, das Gremium auf zukünftige Themen einzustellen und sich in diesem Zuge auch dem Thema „Industrie 4.0“ zu öffnen:

> „Ich finde es ganz wichtig, dass das Thema in den Handlungsplan des Betriebsrats mit aufgenommen wird. Wenn ich aufhöre möchte ich eine Agenda hinterlassen, die auf die Zukunft ausgerichtet ist. Bis dahin will ich meine Erfahrungen einbringen, um das Amt gut an die jüngeren Kollegen zu übergeben, die dann nachrücken.“ (Betriebsrat, Antriebstechnik 1)

Andererseits verfügte er als langjähriger Betriebsratsvorsitzender über eigene, auch inoffizielle Kommunikationswege mit der Geschäftsführung, die das restliche Gremium teilweise ausschlossen. Absprachen „hinter verschlossener Tür“ waren üblich. Das erneuerte Gremium stand vor dem Dilemma, dass die alte Praxis nicht aufrechtzuerhalten war, sich aber auch keine neuen Praxismuster einspielten. Erst der Entschluss zum Konflikt, der im nächsten Abschnitt beleuchtet wird, brachte Bewegung in die eingefahrene Situation.

Die Arbeitsteilung im Gremium war auch bei *Lebensmittel 2* ein Thema. Die nicht freigestellten Kollegen haben zunächst von ihrem Vorsitzenden als einzigem Freigestellten erwartet, dass er sich praktisch um alles kümmert. Diese Erwartung wurde erst dadurch durchbrochen, dass der Vorsitzende Mitglied des Konzernbetriebsrats wurde und deshalb häufiger nicht vor Ort war. Seitdem haben sich einige Betriebsratsmitglieder gefunden, die ihn stärker unterstützen und bestimmte Aufgaben übernehmen.

> „Ich glaube, das ist in jedem Gremium ein Thema. Dass man dann vielleicht davon ausgeht, [...] dass derjenige, der freigestellt ist, erstmal alles machen muss. Mittlerweile haben wir das so geregelt, dass im Betriebsrat auch Leute sind, die bestimmte Aufgaben übernehmen. [...] Das ist nur eine Handvoll, aber die reicht dann aus, dass die Arbeit im Betriebsrat ordentlich fortgeführt werden kann.“ (Betriebsrat, Lebensmittel 2)

Die Verteilung der Aufgaben erfolgte unter anderem über die Bildung von Ausschüssen. Einziger ständiger Ausschuss ist hier der Wirtschaftsausschuss; für zeitlich befristete Projekte werden je nach Bedarf eigene Ausschüsse ins Leben gerufen und mit geeigneten Gremiumsmitgliedern besetzt.

> „Wir haben den Wirtschaftsausschuss, und wenn dann nochmal bestimmte Projekte sind, gründen wir dann auch spezielle Ausschüsse [...] wo wir dann Betriebsratsmitglieder mitnehmen, die vielleicht eher dran sind an dem Thema, einen Techniker bei technischen Sachen oder so, dass die uns Fachwissen weitergeben können.“ (Betriebsrat, Lebensmittel 2)

Damit ähnelt die Organisationspraxis der Betriebsräte hier der Praxis bei *Lebensmittel 1*, wo es eine durchaus aktive Teilnahme auch der nicht freigestellten Betriebsratsmitglieder an der Ausschussarbeit gibt. In anderen Fällen, wie bei *Anlagebau 2*, sind mögliche Veränderungen noch nicht absehbar, weil der Prozess „Arbeit 2020“ noch läuft.

Doch auch das Vorliegen einer *Zukunftsvereinbarung* erzeugt nicht automatisch eine Veränderung der Arbeitsweise in den Gremien. Das zeigt das Beispiel *Elektrotechnik 3*. Die in der Zukunftsvereinbarung festgelegten Prozesse konnten hier bis zum Abschuss der Untersuchung nicht gestartet werden. Verantwortlich dafür ist aus Sicht des Betriebsrats der Umstand, dass er derzeit mit aufwändigen anderen Dingen beschäftigt ist, vor allem einem Projekt, das die Lean Production im Betrieb einführt.

> „Wir haben dann auch gesagt: Achtung, wir haben jetzt im Moment viele andere Dinge vor dem Bauch, unser Betrieb wandelt sich, wir strukturieren uns um, wir haben Lean im Moment hier. Und da wir ja nicht alle alles machen können, brauchen wir ein bisschen Zeit." (Betriebsrat, Elektrotechnik 3)

Der Betriebsrat ist im Steuerkreis des Prozesses mit von der Partie. Das Aktivitätsniveau des Betriebsrats ist dadurch höher als in anderen Fällen des Samples, nur ließ der Betriebsrat die Handlungschancen der Zukunftsvereinbarung bislang ungenutzt.

Auch bei *Automationstechnik* wurde die in der Zukunftsvereinbarung avisierte Arbeitsgruppe noch nicht eingerichtet; dementsprechend blieben Veränderungen in der Arbeitsweise des Gremiums aus. Während des Projekts wurden auch keine Veränderungsbedarfe deutlich; das Gremium arbeitete intensiv und vollzählig mit, niemand musste dazu gedrängt werden. Die Arbeitsgruppe würde der Betriebsrat dann aktivieren, wenn er sie nach seiner Einschätzung wirklich braucht.

> „Also wenn wir das brauchen, dann machen wir das. …Wir sind eigentlich für jede Schandtat zu haben." (Betriebsrat, Automationstechnik)

Bei *Metallverarbeitung* schließlich waren die Betriebsräte während der Projektphase sehr aktiv, denn sie haben ja fast durchgängig am Prozess teilgenommen. Danach spielten sich jedoch die alten Unterschiede zwischen aktiveren und weniger aktiven Betriebsräten wieder ein.

> „Ja, ich hätte es gehofft. Aber leider wenig eher. Es sind halt eben die, die sehr aktiv sind, die sind nach wie vor sehr aktiv. Die, die nicht so ganz aktiv sind, sind immer noch nicht so ganz aktiv." (Betriebsrat, Metallverarbeitung)

Ein anderes Problem der Aktivierung der Betriebsräte ist ihre die Fokussierung auf die Zukunftsvereinbarung. Erst und nur in der Zukunftsvereinbarung zeige sich demnach der Wert und der Erfolg des Projekts „Arbeit 2020". Diese Deutung findet sich beim Betriebsrat von *Automobilteile 1*.

> „Uns fällt die Gesamtbilanz schwer. Es gibt ja noch kein Ergebnis, noch ist keine Zukunftsvereinbarung vereinbart. … Davon würde ich die Bilanz abhängig machen". (Betriebsrat, Automobilteile 1)

Analog ist die Einschätzung beim Betriebsrat von *Antriebstechnik 2*. Auch dort hat das Projekt nicht zur Aktivierung des Betriebsratsgremiums beigetragen. Über den tatsächlichen Erfolg des Projekts möchte der Betriebsrat erst nach Abschluss der Zukunftsvereinbarung urteilen, da diese für ihn das Ziel des Projekts darstellt.

> „Erfolg ist, wenn ich ein Ziel erreicht habe. Aber wir haben ja noch kein Ziel erreicht. Wir haben die Betriebslandkarte fertig gestellt. Die Vereinbarung ist zwar auf dem Papier, aber nicht bindend. Erst wenn die Vereinbarung abgeschlossen ist und auch eingehalten wird, lässt sich sagen, ob das Projekt ein Erfolg war.“ (Betriebsrat, Anlagenbau 2)

Dieser Blick auf formale Normen verstellt den zitierten Betriebsräten zum einen die Offenheit für den Wert der Prozesse und der Erweiterungen des Handlungsrepertoires, die mit dem Projekt „Arbeit 2020“ verbunden sind und die von den Betriebsräten aufgegriffen werden könnten. Zum anderen verbleiben diese Betriebsräte auf einem legalistischen Standpunkt, der dem Charakter der Zukunftsvereinbarungen nur unzureichend entspricht. Denn ihr Wert bemisst sich nicht in erster Linie daran, ob die Unternehmen die Vorgaben einhalten, die darin enthalten sind, sondern ob die Betriebsräte selber die Prozesswege auch aktiv beschreiten, die ihnen darin angeboten werden.

Aber auch in weiteren Fällen blieben Veränderungen in den Arbeitsweisen der Gremien aus unterschiedlichen Gründen aus. Während bei *Maschinenbau 3* der Betriebsrat, wie bereits aufgezeigt, Veränderungen ablehnt, wurden bei *Maschinenbau 1* hingegen keine Veränderungen initiiert, weil der Betriebsrat bereits seit längerem die Arbeitsteilung im Gremium zu einem Thema gemacht hat und sie laufend zu optimieren versucht. Deshalb hat sich die Arbeitsweise im Gremium dann durch die Beteiligung am Projekt „Arbeit 2020“ nicht mehr grundlegend verändert.

> „Ja, also die Arbeitsweise hat sich dahingehend nicht verändert. Wir haben ja vorher auch schon immer in unserer Arbeit geschaut, wie können wir was organisieren, wer macht es. Gefühlt ist das auch der richtige Weg.“ (Betriebsrat, Maschinenbau 1)

Zwar kam es damit in der Mehrheit der Fälle des Untersuchungssamples zu keinen Veränderungen der Arbeitsteilung in den Gremien, in den anderen fünf Fällen waren die Veränderungen aber teilweise umso gravierender. Bei *Möbel* hatte der Betriebsrat auch schon vor dem Projekt eine formale Struktur mit Arbeitsgruppen, doch standen die meisten dieser Gruppen nur auf dem Papier.

„Ja wir haben immer mehrere Ausschüsse im Betriebsrat, auf dem Papier. Theoretisch gab es einen Betriebsausschuss, einen Wirtschaftsausschuss, einen EDV-Ausschuss, einen Qualifizierungs-, einen Arbeitssicherheitsausschuss und so weiter. Auf dem Papier."

Mit dem Projekt hat der Betriebsrat seine Strukturen verschlankt und unterhält nur noch den Betriebs- und den Wirtschaftsausschuss. Und er bearbeitet nun die Arbeitsgruppen, die im Projekt durch die Zielvereinbarung neu definiert wurden.

„So, wir haben uns jetzt in dieser neuen Wahlperiode darauf verständigt, dass wir aufgrund des Projektes nur noch die vorgeschriebenen Ausschüsse bilden. Also das heißt Betriebsausschuss und Wirtschaftsausschuss, und die anderen Ausschüsse werden dann im Zuge des Projekts den Arbeitssicherheitsausschuss mit abdecken. Weniger ist aus seiner Sicht mehr." (Betriebsrat 1, Möbel)

Das Projekt hat auch das Aktivitätsniveau der Betriebsräte erhöht. Sowohl das Anforderungsniveau an die Betriebsräte als auch ihre Bereitschaft mitzuarbeiten sind demnach gestiegen.

„Weil auch das Bewusstsein von den Leuten im Betriebsrat gestärkt wird, sich da noch mehr mit einzubringen." (Betriebsrat 1, Möbel)

Dafür gibt es bei den nicht freigestellten Betriebsräten freilich auch Grenzen, die sich aus der Akzeptanz in ihren Bereichen ergeben. Auch deshalb ist es aus Sicht der Betriebsräte wichtig, die Beschäftigten stets auf dem Laufenden zu halten. Dies erhöht das Verständnis für die Bedeutung der Betriebsratsarbeit und für Abwesenheiten.

„Sie sehen ja auch, dass wir was machen, und wenn ich aus so einer Sitzung wiederkomme oder von einem Seminar oder was auch immer, dann erzähle ich denen ja auch ein bisschen. Damit die auch auf dem Laufenden sind, damit die wissen, warum das jetzt." (Betriebsrat 2, Möbel)

Bei *Elektrotechnik 2* hat sich das Betriebsratsgremium nicht von ungefähr parallel zum „Arbeit 2020"-Prozess mit der Zusammenarbeit und Arbeitsteilung im Gremium und der Arbeit mit Ausschüssen auseinandergesetzt. Zur Bearbeitung dieses Themas hat sich der Betriebsrat zu einer Klausurtagung zurückgezogen, die von dem Beratungsunternehmen aus „Arbeit 2020" moderiert wurde. In der Wahrnehmung des stellvertretenden Betriebsratsvorsitzenden hat der „Arbeit 2020"-Prozess einen wichtigen Impuls gegeben, sich dieses Dauerthemas anzunehmen. Insbesondere ging es dabei um die Kluft zwischen freigestellten und nicht freigestellten Betriebsräten.

> „Ich würde sagen, natürlich hat das mit da reingespielt. Weil man sich ja durch das Projekt „Arbeit 2020" eine andere Arbeitsweise angeeignet hat. Und vielleicht noch deutlicher wurde, dass wir da dringend nachbessern müssen. Weil das das war ja gar nicht mal so sehr das Problem, dass nicht Arbeit genug in die Ausschüsse verlagert wird. Sondern mehr so ein klimatisches Problem, das wir da hatten, ‚die Freigestellten und der Rest', das war immer so das Thema." (Betriebsrat, Elektrotechnik 2)

Aus Sicht der Vorsitzenden bestand die Praxis einiger nicht freigestellter Betriebsräte, Probleme an die Freigestellten weiterzureichen, anstatt selber an einer Lösung mitzuarbeiten. Die so entstehende Belastung der Freigestellten wurde durch den Umfang des „Arbeit 2020"-Projekts noch gesteigert.

> „Denn bei dem, was wir hier vor der Brust haben, vor allem auch noch uns zusätzlich durch „Arbeit 2020" aufgeladen haben, das ist ja auch eine Menge Arbeit, ist es einfach nicht mehr zu stemmen, wenn nicht auch die anderen ordentlichen Betriebsratsmitglieder Probleme selber lösen." (Betriebsrat, Elektrotechnik 2)

Das Thema wurde im Rahmen der Klausur zwar intensiv bearbeitet, aber nach Aussage der Betriebsräte noch nicht grundsätzlich gelöst.

Bei *Anlagenbau 1* ist die Reorganisation der Betriebsratsarbeit als Anpassung an neue Herausforderungen und Themenstellungen eine Daueraufgabe. Die Konstellation der Ausschüsse wurde immer wieder verändert, beispielsweise gab es zum Zeitpunkt der Workshops einen Ausbildungsausschuss, einen Weiterbildungsausschuss und einen Innovationsausschuss. Früher wurden alle drei Themen von einem Ausschuss bearbeitet.

> „Das sind immer so Wellenbewegungen, mal fasst man sie etwas größer, mal macht man sie etwas kleiner." (Betriebsrat 1, Anlagenbau 1)

Die Ausschüsse bestanden aus jeweils etwa sieben Mitgliedern. Der Betriebsratsvorsitzende plante jedoch, die Zahl nach der Betriebsratswahl auf etwa drei Mitglieder zu senken um die Kompetenz stärker zu konzentrieren:

> „Mein Eindruck ist, dass wir in den Ausschüssen stark Kompetenzen aufbauen. Also du kriegst da fast einen Fachexpertenstatus, da würde ich mir wünschen, dass wir da zwei bis drei Leute haben, die tief in der

> Materie sind. Und dass die Betriebsräte vor Ort dann wissen ‚aha, da ist ein Team aus Fachexperten, die kann ich fragen, wie mache ich das'. Die aber das Problem sozusagen vor Ort lösen und nicht in einem abstrakten Ausschuss, das ist so meine Vision für die nächsten vier Jahre." (Betriebsrat 2, Anlagenbau 1)

Im Fall von *Automobilteile 3* bezog sich die Reorganisation auf die Verbesserung der Kommunikations- und Informationsflüsse im Mehrebenensystem der Interessenvertretung. Konkret betraf dies die Artikulation zwischen dem Konzernbetriebsrat (KBR) und den örtlichen Gremien. Erfahrungen aus der Umsetzung des Projekts werden im KBR berichtet und von dort wieder nach unten an die lokalen Betriebsräte gegeben. Dadurch wurde die Artikulation insgesamt verbessert.

> „Wenn irgendeiner was erarbeitet hat, wird das dann im KBR-Rahmen angesprochen. Und die im KBR sitzen, das sind ja wieder die Entsandten aus den Standortbetriebsräten, die tragen das dann wieder in die Standortbetriebsräte. Also ich finde schon, dass alle dadurch besser informiert sind mittlerweile. Ist zwar immer ein Weg von oben nach unten bei uns auch, der zieht sich dann auch schon mal ein bisschen. Aber gut, vorher gab es den Weg zum Teil gar nicht." (Betriebsrat 1, Automobilteile 3)

Bei *Maschinenbau 2* hat das Gremium nach der letzten Betriebsratswahl, ähnlich wie bei *Elektrotechnik 2*, eine Klausurtagung abgehalten und gemeinsam festgelegt, welche Mitglieder für welche Schwerpunktthemen zuständig sind. Die Schwerpunktthemen lauteten: Soziales, Prämie, ERA, Wirtschaftsausschuss, Arbeits- und Gesundheitsschutz, Verbesserungswesen. Die Zuordnung von Personen zu Themen erfolgte nach persönlicher Interessenlage:

> „Das haben wir in der Klausur so festgelegt, aber das ist teilweise auch beweglich, das verwischt auch in der normalen Betriebsratsarbeit. [...] Das hat damit zu tun, wenn du jetzt jemandem ein Thema überstülpst, das ihm nicht liegt, an dem er keine Freude hat [...], dann wird das am Ende des Tages eine schlechtere Betriebsratsarbeit sein, als wenn jemand eine Affinität zu dem Thema hat." (Betriebsrat, Maschinenbau 2)

Wie sind auf Grundlage dieser Befunde die längerfristigen Veränderungsimpulse für die Interessenvertretungspraxis der Betriebsräte einzuschätzen, die vom Projekt „Arbeit 2020" ausgehen? Zwar fanden sich teilweise weitreichende Veränderungen, doch betrafen sie nur eine Minderheit der Gremienarbeit der Betriebsräte des Untersuchungssamples. Ist das Glas damit halb leer oder ist es halb voll? Viel spricht für die zweite Deutung der Befunde. Die Reorganisation der Betriebsratsarbeit ist keine autonome Zielsetzung des Projekts „Arbeit 2020“. Dies wäre als weiteres Projektziel mit den gegebenen Ressourcen kaum vertretbar und vom Umfang her ein eigenes gewerkschaftliches Projekt. Zwar geht es bei „Arbeit 2020“ explizit um die Aktivierung der Betriebsräte, aber um ihre Aktivierung für die konkreten Fragestellungen und Prozesse des Projekts, nicht für die Neuausrichtung der Gremienarbeit generell.

Dass in einigen Fällen die Prozesse von „Arbeit 2020“ dazu geführt haben, in den Betriebsratsgremien nachhaltigere Entwicklungen anzustoßen, ist ein willkommener Nebeneffekt des Projekts. Zu diesen Fällen ist ergänzend auch noch *Automobilteile 2* zu zählen; hier musste sich der Betriebsrat nach dem Abschied des alten Vorsitzenden neu sortieren, und dies geschah dann im Konflikt um Beschäftigungsabbau mit der Unternehmensleitung. Weil diese Episode sich nach dem Ende des Projekts „Arbeit 2020“ entwickelte, liegen dazu keine Details vor. In den Fällen *Möbel* und auch *Automobilteile 3* hat sich gezeigt, dass von den Zukunftsvereinbarungen und ihrer Umsetzung ein wichtiger Impuls für die Reorganisation der Betriebsratsarbeit ausgehen kann. Je mehr dieser Vereinbarungen abgeschlossen und dann auch praktisch wirksam werden, desto wahrscheinlicher ist damit auch eine Neuausrichtung der Betriebsratsarbeit gerade in kleineren Gremien verbunden, die bis dahin ihre Ressourcen nicht hinreichend mobilisiert haben.

Dies gilt insbesondere für das in mehreren Betriebsratsgremien bestehende Problem der Einbindung der nicht freigestellten Betriebsräte in die Gremienarbeit. Vielfach findet sich eine Kluft zwischen diesen und den Freigestellten. Eine ungleiche Aufteilung der Betriebsratsarbeit zwischen diesen Gruppen liegt zwar in der Natur der Sache, weil die nicht freigestellten weit weniger Zeitressourcen für die Betriebsratsarbeit aufwenden können. Doch gibt es hier, wie das Beispiel *Elektrotechnik 2* zeigt, reichlich Optimierungspotenzial, einerseits durch Aktivierung der nicht freigestellten Betriebsräte beispielweise in Ausschüssen, andererseits durch Schaffung von Verständnis dafür bei den Belegschaften und den Unternehmensleitungen.

7.2.3 Beteiligung der Beschäftigten

Mit Blick auf die Beteiligung der Beschäftigten lassen sich zwei Beteiligungsformen unterscheiden: Die Beteiligung der Beschäftigten als Expert*innen beim Landkartenprozess auf der einen und weitergehende Beteiligungsformen auf der anderen Seite. Die Beteiligung im Landkartenprozess ist das Kernelement der Beteiligung im Projekt „Arbeit 2020", das sich in der einen oder anderen Form – und mit unterschiedlicher Beteiligungsintensität – in allen Untersuchungsfällen findet. Andere Beteiligungsformen finden sich nur vereinzelt und sind fallspezifischer Ausdruck erweiterter Beteiligungspraktiken. Zunächst wird auf die Beteiligung im Landkartenprozess eingegangen. Hier wiederum können selektive von breiteren Beteiligungsformen abgegrenzt werden.

7.2.3.1 Beteiligung im Landkartenprozess – Selektive Beteiligungsformen

Bei *Möbel* wurde der Prozess der Landkartenerstellung vor allem von der Expertise der Betriebsräte aus den Bereichen getragen. Selektiv wurden auch Beschäftigte oder Vorgesetzte aus einzelnen Bereichen eingeladen, um ihre Expertise in die Erstellung der Landkarten einfließen zu lassen. Aus den Bereichen IT und Disposition kamen jeweils die Abteilungsleiter, die vom Betriebsrat darauf angesprochen worden waren. Der Betriebsrat war nach eigener Auskunft zurückhaltend dabei, Mitarbeiter einzubeziehen. Dafür hat er zwei Gründe genannt: Dass er erstens selber seine Kompetenzen nutzen wollte und sich in das Projekt einfinden musste, und dass er zweitens gegenüber der Geschäftsführung nicht überziehen wollte, indem er zu viele Beschäftigte aus ihrer Arbeit herausholt.

> „Wir haben dann die Vorgesetzten und weniger die Mitarbeiter einbezogen. Da wollten wir uns auch bewusst ein bisschen zurückhalten, weil man muss ja erstmal den Einstieg selber ins Projekt finden und man muss natürlich auch mit den Ressourcen ein bisschen vorsichtig umgehen. Unser Chef, als er dann soweit war, hat gesagt: ‚Macht, aber denkt dran, das Produkt muss pünktlich raus. Überreizt das nicht'. So direkt hat er das nicht gesagt, aber so indirekt." (Betriebsrat 1, Möbel)

Diesem Muster folgten *Elektrotechnik, Elektrotechnik 2, Automobilteile 1, Automobilteile 3, Antriebstechnik 2, Anlagenbau 1, Metallverarbeitung, Lebensmittel 1 und Lebensmittel 2.* Die Auswahl der Beschäftigten erfolgte in diesen Fällen nach zwei Mustern. Beim ersten Muster wählten die Betriebsräte, wie bei *Metallverarbeitung*, selber aus nach den Erwartungen, wer für sie und das Projekt aufgeschlossen sein könnte. Bei Metallverarbeitung hinterfragte der Vorsitzende dieses Vorgehen im Nachhinein kritisch. Inzwischen, nach einer Reflexionsschleife, würde der Betriebsrat zum Thema

Abteilungssitzungen durchführen und die Mitarbeiter direkt anfragen. Auf diese Weise könnte gleich die Information zum Projekt breit gestreut werden und der Betriebsrat Nähe zu den Beschäftigten zeigen.

> „In der Tat haben wir es so gemacht, dass wir uns überlegt haben: Wer könnte uns noch wohlgesonnen sein, den sprechen wir an. Jetzt würde ich in eine Abteilungsversammlung reingehen, würde das Projekt vorstellen und würde sagen: Mensch, überlegt euch, wer Lust dazu hat von euch. Und der soll sich einfach melden. Und dann hätte man zu mindestens auf jeden Fall schon mal einen begeisterten Menschen nachher da." (Betriebsrat, Metallverarbeitung)

Beim zweiten Muster wurde die Auswahl der Unternehmensseite überlassen, so bei *Antriebstechnik 2*. Die Betriebsräte haben hier zusammen mit dem Projektteam nur die Bereiche bestimmt, aus denen die Beschäftigten kommen sollten, nicht aber konkrete Personen ausgewählt oder befragt. Dazu haben sie die Personalleitung eingeschaltet. Die ausgesuchten Beschäftigten waren dann zumeist Führungskräfte.

> „Da haben wir die eingeladen, aufgrund dessen, dass wir nicht genau wussten, womit die arbeiten. Wir haben dann den Personalleiter angerufen und ihn gefragt: Wen können wir kriegen? Wer ist mal für eine Stunde abkömmlich? Und da hat der also mehr oder weniger die Leute rausgesucht. Meistens kamen die Geschäftsbereichsleiter oder eben Stellvertretender. Aber ich muss ganz ehrlich sagen, die haben ehrlich und offen darüber gesprochen. Die haben auch Themen angesprochen, die vielleicht auch nicht ganz so vorteilhaft für sie selber waren." (Betriebsrat, Antriebstechnik 2)

In zwei dieser Fälle fanden sich Besonderheiten. Bei *Anlagenbau 1* bestand sie darin, dass auf Wunsch der Geschäftsführung nur Führungskräfte als Expert*innen eingeladen wurden. Dadurch ergaben sich zum einen deutliche Verzerrungen im Vergleich zu den anderen Fällen. So wurde die Arbeitsbelastung beispielsweise bemerkenswert häufig als unproblematisch eingeschätzt. Zum anderen gelang auch die Verbindung des Projekts mit der Belegschaft nicht. Der Betriebsrat hat die Ergebnisse des Projekts auf einer Betriebsversammlung vorgestellt. Die Rückmeldungen der Beschäftigten fielen jedoch, in den Worten des Betriebsratsvorsitzenden, „verhalten" aus. Das lag nach Eindruck des Betriebsrats daran, dass es nicht gelungen ist, den Prozess und die Bedeutung der Landkarte als Dialoginstrument im Vortrag zu erläutern. Daher plante der Betriebsrat im letzten Workshopgespräch eine Visualisierung: Die Betriebslandkarte sollte im Unternehmen ausgehängt werden. Auf diese Weise sollen die Beschäftigten die Gelegenheit erhalten, die Projektergebnisse in Ruhe zu betrachten und mögliche Fragen zu formulieren, die sie dann an die Betriebsräte richten könnten.

Bei *Antriebstechnik 2* fand eine weitere Beteiligungsaktion statt, initiiert von der IG Metall. Ein Sekretär der Gewerkschaft hat am Werkstor sogenannte ‚Eintrittskarten zur Mitbestimmung' an die Beschäftigten verteilt, auf denen drei Fragen zum Thema „Arbeit 4.0 – Wo geht es hin?" gestellt werden, die jeweils mit „ja", „nein" oder „weiß nicht" beantwortet werden können. Es gab einen Rücklauf von 38 Karten und somit eine Rücklaufquote von 6,9%. Auf die Frage: ‚Erwarten Sie an ihrem Arbeitsplatz Veränderungen durch die Digitalisierung?' antworteten 55% ‚Ja', 32% ‚Nein', 13% ‚Weiß nicht'. Auf die Frage ‚Wünschen Sie sich mehr Weiterbildung und Qualifizierung für neue Herausforderungen?' war das Meinungsbild eindeutiger, 74% antworteten mit ‚Ja', 16% ‚Nein' und 10% kreuzten die Antwort 'Weiß nicht' an. Die Frage nach der Sorge um die Sicherheit ihres Arbeitsplatzes bekam eine Zustimmung von 55%, bei 37% Verneinung.

7.2.3.2 Breitere Beteiligung im Landkartenprozess

Elektrotechnik 3 gehört zu den Fällen, in denen die Beteiligung der Beschäftigten in Landkartenprozess breiter erfolgte. In jeder der 14 identifizierten Bereiche oder Abteilungen des Betriebes wurden zwei bis drei Beschäftigte befragt; damit wurden etwa zehn Prozent der Belegschaft in das Projekt einbezogen, wie die Betriebsräte berichteten. Berater und IG Metall hatten dafür ein, wie der Betriebsrat es ausdrückte, Standardprogramm an Fragen entwickelt. Die Interviews wurden von der Beraterin und der IG Metall mit einzelnen Betriebsräten durchgeführt, die Auswertung erfolgte dann mit dem gesamten Gremium. Die Auswahl der Beschäftigten wurde nach zwei Kriterien vorgenommen: Dass sie auf Arbeitsplätzen arbeiten, die mit Digitalisierung in Kontakt kamen oder wahrscheinlich kommen werden, und dass sie auf Arbeitsplätzen arbeiten, die einen guten Überblick über das Geschehen im Betrieb erlauben.

> „In Abteilungen gibt es ja immer unterschiedliche Bereiche. Und in diesen Bereichen gibt es Arbeitsplätze, wo die Wahrscheinlichkeit, dass dort Digitalisierung stattfinden kann, sehr hoch ist. Und dann gibt es natürlich auch Arbeitsplätze, die sehr viel von der Abteilung mitbekommen. Und solche Leute hatten wir uns dann rausgepickt. Also die

> halt wirklich auch ein gutes Wissen über die gesamte Abteilung haben." (Betriebsrat 1, Elektrotechnik 3)

Vorheriger Kontakt zum Betriebsrat spielt keine Rolle. Die Zustimmung war sehr hoch, nachdem die Betriebsräte das Projekt jeweils erläutert und den abstrakten Begriff der „Industrie 4.0" für die Beschäftigten konkretisiert hatten.

> „Digitalisierung, darunter konnten sich dann auch nicht viele unbedingt was vorstellen. An deren Arbeitsplatz selbst, wenn man dann mal so kleinere Beispiele mal genannt hatte, dann ging doch ein Lämpchen auf, und sie waren doch eigentlich sehr, sehr offen." (Betriebsrat 2, Elektrotechnik 3)

Die Befragung der Beschäftigten stieß nach Aussage der Betriebsräte auf eine überaus positive Resonanz. Erstmals wurde zu einem Thema „die Stimme des kleinen Mitarbeiters" direkt gehört und zur Unternehmensleitung getragen, nicht gefiltert und vertreten durch den Betriebsrat. Das hat für eine starke Zufriedenheit gesorgt.

> „Weil man muss sich jetzt mal so die Situation vorstellen, dass man, ich nenne es jetzt mal den kleinen Mitarbeiter an der Maschine gefragt hat. Wann wird das Wort mal oben bis zur Geschäftsleitung gehört? Eigentlich nicht wirklich. Und wenn, dann wird es über den Betriebsrat nach oben gebracht. Und jetzt ist es im Endeffekt so: Ich habe was gesagt, und das Statement aus der Abteilung ist bis zur Geschäftsleitung vorgedrungen. Ungefiltert." (Betriebsrat 1, Elektrotechnik 3)

Und zugleich konnte der Betriebsrat mit einer neuen Legitimität gegenüber der Geschäftsleitung auftreten, denn er konnte nun darauf verweisen, dass die Befunde der Landkarte direkt von den Beschäftigten kommen und dass dazu zehn Prozent der Beschäftigten auch tatsächlich befragt wurden.

> „Da konnten wir als Betriebsrat ja auch sagen: Achtung, wir haben zehn Prozent der Belegschaft gefragt, mit der Gewerkschaft zusammen und das ist Fakt. Das wurde denen ja auch vorgestellt, dann haben die auch erstmal geschluckt. So nach dem Motto "das wussten wir so auch nicht". Und so ist es dann gekommen. Dann ist ein Pfund dahinter." (Betriebsrat 2, Elektrotechnik 3)

Auch bei *Anlagenbau 2* wurde die Beteiligung breiter angelegt. Aus den verschiedenen Abteilungen nahmen jeweils etwa drei bis fünf Beschäftigte teil. Neben den Beschäftigten im Rahmen der Bestandsaufnahme wurden auch verschiedene Einzelinterviews geführt. So wurde auch ein Skypeinterview mit einer relativ neuen Führungskraft geführt, die ein Pilotprojekt leitete, in dem es darum ging, die Produktionsanlagen internetfähig zu machen. Ein weiteres Interview wurde mit einem Beschäftigten geführt, der ein Pilotprojekt zur Einbeziehung eines 3D-Druckers leitete.

Die Rückmeldung aus der Belegschaft zur Bestandsaufnahme war allerdings nicht immer sehr positiv. Die Beratung hat sich vieles sehr genau erklären lassen, weshalb häufig die Zeit überzogen wurde. Das hat dazu geführt, dass eine Abteilung erst beim dritten Termin, zu dem sie eingeladen war, auch wirklich interviewt wurde. Dazu kam die Rückmeldung eines Teilnehmers:

> „Ich empfinde diesen ganzen Kartenprozess als zu detailliert, so genau wird das in der Landkarte ja nicht abgebildet, und Kollegen aus anderen Abteilungen können so detaillierte Aufzählungen auch gar nicht nachvollziehen. Für mich ist die Darstellung zu kleinteilig, das macht für mich keinen Sinn."

Bei *Maschinenbau 2* kam das für die Landkartenerstellung notwendige Expert*innenwissen ganz von den Beschäftigten. Aus allen Abteilungen wurden Beschäftigte zu den Workshops eingeladen. Die auf die Beteiligung von Beschäftigten ausgerichtete Vorgehensweise im Projekt war für den Betriebsrat kein Problem, denn beteiligungsorientiert arbeitet der Betriebsrat schon lange:

> „Das war für uns nicht neu. Wir haben eigentlich immer versucht, ein breites Verständnis von den Kollegen bei Themen zu erreichen, indem wir sie mitnehmen." (Betriebsrat, Maschinenbau 2)

Der Betriebsratsvorsitzende führt die Beteiligungsorientierung auf die Erfahrung mit Gruppenarbeit im Betrieb in den 1990er Jahren zurück. Im Betrieb wird Gruppenarbeit zwar schon lange nicht mehr angewendet, der Betriebsrat verfolgt das Beteiligungskonzept hingegen weiter. Auf diese Weise erhöht er seine Legitimation bzw. die Legitimation getroffener Entscheidungen:

> „Nachdem wir in den 1990er Jahren mit Gruppenarbeit mal was gemacht haben… Das ist am Anfang hochstilisiert worden, aber nachher von der Geschäftsleitung wieder gedrückt worden. Aber wir haben das Instrument weiter für uns genutzt. Weil wir sagen, wenn du die Kollegen mitnimmst, hast du eine breitere Akzeptanz für Entscheidungen, die daraus resultieren." (Betriebsrat, Maschinenbau 2)

Im Fall von *Wirtschaftsbetriebe* identifizierten die Betriebsräte vor den Workshops zwei Probleme der Beteiligung der Beschäftigten. Demnach zeichnete sich die Belegschaft zum einen durch eine große Nationalitätenvielfalt aus, weshalb ein Teil der Belegschaft nicht in der Lage sei, auf Deutsch Auskunft zu geben. Zum anderen wurde das Betriebsklima insgesamt als ausgesprochen schlecht wahrgenommen. Wiederholt äußerten die Befragten dann in den Workshops, dass es ihnen an Wertschätzung durch die Geschäftsführung fehle und sie bei drängenden Problemen – im Arbeitsablauf, in der Folge von fehlerhaftem Material oder schlechten Arbeitsbedingungen – gar nicht ernst genommen werden. Eine Situation, in der die Beschäftigten „zu Wort kommen“ und ihre Perspektive darstellen dürfen, war für die Belegschaft dementsprechend eine neue Erfahrung. Dabei wirkte die Ungewissheit darüber, was von den Interviews zu erwarten ist und worum es in dem Projekt eigentlich geht, für einen Teil der Belegschaft auch als Hürde. Aus diesen Gründen wurde breit eingeladen, für alle Abteilungen sollten jeweils zwei bis drei Belegschaftsmitglieder zu den Interviews kommen. Im Verlauf der Bestandsaufnahme fielen aber immer wieder Beschäftigte aus, die kurzfristig absagten oder gar nicht erschienen. Insgesamt konnten dennoch alle Abteilungen ausreichend besprochen werden. Für die Interviews zur Betriebslandkarte wurden bewusst auch Mitarbeiter ausgewählt, die keinen engen Kontakt zum Betriebsrat pflegen.

> „Auch beim Fußball, da reden immer bestimmte Leute, aber die anderen sind genauso wichtig und die kümmert das auch. Aber nur so hatten wir auch die Chance, auch die anderen Meinungen reinzukriegen. Die Interviews sind sehr, sehr gut gelaufen, und die waren auch sehr offen, die Kollegen, und haben wirklich von ihren Sorgen und Nöten berichtet am Arbeitsplatz, das war wirklich schon einen tolle Sache.“ (Betriebsrat, Wirtschaftsbetriebe)

Bei *Automationstechnik* wurden ergänzende Interviews vom Projektteam durchgeführt, es waren aber immer zwei Betriebsräte anwesend, um den direkten Kontakt zur Belegschaft zu pflegen und auch, um Vertrauen herzustellen und das Eis zu brechen.

> „Wir haben mitgeholfen, damit die auch ins Gespräch kamen, als Vertrauenspersonen. Nicht nur irgendeine fremde Person in dem Raum um irgendwelche Fragen zu beantworten. Und nur wir kennen ja auch die Betriebsbedingungen, wir können ja auch dann die Frage mal präzisieren oder dahin leiten, wo wir sie eigentlich hinhaben wollen.“ (Betriebsrat 1, Automationstechnik)

Zusätzlich wurden in den Sitzungen weitere Interviews mit Mitarbeitern geführt zur Frage, was sich in den letzten beiden Jahren verändert hat. Die Resonanz der Beschäftigten war nach Aussage der Betriebsräte sehr gut. Sie waren demnach froh, an dem Projekt teilnehmen zu können, zum einen, weil sie Interesse an dem Projekt hatten und zum anderen, weil sie nun endlich einmal ihre Probleme ansprechen konnten, die sich ihnen in der alltäglichen Arbeit stellen.

> „Die waren froh, dass sie wirklich mal so Teil von einem Projekt waren, dass sie sich haben interviewen lassen und es war immer eine Neugierde da. Und „was macht ihr da?", „was passiert da und warum macht ihr das?". Also die Leute waren sehr interessiert." (Betriebsrat 3, Automationstechnik)

7.2.3.3 Weitergehende Beteiligungsformen

Erweiterte Beteiligung über die Landkartenerstellung hinaus fand sich in drei Fällen. Bei *Möbel* wurde das Spektrum der Beteiligung im Laufe des Prozesses „Arbeit 2020" stark erweitert. Im kaufmännischen Bereich wurde eine Beschäftigtenbefragung durchgeführt. Sie wurde in der Bestandsaufnahme als wichtiger Arbeitsschritt für den Betriebsrat identifiziert. Zum einen hatte sich herausgeschält, dass die kaufmännische Sachbearbeitung der Bereich ist, der von der Einführung des neuen ERP-Systems – mit dessen Hilfe die direkte Übermittlung der Kundenbestellung perspektivisch bis in die Produktion ermöglicht werden soll – am stärksten betroffen ist. Hier sollte genauer untersucht werden, welche Auswirkungen damit auf Arbeit und Arbeitsbedingungen verbunden sind.

> „Die Prozesskette fängt da an. Das sind die ersten, die hier im Haus davon betroffen sind. Ich kann mir nicht vorstellen, dass wir das System einführen, ohne dass es Rationalisierungseffekte gibt. Das beschäftigt mich aktuell am meisten." (Betriebsrat 1, Möbel)

Doch der Betriebsrat verband damit auch eine organisationsstrategische Zielsetzung. Obwohl auch zwei Vertreter*innen aus dem Angestelltenbereich im Betriebsratsgremium sind, stellte der Vorsitzende während der Workshops fest, dass der Betriebsrat im Angestelltenbereich nur schwach vertreten ist. Die Straße, die zwischen der Fertigungshalle und dem Bürogebäude verläuft, wirke wie eine Trennmauer auf die Interessenvertretungsarbeit des Betriebsrats. Kein Angestellter passiere die Straße, um ins Betriebsratsbüro zu gehen, und auch der Betriebsrat präsentiere sich nicht bei den Angestellten. Auch die gewerkschaftlichen Organisationsgrade differierten stark, 80% in der Produktion standen rund 10% Organisierte in der Verwaltung gegenüber. Der Betriebsrat entwickelte in den Workshops einen strategischen Zugang zu den Problemen und wollte eine Befragung dazu nutzen, Impulse für die Interessenvertretungsarbeit und die Stärkung der gewerkschaftlichen Organisationsmacht im Angestelltenbereich zu setzen.

> „Befragung im Vertrieb halte ich für gut. Das sind die Leute, die zuerst betroffen sind. Wir bekommen Informationen. Und die Leute wollen mitgenommen werden. Und wir sind dort am schlechtesten organisiert. Das wird bei den Angestellten gut ankommen. Auf den Bereich sollten wir uns schwerpunktmäßig als erstes konzentrieren.“ (Betriebsrat 1, Möbel)

Die Befragung wurde vom Betriebsrat an die rund 50 Mitarbeitenden des Bereichs elektronisch versendet. Wegen des zunächst schwächeren Rücklaufs hat der Betriebsrat die Befragung dann noch einmal persönlich verteilt; schließlich betrug der Rücklauf dann über 70%. Die Fragebögen wurden zusammen mit Beratung und IG Metall entwickelt und enthielten auch offene Fragen. Erfragt wurden die Arbeitsbedingungen und insbesondere die Erwartungen, die mit der Einführung des neuen IT-Systems verbunden sind. Die Ergebnisse waren alarmierend. 86% der Befragten attestierten Termin- und Leistungsdruck; rund 75% litten unter häufigen Unterbrechungen, und 50% sahen sich an der Grenze ihrer Leistungsfähigkeit. Durch die Einführung des neuen Systems erwarteten 37% der Befragten einen Anstieg des Leistungsdrucks und 25% eine Zunahme der Unterbrechungen. 29% der Befragten gaben an, dass ihr Qualifizierungsniveau nicht ausreichend dafür sei und nur 23% sagten, dass das vom Unternehmen bis dahin verfolgte Key-User-Schulungskonzept gut funktioniert.

Im Anschluss wurde mit den Beschäftigten ein Workshop zu den Themen der Befragung durchgeführt. Dieser wurde von der Beratung moderiert, um den Betriebsrat nicht in das Zentrum der Kritik zu rücken und um die Diskussion besser strukturieren zu können. Auf dem Workshop wurden die Befragungsergebnisse vorgestellt und mit den Beschäftigten diskutiert. Dann wurden die Beschäftigten gefragt, welche Themen für sie im Vordergrund stehen; diese Themen wurden aufgeschrieben, und daraufhin haben die Beschäftigten die Themen mit Farbmarken auf eine Pinnwand geclustert. Jeder Beschäftigte hatte zwei Marken, um die wichtigsten Themen zu markieren. Dabei erhielten dann – in dieser Reihenfolge – die Themen Großraumbüro, Arbeitsbelastung und Arbeitszeit die meisten

Punkte. Der Betriebsrat hat in der Folge einzelne Themen aufgegriffen, um den Beschäftigten zu zeigen, dass er für sie aktiv wird. Auch konnte er die Ergebnisse als Druckmittel in Verhandlungen mit der Unternehmensseite nutzen.

> „Das Ergebnis der Befragung hängt da ja noch an meiner Wand, damit ich das täglich sehe. Die Leute wurden informiert, und wir haben gesagt „wir nehmen uns jetzt zwei, drei Punkte da raus, die wir da angehen". Und natürlich läuft das nicht von jetzt auf gleich. Und der erste Punkt ist dieses Großraumbüro gewesen, mit den meisten Stimmen auch. Luft, Lautstärke, et cetera." (Betriebsrat 1, Möbel)

Im Anschluss an die Befragung konnte der Betriebsrat zeitnah mit der Geschäftsleitung vereinbaren, mehr Schulungen zu neuen IT-Systemen zu ermöglichen. Der bislang wichtigste Schritt zum Punkt des Großraumbüros war, dass sich Betriebsrat und Geschäftsführung ein neugebautes Großraumbüro in einem anderen Betrieb in der Nähe angeschaut haben und dass nun eine Probekoje für ein neues Büro im Betrieb aufgebaut wurde, die die Beschäftigten testen können. Gerade die kontinuierliche Information der Beschäftigten ist nach Ansicht der Betriebsräte wichtig; die Beschäftigten wissen demnach, dass nicht alles sofort verändert werden kann, wollen aber auf dem Laufenden gehalten werden.

> „Wir beide haben uns das da angeguckt und haben das dann auch auf der Betriebsversammlung gesagt, dass wir da waren und uns das angeguckt haben. Dass jetzt nicht von heute auf morgen was passiert, aber dass wir dran sind und was kommt. Wir versuchen was, wir gehen einen Schritt nach dem anderen und das sehen die Leute, dass da was kommt." (Betriebsrat 2, Möbel)

Zum Thema Gesundheitsschutz und Belastungen starteten zudem in der zweiten Projektrunde von „Arbeit 2020", an der der Betrieb teilnimmt, gemeinsame Arbeitsgruppen zwischen Betriebsrat und Geschäftsleitung, ebenso auch zu den Themen Qualifizierung sowie Kommunikation und Transparenz; diese Themen waren als zentrale Handlungsfelder in der Zukunftsvereinbarung ausgeflaggt. Dass der Gesundheitsschutz Eingang in die Zukunftsvereinbarung gefunden hat, ergab sich unmittelbar aus der Befragung und ihren Ergebnissen. Zudem wird der Betriebsrat ein eigenes Büro im Angestelltengebäude erhalten; er wartet damit allerdings, bis die Umbauten des Großraumbüros erfolgt sind.

> „Da einen Anlaufpunkt zu schaffen, wo die Leute einmal am Tag für eine Stunde die Gelegenheit haben, den Betriebsrat anzutreffen. Wenn

> irgendwelche Probleme sind oder dieses oder das.“ (Betriebsrat 1, Möbel)

Über diese Aktivitäten hinaus haben Betriebsrat und IG Metall mehrfach über das Projekt und seine Ergebnisse auf den Betriebsversammlungen berichtet. In der zweiten Projektphase wurde auch eine weitere Befragung des Angestelltenbereichs vom Betriebsrat durchgeführt. Hier hat sich die Bewertung der Arbeitsbedingungen durch die Beschäftigten deutlich verbessert, was der Betriebsrat vor allem auf die Ausweitung der Schulungsmöglichkeiten zurückführte.

Während der Monate, in denen bei *Elektrotechnik 2* die Verhandlungen um eine Zukunftsvereinbarung liefen, entstand ein neuer Konflikt im Betrieb, den Betriebsrat, Gewerkschaft und Berater mit dem „Arbeit 2020“-Projekt verknüpften. Dabei ging es um die Zukunft der IT-Abteilung, die reorganisiert werden sollte. Die genauen Reorganisationspläne des Unternehmens blieben zunächst im Dunkeln, diskutiert wurde jedenfalls die Möglichkeit, die IT-Abteilung in die nächste Großstadt zu verlagern – mit der Perspektive, dort besser begehrte Fachkräfte gewinnen zu können. Unter den IT-Beschäftigten sorgten diese Diskussionen allerdings für große Unruhe. Vor diesem Hintergrund organisierte der Betriebsrat mit Unterstützung des „Arbeit 2020“-Teams eine Abteilungsversammlung für die IT-Abteilung. Dort wurde zunächst die Betriebslandkarte vorgestellt. Die Beschäftigten bestätigten, dass die Situation der Abteilung zutreffend dargestellt ist. Anschließend erläuterte der stellvertretende Betriebsratsvorsitzende mögliche Strategien. Der Betriebsrat wertete die geplante Reorganisation als mitbestimmungspflichtige Betriebsänderung. Deshalb forderte er die Geschäftsführung auf, das Projekt zunächst auszusetzen. Um im weiteren Vorgehen die IT-Beschäftigten gut vertreten zu können, hat er ihre Wahrnehmungen und Interessen in einer Gruppenarbeitsphase zusammengetragen.

Obwohl der Betriebsrat beteiligungserfahren ist, bedeutete die IT-Abteilungsversammlung für ihn dennoch ein Novum, weil er zum ersten Mal die Beteiligung in einer Angestelltenabteilung organisierte. Zwar kommt ein Betriebsratsmitglied aus der IT-Abteilung, darüber hinaus waren die Kontakte in diesen Bereich bis dahin allerdings eher spärlich.

> „Es war Neuland, weil es das erste Mal war, dass wir sowas in einer administrativen Abteilung gemacht haben. In der Fertigung haben wir sowas schon öfter gemacht. Aber es war das erste Mal, dass wir das mit Leuten aus dem Büro gemacht haben.“ (Betriebsrat 2, Elektrotechnik 2)

Die Veranstaltung wurde ein Erfolg. Mehr als zwei Drittel der IT-Beschäftigten nahmen teil, arbeiteten in der Gruppenarbeitsphase aktiv mit und gaben dem Betriebsrat ein positives Feedback. Durch die Aufnahme ihrer Sichtweisen und Interessen fühlten sich die Beschäftigten wahr- und ernstgenommen.

> „Wir haben mit diesem Workshop in der IT erstmal auch ein bisschen Spannung aus dem Thema genommen, weil dann die Kollegen merkten: Sie werden beteiligt." (Betriebsrat 2, Elektrotechnik 2)

Auf diese Weise konnte der Betriebsrat sowohl den Beschäftigten als auch der Geschäftsführung demonstrieren, was er unter einem Change Management versteht – ein Aspekt, der auch Teil seiner Forderungen für die Zukunftsvereinbarung war. Nach der IT-Abteilungsversammlung veränderte das Unternehmen seine Reorganisationsüberlegungen dahingehend, nur noch eine Untergruppe der Abteilung in die nächste Großstadt zu verlegen und gleichzeitig in eine andere Gesellschaft auszugliedern. Ein Teil der Abteilung war damit „aus dem Schneider", bei dem anderen Teil nahmen die Befürchtungen hingegen zu.

> „Und jetzt war natürlich die Angst riesengroß bei den Kollegen: ‚Die wollen uns jetzt hier wegschieben. Wir verlieren die Tarifbindung, wir müssen jeden Tag nach […] fahren.'" (Betriebsrat 1, Elektrotechnik 2)

Daraufhin lud der Betriebsrat die betroffene Untergruppe zu einem Gespräch ein, erläuterte ihnen die arbeitsrechtlichen Hintergründe und erinnerte sie daran, welchen Marktwert sie als IT-Fachkräfte gegenwärtig haben. Kurz darauf beantragten mehrere Betroffene Arbeitszeugnisse. Daraufhin nahm das Unternehmen seine Pläne schließlich zurück und schaltete auf Freiwilligkeit um: Wer wollte, konnte in die Großstadt wechseln, aber es wurde kein Druck ausgeübt. Insgesamt sah sich der Betriebsrat aus dieser Auseinandersetzung als Gewinner hervorgehen; er entwickelte dadurch nach eigener Aussage intensivere und deutlich bessere Kontakte in den IT-Bereich als zuvor.

Der dritte Fall mit erweiterter Beteiligung war *Anlagenbau 1*. Abgesehen vom Kick-off-Workshop spielte hier das Betriebsratsgremium im Prozess eine untergeordnete Rolle. Der gesamte Prozess fand mit Beschäftigten statt. Deshalb waren die Arbeitsgruppen trotz Konzentration auf den Bereich der Dampfturbine relativ groß, bei der Erarbeitung der Betriebslandkarte fanden aus diesem Grund zwei getrennte Workshops für die indirekten und die direkten Bereiche statt. Die Teilnehmer haben sich rege beteiligt und auch Fragen zu anderen Abteilungen gestellt. Angesprochen wurden Vertrauensleute, aber auch Führungskräfte und Beschäftigte, mit denen der Betriebsrat bis dahin noch nichts zu tun hatte, die aber aus seiner Sicht für das Thema relevant waren. Mehr als 60 Beschäftigte wollten mitmachen, sodass der Betriebsrat sogar auswählen musste, damit die Gruppen nicht zu groß wurden.

> „Die Reaktion hat uns schon überrascht, denn es ist natürlich auch Arbeit. Das sind dann vier oder fünf Ganztagesworkshops … Aber an dem Engagement hat man gesehen, dass das sehr gut ankam, und deswegen war das Arbeitsergebnis auch sehr gut.“ (Betriebsrat 2, Anlagenbau 1)

Der Betriebsrat gewann durch die Teilnahme am „Arbeit 2020“-Projekt nicht nur Informationen über die aktuellen Entwicklungen im Betrieb. Gleichzeitig erhöhte die Projektarbeit die Legitimität seiner Forderungen und Aktivitäten im Zusammenhang mit Digitalisierung und „Industrie 4.0“, und zwar sowohl in der Beziehung zur Standortleitung als auch im Verhältnis zu den Beschäftigten. Gegenüber der Standortleitung konnte der Betriebsrat anbringen, dass die Projektergebnisse von Beschäftigten aus allen Bereichen erarbeitet wurden: *„Eure Mitarbeiter, aus allen Bereichen, nicht nur aus der Fertigung, haben das erarbeitet“* (Betriebsrat 2, Anlagenbau 1). Dabei fällt die inhaltliche Arbeit in den Workshops in der Wahrnehmung der Betriebsräte noch stärker ins Gewicht als etwa eine standardisierte Beschäftigtenbefragung:

> „Das Projekt machen wir, um das noch mal zu untermauern, damit die Werksleitung auch sieht, das kommt jetzt nicht nur durch eine Befragung, sondern da ist ein richtiges Projekt dahinter.“ (Betriebsrat 2, Anlagenbau 1)

Die Beteiligung der Beschäftigten erhöhte zwar zunächst den Aufwand, bewirkte dafür aber auch eine höhere Bereitschaft der Beschäftigten, sich bei der Umsetzung zu engagieren bzw. neue Prozesse auch anzuwenden:

> „Klar, wenn du die Leute fragst, kriegst du viele Meinungen, das ist mehr Arbeit. Aber du fängst die Leute ein, die Akzeptanz ist dann höher, dass die dann nachher auch mitarbeiten.“ (Betriebsrat 2, Anlagenbau 1)

Dadurch, dass die Workshop-Teilnehmer nicht nur ihre eigenen Abteilungen beschrieben haben, sondern auch bei den Darstellungen ihrer Kollegen aus anderen Bereichen dabei waren und Fragen stellen konnten, erhielten sie zudem Einblicke in die Arbeit und Probleme anderer Abteilungen. Auf diese Weise konnte sich Verständnis für die betrieblichen Zusammenhänge und die Situation von Kollegen entwickeln:

> „Es wurde ein Verständnis für die anderen hervorgerufen [...] Wenn man nicht weiß, was der andere zu tun hat, dann kann man auch kein Verständnis haben. Aber warum das alles nicht so ineinandergreift, das weiß man nicht." (Betriebsrat 2, Anlagenbau 1)

Auch die Frage der Kommunikation des Projekts über den Kreis der Workshopteilnehmer*innen hinaus ging der Betriebsratsvorsitzende strategisch und beteiligungsorientiert an. Dabei legte er Wert darauf, den Unterschied zwischen Gewerkschaftsmitgliedern und Nicht-Mitgliedern deutlich zu machen und auf diese Weise Mitgliederwerbung zu betreiben. Er schlug eine differenzierte Kommunikationsstrategie vor: Zunächst die Vertrauensleute als „VIPs" und dann die Gewerkschaftsmitglieder anzuschreiben und ihre Rückmeldungen aufzunehmen, und für die Nicht-Mitglieder erst danach ein Flugblatt mit Informationen und ohne Rückmeldungsmöglichkeit zu erstellen. Diese differenzierte Kommunikationsstrategie wurde allerdings nur teilweise umgesetzt. Die Vertrauensleute haben „VIP-Informationen" erhalten, der Rest der Strategie wurde jedoch nicht realisiert.

Der Betriebsratsvorsitzende stellte das „Arbeit 2020"-Projekt nicht nur auf einem Flugblatt, sondern auch bei einer Betriebsversammlung vor. Darüber hinaus hat er bei diesem Anlass angekündigt, dass Betriebsrat und Unternehmen die Betriebslandkarte regelmäßig aktualisieren wollen, um die Wahrnehmung der Beschäftigten der Entwicklungen im Betrieb sichtbar zu machen:

> „Und wir haben gesagt, dass wir die Betriebslandkarte weiterführen werden. Dass das ein Instrument ist, das das Bauchgefühl der Mitarbeiter widerspiegelt." (Betriebsrat 1, Anlagenbau 1)

Beim Thema Kommunikation ist der Betriebsratsvorsitzende insgesamt jedoch auch selbstkritisch. Zwar hat der Betriebsrat das Projekt z.B. im „Neujahrsbrief" von Standortleitung und Betriebsrat, auf einem Flugblatt und bei einer Betriebsversammlung vorgestellt, doch das Thema Kommunikation hätte aus seiner Sicht stärker verfolgt werden müssen. Der Betriebsratsvorsitzende zieht daraus den Schluss, dass Kommunikation in Zukunft anders organisiert werden muss, mit einem festen Zuständigen:

> „Kommunikation ist eine unserer größten Baustellen [...]. In der Überlegung hatten wir das alles, aber in der Umsetzung haben wir das nicht geschafft. Und das müssen wir aus dem Projekt mitnehmen: für das Thema Kommunikation brauchen wir Kapazität. Das muss man von

> vornherein einplanen. […] Man muss jemanden haben, der das Thema Kommunikation auch mittreibt." (Betriebsrat 1, Anlagenbau 1)

Kontrastierend zu diesen Betrieben mit erweiterter Beteiligung fand sich auch ein Fall im Sample, wo die Betriebsräte den Beteiligungsvorgaben des Projekts „Arbeit 2020" skeptisch gegenüberstanden. Zunächst wurden bei *Maschinenbau 3* in den Workshops selektiv Beschäftigte hinzugeladen, um die Bereiche außerhalb der Produktion abzudecken; im Betriebsratsgremium gab es keine Repräsentanten aus diesen Bereichen. Der Beteiligungsenthusiasmus des Betriebsrats war allerdings insgesamt ziemlich gebremst. Bisherige Beteiligungsansätze des Unternehmens wurden kritisch beurteilt. Dies wurde mit bislang schlechten Beteiligungserfahrungen begründet. Als Beispiel dafür wurde die Initiative des Unternehmens herangezogen, ein Kulturcafé einzurichten, um die interne Kommunikation zu verbessern. Diese Initiative habe keine Resonanz bei den Beschäftigten gefunden.

> „Das Unternehmen hat schon versucht, über Kulturcafés die Lage zu verbessern. Das gab es, da sind von über 200 Leuten acht gekommen." (Betriebsrat, Maschinenbau 3)

Auch im Projekt „Arbeit 2020" stand der Betriebsrat Beteiligungsangeboten sehr zurückhaltend gegenüber. Dies galt sowohl für die Angebote der Beratung als auch der Unternehmensseite. Vorschläge, die Beschäftigten an der neuen Maschinenstraße zu beteiligen, um mehr Informationen über ihre Deutungen und Interessen zu bekommen, konterte der Betriebsrat mit dem Argument:

> „Da kommt nichts heraus, was wir nicht ohnehin schon wissen" (Betriebsrat, Maschinenbau 3)

Das Angebot des Unternehmens, bei den noch zu erwartenden neuen Maschinen mehr Beteiligung der Beschäftigten umzusetzen, um ihre Wünsche und Interessen besser aufnehmen zu können, hat der Betriebsrat zwar nicht abgelehnt, aber auch nicht unterstützt und in Anwesenheit des Managements sogar kritisch diskutiert. Dabei ging es um die in einem Workshop mit dem Management entwickelte Idee, die neue Version des IT-Systems zur Schichtplanung beteiligungsorientiert einzuführen. Dazu sollten in den Abteilungen Workshops mit den Mitarbeiter*innen durchgeführt werden, um deren Bedarfe und Interessen zu erkennen und sie für die Einführung zu motivieren. Auf diese Weise sollten Probleme hochgespielt, regelmäßig und zeitnah informiert, Handlungsfelder und Maßnahmen entwickelt und Vertrauen in das System geschaffen werden. Der Betriebsrat sollte in die Prozesse eingebunden werden. Er hat seine Teilnahme daran aber abgelehnt. Der Berater hat dennoch ein Beteiligungskonzept entwickelt, die neue Maschinenstraße besucht und mit den Beschäftigten gesprochen. Die Ergebnisse wurden dem Betriebsrat vorgestellt, der dafür aber nur geringes Interesse zeigte. Bei *Maschinenbau 3* scheiterte der beteiligungsorientierte Ansatz damit am Widerstand des Betriebsrats.

Zusammenfassend betrachtet erwies sich die Beteiligung der Beschäftigten im Projekt „Arbeit 2020“ aus zwei Gründen als überaus wichtig, wenn nicht unersetzlich: sie eröffnete den Weg zu Expertenwissen dort, wo die Betriebsräte dieses Wissen nicht im Gremium abrufen konnten – also aus den Bereichen, die nicht durch Betriebsräte repräsentiert waren. Und sie schuf Interesse und Legitimation für das Projekt „Arbeit 2020“ und das Interessenvertretungshandeln insgesamt.

In der Mehrzahl der Fälle wurden die Beschäftigten selektiv hinzugezogen, um fehlende Expertise im Gremium auszugleichen. Dies traf vor allem auf Abteilungen zu, die dem Interessenvertretungshandeln der Betriebsräte eher fernstanden, denn aus ihnen kamen keine Betriebsräte, und umgekehrt haben sich die Betriebsräte auch selten darum gekümmert. Eine Folge dieser wechselseitigen Fremdheit war, dass – wie bei *Metallverarbeitung* – Betriebsräte nur wenige Personen dort kannten, die sie unabhängig von ihrer Eignung angesprochen haben, oder dass sie, wie bei *Antriebstechnik 2*, sogar niemanden kannten und die Personalleitungen gebeten haben, für sie Personen zu bestimmen. Ein echter Lerneffekt fand sich bei *Metallverarbeitung*; hier sagte der Betriebsrat, dass er aus seinen Projekterfahrungen nun den aktiven Weg gehen würde, in Abteilungsversammlungen das Projekt vorzustellen und nach Freiwilligen zu fragen um auf diese Weise die wirklich Interessierten zu identifizieren.

In anderen Fällen wie bei *Automationstechnik* oder *Elektrotechnik 3* wurden noch zusätzliche Beschäftigteninterviews geführt. Auf diese Weise gelang es, die „empirische Basis“ für die Landkartenerstellung zu verbreiten; und zudem konnten, wie die Betriebsräte bei *Elektrotechnik 3* betonten, der Stellenwert der Landkarten als Ausdruck des breiten Expertenwissens der Beschäftigten gegenüber den Unternehmensleitungen deutlich gesteigert werden. Von den meisten Fällen wurde überdies berichtet, dass die Beschäftigten nicht nur bereitwillig Auskunft gegeben haben, sondern sich teilweise intensiv vorbereitet haben und erfreut waren, als Expert*innen gefragt zu werden. Die Ausweitung der Beteiligung der Beschäftigten bei *Anlagenbau 1* war noch intensiver; hier traten die Betriebsräte als repräsentative Interessenvertretung zugunsten der direkten Beteiligung von Vertrauensleuten und anderen Beschäftigten in den Hintergrund, und auch hier war die Beteiligungsbereitschaft der Beschäftigten hoch. Das war in diesem Gremium möglich, weil die Interessenvertretung dieses Großbetriebs bereits sehr professionell arbeitete und eine Organisationsentwicklung des Gremiums selber durch das Projekt „Arbeit 2020“ kaum zu erwarten war, wohl aber ein Legitimationsgewinn im gemeinsamen Kampf für den Standorterhalt mit den Beschäftigten.

In zwei anderen Fällen wurde die Beteiligung ebenfalls strategisch als Machtressource der Interessenvertretungen eingesetzt. Dies galt bei *Elektrotechnik 2* für die Abteilungsversammlung im Entwicklungsbereich; hier übte der Betriebsrat den Schulterschluss mit den Beschäftigten, um seine und ihre Position im Konflikt um die Verlagerung der Abteilung zu stärken. Und bei *Möbel* schließlich dienten Befragungen und Abteilungsversammlungen mit den Beschäftigten im Vertrieb dazu, den Kontakt zu dieser Beschäftigtengruppe zu stärken und sie strategisch für die Interessenvertretungen, sowohl die Betriebsräte als auch die Gewerkschaft, zu erschließen.

Die meisten Betriebsräte beschritten mit diesen Formen der Beschäftigtenbeteiligung Neuland. Einzig die Interessenvertretungen von *Elektrotechnik 2*, *Anlagenbau 1* und *Maschinenbau 2* hatten bereits zuvor Beteiligungserfahrungen; hier gehörte die Beteiligung der Beschäftigten bereits zur gängigen Praxis des Interessenvertretungshandelns der Betriebsräte. In den Fällen *Elektrotechnik 2* und *Maschinenbau 2* wurden diese Erfahrungen ebenfalls in gemeinsamen Projekten mit der IG Metall gesammelt; bei *Anlagenbau 1* hat der Betriebsrat neue Beteiligungsformen aus eigenem Antrieb entwickelt.

Unter den 19 Betrieben des Fallstudiensamples haben in zwei Fällen die Betriebsräte im Verlauf des Projekts eine ablehnende Haltung zur Beteiligung der Beschäftigten – aber auch ihrer Gremien – entwickelt. Bei *Elektrotechnik 1* erkannte der Betriebsratsvorsitzende darin eine wachsende Gefahr für seinen elitären Alleinvertretungsanspruch und seine Position als enger Vertrauter der Geschäftsführung; und bei *Maschinenbau 3* werteten die Betriebsräte Beteiligung als stumpfe Waffe, weil sie sich als Hüter überlegenen Wissens wähnten oder sie nicht zu einem aktiveren Interessenvertretungshandeln gegenüber dem Unternehmen gezwungen werden wollten. Beide Fälle zeigen, dass sowohl elitäres als auch defizitäres Interessenvertretungshandeln mit den Handlungszielen des Projekts „Arbeit 2020“ unvereinbar ist.

7.2.4 Nachhaltigkeit der Beteiligung der Beschäftigten

Wie nachhaltig wirkten die Beteiligungspraktiken des Projekts „Arbeit 2020“ in den Untersuchungsfällen? Welche Hinweise gibt es dafür, dass sich daraus längerfristige Veränderungen der Handlungsmuster der Betriebsräte ergeben? Insgesamt lässt sich eine Aufspaltung der Fallbetriebe in nachhaltige und temporäre Beteiligungspraktiken feststellen. Temporär war die Beteiligung beispielsweise bei *Elektrotechnik 1*. Hier hat der Betriebsrat zwar selbstkritisch reflektiert, dass die Interaktion mit der Belegschaft eine Schwachstelle ist, doch folgten daraus keine Aktivitäten. Die im Verlauf des Projekts „Arbeit 2020“ entwickelte Idee, eine eigene Betriebsratszeitung aufzulegen, fand keine Resonanz bei den Betriebsräten. Die Entwicklung weitergehender Beteiligungsmöglichkeiten zog der Betriebsrat nicht in Erwägung.

Der Betriebsrat bei *Elektrotechnik 3* war selber überrascht über die Beteiligungserfolge des Projekts „Arbeit 2020“; es wurden viele Interviews mit Beschäftigten geführt, deren Ergebnisse er zur Legitimierung und zur Stärkung seiner Position gegenüber der Geschäftsleitung einsetzen konnten. Allerdings bricht sich diese Erfahrung mit der grundsätzlichen Deutung, dass Betriebsräte zu einem guten Teil „Geheimräte“ sind, die zur Verschwiegenheit verpflichtet sind. Damit wird der Beteiligung in dieser Deutung eine rechtliche Grenze gesetzt.

> „Man sah den Betriebsrat aktiv. Aber der Betriebsrat ist im Endeffekt ein Geheimrat. Viele Dinge, über die man eigentlich nicht sprechen darf. Dementsprechend ist es total schwierig, die Tätigkeiten widerzuspiegeln, was der Betriebsrat eigentlich überhaupt alles umsetzen kann oder getan hat. Und bei diesem Projekt waren wir ja völlig in der Öffentlichkeit und konnten uns aktiv präsentieren und dann die Mitarbeiter mit ran ziehen. Was dann natürlich gut für den Betriebsrat war.“ (Betriebsrat, Elektrotechnik 3)

Ansonsten werden auf den wöchentlichen Sitzungen des Betriebsrats zumeist Themen besprochen, die nach seiner Einschätzung nicht unmittelbar in die Belegschaft getragen werden dürfen, so dass man auch auf Nachfragen der Belegschaft zunächst häufig ausweichend antworten muss.

> „Aber die Mitarbeiter, wenn wir aus Sitzungen rauskommen, das ist ja logisch 'Was habt ihr denn heute besprochen, was war denn da?' Dann sagt dein Betriebsratsmitglied 'du, das kann ich dir jetzt nicht sagen. Ich kann die ein paar Sachen kann ich dir nennen, da kann ich drüber

> reden, aber die anderen...' 'Ja, typisch Geheimrat'.“ (Betriebsrat, Elektrotechnik 3)

Zu einer Ausweitung der Beteiligung, die auch Informationsweitergabe beinhalten müsste, kam es deshalb nicht. Bei *Anlagenbau 2* ist der Prozess noch offen; hier ist nicht absehbar, wie sich die Mitbestimmungspraxis weiter entwickeln wird. Ähnliches gilt für *Wirtschaftsbetriebe*. Hier wurden gute Erfahrungen mit der Beteiligung im Projekt gemacht, doch ist noch nicht klar, ob diese zu nachhaltigeren Veränderungen der Beteiligungspraxis der Betriebsräte führen werden.

Bei *Automobilteile 1* wie auch bei *Antriebstechnik 2* lag der Fokus der Betriebsräte, wie oben dargestellt, jeweils ganz auf der Zukunftsvereinbarung und ihrem Abschluss. In dieser legalistischen Deutung spielen Mitbestimmungsprozesse – und unter ihnen auch die Beteiligung – eine untergeordnete Rolle. Bei *Antriebstechnik 2*, ebenso wie bei *Antriebstechnik 1*, wurden die Beschäftigten auch von der Unternehmensseite ausgewählt; es war in beiden Fällen kein strategisches Interesse der Betriebsräte erkennbar, neue Verbindungen und Kontakte zu Beschäftigten herzustellen. Dies galt auch im Fall von *Maschinenbau 3*; hier gab es kein Interesse an Beteiligung aufgrund der Überzeugung, damit keinen Mehrwert zu erzeugen. Die Betriebsräte gingen von der Annahme aus, dass ihnen die Beschäftigten nichts mitteilen könnten, was sie nicht ohnehin schon wüssten.

Auch bei *Automationstechnik* haben die Methoden der Landkartenerstellung bislang keinen bleibenden Einfluss auf die Betriebsratsarbeit hinterlassen. Der Kontakt zu den Beschäftigten war nach Aussage der Betriebsräte schon vor dem Projekt gut; sichtbares Zeichen dafür sei die erfolgreiche Wahl zum Betriebsrat.

> „Wir sind ja gewählt worden. Wir sind ja deswegen Betriebsrat, weil wir viele Stimmen bekommen haben. Und man kriegt ja nicht viele Stimmen, wenn keiner sich traut zu einem zu kommen. Wenn wir uns hier oben treffen, da weiß jeder irgendwas, was im Betrieb los ist und wie hier was tickt.“ (Betriebsrat 1, Automationstechnik)

Hinzu kommt, dass aus Sicht der Betriebsräte die Repräsentation der Bereiche im Gremium nahezu vollständig ist; einzig der kaufmännische Bereich ist nicht mit einem Betriebsrat vertreten. Aber es gibt dafür einen AT-Angestellten im Betriebsrat. Insgesamt sieht der Betriebsrat deshalb keinen Handlungsbedarf für weitergehende Veränderungen.

In den beiden Fällen *Lebensmittel 1* und *Lebensmittel 2* schließlich wurden jeweils gute Erfahrungen mit der Beschäftigtenbeteiligung im Landkartenprozess gemacht; und doch wurde Beteiligung jeweils nicht als zukunftsträchtige Erweiterung des Handlungsrepertoires betrachtet. Bei *Lebensmittel 2* vertraut der Betriebsrat weiterhin seiner Strategie der Einzelgespräche.

> „Wenn es spezielle Probleme gibt in den Abteilungen, dann spreche ich auch gerne mit einem Vorarbeiter. Weil meistens die Beschäftigten, die an den Maschinen arbeiten, sich besser auskennen als vielleicht ein Abteilungsleiter oder ein Vorgesetzter. Da sind mir eigentlich verschiedene Meinungen sehr wichtig, um mir da auch ein Bild machen zu können." (Betriebsrat, Lebensmittel 2)

„Offiziellere" Formen der Beteiligung von Beschäftigten wie Workshops oder eine Befragung hat der Betriebsrat hingegen noch nicht eingesetzt.

Die Liste der Betriebe mit nachhaltigeren Beteiligungspraktiken wird von *Möbel* angeführt. Hier wirken die Erfahrungen und die Handlungsverpflichtungen nach, die aus dem Projekt „Arbeit 2020" erwachsen sind. So wurde nach Abschluss der ersten Projektrunde eine zweite Befragung im Angestelltenbereich durchgeführt, in der die Ergebnisse der ersten Befragung mit Blick auf die Anwendung der neuen Software aktualisiert wurden. Im Ergebnis zeigte sich, das sich die Qualifizierungsmaßnahmen und damit auch die Arbeitssituation deutlich verbessert haben. Aus Sicht des Betriebsrats war das Entscheidende, am Ball zu bleiben und die Themen weiter zu verfolgen, die sich aus der Beteiligung der Beschäftigten ergeben. Grundlage dafür sind die neuen Arbeitsgruppen, die im Anschluss an die Zukunftsvereinbarung eingerichtet wurden. Diese Nähe zu den Angestellten war aus Sicht des Betriebsrats vor dem Prozess kaum denkbar.

> „Nichts Schlimmeres hätte passieren können als dass wir sagen „ja, wir machen eine Befragung". Jetzt haben wir ja eine Umfrage und jetzt legen wir das Ding an die Seite, dann ist für alles gut. Auch wenn wir noch nichts konkret umgesetzt haben, allein die Tatsache, dass wir in dem Bereich zwei Arbeitsgruppen gebildet haben, zeigt, dass wir das weiterverfolgen." (Betriebsrat Möbel)

Der Betriebsrat von *Elektrotechnik 2* hat bereits Erfahrung mit arbeitnehmerorientierter Beratung, seit gut zehn Jahren nimmt er diese im Rahmen von Gewerkschaftsprojekten regelmäßig in Anspruch und schätzt dieses Vorgehen als *„richtig, richtig gut"* (Betriebsrat 1, Elektrotechnik 2) ein. Aus Sicht des interviewten Betriebsrats hat das Gremium aus dieser Zusammenarbeit viel gelernt, vor allem was beteiligungsorientiertes Vorgehen angeht. In einem konkreten Konflikt hat der Betriebsrat die erlernten Vorgehensweisen bereits übertragen und ohne Unterstützung umgesetzt.

> „Wir haben dann diese Arbeitsweise noch bei einem weiteren Projekt selber nach dem gleichen beteiligungsorientierten Muster umgesetzt. Das hat auch ohne externe Moderation funktioniert.“ (Betriebsrat 2, Elektrotechnik 2)

Beteiligung soll zu einer neuen Handlungslogik der Betriebsräte ausgebaut werden. Sie soll die die traditionelle Logik der Vereinbarung mit der Unternehmensseite über die Köpfe der Beschäftigten hinweg zunehmend ersetzen.

> „Auch vorher war ja nicht das Ziel, dass wir zukünftig Gruppenarbeit und Gleitzeit in der Fertigung machen. Das hat man ja beteiligungsorientiert erst so erarbeitet. Und sowas wünsche ich mir auch hier für die Fertigung. Und nicht: Wir setzen uns mit drei Betriebsräten und vier vom Unternehmen zusammen und schreiben dann fest, wir machen jetzt verbindliche Samstagsarbeit.“ (Betriebsrat 2, Elektrotechnik 2)

Im Fall von *Anlagenbau 1* arbeitete der Betriebsrat nach Aussage des Betriebsratsvorsitzenden seit etwa acht Jahren verstärkt beteiligungsorientiert. Damals wurde eine neue stellvertretende Vorsitzende gewählt, und die beiden Vorsitzenden haben gemeinsam überlegt, wie sie die Arbeit des Gremiums organisieren wollen. Daraus ist zunächst die Idee entstanden, regelmäßige Klausurworkshops zu organisieren. Alle sechs Monate veranstaltet die IG Metall-Fraktion des Betriebsrats einen zweitägigen Workshop mit externer Moderation, bei der die Betriebsratsarbeit reflektiert wird und Themen wie die eigene Arbeitsorganisation und die Zusammenarbeit im Team bearbeitet werden. Einen wichtigen Impuls brachte der neue Betriebsbetreuer der IG Metall, der – aus dem spezifischen Blickwinkel, neue Mitglieder zu gewinnen – das „Betriebsratsleitbild“ als Idee entwickelte.

> „Also die neue stellvertretende Vorsitzende hat einen deutlichen Impuls gebracht, die Workshops haben weitere Impulse gebracht und der [Betriebsbetreuer] hat das sozusagen nochmal verstärkt.“ (Betriebsrat 1, Anlagenbau 1)

Das erwähnte Leitbild des Betriebsrats steht unter dem Motto „nah dran und kompetent“, das bereits auf die beteiligungsorientierte Ausrichtung verweist.

> „Das heißt, wir wollen nicht nur Ausschusssitzungen in Sitzungsräumen hinter verschlossenen Türen, wir wollen mit den Beschäftigten ins Gespräch kommen. Die Gefahr bei Betriebsräten ist manchmal, Betriebsvereinbarungen zu machen, die ideologisch total klasse sind, die

> aber keiner nutzt. Das wollen wir nicht, wir wollen nah an die Menschen." (Betriebsrat 1, Anlagenbau 1)

„Nah dran" zu sein an den Beschäftigten ist durchaus eine Herausforderung. So haben die Betriebsräte die Erfahrung gemacht, dass es einen konkreten Anlass oder ein Werkzeug braucht, um mit den Beschäftigten ins Gespräch zu kommen:

> „Man geht mal in die Bereiche, aber es ist schon schwierig für die Kolleginnen und Kollegen, dann tatsächlich auch ins Gespräch zu kommen. Du brauchst immer irgendwie ein Werkzeug. Und das hat uns dann angetrieben und so ist dann die Würfelaktion oder das ein oder andere entstanden." (Betriebsrat 1, Anlagenbau 1)

Als Erweiterung des Handlungsrepertoires der Betriebsräte dient Beteiligung auch bei *Metallverarbeitung*. Aus Sicht des Betriebsratsvorsitzenden ist der Betriebsrat im Laufe des Projekts öffentlicher geworden; er ist präsenter im Betrieb, und er beteiligt die Beschäftigten mehr. Beteiligung ist nach Aussage des Vorsitzenden inzwischen zu einem „Grundsatz" der Betriebsratsarbeit geworden. Dies ist aus seiner Sicht ein grundlegender Wandel, der so ohne das Projekt „Arbeit 2020" nicht stattgefunden hätte – und der möglicherweise auch auf das Management überschwappt.

> „Weil das, glaube ich, jetzt einfach ein Grundsatz von Betriebsratsarbeit geworden ist, Beteiligung. Und auch Teile aus diesem Topmanagement sagen: ‚Uns ist es auch wichtig, dass wir halt eben frühzeitig beteiligen und einbeziehen'. Vielleicht sagen sie es auch nur, weil einer von uns dabeisitzt. Das weiß ich nicht." (Betriebsrat, Metallverarbeitung)

Im Arbeitszeitprojekt des Betriebsrats wurden die Beschäftigten sehr weitgehend einbezogen. Beispielhaft dafür ist die Neuregelung der Schichtarbeit. Dazu sind die Betriebsräte in die einzelnen Bereiche der Montage gegangen und haben dort die Vereinbarung vorgestellt und gefragt, ob es noch Verbesserungsbedarfe gibt:

> „Wir haben gesagt: Wir haben jetzt hier gewisse Eckpunkte vereinbart, als Betriebsparteien. Das ist aber absolut noch offen. Wir wollten euch das vorstellen, weil es eine besondere Situation ist. Falls es da irgendwie Ergänzungen gäbe, oder sowas. Und die Akzeptanz für die Regelung war riesig. Das war immer sehr kritisch da in der Abteilung. Weil die Leute sich einfach mitgenommen gefühlt haben." (Betriebsrat, Metallverarbeitung)

Bei *Automobilteile 2* kam es zu neuen Beteiligungsformen im Konflikt um Personalabbau und die Schließung der Fertigung am Standort. Der Betriebsrat hat diesen Konflikt entfacht, nachdem die Geschäftsleitung die Zukunftsvereinbarung ablehnte und stattdessen die Zukunftsaussichten der Fertigung in Frage stellte. Der – nach dem Ausscheiden des alten Vorsitzenden – neu strukturierte Betriebsrat nahm diese Entwicklung zunächst ohnmächtig hin, nachdem er auch schon zuvor im Projektverlauf eher passiv agierte und wenig Handlungswillen erkennen ließ. In dieser Situation kam es, wie bereits an anderer Stelle ausgeführt, zu einem Krisengespräch zwischen den Betriebsratsvorsitzenden und dem Projektteam „Arbeit 2020".

Der Betriebsrat hat sich daraufhin und im Rahmen eines gewerkschaftlichen Erschließungsprojekts eine Kampagne überlegt. Er pflanzte vor dem Werksgelände medienwirksam einen Baum der Hoffnung. Er organisierte eine Befragung aller Beschäftigten im Betrieb und fragte die Beschäftigten nach ihren Erwartungen an die Unternehmensleitungen. Die Beschäftigten statteten im Ergebnis den Betriebsrat mit dem Handlungsauftrag aus, sich für sie einzusetzen und für die Beschäftigungssicherung zu kämpfen. Dies bedeutete nicht mehr und nicht weniger als eine kulturelle Revolution in den betrieblichen Austauschbeziehungen, die zuvor durch die familiäre Eigentümerstruktur und die enge Anbindung des Betriebsratsvorsitzenden an die Geschäftsführung geprägt waren. Damit war ein entscheidender Schritt zum Ausbruch des Betriebsrats aus der familiären Kultur vollzogen. Auch wenn der Konflikt zum Ende des Untersuchungszeitpunkts noch anhielt, scheint doch die Emanzipation des Betriebsrats eine Tatsache, und die Beteiligung der Beschäftigten war das wichtigste Emanzipationsinstrument.

Beteiligung als Konfliktinstrument kam auch bei *Maschinenbau 1* zum Tragen. Nachdem hier die Zukunftsvereinbarung nicht über den Entwurfsstatus hinausging und das Projekt „Arbeit 2020" zum Erliegen kam, sah sich das Betriebsratsgremium plötzlich mit dem Entschluss der Geschäftsführung konfrontiert, einen Fertigungsschritt nicht mehr selber im Haus zu erledigen, sondern an externe Auftragnehmer auszugliedern. Der Betriebsrat hat dann eine Vereinbarung abschließen können, die im Kern die Inhalte der im Projekt erarbeiteten Zukunftsvereinbarung enthält. Der Abschluss dieser Vereinbarung war jedoch nur möglich, weil der Betriebsrat die Beschäftigten eingebunden und mobilisiert hat. Neben spontanen Versammlungen auf dem Shopfloor hat der Betriebsrat in Telefonaten und Gesprächen und auch Berichten an den Vorstand vehement auf die Unruhe in der Belegschaft hingewiesen. Das Unternehmen hat dann schließlich den Forderungen des Unternehmens zugestimmt, weil sich die Unruhe als abträglich für das Geschäft erwies.

> „Letztendlich war aber großes Interesse daran das so zu machen, weil eins ist klar, wenn ihr jetzt für Existenzängste sorgt, bekommt ihr keine Teile, wenn ihr keine Teile bekommt, verkauft ihr keine Pumpen. Ja, also der Zwang für das Unternehmen an der Stelle für Ruhe zu sorgen war natürlich sehr groß." (Betriebsrat, Maschinenbau 1)

Bei *Automobilteile 3* hingegen gilt Beteiligung seit dem Projekt „Arbeit 2020" als Zukunftsoption. Der Betriebsrat hat damit gute Erfahrungen im Projekt gemacht und kann sich grundsätzlich vorstellen, nach einem ähnlichen Vorgehen auch andere Themen zu behandeln.

> „Also ich sage mal, wenn es irgendwo große Probleme gibt, könnte man schon nach der Struktur sehr wahrscheinlich auch andere Probleme abarbeiten." (Automobilteile 3)

In diesem Sinne ist der Betriebsrat momentan in einem Projekt zu einem neuen Schichtsystem beteiligt. Das zentrale Problem im Schichtbereich ist Mehrarbeit, die zu Wochenendarbeit führt. Deshalb wurden bereits Vierschicht- oder Kontischichtmodelle entwickelt, doch stießen diese nur auf bedingte Gegenliebe und warfen das Problem der Gesundheitsbelastung auf. In der Arbeitszeitfrage im Schichtbetrieb beteiligten die Betriebsräte die Beschäftigten intensiv.

> „Wir haben das Personal immer mit eingebunden, wenn es um Schichtplanungen geht, um Schichteinteilung. Kein Betriebsrat hat hier was unterschrieben, ohne eine Abteilungsversammlung zu machen und mit den Mitarbeitern zu sprechen." (Automobilteile 3)

Im Fall von *Maschinenbau 2* hat der Betriebsrat zwar seine – bereits beteiligungsorientierte – Arbeitsweise nicht weiter verändert, konnte aber, wie auch bei *Möbel*, neue Kontakte in die Angestelltenbereiche knüpfen. Nachdem das Projekt bei einer Betriebsversammlung der Belegschaft vorgestellt worden war, kamen drei Beschäftigte auf das Projektteam zu und äußerten den Wunsch, ebenfalls für die Betriebslandkarte interviewt zu werden. Auf diese Weise hat der Betriebsrat bemerkt, *„dass wir noch Leute vergessen haben"* (Betriebsrat, Maschinenbau 2). Dazu mag beigetragen haben, dass die Beschäftigten aus kleinen Abteilungen stammen, aber auch, dass es sich um klassische Angestelltenbereiche handelt, die typischerweise als betriebsrats- und gewerkschaftsfern charakterisiert werden. Die Gespräche mit den betreffenden Beschäftigten wurden jedenfalls nachgeholt. Einer der drei hat sich im Nachgang per Mail beim Betriebsrat gemeldet und hat seine weitere Unterstützung angeboten. Auf diese Weise hat die Betriebslandkarte dazu beigetragen, dem Betriebsrat neue Zugänge in die Belegschaft zu erschließen.

Wie steht es um die Nachhaltigkeit der Beteiligung der Beschäftigten als Strategie im Projekt „Arbeit 2020“? Beteiligung war zwar, zumindest in der selektiven Variante, ein durchgängiges Merkmal des Projekts "Arbeit 2020" von Beginn an, doch ist der Stellenwert des Themas ist im Projektverlauf deutlich angestiegen. Während die Beteiligung zu Beginn des Projekts eher als Ergänzung oder Lückenfüller im Landkartenprozess zu fehlender Repräsentanz der Betriebsräte betrachtet wurde, ist ihr im weiteren Verlauf des Projekts eine wachsende strategische Bedeutung zugekommen.

> „Genau das nicht so zu machen, sondern zu sagen, wir brauchen immer Leute aus den Abteilungen mit dabei. Und wenn ein Betriebsrat noch zusätzlich aus der Abteilung dabei ist, ist das gut, aber der alleine, der reicht mir nicht. Weil dann habe ich nämlich immer dieses ‚Betriebsrat vermittelt‘. Und so haben wir einfach eine breitere Basis. ... Das Ding, wo wir sehr stark dran gearbeitet haben ist der Schenkel zwischen Betriebsrat und Geschäftsführung. Wo wir immer stärker dran arbeiten, ist der Schenkel zwischen Betriebsrat und Belegschaft.“ (Projektsekretär*in 2, IG Metall)

Die Nutzung des Expertenwissens der Beschäftigten auf der einen Seite und die Schaffung neuer Kontakte und die Stärkung der Verankerung der Interessenvertretungen in den Belegschaften auf der anderen Seite sind Ziele, die im Laufe des Projekts in den Deutungen der Projektverantwortlichen immer stärker gewichtet wurden. In immerhin vier Fällen konnte dieses Vorgehen als Erweiterung des strategischen Handlungsreservoires der Betriebsräte auch nachhaltig verankert werden, sei es anknüpfend an bereits bestehende Beteiligungserfahrungen der Betriebsräte wie bei *Elektrotechnik 2* und *Anlagenbau 1*, sei es als neue Ausrichtung der Interessenvertretungsarbeit wie bei *Möbel* und *Metallverarbeitung*. Aber auch die Beteiligung im Konflikt bei *Maschinebau 1* und *Automobilteile 2*, wo sich Unternehmensleitungen einer Zukunftsvereinbarung verweigerten und stattdessen Restrukturierungsprozesse einläuteten, hat sich als wirksame Strategie erwiesen, die Position der Interessenvertretungen zu stärken.

7.3 Betriebsräte und Gewerkschaften

Die Gewerkschaften verknüpfen mit dem Projekt „Arbeit 2020“ zwar vor allem das Ziel, die strategische Handlungsfähigkeit der Betriebsräte zu verbessern und ihnen Werkzeuge zu geben, neue Herausforderungen wie die Digitalisierung aktiv anzugehen. Doch schwingt bei den Gewerkschaften auch die betriebspolitische Zielsetzung mit, im Prozess ihre eigene Stellung im Betrieb zu verbessern, und zwar sowohl in den Gremien als auch in der Belegschaft. Welche Veränderungen lassen in den Fallbetrieben dazu erkennen? Zur Beantwortung dieser Frage werden vor allem zwei Aspekte der Fallstudien näher beleuchtet: Die Bewertung des Projekts und der Rolle der gewerkschaftlichen Betreuung durch die Betriebsräte auf der einen und die Einschätzungen der Betriebsräte zu den Veränderungen der Interaktionsbeziehungen mit den Gewerkschaften auf der anderen Seite. Zu diesen Fragen konnten wir zwar nicht für alle Fälle des Untersuchungssamples Material und Daten erheben, doch geben die Befunde durchaus Hinweise auf die durch „Arbeit 2020“ angestoßenen Entwicklungen (im Überblick in Tabelle 13).

Tabelle 13: Deutungen des Projekts und Interaktionsmuster zur Gewerkschaft

Betriebe	**Sichtweise auf Projekt und Projektsekretär*in**	**Interaktionsbeziehungen zur Gewerkschaft**
Möbel	Wichtige Rolle Projekt und Projektsekretär*in Neues Bild der IG Metall	Aktivere Rolle in Geschäftsstelle Rekrutierung als wichtige Aufgabe Leichter Mitgliederzuwachs
Elektrotechnik 1	Projektabbruch	Aktive Rolle in Geschäftsstelle
Elektrotechnik 2	Wichtige Rolle Projekt Neues Bild der IG Metall	Aktive Teilnahme gewerkschaftliche Projekte Rekrutierung als wichtige Aufgabe
Elektrotechnik 3	Wichtige Rolle Projekt	Aktive Rolle in Geschäftsstelle
Anlagenbau 1	Wichtige Rolle Projekt Neues Bild der IG Metall	Aktive Rolle in Geschäftsstelle Mitgliederrekrutierung
Anlagenbau 2	*Keine Angaben*	Projektflyer
Automobilteile 1	Wichtige Rolle Projekt	*Keine Angaben*
Automobilteile 2	*Keine Angaben*	*Keine Angaben*
Automobilteile 3	Wichtige Rolle Projekt	Aktive Rolle in Geschäftsstelle
Maschinenbau 1	Wichtige Rolle Projekt	*Keine Angaben*
Maschinenbau 2	Wichtige Rolle Projekt	Aktive Teilnahme Projekte
Maschinenbau 3	Projektabbruch	Aktive Rolle in Geschäftsstelle
Antriebstechnik 1	Wichtige Rolle Projekt	Geringe Interaktion

Betriebe	**Sichtweise auf Projekt und Projektsekretär*in**	**Interaktionsbeziehungen zur Gewerkschaft**
Antriebstechnik 2	Rolle Projekt offen	Geringe Interaktion
Wirtschaftsbetriebe	Rolle Projekt offen	Projektflyer Geringe Interaktion
Metallverarbeitung	Wichtige Rolle Projekt Neues Bild der IG Metall	Rekrutierung als wichtige Aufgabe Mitgliederzuwachs
Automationstechnik	Rolle Projekt begrenzt	Aktive Rolle in Geschäftsstelle
Lebensmittel 1	Rolle Projekt begrenzt	Aktive Rolle in Geschäftsstelle
Lebensmittel 2	Wichtige Rolle Projekt	Aktive Rolle in Geschäftsstelle

Vor diesem Hintergrund lassen sich drei unterschiedliche Konstellationen unterscheiden. Eine erste Konstellation besteht aus den Interessenvertretungen, die das Projekt „Arbeit 2020“ positiv bewertet haben, die ihre Wahrnehmungen zu den Gewerkschaften, also die Deutung ihrer Ziele und Aufgaben, verändert haben und die neue gewerkschaftliche Aktivitäten oder neue Interaktionsmuster zu den Gewerkschaften entwickelt haben. Die zweite Konstellation bilden die Interessenvertretungen, die zwar eine positive Sichtweise auf das Projekt „Arbeit 2020“ haben, bei denen daraus aber keine Veränderungen der Wahrnehmungen oder der Interaktion mit der Gewerkschaft entstanden sind. Die dritte Konstellation schließlich findet sich in den Betrieben, deren Interessenvertretungen das Projekt kritisch bewertet haben. Abschließend können noch die Betriebe genannt werden, in denen die Interessenvertretungen noch keine abschließenden Deutungen gewonnen haben, weil der Prozess „Arbeit 2020“ noch läuft.

7.3.1 Positive Sichtweisen mit Veränderungen

Die erste Konstellation, positive Bewertungen, eine neue Wahrnehmung der IG Metall und neue Interaktionsmuster, wird angeführt von *Möbel*. Der Betriebsrat schätzt den Stellenwert der Landkarte hoch ein, weil sie tatsächlich zu dem für ihn überraschenden Ergebnis geführt hat, dass die Digitalisierung im Betrieb nicht nur in den Startlöchern steht, sondern bereits weiter fortgeschritten ist, als dies vorher für möglich gehalten wurde. Eine ähnliche Bewertung sieht er auch auf Seiten der Geschäftsleitung.

> „Also ich sage jetzt mal anhand der Landkarte hast du gesehen, wie weit in einzelnen Bereichen dieses „4.0“ eigentlich schon ist. Wo man im Vorfeld gesagt hat „da ist nichts". Und wenn du tief reingegangen

> bist und dir das angeguckt hast, da sind wir ja doch schon. Da sind wir ja eigentlich schon viel zu weit. Und ich sage mal für die Geschäftsleitung hat es auch nur Positives gebracht, also es war jetzt nicht dass wir die an die Hand genommen haben und gesagt haben „hier ihr Bösen"." (Betriebsrat 1, Möbel)

Gerade der Projektsekretär der IG Metall war aus Sicht der Betriebsräte von entscheidender Bedeutung für den Erfolg des Projekts. Er hat nach ihrer Wahrnehmung kommunikative Kompetenz mit Sachlichkeit und, wenn nötig, auch mit Härte und Durchsetzungsfähigkeit gegenüber der Geschäftsleitung verbunden. Auf diese Weise konnte das Projekt nicht nur intern reibungslos durchgeführt werden, sondern auch ziel- und ergebnisorientiert gegenüber der Geschäftsleitung. Diese Kompetenzen waren insbesondere bei der Zukunftsvereinbarung gefragt; hier sei es dem Projektsekretär gelungen, einen guten Kompromiss zu vereinbaren, der das Unternehmen nicht überfordert, aber zugleich verbindliche Regelungen schafft.

> „Er hat die Gabe, das ganz sachlich zwar, aber trotzdem freundlich und direkt und mit Nachdruck irgendwie zu transportieren. Gegenüber uns, aber auch und vor allem gegenüber der Geschäftsleitung. Zum Beispiel er weiß genau, wie so eine Vereinbarung gestrickt werden muss, damit die einerseits die Firma, die Geschäftsleitung, nicht überfordert. Andererseits aber doch so verbindlich ist, dass man da hinterher was mit anfangen kann. Das hätten wir alleine nicht hingekriegt." (Betriebsrat 1, Möbel)

In diesem Rahmen hat sich das Bild der IG Metall im Betrieb nach Aussage des Betriebsrats deutlich verändert. Dies gilt zum einen für die Beschäftigten, zum anderen aber auch für die Geschäftsleitung, die nun die Gewerkschaft als konstruktive Kraft wahrnimmt, die in den Betrieben in Zukunftsfragen mitgestalten will.

> „Das Bild der IG Metall ist absolut positiv. Die Geschäftsleitung hat nicht mehr den Eindruck, dass die Gewerkschaft nur gegen alles ist, was die Arbeitnehmer planen. Nur die Unternehmen kaputt machen wollen. Und bei ihnen und bei den Beschäftigten habe ich auch den Eindruck, dass die festgestellt haben: ‚Mensch Donnerwetter, die können ja ganz schön konstruktiv sein, die Gewerkschaften'. Weil das ja für alle noch ein völlig neues Thema ist." (Betriebsrat 1, Möbel)

Als einer der Vorreiterbetriebe des Projekts „Arbeit 2020" änderte sich auch die Rolle des Betriebsrats in der Geschäftsstelle der IG Metall. Nach Einschätzung des Betriebsrats hatte die Geschäftsstelle das Thema Digitalisierung zunächst nicht so stark im Visier, doch hat sich dies, auch dank der Einbindung der Geschäftsstelle in den Prozess „Arbeit 2020“ bei *Möbel*, gewandelt. Die bei *Möbel* gemachten Erfahrungen sollen Verbreitung finden. Nach Ansicht des Betriebsratsvorsitzenden bekommt das Thema Digitalisierung bei vielen anderen Betriebsräten noch nicht die Aufmerksamkeit, die ihm gebührt. Doch dies könnte sich ändern, wenn der Austausch im Rahmen der Geschäftsstelle intensiviert wird. Daran hat der Betriebsrat ein großes Interesse, und dabei übernimmt er eine aktive Rolle.

> „Wir hatten zum Beispiel vor ein paar Wochen eine Veranstaltung in der Geschäftsstelle. Ich bin ja eh immer da, aber zu dem Thema speziell. Um neue Kollegen zu gewinnen, sich auch damit zu beschäftigten. Nach der Veranstaltung habe ich aber doch gespürt, dass drei oder vier hochgeschreckt sind und gesagt haben „Donnerwetter, ich glaube wir müssen uns doch mal mit dem Thema beschäftigen". Also es sind ja alle lernfähig. Wir ja auch.“ (Betriebsrat 1, Möbel)

Der gewerkschaftliche Organisationsgrad bei *Möbel* beträgt etwa 80% in den Fertigungsbereichen und rund zehn Prozent in den Angestelltenabteilungen. Es gab Mitgliederzuwachs im Zeitraum des Projektverlaufs, doch ist dabei nicht ganz klar, aus welchen Motiven die Beschäftigten eingetreten sind. Die unmittelbaren Auswirkungen des Projekts „Arbeit 2020“ auf die gewerkschaftliche Rekrutierung sind aus Sicht des Betriebsrats schwer einzuschätzen.

> „Es sind in der Zeit, also so 15 Leute neu aufgenommen worden. Aber sicherlich aus unterschiedlichen Gründen. Da kann auch der ein oder andere dabei sein der sagt, das hat mir ganz gut gefallen, was ihr da macht. Aus dem Projekt. Das lässt sich nicht so genau zuordnen.“ (Betriebsrat 1, Möbel)

Die im Projekt begonnen und danach weitergeführten Aktivitäten in den Angestelltenbereichen sind aber vom Betriebsrat ausdrücklich auch deshalb angegangen worden, um in diesen Bereichen die gewerkschaftliche Organisationsmacht zu stärken. Sowohl die Initiativen zum Großraumbüro als auch die Aktivitäten der Arbeitsgruppen lassen sich deshalb als Initiativen verstehen, die Angestellten besser zu organisieren als bisher.

Die Deutungen und Aktivitäten der Interessenvertretungen bei *Elektrotechnik 2* sind sehr ähnlich. Aus Sicht des interviewten Betriebsrats hat das Gremium aus dieser Zusammenarbeit viel gelernt, vor allem was beteiligungsorientiertes Vorgehen angeht. Der gewerkschaftliche Organisationsgrad im Unternehmen lag zum Zeitpunkt des Interviews bei etwa 70%. Einige Jahre zuvor war er auf 80 % angestiegen, als das Unternehmen in fünf Betriebe aufgeteilt wurde. Damals traten viele Beschäftigte in die Gewerkschaft ein, weil sie befürchteten, die Tarifbindung zu verlieren. Seitdem sank der Organisationgrad wieder leicht ab, was nach Auskunft des stellvertretenden Betriebsratsvorsitzenden weniger an Austritten als an Neueinstellungen lag, die erst für die Gewerkschaft gewonnen werden müssten. Daran arbeitet der Betriebsrat nach eigener Aussage intensiv.

Das „Arbeit 2020"-Projekt wurde nicht explizit mit dem Ziel der Mitgliedergewinnung verknüpft. Allerdings hat der Betriebsrat immer auf den gewerkschaftlichen Hintergrund des Projekts hingewiesen und hat auf diese Weise in seiner Wahrnehmung durchaus Beschäftigte erreicht. Wesentlich ist dabei der Aspekt, dass Betriebsrat und Gewerkschaft in diesem Zusammenhang als Gestaltungsmacht aufgefallen sind.

> „Das kommt ja alles zusammen. Weil wir natürlich immer deutlich gemacht haben, wo dieses Projekt „Arbeit 2020" herkommt. Und das hat schon dazu geführt, dass wir Leute, die bisher mit dem Thema Gewerkschaft nicht so viel anfangen konnten, dazu gewinnen konnten... Ich glaube schon, dass jetzt viele im Betrieb und in der Verwaltung einen anderen Blick auf Betriebsratsarbeit haben. Also nicht mehr die, die mit der roten Fahne einmal über den Parkplatz ziehen, wenn Tarifstreit ist. Sondern auch diejenigen, die hier versuchen, soweit man sie lässt, mit zu gestalten." (Betriebsrat 2, Elektrotechnik 2)

Auch im Fall von *Anlagenbau 1* werteten die interviewten Betriebsräte das betriebliche Projekt sehr positiv. Dies galt zum einen für die Organisation und Moderation der Workshops. So wurde den Beschäftigten und Betriebsräten Gelegenheit gegeben, Frust abzulassen. Durch die strukturierte Arbeit an der Betriebslandkarte wurden diese Momente jedoch wieder aufgefangen und produktiv kanalisiert:

> „Die haben Luft gelassen zum Reden, ‚sich auskotzen' nenn ich das jetzt mal. Aber dann wurde es wieder strukturiert, und dann kam am Ende ein vernünftiges Ergebnis dabei raus." (Betriebsrat 2, Anlagenbau 1)

Weil die Workshopteilnehmer nicht nur ihre eigenen Abteilungen beschrieben haben, sondern auch bei den Darstellungen ihrer Kollegen aus anderen Bereichen dabei waren und Fragen stellen konnten, erhielten sie Einblicke in die Arbeit und Probleme der anderen Abteilungen. Auf diese Weise konnte sich Verständnis für die betrieblichen Zusammenhänge und die Situation von Kollegen entwickeln:

> „Es wurde ein Verständnis für die anderen hervorgerufen [...] Wenn man nicht weiß, was der andere zu tun hat, und das kann man gar nicht wissen, bei unserem riesigen Laden, wenn man den nicht zufälligerweise kennt, dann kann man auch kein Verständnis haben.“ (Betriebsrat 2, Anlagenbau 1)

Dadurch, dass der Betriebsrat „nah dran“ an den Beschäftigten zu sein versucht, waren die in die Workshops erarbeiteten Probleme nach Aussage der Betriebsräte zwar nicht überraschend. Nichtsdestotrotz war die Betriebslandkarte wertvoll für den Betriebsrat, weil sie aus seiner Sicht einen guten Überblick bietet. Angesichts der Dynamik der Veränderungen in den unterschiedlichen Abteilungen kann eine regelmäßig aktualisierte Landkarte demnach helfen, auf dem Laufenden zu bleiben. Das ist ein Vorteil, den auch die Standortleitung betonte:

> „Man hat mal alles auf einem Blatt sozusagen. Man sieht die ganzen Gewerke, sieht: die haben die Probleme und die haben die Probleme. Und der Veränderungsprozess, der verläuft ja überall etwas anders. Und deshalb hat die Leitung ja auch gesagt, die Betriebslandkarte führen wir weiter. Damit wir sehen, wo passiert denn was und wo greift was.“ (Betriebsrat 2, Anlagenbau 1)

Darüber hinaus erwartet der Betriebsratsvorsitzende einen Aufbau von Kompetenzen bei den direkt am Projekt beteiligten Betriebsräten, vor allem in methodischer Hinsicht.

> „Ja, ich bin froh und dankbar, denn wir brauchen die fachliche Anleitung. Das ist ja wenn es funktioniert für uns auch eine Kompetenzentwicklung der Kollegen des Betriebsrats, die daran teilgenommen haben. Überhaupt mal zu sehen, mit welchen Methoden kann man so ein Projekt aufsetzen, mit welchen Methoden kann man an Themen gehen, das war sehr positiv.“ (Betriebsrat 1, Anlagenbau 1)

Der Betriebsrat war bereits vor dem Projekt sehr aktiv und auch erfolgreich in der Mitgliederwerbung. Darauf wiesen Urkunden des IG Metall-Vorstands für Erfolge in der Mitgliederwerbung hin, die im Betriebsratsflur hängen. Das Projekt „Arbeit 2020“ hat der Betriebsrat nicht explizit mit dem Ziel der Mitgliedergewinnung verknüpft. Nichtsdestotrotz hat es nach seiner Einschätzung dazu beigetragen, die festgefügte Sichtweise bestimmter Beschäftigtengruppen von Betriebsrat und Gewerkschaft in Bewegung zu bringen und neue Anknüpfungspunkte für die Kontaktaufnahme zu den Beschäftigten zu schaffen:

„Das Thema Mitgliedergewinnung ist ein Grundsatzthema und ist nicht extra durch das Thema „Arbeit 2020“ nochmal gepusht worden. Kollegen, die früher deutlich zugeknöpfter waren, haben sich aber an diesem Projekt beteiligt oder sich darüber informiert; sie sind nun etwas offener. Von daher hat das Projekt zumindest mal die Grundlage verbreitert, in Gespräche mit den Kolleginnen und Kollegen zu kommen, insbesondere in den Bereichen, in denen wir uns klassisch etwas schwertun.“ (Betriebsrat 2, Anlagenbau 1)

Der vierte Fall dieser Konstellation schließlich ist *Metallverarbeitung*. Der für den Betrieb zuständige Sekretär der Geschäftsstelle war bei allen Workshops dabei und hat aktiv mitgearbeitet. Das hat nach Aussage des Vorsitzenden die Sichtbarkeit der IG Metall im Betrieb deutlich erhöht, insbesondere, weil die Gewerkschaft auf diese Weise betriebliche Themen mitgestalten konnte und nicht nur auf überbetriebliche Fragen setzen musste.

„Die Gewerkschaft wurde eben sichtbarer auch mit betrieblichen Themen. Also die nur uns betroffen haben. Also vorher haben die ihren Bericht gehalten, zu irgendwelchen Themen im Siegerland. Man kann zu „Arbeit 2020“ jetzt was sagen. Und das Projekt mit der Zeitwirtschaftsthematik kommt hinzu, es läuft ja das Projekt mit der Geschäftsstelle.“ (Betriebsrat, Metallverarbeitung)

Die Rolle der IG Metall ist nun eine andere: Sie ist nicht mehr nur überbetriebliche Tarifpartei, sondern auch gestaltende Kraft im Betrieb, und sie kann als solche wahrgenommen werden.

„Also man ist jetzt im Betrieb einfach mit drinnen. Die IG Metall ist nicht nur die, die vier Mal im Jahr hier was sagen und einmal im Jahr die Westen verteilen zum Warnstreik. Das hat eine gestalterische Funktion angenommen.“ (Betriebsrat, Metallverarbeitung)

Mitgliederrekrutierung war und ist ein Ziel des Betriebsrats. Der Betriebsrat hat allerdings Neueintritte nie den Projekten zugeordnet, weil das aus seiner Sicht wegen der unklaren Motivlage der Eintretenden kaum den Projekten zurechenbar ist.

„Klar. Am Anfang hieß es auch immer: Man sollte immer auch irgendwelche Nummern auf Neuanwerbungen schreiben. Aber ich finde das super schwierig. Also wir haben das nie gemacht. Es kann sein, dass für die Mitglieder, die wir jetzt neu gekriegt haben, wirklich „Arbeit 2020“ ausschlaggebend war. Es kann auch sein, dass „Arbeit 2020“ jetzt so ein bisschen das letzte i-Tüpfelchen war, das noch gefehlt hat". (Betriebsrat, Metallverarbeitung)

Nach Aussage des Betriebsratsvorsitzenden gab es in letzter Zeit viele Neueintritte. Noch 2013 lag der Organisationsgrad im Betrieb bei 30%, inzwischen konnte die 50%-Marke überschritten werden. Eine gezielte Kampagne zur Mitgliederwerbung im Betrieb hat der Betriebsrat nicht durchgeführt. Neueintritte gab es sowohl im direkten als auch im indirekten Bereich bei den Angestellten.

Traditionell waren die Verbindungen des Betriebsrats zur Gewerkschaft nicht eng. Insbesondere der Vorgänger des aktuellen Vorsitzenden hat aktive Beziehungen zur Gewerkschaft weder gesucht noch angestrebt. Er war ein klassischer Vorsitzender mit elitärem Selbstverständnis und ausgeprägter betrieblicher Orientierung. Das Verhältnis von Betriebsrat und IG Metall hat sich nun gewandelt. Man nimmt sich nach Aussage des Vorsitzenden nun anders wahr.

„Ja. Wir nehmen uns beide anders wahr. Ich glaube das ist wechselseitig." (Betriebsrat, Metallverarbeitung)

7.3.2 Positive Sichtweisen ohne Veränderungen

Die zweite Konstellation ist häufiger anzutreffen. Sie zeichnet sich zunächst durch eine positive Bewertung des Projekts „Arbeit 2020" aus. Beispielhaft dafür steht der Fall *Elektrotechnik 3*. Auch hier war die Unterstützung durch das Projekt für die Landkartenerstellung aus Sicht des Betriebsrats unentbehrlich. Ohne externe Begleitung wäre ein solcher Prozess kaum zu realisieren. Zudem wurden dem Betriebsrat mit der Landkarte neue Einblicke in den Betrieb eröffnet, sowohl durch die Außenperspektive der Berater als auch durch die Befragungen der Beschäftigten.

„Man wird auch als Betriebsrat stallblind. Man sieht Dinge nicht so, als wenn einer mal von außen reinguckt, der dann ganz anders dahin guckt. Und ich sage dann ‚Mein Gott nochmal, das hätten wir eigentlich sehen müssen'." (Betriebsrat, Elektrotechnik 3)

Hinzu kommt die Komplexität des Themas. „Industrie 4.0" ist ein Thema mit unscharfen Konturen, für das dem Betriebsrat eine systematische Herangehensweise fehlte.

„Man muss ja auch dazu sagen: Es gibt ja auch kein Handbuch zur „Industrie 4.0". Dementsprechend war es ja eigentlich gut, dass wir eine

> kleine Systematik aufgestellt haben, um dort überhaupt erstmal einen Stamm abzufragen. Soweit hätten wir wahrscheinlich gar nicht gedacht." (Betriebsrat, Elektrotechnik 3)

Die Zusammenarbeit mit der Gewerkschaft hat sich durch den Prozess von „Arbeit 2020" aber nicht grundlegend verändert; das Verhältnis ist aus Sicht des Betriebsrats traditionell eng. Der Betriebsrat ist mit drei Delegierten in der Delegiertenversammlung vertreten, und er ist mit zwei Vertreter*innen im Ortsvorstand präsent. Im Gegenteil, der Betriebsrat fordert die Geschäftsstelle eher auf, sich um andere Betriebe zu kümmern, in denen die Arbeitsbedingungen unter Druck sind oder Betriebsräte und Gewerkschaften um ihre Präsenz im Unternehmen kämpfen müssen.

> „Wir sind gut aufgestellt und wohnen in der Wohlfühlecke. Gibt ja auch Betriebe, die ein Niveau haben, wo die sich mit Abweichungen rumschlagen müssen. Es ist besser, die Gewerkschaft kümmert sich um die als um die im gehobenen Bereich. Das ist so in Ordnung." (Betriebsrat, Elektrotechnik 3)

Der Betriebsrat betreibt die Mitgliederrekrutierung aktiv. Der wichtigste Ansatzpunkt dafür ist die Ausbildung. Hier werden die jungen Leute gezielt angesprochen, und zusammen mit der Jugend- und Auszubildendenvertretung macht der Betriebsrat dazu eigene Treffen. Der gewerkschaftliche Organisationsgrad im Betrieb beträgt etwa 30%. Der Betriebsrat sieht zwei Hemmschwellen für einen Anstieg der gewerkschaftlichen Organisationsmacht: Erstens die guten Arbeitsbedingungen im Betrieb und die Tatsache, dass dort noch übertarifliche Sozialleistungen gezahlt werden:

> „Wenn ich in einem Betrieb arbeite, wo ich mich wohlfühle, wo alles gut ist und wo alle sozialen Leistungen noch gezahlt werden, warum soll ich denn dann in die IG Metall gehen? Die Frage stellt sich jeder." (Betriebsrat, Elektrotechnik 3)

Zweitens kommt der wachsende Angestelltenanteil hinzu; diese Beschäftigtengruppe ist nach Aussage des Betriebsrats nicht leicht von den Vorteilen der Mitgliedschaft zu überzeugen. Hierfür hat der Betriebsrat noch keine Handlungskonzepte entwickeln können.

Auch bei *Automobilteile 1* hoben die Betriebsräte die wichtige Rolle des Projektteams bei der Erstellung der Landkarte hervor; ohne diese professionelle Hilfe wäre eine Landkartenerstellung nicht möglich gewesen. Dabei war aus ihrer Sicht wichtig, dass sie die Beratung und die Projektsekretär*in bereits aus anderen Kontexten kannten.

> „Die Landkarte war sehr nützlich. Da sind neue Probleme hochgekommen, vor allem aus der Logistik, aber auch aus anderen Bereichen, die wir so noch nicht auf dem Schirm hatten.“ (Betriebsrat, Automobilteile 1)

Der gewerkschaftliche Organisationsgrad im Werk beträgt rund 45%; Effekte durch das Projekt oder eigene Aktivitäten des Betriebsrats zur Verbesserung des Organisationsgrad waren nicht zu beobachten.

Bei *Automobilteile 3* variiert der gewerkschaftliche Organisationsgrad im Unternehmen stark nach Standorten und Beschäftigtenstruktur im Verhältnis von Produktions- und Angestelltenbereichen.

> „Also in der Fertigung sind wir zu 95% organisiert. Wenn ich in unsere zwei Fertigungsbereiche reingucke, dann habe ich auch ein Organisationsgrad von 85% bis 100% in den Abteilungen. Gehe ich dann in den Angestelltenbereich hoch, dann bin ich noch bei manchen Abteilungen bei Null und manchen bei 10% nur.“ (Betriebsrat 2, Automobilteile 3)

Für die Zusammenarbeit mit der Gewerkschaft erzeugte das Projekt „Arbeit 2020“ eher verhaltene Effekte. Das Projekt war professionell organisiert und dem Betriebsrat eine große Hilfe, deshalb macht er aber nun nicht deutlich mehr mit oder für die Gewerkschaft. Dies liegt nach eigener Aussage auch daran, dass der Betriebsrat in den Gremien der Gewerkschaft schon sehr präsent ist.

> „Also das Projekt war gut begleitet, hat uns auch nach vorne gebracht, aber das wir jetzt, ich sage mal, dadurch wesentlich mehr Richtung IG-Metall noch machen, eigentlich nicht. Wir konzentrieren uns da schon auch auf das Wesentliche.“ (Betriebsrat 1, Automobilteile 3)

Auch bei *Maschinenbau 1* bewertete der Betriebsratsvorsitzende die Betriebslandkarte sehr positiv. Sie ist nach seinem Eindruck ein Werkzeug, um Trends und Tendenzen sichtbar zu machen, und nicht, um einzelne Zahlen exakt nachzuhalten. Mit dem Instrument ist es aus seiner Sicht gelungen, den „4.0-Status“ im Betrieb transparent dazustellen. Die Auswirkung auf die Beschäftigung ist für ihn jedoch weiterhin unklar. Dementsprechend interpretiert der Betriebsratsvorsitzende die Landkarte als Vorlage, auf deren Basis er die weitere Betriebsratsarbeit vertiefen und fortführen will; insbesondere dient sie demnach als Argumentationsgrundlage für Verhandlungen mit der Unternehmensseite.

„Die Betriebslandkarte ist ein wunderbares Werkzeug, und da geht es gar nicht drum zu sagen, wie genau ist eigentlich die ganze Nummer? Sondern es geht eigentlich nur darum zu sagen, wir haben heute schon eine Tendenz, wo ihr immerzu sagt „das wisst ihr alles noch nicht". Und wir sind diejenigen die sagen können „ja pass mal auf, das ist ja die vorherrschende Meinung." (Betriebsrat, Maschinenbau 1)

Für den Betriebsrat war der erste Ansprechpartner im Projektteam die Beratung, auch wenn die IG Metall im gesamten Prozess und bei vielen Workshops dabei war. Ihrer fachlichen Expertise rechnete er den erfolgreichen Landkartenprozess in erster Linie zu.

„Ja, die IG-Metall stand für uns nicht im Vordergrund. Im Vordergrund stand ganz klar die Beratung. Das war alles sinnig, wie sie das gemacht hat, auch in der Summe der Durchführung der einzelnen Workshops. Das hätte ich nicht gekonnt, da habe ich die Ausbildung nicht." (Betriebsrat, Maschinenbau 1)

Generell ist die Interaktionsdichte mit der Gewerkschaft gering. Der Organisationsgrad ist heterogen und beträgt im Durchschnitt gut 20%; weitergehende Beziehungen zur IG Metall unterhält der Betriebsrat nicht, und auch der gewerkschaftliche Organisationgrad ist für ihn kein wichtiges Handlungsfeld.

Der Betriebsrat von *Maschinenbau 2* arbeitet aktiv in einem Branchennetzwerk mit. Auf diese Weise bekam er engeren Kontakt zur Gewerkschaft und hat in der Vergangenheit bereits an zwei Projekten teilgenommen. Im Projekt „Arbeit 2020" spielten für ihn Beratung und Projektsekretär*in der IG Metall aus mehreren Gründen wichtige Rollen. Zunächst einmal hielten sie das Projekt am Laufen, und sie brachten Methodenkenntnisse ein, über die der Betriebsrat nicht verfügt. Dadurch gelang es ihnen nach Meinung des Betriebsrats, den Beschäftigten in den Workshops die richtigen Fragen zu stellen.

„Die Berater sind für Betriebsräte eigentlich wie Kleber. Wir haben das in dem Projekt vorhergesehen, wenn die Berater nicht da waren, war eine gewisse Stagnation zu erkennen. Also, wie die durch die Veranstaltungen geführt haben, aber auch in den Gesprächen mit der Geschäftsleitung. Das war schon wirklich klasse. Und bei den Kollegen ein bisschen was rauszukitzeln." (Betriebsrat 1, Maschinenbau 2)

Die Landkarte eröffnet aus Sicht der Betriebsräte auch die Perspektive, sie mit einigem zeitlichen Abstand erneut zu erarbeiten und auf diese Weise eine Wirksamkeitskontrolle vorzunehmen. Zudem habe das „Arbeit 2020"-

Projekt dem Gremium Impulse in Form von Einblicken in ihnen weniger bekannte Unternehmensbereiche gegeben

Der Organisationsgrad im Werk beträgt mehr als 90% im gewerblichen Bereich und knapp 20% im Angestelltenbereich. Als Organisierungsprojekt wurde „Arbeit 2020" vom Betriebsrat nicht betrachtet; auch hat es bislang keine Auswirkungen auf die Beziehungen zur Gewerkschaft, die durch die Tradition gemeinsamer Projekterfahrungen recht intensiv ist.

Bei *Antriebstechnik 1* war die Haltung einiger Betriebsräte zum Projekt „Arbeit 2020" am Projektanfang durchaus kritisch. Das Feedback nach Abschluss der Workshops fiel jedoch bei allen Beteiligten positiv aus. Die Betriebsräte äußerten übereinstimmend, dass das Projekt dazu beigetragen hat, Unsicherheiten in Bezug auf die Folgen der Digitalisierung auszuräumen und vor allem die Angst vor Arbeitsplatzabbau abzufangen. Zudem erhielten die Mitglieder des Betriebsrats mit Hilfe der Qualifizierungsreihe und der Arbeit mit den Landkarten einen Einblick in die verschiedenen Abteilungen. Dadurch wurde aus ihrer Sicht mehr Transparenz bezüglich der gegenwärtigen Situation der Firma und zukünftigen Entwicklungen geschaffen. Die Betriebsratsmitglieder fühlten sich durch das Projekt nun besser gewappnet für die Zukunft.

> „Also bei der Standortbestimmung, wo stehen wir und wo stehen wir in fünf Jahren? Und die Betriebslandkarte, wie sieht es in Zukunft aus? Und von daher war das für mich unheimlich wichtig." (Betriebsrat, Antriebstechnik 1)

Sie betonten zudem die gute Zusammenarbeit mit der Beratung und mit der IG Metall sowie das angenehme Arbeitsklima während des Projekts. Auch die Geschäftsleitung schätzte das Projekt, weil es aus ihrer Sicht die Akzeptanz von Veränderungen stärkt.

> „Da habe ich ganz klar gesagt „Ja, wir haben ja die IG-Metall mit unserem Betriebsrat, da haben wir das aufgesetzt, das durchgeführt und die Landkarte für uns erstellt um auch so ein bisschen die Ängste und Sorgen zu nehmen, und deswegen ich würde das jedem weiterempfehlen, 100 prozentig." (Geschäftsführer, Antriebstechnik 1)

Der Organisationsgrad im Betrieb beträgt nach Aussage der Betriebsräte rund 50% im Fertigungsbereich und etwa zwei Prozent bei den Angestellten, die rund zwei Fünftel der Belegschaft am Standort stellen. Obwohl der Betriebsrat das Projekt auf Betriebsversammlungen vorgestellt und im Angestelltenbereich einen Aushang dazu gemacht hat, erhielt er kein Feedback, vor allem nicht im Angestelltenbereich.

„Die schimpfen überall. Die schimpfen ja alle und danach kommt nichts mehr. Und das ist schade sagen wir mal so, wenn wir da mal ein bisschen mehr den Fuß reingekriegt hätten, das haben wir schon ein paar Mal probiert. Aber das ist sehr schwierig." (Betriebsrat, Antriebstechnik 1)

Das Verhältnis zur der Gewerkschaft ist in der Deutung des Betriebsrats aber ohnehin distanziert. Es handelt sich demnach bei Betriebsrat und Gewerkschaft um zwei Organisationen mit unterschiedlichen Interessen, und der Betriebsrat stellt seine Interessen in den Vordergrund. Weder sei die Belegschaft streik- und mobilisierungsfähig noch arbeitet der Betriebsrat daran, diesen Zustand zu verändern.

„Beide Seiten haben Interessen sagen wir mal. Ist ganz klar. Aber unsere Interessen die stehen immer im Vordergrund, sagen wir mal so. Und so fahren wir ganz gut miteinander. Wie gesagt, wir haben nur Probleme, weil wir die Stärke nicht auch haben, wir können die nicht motivieren, wir kriegen das nicht hin. Das kannst du hier vergessen." (Betriebsrat, Antriebstechnik 1)

Positiv bewertet wurde das Projekt schließlich auch bei *Lebensmittel 2*. Hier lobte der Betriebsratsvorsitzende die fachliche Anleitung und die Moderation des Prozesses durch die Berater. Entscheidend war im Umgang mit dem Gremium aus seiner Sicht die Fähigkeit der Berater, ruhig und zugleich bestimmt auf alternative Möglichkeiten zu eingefahrenen Sicht- und Handlungsweisen des Gremiums hinzuweisen und Argumente dafür einfließen zu lassen. Auf diese Weise ist es aus seiner Sicht gelungen, dem Gremium neue Impulse zu geben.

„In den Diskussionen haben die ja auch mal auf Dinge hingewiesen oder auch mal ein bisschen hartnäckiger drauf gebohrt, dass man auch andere Ansichten haben könnte, einen anderen Weg gehen könnte. Sodass man da wirklich frischen Wind reingekriegt hat." (Betriebsrat, Lebensmittel 2)

Der Organisationsgrad im Betrieb ist in letzter Zeit leicht angestiegen und liegt bei 75%. Entscheidend dafür war aus Sicht des Betriebsrats aber nicht das Projekt „Arbeit 2020", sondern die Beschäftigungsunsicherheit und die Kritik an den Strategien des Unternehmens.

„Ja, das vielleicht ein bisschen gestiegen, jetzt so an die 75%. Durch den Arbeitgeber." (Betriebsrat Lebensmittel 2)

Die Zusammenarbeit zwischen Betriebsrat und Gewerkschaft ist traditionell eng; der Betriebsratsvorsitzende ist Mitglied im Vorstand des regionalen Gewerkschaftsbüros der NGG.

7.3.3 Kritische Sichtweisen

Dass bei den beiden Fallbetrieben *Elektrotechnik 1* und *Maschinenbau 3*, in denen die Betriebsräte das Projekt „Arbeit 2020" vorzeitig abgebrochen haben, die Bewertung des Projekts kritisch ausfällt, darf als sicher unterstellt werden. Dennoch sind in beiden Fällen die Betriebsratsvorsitzenden in der Gewerkschaft als Mitglieder ihrer Ortsvorstände recht aktiv. Kritische Sichtweisen kamen aber auch noch aus zwei weiteren Gremien, *Automationstechnik* und *Lebensmittel 1*. Die Gründe dafür waren aber unterschiedlich.

Automationstechnik ist ein hochorganisierter Betrieb; der gewerkschaftliche Organisationgrad wurde im Rahmen des Projekts Arbeit 2020 erhoben und in der Landkarte vermerkt. Dazu wurden die bestehenden Mitgliederlisten auf die definierten Bereiche umgerechnet. Insgesamt beträgt demnach der Organisationsgrad im Betrieb knapp unter 80%, allerdings differenziert nach Bereichen.

> „Also vom gewerblichen Bereich sind fast alle drin und vom kaufmännischen Bereich, also wir sind auch eigentlich relativ gut vertreten. Je höher man kommt, desto weniger ist es dann." (Betriebsrat 1, Automationstechnik)

Der Betriebsrat betreibt die Organisierung systematisch; wichtig dabei ist vor allem die Ansprache der Auszubildenden. Hier profitiert der Betriebsrat von der starken Jugend- und Auszubildendenvertretung (JAV), die sich im Betrieb gebildet hat.

> „Also wir haben eine gute Jugendvertretung muss man mal sagen, ja und wir sehen halt eben zu, dass wir die relativ schnell angesprochen kriegen". (Betriebsrat 1, Automationstechnik)

Eine andere Herausforderung sind Akademiker, die nicht die betriebliche Ausbildung durchlaufen. Aber auch diese Beschäftigten spricht der Betriebsrat sofort bei Eintritt in das Unternehmen an.

> „Ansprechen, wenn sie reingehen gehen sie rein, wenn nicht, dann gehen sie halt nicht rein." (Betriebsrat 1, Automationstechnik)

Das Projekt „Arbeit 2020“ wird dafür aber nicht genutzt. Nach Einschätzung der Betriebsräte hat das Projekt auch keinen entscheidenden Wissenssprung gebracht. Auch in der Zusammenarbeit mit der Gewerkschaft hat sich demnach nichts verändert, weil sie schon zuvor sehr eng war; der Vorsitzende ist zweiter Bevollmächtigter der Geschäftsstelle, ein weiterer Betriebsrat sitzt in der Delegiertenversammlung der Gewerkschaft. Der Betriebsrat ist zu 100% organisiert. Insgesamt wertet der Betriebsrat als wichtigste Errungenschaften des Projekts die Landkarte mit ihren Einblicken in die betrieblichen Strukturen und die Erfahrungen, die aus den Interviews gewonnen werden konnten.

> „So das Beste an dem ganzen war wirklich mal eine Gliederung, von der Firma. Die ganzen Strukturen und dann hinterher die Interviews.“ (Betriebsrat 1, Automationstechnik)

Doch war aus Sicht des Betriebsrats der Preis dafür zu hoch, nämlich der bereits oben angesprochene hohe Arbeitsaufwand, dem das Gremium während des Projekts ausgesetzt war.

Bei *Lebensmittel 1* schließlich war es vor allem die Unzufriedenheit mit der Beratung, die für ein negatives Urteil der Betriebsräte sorgte. Auch dieser Betrieb ist gewerkschaftlich mit einem Organisationsgrad von 60% gut organisiert, wobei der Trend leicht stagnierend ist.

> „Ja, bei uns sind, jetzt sind wir ein bisschen abgerutscht, weil viele Ältere in Rente gegangen sind. Und viele Junge nachgerückt sind und die haben mit Gewerkschaft so überhaupt gar nichts zu tun. Also wir reden da sehr offen drüber, und ich rede auch mit jedem einzelnen Kollegen hier.“ (Betriebsrat, Lebensmittel 1)

Auch hier ist die Zusammenarbeit zwischen Betriebsrat und Gewerkschaft sehr eng; der Betriebsratsvorsitzende ist Mitglied des regionalen Gewerkschaftsbüros der NGG. Dennoch wurde mit Blick auf das Projekt vor allem bemängelt, dass es an vielen Stellen zu unkonkret und nicht detailliert genug war. Der Betriebsratsvorsitzende hatte sich erhofft, neue Handlungsfelder zu entdecken. Außerdem hat er sich von dem Berater erwartet, dass er „einen Wissensblock“ zu dem Thema mitbringt und schon Erfahrungen hat, aus denen heraus er eine zugeschnittene Beratung entwickeln kann:

> „Sondern am Ende haben alle gesagt „naja, wir wollten ja auch mitarbeiten, aber am Ende haben wir ihm das alles beschrieben und ihm gesagt in welche Richtung das geht". Da war auch eher die Erwartungshaltung, er hätte uns doch mal was aufzeigen können.“ (Betriebsrat, Lebensmittel 1)

In den beiden Untersuchungsfällen aus dem Organisationsbereich der NGG war übrigens kein Projektsekretär anwesend; nur Gewerkschaftssekretäre des zuständigen Regionalbüros besuchten die Workshops sporadisch. Das wiederum bedeutete, dass die Beratung auf sich alleine gestellt war und Probleme nicht durch ein Projektteam gemeinsam während der Sitzungen gelöst werden konnten.

Keine abschließenden Bewertungen finden sich in den Fällen *Anlagenbau 2* und *Wirtschaftsbetriebe*, in denen das Projekt „Arbeit 2020" zum Abschluss der Projektbegleitung jeweils noch lief. In beiden Betrieben ist der gewerkschaftliche Organisationsgrad mit rund 30% resp. 40% im Vergleich zu den anderen Fallbetrieben relativ niedrig. Der Betriebsratsvorsitzende bei *Anlagenbau 2* hat die Beratung sehr positiv bewertet.

> „Das war top, hundertprozentig. Also mit welchen Methoden man an so ein Thema ran geht." (Betriebsrat, Anlagenbau 2)

Auch die Betriebslandkarte findet der Betriebsratsvorsitzende nützlich, macht die Bewertung des Projekts aber ganz vom Gelingen einer Zukunftsvereinbarung abhängig. Zudem hat er eine distanzierte Haltung zur Gewerkschaft deutlich werden lassen, die er als teilweise „extrem" in ihren Interessenpositionen einstuft. Als Instrument der Mitgliederwerbung ist die Betriebslandkarte aus seiner Sicht nicht geeignet.

> „Wir haben das einmal vorgestellt, das Projekt. Letztes Mal auf der Versammlung, letztes Jahr Dezember. [...] Wo wir dabei sind, wo wir dran sind. Mit Betriebslandkarte und sowas alles. Hat aber auch keine große Resonanz gekriegt." (Betriebsrat, Anlagenbau 2)

Insgesamt ist demnach Mitliederwerbung im Betrieb ein mühsames Geschäft, was vor allem an dem hohen Anteil osteuropäischer Belegschaftsmitglieder läge und an der Tatsache, dass im Betrieb immer noch ein Anerkennungstarifvertrag gilt, der längere Arbeitszeiten als im Flächentarifvertrag festlegt.

„Das Problem ist einfach, dass die sagen, wir sollen Mitgliederwerbung machen. Aber unsere russischen Kollegen, die in Kirchen sind, gehen da nicht rein. Zumindest bei uns ist das so. Und viele treten aus, weil sie komplett unzufrieden sind. Auch mit der 40-Stunden-Woche hier unzufrieden sind. Kriegen sie ja nicht bezahlt." (Betriebsrat, Anlagenbau 2)

Bei *Wirtschaftsbetriebe* wird die Landkarte ebenfalls positiv bewertet. Doch hängt auch hier die Einschätzung des Projekts an der weiteren Entwicklung in Richtung Zukunftsvereinbarung.

> „Und ich denke da würden sich viele für interessieren, auch Betriebsratskollegen, also wir würden das auf jeden Fall empfehlen." (Betriebsrat, Wirtschaftsbetriebe)

Ob das Projekt die Werbung neuer Mitglieder für die IG Metall begünstigt hat, lässt sich nach Aussage des Betriebsrats nicht genau sagen. Der Betriebsrat vermutet eher, dass es dazu beiträgt, die bisherigen Mitglieder zu halten.

> „Das Projekt, da war dann eher die Reaktion bei den Mitgliedern ‚Ach die IG Metall ist im Haus, die macht ja was'. Aber das bringt nicht unbedingt neue Mitglieder, sondern das war eine Bestätigung, für die, die bereits Mitglieder sind." (Betriebsrat WIDI)

In den Fällen des Untersuchungssamples überwiegen insgesamt deutlich die positiven Bewertungen des Projekts „Arbeit 2020". Diese beziehen sich vor allem auf die Nützlichkeit der Landkarte. Viele Betriebsräte heben die wichtigen und vor allem detaillierten Informationen über die Veränderungsprozesse hervor, die sich in ihren Betrieben vollziehen und die sie in dieser Breite und Tiefe zuvor nicht kannten, obwohl sie Expert*innen ihrer Organisationen sind. Dieses Wissen können sie in die angestrebten Verhandlungen mit den Geschäftsleitungen einbringen. Auch dort, wo es nicht zu Verhandlungen kommt oder diese nicht abgeschlossen werden können, erhalten die Betriebsräte neue Grundlagen für die strategische Orientierung ihrer Interessenvertretungspolitik und die Bestimmung arbeitspolitischer Problemfelder. Allerdings werden die Ergebnisse selten für eine strategische Neuausrichtung der Interessenvertretungspolitik genutzt, die darauf abzielen könnte, die Repräsentationskraft der Betriebsräte in bislang von ihnen kaum erreichten Bereichen vor allem der Angestellten zu verbessern und das Projekt „Arbeit 2020" zur Stärkung der gewerkschaftlichen Organisationsmacht in den Betrieben einzusetzen.

Dass dies möglich ist und erfolgreich sein kann, zeigen die Fallbetriebe, in denen „Arbeit 2020" von Beginn an offensiv als Gewerkschaftsprojekt kommuniziert wurde und in denen vor allem die Beschäftigten auf die eine oder andere Weise intensiv eingebunden worden sind. In solchen Fällen, wie *Möbel* oder *Metallverarbeitung*, ist das Projekt als Instrument der wechselseitigen Stärkung der Interessenvertretungen interpretiert und umgesetzt worden, mit größeren Organisierungserfolgen zumindest bei *Metallverarbeitung*. Hier ist nach Aussage der Betriebsräte ein neues Bild der IG Metall als Gestaltungskraft in den Betrieben erzeugt worden, das möglicherweise eher nachhaltig als kurzfristig wirkt. Dieses Bild dürfte vor allem auf die Beschäftigtengruppen attraktiv wirken, die von einer Gewerkschaft erwarten, mehr als nur Tarifvertragspartei zu sein und zudem auch konkrete betriebliche Probleme aufzugreifen. „Arbeit 2020“ ist kein Organizing-Projekt im engeren Sinne, sondern ein Projekt, das die Handlungs- und Gestaltungsfähigkeit der Betriebsräte verbessern soll. Doch gerade darin kann eine Chance auch für gewerkschaftliche Organisierung liegen, die einem klassischen Organizing nicht zur Verfügung steht, weil dort Gestaltungsthemen nicht so intensiv entwickelt werden können.

Dies kommt aber bislang nur dort zum Tragen, wo die Betriebsräte die Gewerkschaft als Akteur der Betriebspolitik auch anerkennen und die gewerkschaftliche Organisationsmacht als Grundlage ihrer eigenen Handlungsfähigkeit deuten. Die IG Metall hat dieses Problem erkannt und versucht in neueren Projektbetrieben, den Beschäftigten ihre Präsenz im Projekt durch die Verteilung von Flyern nahezubringen. Welche Wirkungen damit verbunden sind und ob weitergehende Maßnahmen erforderlich sind, kann an dieser Stelle nicht abschließend beantwortet werden. Auf jeden Fall könnte es sich als günstig erweisen, bereits im Projektdesign Maßnahmen der Gewerkschaftsstärkung durch die Betriebsräte vorzusehen. Diese Maßnahmen müssten vor allem darauf abzielen, die Gewerkschaft als Träger des Projekts stärker in den Blick der betrieblichen Öffentlichkeit zu lenken und betriebsegoistischen Orientierungen von Betriebsräten vorzubeugen.

Die Mitgliederzahlen am Ausgangspunkt des Projekts „Arbeit 2020“ spielen für die Interaktionsschärfung zwischen betrieblicher und gewerkschaftlicher Interessenvertretung keine zentrale Rolle. Dort, wo der Organisationsgrad niedrig ist und die Betriebsräte die Mitgliederrekrutierung vernachlässigt haben oder dafür keine Strategien entwickeln konnten, eröffnet das Projekt neue Anknüpfungspunkte. Dort, wo die Gewerkschaft ohnehin schon stark durch hohe Mitgliederzahlen verankert ist, kann zwar davon ausgegangen werden, dass die Betriebsräte ihrer Aufgabe der gewerkschaftlichen Mitgliederrekrutierung noch intensiv und auch erfolgreich nachgehen. Doch machen diese Erfolge in den meisten Fällen vor den Angestelltenbereichen halt; das Projekt „Arbeit 2020“ könnte ein Instrument sein, dies zu ändern. In beiden Fällen braucht es dazu allerdings mehr, als nur eine gute Landkarte zu erstellen; es braucht eine Aktivierung der Betriebsräte, die das Ziel der Gewerkschaftsstärkung einschließt. „Arbeit 2020“ bietet dafür gute Chancen, ist aber bislang nicht systematisch darauf ausgerichtet worden.

8 Schlussbetrachtung

8.1 „Arbeit 2020" und Digitalisierung

Wie lauten die Herausforderungen der Digitalisierung, denen sich die Interessenvertretungen zu stellen haben? Die Kernidee des gewerkschaftlichen Projekts „Arbeit 2020" zur Beantwortung dieser Frage lautet, die konkreten betrieblichen Ausformungen der Digitalisierung in einem Verständigungsprozess aufzuzeigen und sie dadurch als Herausforderung für die Betriebsräte fassbar zu machen. Dass Digitalisierung große Veränderungen auch für Betriebe des Industriesektors einläutet, wird sicherlich jeder Betriebsrat durch Zeitungslektüre, Internetrecherche oder Fernsehberichterstattung schon zur Kenntnis genommen haben. „Industrie 4.0" hat sich zu einem Label mit hohem Bekanntheitsgrad entwickelt. Doch bleibt dieses Label als Zukunftsvision abstrakt. Es bietet keine Informationen, was das eigentlich konkret für den eigenen Betrieb sowie die Entwicklung von Beschäftigung und Arbeitsbedingungen heißt und welche Herausforderungen sich dadurch tatsächlich stellen. Diese Probleme der Handhabbarkeit des Gegenstands für die Betriebsräte hängen vor allem mit zwei Eigenschaften der Digitalisierung zusammen, die im Verlauf des Projekts „Arbeit 2020" in allen Fällen deutlich geworden sind.

Die erste Eigenschaft ist der fragmentierte und parzellierte Charakter der Digitalisierung. Digitalisierung oder die „Industrie 4.0" kommen nicht in einem Wurf, sie revolutionieren weder die Produktionstechnologien radikal noch wirken sie disruptiv auf bestehende technologische oder organisatorische Entwicklungsmuster. Ihr Eingang in die Produktionsbereiche erfolgt inkrementell, durch Erneuerung einzelner Maschinen, durch Aufrüstung von Maschinen mit neuer Steuerungssoftware oder durch Digitalisierung der Logistik. Selbst in den Fällen der Teilnehmerbetriebe, in denen neue Werkshallen oder Betriebe in Planung sind, entsteht noch keine neue digitale Maschinenwelt. Deshalb ist die „Industrie 4.0" in ihren Anfängen schwer sichtbar und identifizierbar. Dies ist am ehesten noch dort der Fall, wo Apps und Tablets, Datenbrillen oder andere visuell wahrnehmbare Instrumente eingesetzt werden. Ansonsten beginnt die Digitalisierung in den Betrieben zumeist an Stellen, an denen ihre Sichtbarkeit niedrig ist, nämlich bei der Einführung neuer Software und neuer Steuerungssysteme. Sicherlich ist die Einführung eines ERP-Systems für Betriebe und Unternehmen ein organisatorischer Kraftakt, der auch von den Betriebsräten wahrgenommen wird. Doch geht die Digitalisierung weiter, indem die bestehenden Programme oder neue Programme angepasst werden mit dem Ziel einer durchgängigen Vernetzung betriebswirtschaftlicher und produktionsbezogener Daten.

Diesen Weg haben viele Betriebe inzwischen beschritten. Aber auch dieser Weg wird schrittweise gegangen, und er besteht aus vielen Einzelprojekten, die in unterschiedlichen Abteilungen der Betriebe angesiedelt sind, die unterschiedlich weit fortgeschritten sind und die auch nicht zentral koordiniert werden, so dass es auch kein zentralisiertes und abrufbares Wissen darüber in den Organisationen gibt. Damit zeigen sich auch die arbeitspolitischen Folgen dieser Entwicklungen allenfalls punktuell und nicht als große gemeinsame Bedrohung für die Beschäftigten. Außerdem kommt hinzu, dass die Schwerpunkte dieser Entwicklung häufig in den Angestelltenbereichen angesiedelt sind; und nicht wenige Betriebsräte schauen auf die Entwicklungen dieser Bereiche weniger genau als auf die Produktionsbereiche.

Eine zweite Eigenschaft der Digitalisierung ist ihre Überlappung mit anderen Entwicklungen. Die Betriebe befinden sich nicht in einem Zustand des „Steady State", auf den dann die Digitalisierung als neue und einzige Kraft träfe, die Veränderungen hervorruft. Vielmehr laufen in den Betrieben – freilich in unterschiedlichem Ausmaß und in unterschiedlicher Gewichtung – viele Veränderungsprozesse gleichzeitig ab. Arbeitspolitische Probleme oder Herausforderungen wie eine Zunahme der tatsächlichen Arbeitszeiten oder wachsender Leistungsdruck und Stress lassen sich deshalb nicht umstandslos einer Ursache zuordnen. Sie können das Ergebnis einer Personalstrategie der unteren Linie und wachsender Renditeerwartungen sein, sie können einem Fachkräftemangel geschuldet sein, sie können temporärer Ausdruck einer guten Nachfragesituation sein, sie können aber auch von der Digitalisierung hervorgerufen sein, wenn nämlich Qualifizierungen für neue Programme vernachlässigt wurden oder es Schnittstellenprobleme zwischen den Programmen gibt, die von den Beschäftigten bearbeitet werden müssen. In Betrieben der Automobilindustrie, aber nicht nur dort, kommen inzwischen die Probleme der Transformation und Konversion zu neuen Antriebs- und Mobilitätskonzepten hinzu, in anderen Branchen stellen sich andere Herausforderungen dieser Art. Und über diesen Entwicklungen schwebt, auch in der aktuellen Phase guter Konjunktur, in vielen Betrieben das Damoklesschwert der Beschäftigungssicherung, weil Globalisierung und Restrukturierung weiterhin zum Alltag der Betriebe gehören und sich in Ver- und Auslagerungsdruck niederschlagen.

Deshalb wurde in den ersten Projektideen der IG Metall zu „Arbeit 2020“ auch ein breiterer Zugriff auf Umbrüche favorisiert, von denen die Digitalisierung eine – und, so könnte man argumentieren, zunehmend wichtiger werdende – Facette bildet. Aber auch in dem finalen Zuschnitt des Projekts, in dem das Thema Digitalisierung noch stärker in den Fokus rückte, zeigte sich diese Überlappung. Der zentrale Anspruch des Projekts „Arbeit 2020“, die Aktivierung der Betriebsräte für die Identifizierung und Bearbeitung neuer Herausforderungen, ist mithin nicht alleine auf Digitalisierungsfragen beschränkt und lässt sich auch nicht darauf beschränken. Dementsprechend wurden auch die Projektprozesse mit ihren drei großen Phasen gegliedert: die Aufdeckung der Digitalisierungsentwicklungen und der allgemeinen Veränderungen der Arbeitsbedingungen, die Identifizierung und Festlegung arbeitspolitischer Themen und schließlich Verhandlungen und der Abschluss von Zukunftsvereinbarungen mit den Unternehmensleitungen.

Aber die Ansprüche der Gewerkschaften waren, je nach Ausgangslage, ambitionierter. Es ging ihnen auch um die Schärfung ihres betriebs- und industriepolitischen Profils, und, insbesondere aus Sicht der IG Metall, um die Stärkung der gewerkschaftlichen Organisationsmacht durch die Profilierung als zukunftsorientierte Kraft in den Betrieben. Dabei galt es nicht, die traditionellen Kompetenzen als durchsetzungsfähige Tarifvertragsparteien in Frage zu stellen, sondern vielmehr neue Themen in der Betriebspolitik aufzugreifen und dadurch die Beschäftigten mit einem neuen Bild der Gewerkschaft zu überzeugen – oder im Falle der IG BCE überhaupt als betriebspolitischer Akteur wahrgenommen zu werden.

8.2 Prozesse und Ergebnisse des Projekts „Arbeit 2020“

Die Anlage des Projekts „Arbeit 2020“ erwies sich in der betrieblichen Umsetzung als überaus gut geeignet, die digitalen Veränderungen in den Betrieben aufzudecken und zu dokumentieren. Dies lag zum einen daran, dass die Erhebung im Rahmen des Landkartenprozesses abteilungsbezogenen vorging. Damit wurde dem fragmentierten und parzellierten Charakter der häufig dezentral angelegten Digitalisierungsprojekte entsprochen, und die dezentralen Entwicklungen konnten gut eingefangen werden. Zum anderen hat die Landkarte als visuelles Instrument ermöglicht, die Befunde zu integrieren und graphisch übersichtlich zu illustrieren. In manchen Fällen haben es die Beratungen aus Sicht der Betriebsräte mit der Sorgfalt der Landkartenerstellung etwas übertrieben, beispielsweise indem sie genaue Auflistungen aller Softwareanwendungen in den Betrieben erstellen ließen. Diese Mühe erwies sich schließlich nicht als notwendig, um die arbeitspolitische Verwertbarkeit der Landkartenergebnisse sicherzustellen. Denn die Verwertung zielte vor allem auf zwei Punkte: Die Identifizierung arbeitspolitischer Themen der Betriebsräte und die Verhandlung von Zukunftsvereinbarungen.

Die Themen, die im Anschluss an die Landkartenerstellung in den betrieblichen Workshops diskutiert wurden, waren überaus vielfältig. Dies überrascht nicht, denn zum einen berührt die Digitalisierung viele unterschiedliche Themen von der Qualifizierung über die Arbeitsbelastung bis zu Beschäftigungsfragen, und zum anderen sind in den Workshops auch Probleme der Arbeitsbedingungen thematisiert worden, die sich nicht auf Auswirkungen der Digitalisierung im engeren Sinnen eingrenzen lassen. Dennoch aber gab es Schwerpunktthemen, die im Gros der teilnehmenden Betriebe ausgemacht wurden. Dazu gehörte die Beschäftigungssicherung, die Arbeitsintensität, die Qualifizierung und auch das Themenspektrum Kultur, Führung und Organisation. Das Thema Standort- und Beschäftigungssicherung war in der großen Mehrheit der Fälle nicht digitalisierungs- und technikgetrieben, sondern gewann seine arbeitspolitische Relevanz aus den Erfahrungen der Standortkonkurrenz und der damit verbundenen Verlagerungsangst oder auch wegen akuter wirtschaftlicher Schwierigkeiten der Betriebe. Auch die Zunahme der Arbeitsintensität erklärt sich aus einem Zusammenspiel mehrerer Faktoren. Knappe Personalbemessungen, schlecht funktionierende Prozesse, Führungsprobleme und neue Technik spielen zusammen. Die Qualifizierung fand gerade bei der Einführung neuer Software in vielen Betrieben nur unzureichend statt. Zudem wurden in den Workshops teilweise sehr grundlegende Probleme der Qualifizierungsplanung aufgedeckt. In nicht wenigen Betrieben gab es demnach keine systematische Erhebung des tatsächlichen Qualifizierungsbedarfs. Unter der Überschrift Führung, Kultur und Organisation schließlich wurden Probleme der sozialen Integration und der Organisationsstrukturen in den Betrieben zum Thema gemacht. Diese Probleme hingen zumeist nicht unmittelbar mit der Digitalisierung zusammen; sie wurden aber in den meisten Fällen als Hemmschuh für eine Erhöhung des Digitalisierungsniveaus in den Betrieben betrachtet, weil sie zeigten, dass die Organisationen von einem Leitbild dezentraler Steuerung und Verantwortung bei gleichzeitiger Kooperation und Vernetzung noch weit entfernt sind. Während die erstgenannten drei Themen zum klassischen Themenbestand des BetrVG gehören, wird der Themenbereich Führung, Kultur und Organisation gemeinhin eher als „weiches Thema“ gehandelt; dennoch aber sind die Betriebsräte als Kenner ihrer Organisationen gerade hier Experten, und sie konnten in den Workshops ihr Expertenwissen weiter vervollständigen.

Die Themen wurden dann mit Blick auf die angestrebten „integrativen“ Verhandlungen und den Abschluss einer Zukunftsvereinbarung mit den Betriebs- resp. Unternehmensleitungen gefiltert. Dabei gab es zwei entscheidende Kriterien. Das erste Kriterium war die Passung in eine Schnittmenge gemeinsamer Interessen mit den Unternehmensleitungen. Die Zukunftsvereinbarungen waren freiwillige Vereinbarungen; es gab keine Mitbestimmungsrechte, die als Druckmittel dazu hätten dienen können. Vielmehr ging es darum, Prozesse oder Themen zu vereinbaren, die vom BetrVG nicht abgedeckt wurden und die damit einen Zugewinn an Mitbestimmungsmöglichkeiten für die Betriebsräte bieten sollten. Ein solcher Typus von Vereinbarung war nur dann realistisch, wenn auch die Unternehmensleitungen daran ein Interesse entwickeln und den dort verhandelten Themen auch freiwillig zustimmen würden, und er unterlag der Unwägbarkeit, dass er durch „distributive“ Themen überlagert wurde. Damit entfielen Themen, die im Vorfeld als zu konfliktreich identifiziert werden konnten.

Auf diese Weise wurden nicht alle in den Prozessen von „Arbeit 2020“ aufgedeckten Themen ausgereizt. An dieser Stelle ließe sich einwenden, dass dadurch möglicherweise die themenbezogene Handlungsfähigkeit der Betriebsräte wieder eingeschränkt wurde, die durch die Landkartenerstellung gerade erst erzielt worden war. Dieser Einwand wird allerdings durch die Tatsache relativiert, dass sich unter den teilnehmenden Betrieben auch Fälle finden, in denen die Betriebsräte Themen der Landkarte auf anderem Wege und im Konflikt durchgesetzt oder zumindest politisiert haben. Die Eingrenzung auf dem Weg zur Zukunftsvereinbarung bedeutet also keinen prinzipiellen Ausschluss der Themen. Wo immer sich die Unternehmensleitungen schließlich gegen eine Vereinbarung sperrten, war die konfliktorientierte Durchsetzung von Themen eine erfolgversprechende Strategie. Die Fälle wie *Automobilteile 2* oder *Maschinenbau 1*, in denen dies geschah, dokumentieren auch, wie sich Betriebsräte im Projekt „Arbeit 2020“ tatsächlich weiterentwickelt und von den Betriebs- und Unternehmensleitungen emanzipiert haben. Denn die Betriebsräte, die so vorgegangen sind, waren vor dem Projekt dazu noch nicht in der Lage.

Doch gibt es noch ein zweites Kriterium für die Auswahl der Themen, nämlich den Kontext von Verhandlungen und Vereinbarungen. Für Themen wie Beschäftigungssicherung und Arbeitszeit gibt es etablierte Verhandlungskanäle, und diese Themen sollten auch in diesen Kanälen belassen werden. Zukunftsvereinbarungen sollten gerade keine Vereinbarungen zur Standort- und Beschäftigungssicherung oder sogar Tarifabweichungen ersetzen, denn dort würden die Unternehmen Konzessionen einfordern, die die Gewerkschaften an dieser Stelle nicht zu machen bereit gewesen sind. Digitalisierung sollte als „Win-Win-Thema" gespielt werden. Und bei anderen Themen wie der Arbeitszeit können die Betriebsräte auf weitreichende Mitbestimmungsrechte bauen und müssen dazu nicht unbedingt das Projekt „Arbeit 2020" nutzen. In dieser Frage war daher die Rolle des Projekts „Arbeit 2020" weitgehend darauf beschränkt, den Betriebsräten die Bedeutung des Themas Arbeitszeit als arbeitspolitisches Problem vor Augen zu führen. So oder so hindert die Existenz von Zukunftsvereinbarungen die Betriebsräte nicht, andere Themen auf anderen Verhandlungswegen zu bearbeiten und dies auch im Konflikt zu tun. Der betriebliche Konflikt ist und bleibt eine Variante im Rahmen eines durch „Arbeit 2020" erweiterten Repertoires von Handlungsoptionen der Betriebsräte.

Die Landkartenerstellung war eine wichtige Voraussetzung auch für die Verhandlungen selbst, nicht nur, weil sie die Themen aufdeckte, die dann weiterverfolgt wurden, sondern auch, weil sie den Betriebsräten zu einem Kompetenzgewinn verhalf, der als Machtressource nutzbar war. Denn eine Landkarte der Digitalisierung hatten die Unternehmensleitungen nicht. Die Diskussion darüber war der Einstieg in Verhandlungen, der den Betriebsräten „Augenhöhe" verschaffte, weil sie nun mit Wissen punkteten, über das die Unternehmensseite selber nicht verfügte oder das sie zumindest aufhorchen ließ.

Nicht in allen Fällen kam es dann tatsächlich zu Verhandlungen oder führten diese zum Erfolg. Ursache dafür waren zum einen intervenierende Konflikte zwischen den Betriebsparteien zu anderen Themen, die Verhandlungen zu den Zukunftsvereinbarungen blockierten. Zum anderen gab es auch Fälle, in denen sich die Betriebsparteien entschieden haben, alleine weiterzumachen und die Gewerkschaften außen vor zu lassen, so bei *Antriebstechnik 1* und *Elektrotechnik 1*, oder, wie bei *Maschinebau 3*, das Projekt ganz zu beenden. Grundlage dafür war in diesen Fällen eine zentralistische Elitenkooperation zwischen Unternehmensleitung und Betriebsratsspitze oder eine mangelnde Veränderungsbereitschaft der Betriebsräte. In beiden Konstellationen ist die Aktivierung der Betriebsräte nicht gelungen.

Die Vereinbarungen, die umgesetzt werden konnten, haben einen stark prozeduralen Charakter. In ihrem Zentrum stehen gemeinsame Arbeitsgruppen, in deren Rahmen digitale Projekte, Qualifizierungsfragen oder andere Themen der Arbeitsbedingungen von Unternehmensseite und Betriebsräten gemeinsam bearbeitet werden sollen. Damit formulieren die

Vereinbarungen Handlungsaufträge an die Betriebsräte. Die langfristige Wirksamkeit der Vereinbarungen wird deshalb davon abhängen, ob die Betriebsräte diesen Handlungsauftrag auch annehmen und die damit verbundenen Prozesse einfordern und mit Leben füllen. Hieran zeigt sich dann auch, ob vom Projekt „Arbeit 2020“ tatsächlich eine langfristige Aktivierung der Betriebsräte ausgegangen ist.

8.3 Aktivierung, Beteiligung und die Mitgliederfrage

Der Umgang der Betriebsräte mit den Zukunftsvereinbarungen ist sehr unterschiedlich. Auf der einen Seite finden sich Fälle, in denen die Zukunftsvereinbarungen zur Erschließung neuer Themen und Handlungsfelder und, wie bei *Möbel, Elektrotechnik 2* und auch bei *Metallverarbeitung*, sogar zu einer grundsätzlichen Neustrukturierung der Betriebsratsarbeit genutzt wurden. Doch auf der anderen Seite gibt es auch die Fälle, in denen der Handlungsauftrag der Zukunftsvereinbarungen zumindest bislang nicht umgesetzt wurde oder werden konnte. Diese Varianz zeigt, dass Zukunftsvereinbarung und Aktivierung der Betriebsräte nicht gleichzusetzen sind. Betriebsräte werden nicht deshalb automatisch aktiver, weil es eine Zukunftsvereinbarung gibt; und sie können, umgekehrt, durchaus durch das Projekt auch aktiviert worden sein, ohne dass es zu einer Zukunftsvereinbarung kam. *Maschinenbau 1* und *Automobilteile 2* sind dafür Beispiele; im ersten Fall haben die Betriebsräte nach dem Projekt „Arbeit 2020“ noch Inhalte in einer Betriebsvereinbarung im Konflikt erstreiten können, die sie im Projekt erlernt haben, im anderen Fall sind die Betriebsräte aktiv und beteiligungsorientiert gegen die Schließung der Produktion am Standort vorgegangen.

Diese Fälle zeigen, dass sich der Erfolg des Projekts „Arbeit 2020“ nicht am Abschluss von Zukunftsvereinbarungen allein bemisst oder bemessen sollte. Mit Blick auf die Handlungs- und Gestaltungsfähigkeit der Betriebsräte ist die Aktivierung der Betriebsräte, also die Erschließung neuer Themen und das Erlernen neuer Mitbestimmungspraktiken, ein zumindest gleichrangiges Erfolgskriterium. Es geht bei der Aktivierung um die Erweiterung der Handlungsfähigkeit der Betriebsräte und um die Schaffung einer Motivation, diese Fähigkeit auch praktisch umzusetzen. In diesem Sinne, als möglichst nachhaltige Erweiterung der Handlungsfähigkeit und des Handlungsrepertoires der Betriebsräte, ist die Aktivierung das zentrale Ziel des Projekts „Arbeit 2020“. Zu einer Zukunftsvereinbarung kann dieses Ziel aber nur dann führen, wenn auch die Unternehmensleitungen mitspielen. Freilich gilt dabei auch, dass der erfolgreiche Abschluss von Zukunftsvereinbarungen eine neue Ressource für das Betriebsratshandeln schafft.

Die wichtigsten Elemente der Aktivierung berühren nach den Befunden der Studie vier Handlungsfelder der Betriebsräte: die strategische Auseinandersetzung mit neuen arbeitspolitischen Themen; die Professionalisierung der eigenen Arbeitsstrukturen; die Einbeziehung der Beschäftigten als Quelle von Expertise und Legitimation; und schließlich die Festigung der Zusammenarbeit mit der Gewerkschaft und die Anerkennung der gewerkschaftlichen Organisationsmacht als Grundlage der eigenen Stärke. Diese Aktivierung der Betriebsräte folgt zumindest implizit einem Leitbild einer strategischen Interessenvertretungsarbeit. Sie konnte in den Projektbetrieben in unterschiedlichem Ausmaß entwickelt werden. Auf der einen Seite gibt es Betriebe wie *Maschinenbau 3* oder *Elektrotechnik 1*, in denen die Aktivierung der Betriebsräte scheiterte. Und auf der anderen Seite stehen Betriebe wie *Möbel*, *Elektrotechnik 2* und *Metallverarbeitung*, in denen das neue Leitbild sehr weitgehend Fuß fassen konnte. Die anderen Fallbetriebe liegen zwischen diesen Polen. Zumeist ist dort die strategische Auseinandersetzung mit neuen Themen und auch die Einbeziehung der Beschäftigten stärker herausgebildet worden als die anderen beiden Elemente der strategischen Interessenvertretung. Dies liegt nicht zuletzt daran, dass diese beiden Elemente auch deutlicher im Zentrum des Projekts „Arbeit 2020“ standen als die Professionalisierung der Betriebsratsstrukturen oder die Stärkung der gewerkschaftlichen Präsenz im Betrieb.

Damit öffnet sich der Blick auf zwei zentrale Elemente des neuen Handlungsrepertoires der Gewerkschaften, die Beteiligung und die Mitgliederorientierung und -gewinnung und ihre Rolle im Projekt „Arbeit 2020“. Insbesondere die Beteiligung spielt im Prozess „Arbeit 2020“ in den Betrieben des Fallstudiensamples eine zentrale Rolle. Dies gilt zunächst für die Beteiligung der Betriebsratsgremien am Prozess. Die Betriebsratsgremien nahmen am Prozess in mehr oder weniger großem Umfang teil, in vielen Fällen als zahlenmäßig zumeist gewichtige Arbeitsgruppe. In den meisten Fällen wurden die gesamten Gremien auch zu den Auftaktworkshops und später zu den Strategiesitzungen, in denen die arbeitspolitischen Themen und Zielsetzungen für Verhandlungen mit der Unternehmensseite festgelegt wurden, hinzugezogen. Damit waren sie an den wichtigen Weichenstellungen des Projektverlaufs beteiligt und konnten daran mitwirken. Mit dieser Anlage zielt das Projekt darauf ab, zentralistische Strukturen in den Betriebsratsgremien aufzubrechen. Nur in wenigen Betrieben gelang dies nicht. In den meisten Fällen aber zeigten sich intensive Beteiligungskulturen in den Gremien, die durch das Projekt noch einmal deutlich gestärkt wurden. Insbesondere für die kleineren Gremien bedeuteten die Intensität des Erfahrungsaustauschs und die Herausforderung einer gemeinsamen Strategiebildung echtes Neuland.

Die Beteiligung der Beschäftigten erwies sich aus zwei Gründen als überaus wichtig, wenn nicht unersetzlich: sie eröffnete den Weg zu Expertenwissen dort, wo die Betriebsräte dieses Wissen nicht im Gremium abrufen konnten – also aus den Bereichen, die nicht durch Betriebsräte repräsentiert waren. Und sie schufen Kontakte, Interesse und Legitimation für das Projekt „Arbeit 2020“ und das Interessenvertretungshandeln insgesamt. Dabei war das Vorgehen in den einzelnen Untersuchungsfällen durchaus nicht gleich; der Umfang der Einbeziehung der Beschäftigten unterschied sich in den Fällen deutlich voneinander. Es gehört aber zu den Lernprozessen im Projekt „Arbeit 2020“, dass die Beschäftigtenbeteiligung in den betrieblichen Prozessen mit der Zeit immer mehr an Bedeutung gewonnen hat, weil von den Projektakteuren erkannt wurde, dass sie sowohl als Quelle von Expertise als auch als Quelle von Legitimation von entscheidender Bedeutung war.

Dies galt vor allem in den Fällen, in denen die Beteiligung über den ihr im Projekt vorgedachten Rahmen der Expert*innenbeteiligung hinaus als strategisches Mittel eingesetzt wurde. Beispiele dafür sind *Elektrotechnik 2*, wo der Betriebsrat seine Position im Konflikt um die Verlagerung der Entwicklungsabteilung durch Abteilungsversammlungen zu stärken versuchte, aber auch *Möbel*, wo die Befragungen und Abteilungsversammlungen mit den Beschäftigten im Vertrieb dazu dienten, den Kontakt zu dieser Beschäftigtengruppe zu stärken und sie strategisch für die Interessenvertretungen, sowohl die Betriebsräte als auch die Gewerkschaft, zu erschließen. Die meisten Betriebsräte beschritten mit diesen Formen der Beschäftigtenbeteiligung Neuland; nur wenige hatten bereits zuvor Beteiligungserfahrungen. Zu einer Ablehnung der Beteiligungsorientierung kam es nur in den Fällen, *Elektrotechnik 1*, und *Maschinenbau 3*, in denen es jeweils nicht gelang, elitäres und defizitäres Interessenvertretungshandeln zu überwinden; die Handlungsorientierungen der Betriebsräte erwiesen sich hier als unvereinbar mit den Handlungszielen des Projekts „Arbeit 2020“.

Die Frage der Mitgliederorientierung und -gewinnung ist differenzierter zu beurteilen. Ihre Ausprägung als Zielsetzung ist sicherlich in der IG Metall am größten, weil in der Gewerkschaftsorganisation das Controlling der Organisationseinheiten nach den Mitgliederwirkungen ihres Handelns – und damit auch ihrer Projekte – am stärksten ausgeprägt ist. Dass das Projekt „Arbeit 2020“ dafür gute Ansätze liefert, ist bereits angesprochen worden. Dies gilt vor allem mit Blick auf das Kompetenz- und Handlungsprofil der Gewerkschaften, die sich mit diesem Projekt als zukunftsorientierte Gestaltungsmacht in den Betrieben profilieren können. Dies kann, zusammen mit den Erfahrungen der Beteiligung im Projekt, die Gewerkschaften gerade für die Beschäftigtengruppen interessant machen, die ihnen aufgrund ihres Profils als Tarifvertragsparteien bislang nicht beitraten. Zu denken ist hierbei vor allem an höher qualifizierte Angestelltenbereiche, die sich für fachliche Ansprache und Einbeziehung in die Interessenvertretungsarbeit auch in gewerkschaftlichen Erschließungsprojekten offen gezeigt haben (Haipeter et al. 2016).

Insgesamt besteht unter diesem Blickwinkel eine deutliche Überlappung des Projekts „Arbeit 2020“ mit Erschließungsprojekten, die das Ziel des Organizing von Beschäftigten verfolgen. Aus diesen Erschließungsprojekten ist auch bekannt, dass kurzfristige Organisierungserfolge eher Ausnahmen bilden; gerade die Erschließung im Bereich der Angestellten ist ein Vorhaben, das einen längeren Atem benötigt (IG Metall Baden-Württemberg 2018). Insofern wäre es unangemessen, ein Aktivierungsprojekt wie „Arbeit 2020“ mit Organisierungserwartungen zu verknüpfen, die auch Erschließungsprojekte nicht erfüllen können. Allerdings ist kritisch anzumerken, dass in den Fallbetrieben von „Arbeit 2020“ die Gewerkschaft von den Betriebsräten im Kontakt mit der Belegschaft teilweise marginalisiert wurde. Dies lag nicht zuletzt daran, dass einige Gremien in den Familienbetrieben gegenüber ihrer Gewerkschaft eine durchaus kritische Distanz aufwiesen. Vor allem aber wurden die Ergebnisse selten für eine strategische Neuausrichtung der Interessenvertretungspolitik genutzt, die darauf abzielen könnte, die Repräsentationskraft der Betriebsräte in bislang von ihnen kaum erreichten Bereichen vor allem der Angestellten zu verbessern und das Projekt „Arbeit 2020“ zudem zur Stärkung der gewerkschaftlichen Organisationsmacht in den Betrieben einzusetzen.

Dass dies möglich ist und erfolgreich sein kann zeigen die Fallbetriebe, in denen „Arbeit 2020“ von Beginn an offensiv als Gewerkschaftsprojekt kommuniziert wurde und in denen vor allem die Beschäftigten auf die eine oder andere Weise intensiv eingebunden worden sind. In solchen Fällen wie *Möbel, Anlagenbau 1* oder *Metallverarbeitung* ist das Projekt als Instrument der wechselseitigen Stärkung der Interessenvertretungen interpretiert und umgesetzt worden, auch wenn große Organisierungserfolge bislang, abgesehen vom Fall *Metallverarbeitung*, ausgeblieben sind. In diesen Fällen ist aber nach Aussage der Betriebsräte ein neues Bild der IG Metall als Gestaltungskraft in den Betrieben erzeugt worden, das möglicherweise eher nachhaltig als kurzfristig wirkt. „Arbeit 2020“ ist kein Organizing-

Projekt im engeren Sinne, sondern ein Projekt, das die Handlungs- und Gestaltungsfähigkeit der Betriebsräte verbessern soll. Doch gerade darin kann eine neue Chance auch für gewerkschaftliche Organisierung liegen, die ein klassisches Organizing nicht eröffnet, weil dort Gestaltungsthemen nicht so intensiv entwickelt werden können.

Dies kam aber bislang nur dort zum Tragen, wo die Betriebsräte die Gewerkschaft als Akteur der Betriebspolitik auch anerkennen und die gewerkschaftliche Organisationsmacht als Grundlage ihrer eigenen Handlungsfähigkeit deuten. Die IG Metall hat dieses Problem erkannt und versucht in neueren Projektbetrieben, den Beschäftigten ihre Präsenz im Projekt durch die Verteilung von Flyern nahezubringen. Welche Wirkungen damit verbunden sind und ob weitergehende Maßnahmen erforderlich sind, kann an dieser Stelle nicht abschließend beantwortet werden; auf jeden Fall wäre es dafür günstig, bereits im Projektdesign Maßnahmen auch der Gewerkschaftsstärkung vorzusehen. Diese Maßnahmen müssten vor allem darauf abzielen, die Gewerkschaft als Träger des Projekts stärker in den Blick der betrieblichen Öffentlichkeit zu stellen und die nach wie vor verbreiteten betriebsegoistischen Orientierungen von Betriebsräten zu dekonstruieren, die in der Gewerkschaft einen externen Akteur sehen, der zumindest potenziell mit den eigenen betrieblichen Interessen im Konflikt steht.

Der letztgenannte Aspekt verweist auf die Frage der strategischen Fähigkeiten der Gewerkschaften selber, die im Projekt „Arbeit 2020“ zum Ausdruck kommen. Diese beziehen sich vor allem auf drei der vier von Lévesque und Murray (2010) herausgearbeiteten Fähigkeiten: die Vermittlung, das Framing und das Lernen. Als Intermediäre fungieren die Gewerkschaften auf zwei Wegen. Zum einen hat das Projekt die Kooperation zwischen den beteiligten Gewerkschaften gestärkt und den Austausch zwischen ihren Organisationen gefördert. Zum anderen bildete die Projektakquise den Anstoß zur Vermittlung von Interessen in den politischen Raum und damit zu einer Revitalisierung korporatistischer Strukturen zwischen Gewerkschaften, Arbeitgeberverbänden und der Landesregierung NRW, die dazu Foren wie die aktuelle „Initiative Wirtschaft und Arbeit in NRW“ organisiert hat, in denen die Akteure kommunizieren und Gestaltungsprojekte entwickeln. Das Projekt „Arbeit 2020“ ist dafür die wichtigste inhaltliche Klammer.

Zugleich bietet das Projekt ein neues Framing. Dieses Framing beruht einerseits darauf, dass Digitalisierung als Herausforderung begriffen wird, auf die in den Betrieben durch die Betriebsräte Antworten gefunden werden müssen. Das Projekt suggeriert Handlungsdruck. Andererseits wird das Bild der Gewerkschaften als Gestaltungskraft gegenüber Betriebsräten und Beschäftigten geschärft; denn die Gewerkschaften können nun versprechen, sich der neuen Herausforderungen anzunehmen und dafür betriebliche Lösungswege anzubieten.

Das Projekt „Arbeit 2020“ ist zugleich ein lernendes Projekt; Projekterfahrungen werden dazu genutzt, die Projektprozesse dort neu zu justieren, wo dies nötig erscheint. Ein zentrales Beispiel dafür ist die Stärkung des Beteiligungsaspekts bei der Projektdurchführung. Lernen und die Produktion von Wissen sind zudem Grundprinzipen der Projektprozesse, denn jeder Betrieb ist neu, und die Landkarte der Digitalisierung sowie anderer Herausforderungen muss deshalb jedes Mal neu gezeichnet werden. Der Aspekt des Lernens gilt aber auch projektübergreifend; denn die IG Metall hat in das Projekt Lernerfahrungen aus anderen Projekten wie „Besser statt Billiger“ einfließen lassen können.

Weniger bedeutsam ist im Projekt schließlich bislang die Fähigkeit der Artikulation. Das zentrale Handlungsfeld des Projekts ist der Betrieb; unternehmensinterne Artikulation zu anderen Betrieben oder Ebenen wie den Gesamtbetriebsräten oder auch transnationalen Interessenvertretungsebenen sind, sofern sie überhaupt stattfinden, Sache der Betriebsräte, nicht des Projektteams. Hier könnten neue Impulse gesetzt werden, die eine Verbreitung zumindest der Projektprinzipien durch wechselseitige Lernprozesse in den Unternehmen fördern. So könnten die Betriebsräte und auch die Unternehmensbeauftragten der Gewerkschaften in den überbetrieblichen Gremien über das Projekt und ihre Erfahrungen intensiv berichten und auf diese Weise ihr Wissen weitergeben, so dass andere Betriebe und möglicherweise auch ausländische Interessenvertretungen davon lernen können.

Das Projekt „Arbeit 2020“ ist ein neuer Mosaikstein im Handlungsrepertoire der Gewerkschaften. Dieses Repertoire ist inzwischen mit den Handlungsprinzipien des Organizing, der Beteiligung und der Aktivierung breit ausgebaut worden. Auf dieser Grundlage können unterschiedliche Strategien für unterschiedliche Probleme entwickelt werden. Das Projekt „Arbeit 2020“ ist auf die Aktivierung von Betriebsräten in Industriebetrieben ausgerichtet. Es stützt sich dabei auf beteiligungsorientierte Prozesse und strebt eine Stärkung der Mitgliederbindung und die Gewinnung neuer Mitglieder an, nicht zuletzt als Folgewirkung der Aktivierung der Betriebsräte. Damit ergänzt es andere Projekte beispielweise des Organizing, in denen die Mitgliederentwicklung oder die Gründung von Betriebsräten im Zentrum stehen. Die gemeinsame Klammer in beiden Fällen sind beteiligungsorientierte Vorgehensweisen.

8.4 Betriebe und Mitbestimmungspraxis

Die Bewertung der Wirkungsweise der Projektprozesse, der erzielten Aktivierungserfolge und der auf diese Weise angestoßenen Veränderungen muss die Ausgangsbedingungen in den Betrieben – also den Zustand der Arbeitsbeziehungen und der Mitbestimmungspraxis der Betriebsräte vor Beginn des Projekts – in Rechnung stellen. Je kooperativer, aber auch je konflikterprobter die Kultur der Austauschbeziehungen und je professionalisierter die Mitbestimmungspraxis der Betriebsräte, umso größer sind die Erfolgswahrscheinlichkeiten des Abschlusses einer Zukunftsvereinbarung und der nachhaltigen Entwicklung der Betriebsräte durch die Prozesse, die im Projekt „Arbeit 2020" eingeübt werden. Im Umkehrschluss heißt dies: Je weniger beides der Fall ist, umso schwieriger ist der Auftrag der Projektteams zu erfüllen. Eine entscheidende Frage lautet daher: Auf welche Ausgangsbedingungen trafen die Projektakteure?

Formal gab es zwei wichtige Voraussetzungen für die Teilnahme am Projekt: Zum einen das Interesse der Betriebsräte, bei dem Projekt mitzumachen, zum anderen das grundsätzliche Einverständnis der Unternehmens- oder Betriebsleitungen. Beide Voraussetzungen sorgen zunächst für Aufgeschlossenheit gegenüber dem Projekt. Mit Blick auf die Betriebsräte lässt sich daran ein Mindestniveau an Aktivität erkennen; sie betrachten die Digitalisierung als Herausforderung und leiten daraus einen Handlungsbedarf ab, für den sie sich mit dem Projekt „Arbeit 2020" Impulse und Unterstützung erhoffen. Mit Blick auf die Unternehmensleitungen kann daraus gefolgert werden, dass es ein Mindestniveau an Kooperationsbereitschaft gibt, das Projekt durchführen zu lassen und im Anschluss daran auch in Gespräche oder sogar Verhandlungen zu treten. Betriebe, in denen beides nicht gegeben ist, in denen also die Betriebsräte inaktiv sind oder sie keine Verbindung mit den Gewerkschaften aufnehmen wollen, oder in denen es ausgeprägte Konflikte gibt oder die Unternehmensleitungen die Betriebsräte nicht anerkennen, kommen für das Projekt nicht in Frage.

Allerdings bedeutet dieses Mindestniveau nicht, dass damit die Ausgangsbedingungen der Betriebe homogen wären. Im Gegenteil, die Heterogenität der Betriebe mit Blick auf die Mitbestimmungspraxis der Betriebsräte und die betrieblichen Austauschbeziehungen ist groß. Die „erste Welt" der Arbeitsbeziehungen (Schröder 2016) enthält vielfältige Schattierungen. Unter ihnen dominiert ohne Zweifel die Trennlinie zwischen Großbetrieben mit strategisch ausgerichteten Betriebsräten und konfliktpartnerschaftlichen Beziehungsmustern zwischen den Betriebsparteien auf der einen und dem großen „Rest" der Betriebe auf der anderen Seite. Der

Betriebsrat *Anlagenbau 1* ist ein gutes – und im Sample auch das einzige – Beispiel für dieses Interessenvertretungsmuster, das eine strategische Orientierung mit Blick auf die Standortentwicklung mit einer Orientierung auf die Entwicklung des eigenen Gremiums und die Einbindung der Beschäftigten – und auch die Fokussierung auf Mitgliederentwicklung – verbindet. Dieses Muster einer strategischen Interessenvertretung (Haipeter 2019) war dort bereits vor dem Start des Projekts ausgebildet. Hier konnte das Projekt „Arbeit 2020“ zwar einige neue Impulse setzen und zur Weiterentwicklung der strategischen Orientierung beitragen, musste das Rad aber nicht neu erfinden und hat die Mitbestimmungspraktiken nicht umgewälzt. Allerdings gab es in diesem Fall andere Restriktionen für das Projekt, die sich aus der abhängigen Stellung des Betriebs im Konzernverbund und dem starken Aus- und Verlagerungsdruck des Geschäftsfelds ergab, die in der Summe die Handlungsmöglichkeiten der Betriebsräte einschränkten.

Zudem gab es noch einige andere Betriebe im Untersuchungssample, die schon vor Einsetzen des Projekts zumindest auf dem Weg zu einer strategischen Orientierung waren. Zu nennen ist hier vor allem *Elektrotechnik 2* oder auch *Maschinenbau 2*. In diesen Betrieben hatten die Betriebsräte bereits in anderen Projektkontexten der IG Metall beteiligungsorientierte Mitbestimmungspraktiken entwickelt und sich mit zukunftsorientierten Themen wie in der Kampagne „Besser statt billiger“ befasst. Die Prozesse des Projekts „Arbeit 2020“ fielen hier deshalb auf fruchtbaren Boden.

In allen anderen Fällen des Untersuchungssamples hingegen gab es eine solche strategische Vorgehensweise der Betriebsräte am Ausgangspunkt des Projekts „Arbeit 2020“ nicht. Hier bestand daher eine zentrale Aufgabe der Projektteams darin, den Betriebsräten eine strategische Orientierung nahezubringen oder ihnen zumindest einen Entwicklungsweg dorthin aufzuzeigen. Aber auch dafür waren die Voraussetzungen sehr unterschiedlich. Viele dieser Betriebe waren durch die integrativen Beziehungskulturen von Familienbetrieben geprägt. Diese Kulturen hatten teilweise auch trotz der Internationalisierung der Unternehmen noch Bestand. Damit ging auf der einen Seite ein recht hohes Kooperationsniveau zwischen den Betriebsparteien einher, auf der anderen Seite aber auch eine geringe Autonomie und Selbständigkeit der Betriebsräte.

In diesem Rahmen lassen sich vier Konstellationen unterscheiden. In der ersten Konstellation erwiesen sich die familiären Beziehungsmuster und die defizitären Mitbestimmungspraktiken der Betriebsräte als so widerstandsfähig, dass die Betriebsräte selber aus dem Projekt ausgestiegen sind oder sie zusammen mit der Unternehmensleitung entschieden haben, ohne die Gewerkschaften über Vereinbarungen zu verhandeln. Dies gilt für die beiden Fallbetriebe *Elektrotechnik 1* und *Maschinenbau 3*. Den Gegenpol dazu bildet eine zweite Konstellation, in der die familiären Strukturen durch Konflikte um Verlagerungen und Beschäftigungsabbau aufbrachen. Dies führte zwar zum Abbruch von Verhandlungen, aber, so bei *Automobilteile 2* und *Maschinenbau 1*, auch zu einem Entwicklungsschub der Betriebsräte, die sich im Betrieb emanzipierten und in den betrieblichen Konflikt mit dem Management gingen. In beiden Fällen war dies ein Ergebnis des Projekts „Arbeit 2020", das aber nicht als Erfolg zu erkennen ist, wenn man nur auf die Zahl der abgeschlossenen Zielvereinbarungen schaut.

Zwischen diesen Polen liegen drittens die Fälle, in denen die Kooperationsorientierung der Betriebsparteien so groß war, dass ohne Probleme eine Zukunftsvereinbarung abgeschlossen wurde, so bei *Automationstechnik* oder *Elektrotechnik 3*. Dies geschah ohne, dass die Betriebsräte dafür viel tun oder sich sogar emanzipieren mussten. Hier stellt sich deshalb die Frage, wie und ob sie die Vereinbarungen für ein strategisches Betriebsratshandeln nutzen. Dass dies möglich ist, zeigt der Fall *Automobilteile 3;* dort haben die Betriebsräte auch in diesen familiengeprägten Kontexten begonnen, aktiv an der Einführung digitaler Projekte mitzuwirken. In anderen Fällen – wie bei *Automationstechnik* oder *Elektrotechnik 3* – ging die Zukunftsvereinbarung jedoch nicht mit einem erhöhten Aktivitätsniveau der Betriebsräte einher.

Schließlich gibt es noch eine vierte Gruppe von Betrieben, in denen das Projekt „Arbeit 2020" unter den beschriebenen Bedingungen – oder trotz dieser Bedingungen – eine durchschlagende Aktivierung der Betriebsräte in Richtung strategischen Interessenhandelns einleiten konnte. In diesen Fällen haben die Betriebsräte ihre Arbeit grundlegend umgekrempelt: Sie haben die Zusammenarbeit in den Gremien verändert, sie entwickelten strategische Interessen bei der Mitgestaltung der betrieblichen Entwicklung, sie haben dazu die Zukunftsvereinbarungen als Ressourcen genutzt, sie binden die Beschäftigten ein, und sie sehen die Mitgliederentwicklung als wichtiges Handlungsfeld ihrer Arbeit.

Die Strukturen dieser Fälle sind heterogen: *Elektrotechnik 2* ist ein größerer Betrieb, *Metallverarbeitung* und *Möbel* sind kleine Betriebe; zugleich sind *Elektrotechnik 2* und *Metallverarbeitung* Betriebe aus Familienunternehmen, *Möbel* als Eigentum eines Investors nicht. Bei *Elektrotechnik 2* bestand ein betrieblicher Verlagerungsdruck, in den anderen beiden Fällen nicht; und nur hier waren die Arbeitsbeziehungen im Vergleich der drei Fälle konfliktbehaftet. Diese Varianz legt den Schluss nahe, dass strukturelle Faktoren als Erklärung für die gemeinsame Entwicklung der Aktivierung nicht hinreichend sind.

Umso deutlicher tritt ein anderer ursächlicher Faktor hervor: Die Personen im Betriebsrat – und darunter insbesondere die Betriebsratsvorsitzenden – und ihre „Social Skills“ (Fligstein/McAdam 2012). In allen Aktivierungsfällen haben die Betriebsratsvorsitzenden eine zentrale Rolle im Projekt „Arbeit 2020“ gespielt: sie waren interessiert an den Themen des Projekts, sie haben die Beteiligungsprozesse mitgestaltet und auch aus eigener Initiative weiterentwickelt, sie kümmerten sich um die Neuausrichtung der Gremienstrukturen, sie förderten die Präsenz der IG Metall im Betrieb, und sie betrieben eine aktive Mitgliederrekrutierung. Sie wollten also neue Wege beschreiten, und das Projekt „Arbeit 2020“ bot dafür den idealen Nährboden. Es ist dieser „subjektive Faktor“, der die Deutungsmuster und die strategischen Orientierungen der Betriebsräte prägt. Es ist nicht ein bestimmter Typus von Betrieben und Arbeitsbeziehungen, der für den Umsetzungserfolg des Projekts „Arbeit 2020“ steht, sondern ist es ein bestimmter Typus von Akteuren im Betriebsrat, die als Promotoren des Wandels fungieren und die Aktivierungselemente des Projekts aufgreifen.

Dies erklärt auch, warum das Projekt „Arbeit 2020“ gerade unter scheinbar ungünstigen Ausgangsbedingungen wie kleinen Betrieben und schwach entwickelten und professionalisierten Betriebsräten seine größten Aktivierungseffekte erzielen konnte. Es würde deshalb aus der Perspektive des Projekts wenig dafür sprechen, die Betriebe stärker nach strukturellen Kriterien zu vorzuselektieren, um damit einen Erfolg soweit als möglich zu präjudizieren. Vielmehr scheint es umgekehrt so, dass das gewerkschaftliche Projekt „Arbeit 2020“ seine größten Wirkungen gerade dort entfalten kann, wo die Distanz zu einer strategischen Interessenvertretung am Ausgangspunkt des Projektprozesses groß ist, wo aber bei zentralen Akteuren im Betriebsrat der Wille – oder besser: die Deutung eines Veränderungsbedarfs – vorhanden ist, die eigene Interessenvertretungsarbeit zu hinterfragen und neu auszurichten. Für bereits strategisch agierende Interessenvertretungen bietet das Projekt zwar auch einen Mehrwert und verspricht eine Anreicherung des strategischen Handlungsrepertoires. Die zu erwartenden Impulse sind aber am größten für bislang defizitäre oder in ihrer Wirksamkeit beschränkte Interessenvertretungen. Zwar ist hier das Risiko des Scheiterns größer; doch trägt die Konzentration des Projekts „Arbeit 2020“ auf diese Betriebe dazu bei, die unübersehbare Kluft der Mitbestimmungsniveaus wischen Groß- und Kleinbetrieben zu reduzieren.

Literaturverzeichnis

Abel, J. (2018): Kompetenzentwicklungsbedarf für die digitale Arbeitswelt. FGW-Studie Digitalisierung von Arbeit, Düsseldorf

Ahlers, E. (2018 a): Die Digitalisierung der Arbeit. Verbreitung und Einschätzung der Betriebsräte. WSI-Report Nr. 40, Düsseldorf

Ahlers, E. (2018 b): Forderungen der Betriebsräte an die Arbeitswelt 4.0. WSI-Policy Brief 20, Düsseldorf

Amlinger, M./Bispinck, R. (2016): Dezentralisierung der Tarifpolitik – Ergebnisse der WSI-Betriebsrätebefragung, in: WSI-Mitteilungen 69 (3), S. 211-222

Arbeitskreis Industrie 4.0 (2012): Umsetzungsempfehlungen für das Zukunftsprojekt Industrie 4.0., Berlin

Artus, I./Rösch, B. (2017): Stärkung der Tarifbindung im Dienstleistungssektor. Probleme, Erfahrungen, Strategien. Bericht des Forschungsprojekts Nr. 2017 – 583 – 3 der Hans-Böckler-Stiftung. Erlangen.

Artus, I./Kraetsch, K./Röbenack, S. (2016): Betriebsratsgründungen. Typische Phasen, Varianten und Probleme, in: WSI-Mitteilungen 69 (3), S. 183-191

Bahnmüller, R./Salm, R. (Hrsg.) (1996): Intelligenter, nicht härter arbeiten? Gruppenarbeit und betriebliche Gestaltungspolitik, Hamburg

Bahnmüller, R./Salm, R. (2018): Beteiligung und Tarifpolitik: Debatten, Ansätze und Grenzen am Beispiel der IG Metall, in: Industrielle Beziehungen 25 (1), S. 27-50

Bahnmüller, R./Schmidt, W. (2009): Riskante Modernisierung des Tarifsystems. Die Reformen der Entgeltrahmenabkommen am Beispiel der Metall- und Elektroindustrie Baden–Württembergs, Berlin

Baumann, H./Mierich, S./Maschke, M. (2018): Betriebsvereinbarungen 2017 – Verbreitung und (Trend-)Themen, in: WSI-Mitteilungen 71 (4), S. 317-325

Behrens, M./Kädtler, J. (2008): Betriebliche Restrukturierung und Partizipation. Wie viel Teilhabe erlauben unterschiedliche Rationalisierungsansätze?, in: Industrielle Beziehungen 15 (1), S. 76-100

Berger, U. (1984): Wachstum und Rationalisierung der industriellen Dienstleistungsarbeit, Frankfurt/New York

Boes, A./Kämpf, T./Langes, B./Lühr, T. (2015): Landnahme im Informationsraum. Neukonstituierung gesellschaftlicher Arbeit in der „digitalen Gesellschaft“, in: WSI-Miteilungen 88 (2), S. 77-85

Bogner, A./Menz, W. (2005): Das theoriegenerierende Experteninterview. Erkenntnisinteresse, Wissensformen, Interaktion, in: Bogner, A./Littig, B./Menz, W. (Hrsg.): Das Experteninterview. Theorie, Methode, Anwendung, Wiesbaden, S. 33-70

Bonin, H./Gregory, T./Zierahn, U. (2015): Übertragung der Studie von Frey/ Osborne (2013) auf Deutschland. Zentrum für Europäische Wirtschaftsforschung GmbH (ZEW). Kurzexpertise 57, Mannheim

Bosch, A. (1997): Vom Interessenkonflikt zur Kultur der Rationalität. Neue Verhandlungen zwischen Management und Betriebsrat, München/Mering

Bosch, A./Ellguth, P./Schmidt, R./Trinczek, R. (1999): Betriebliches Interessenhandeln. Band 1: Zur politischen Kultur der Austauschbeziehungen zwischen Management und Betriebsrat in der westdeutschen Industrie, Opladen

Bosch, G. (2015): Standpunkte: Der holprige Weg zum gesetzlichen *Mindestlohn* in Deutschland, in: Sozialer Fortschritt 64 (7), S. 173-181

Brake, A. (2005): Schriftliche Befragungen, in: Kühl, S./Strodtholz, P./Taffertshofer, A. (Hrsg.): Quantitative Methoden der Organisationsforschung. Ein Handbuch, Wiesbaden, S. 33-58

Bright, J.R. (1958): Automation and Management, Boston

Brinkmann, U./Hae-Lin, C./Detje, R./Dörre, K./Holst, H./Karkayali, S./Schmalstieg, C. (2008): Strategic Unionism: Aus der Krise zur Erneuerung? Umrisse eines Forschungsprogramms, Wiesbaden

Brynjolfsson, E./McAffee, A. (2016): The Second Machine Age. Work, Progress and Prosperity in a Time of Brilliant Technologies, New York

Bundesministerium für Arbeit und Soziales, Abteilung Grundsatzfragen des Sozialstaats, der Arbeitswelt und der sozialen Marktwirtschaft (BMAS) (Hrsg.) (2017): Weißbuch Arbeiten 4.0., Berlin, https://www.bmas.de/SharedDocs/Downloads/DE/PDF-Publikationen/a883-weissbuch.pdf?__blob=publicationFile (letzter Zugriff: 22.03.2019)

Clarke, C. (2005): Automotive Production Systems and Standardisation. From Ford to the Case of Mercedes-Benz, Heidelberg/New York

Dahrendorf, R. (1959): Class and Class Conflict in Industrial Society, London

Destatis (2018): Beschäftigte und Umsatz der Betriebe im Verarbeitenden Gewerbe, Wiesbaden, https://www-genesis.destatis.de/genesis/online/data;sid=6119421409AB5D6B561A079B7EC7CC34.GO_1_1?operation=abruftabelleBearbeiten&levelindex=2&levelid=1546438928230&auswahloperation=abruftabelleAuspraegungAuswaehlen&auswahlverzeichnis=ordnungsstruktur&auswahlziel=werteabruf&selectionname=42111-0001&auswahltext=&werteabruf=Werteabrufk (letzter Zugriff: 02.01.2019)

DGB Index Gute Arbeit (2017): Verbreitung, Folgen und Gestaltungsaspekte der Digitalisierung in der Arbeitswelt Auswertungsbericht auf Basis des DGB-Index Gute Arbeit 2016, Berlin, https://index-gute-arbeit.dgb.de/++co++1c40dfc8-b953-11e7-8dd1-52540088cada (letzter Zugriff: 03.01.2019)

Dörre, K. (2018): Überbetriebliche Regulierung von Arbeitsbeziehungen, in: Böhle, F./Voß, G.G./Wachtler, G. (Hrsg.): Handbuch Arbeitssoziologie. Band 2: Akteure und Institutionen, Wiesbaden, S. 619-682

Ellguth, P./Kohaut, S. (2018): Tarifbindung und betriebliche Interessenvertretung: Aktuelle Ergebnisse aus dem IAB-Betriebspanel 2017, in: WSI-Mitteilungen 71 (4), S. 299-306

Ellguth, P./Trinczek, R. (2016): Erosion der betrieblichen Mitbestimmung – welche Rolle spielt der Strukturwandel?, in: WSI-Mitteilungen 69 (3), S. 172-182

Flick, U. (2006): Qualitative Evaluationsforschung zwischen Methodik und Pragmatik – Einleitung und Überblick, in: Flick, U. (Hrsg.): Qualitative Evaluationsforschung. Konzepte, Methoden, Umsetzungen, Hamburg, S. 9-29

Fligstein, N./McAdam, D. (2012): A Theory of Fields, Oxford

Frege, C.M./Kelly, J. (2003): Union Revitalization Strategies in Comparative Perspective, in: European Journal of Industrial relations 9 (1), S. 7-24

Frey, C.B./Osborne, M.A. (2013): The future of employment: How suscetible are jobs to computerisation? Working Paper. Oxford Martin Programme on Technology and Employment, Oxford

Fricke, W. (2010): Fallstudienforschung als Aktionsforschung, in: Pongratz, H.-J./ Trinczek, R. (Hrsg.): Industriesoziologische Fallstudien. Entwicklungspotenziale einer Forschungsstrategie, Berlin, S. 257-276

Gerst, D. (2016): Roboter erobern die Arbeitswelt, in: Schröder, L./Urban, H.-J. (Hrsg.): Gute Arbeit. Digitale Arbeitswelt – Trends und Anforderungen, Frankfurt, S. 279-293

Giddens, A. (1984): The Constitution of Society. Outline of the Theory of Structuration, Cambridge

Gumbrell-Mc-Cormick, R./Hyman, R. (2014): Trade Unions in Western Europe. Hard Time, Hard Choices, Oxford

Haipeter, T. (2000): Mitbestimmung bei VW. Neue Chancen für die betriebliche Interessenvertretung?, Münster

Haipeter, T. (2009): Tarifabweichungen und Flächentarifverträge: Eine Analyse der Regulierungspraxis in der Metall- und Elektroindustrie, Wiesbaden

Haipeter, T. (2010): Betriebsräte als neue Tarifakteure: zum Wandel der Mitbestimmung bei Tarifabweichungen, Berlin

Haipeter, T. (2015): Angestellte! Da passiert was!, in: Mitbestimmung 61 (4/5), S. 16-19

Haipeter, T. (2018): Financial Market Capitalism and Labour in Germany. Merits and Limits of a Sociological Concept, in: German Politics, published online, DOI: 10.1080/09644008.2018.1528236

Haipeter, T. (2019): Interessenvertretung bei VW. Neue Konturen einer strategischen Mitbestimmung, Hamburg

Haipeter, T./Brettschneider, A./Bromberg, T./Lehndorff S. (2011): Rückenwind für die Betriebsräte: Eine Analyse betrieblicher Modernisierungskampagnen in der Metall- und Elektroindustrie, Berlin

Haipeter, T./Bromberg, T./Slomka, C. (2016): Angestellte als Machtquelle. Neue Initiativen der Interessenvertretung von Industrieangestellten im Betrieb, Wiesbaden

Haipeter, T./Dörre, K. (Hrsg.) (2011): Gewerkschaftliche Modernisierung, Wiesbaden

Haipeter, T./Hertwig, M./Rosenbohm, S. (2019): Employee Representation in Multinational Companies. The Articulation of Interests in Multilevel Action Fields, Cham

Haipeter, T./Korflür, I./Schilling, G. (2018): Neue Koordinaten für eine proaktive Betriebspolitik. Erfahrungen aus dem Gewerkschaftsprojekt „Arbeit 2020 in NRW“, in: WSI-Mitteilungen 71 (3), S. 219–226

Haipeter, T./ Lehndorff, S. (2004): Atmende Betriebe, atemlose Beschäftigte: Erfahrungen mit neuartigen Formen betrieblicher Arbeitszeitregulierung, Berlin

Hassel, A./Schroeder, W. (2018): Gewerkschaftliche Mitgliederpolitik: Schlüssel für eine starke Sozialpartnerschaft, in: WSI-Mitteilungen 71 (6), S. 485-496

Herrmann, C./Promberger, M./Singer, S./Trinczek, R. (1999): Forcierte Arbeitszeitflexibilisierung. Die 35-Stunden-Woche in der betrieblichen und gewerkschaftlichen Praxis, Berlin

Hirsch-Kreinsen, H. (2014): Wandel von Produktionsarbeit – Industrie 4.0. Soziologisches Arbeitspapier 38, Dortmund

Hirsch-Kreinsen, H. (2015): Digitalisierung von Arbeit: Folgen, Grenze und Perspektiven. Soziologisches Arbeitspapier 43, Dortmund

Hirsch-Kreinsen, H. (2018): Arbeit 4.0: Pfadabhängigkeit statt Disruption. Soziologisches Arbeitspapier 52, Dortmund

Hirsch-Kreinsen, H./Schultz-Wild, R./Köhler, C./von Behr, M. (1990): Einstieg in die rechnerintegrierte Produktion. Alternative Entwicklungspfade der Industriearbeit im Maschinenbau, Frankfurt a.M./New York

Howaldt, J./Kopp, R./Schultze, J. (2018): Zurück in die die Zukunft? Ein kritischer Blick auf die Diskussion zur Industrie 4.0., in: Hirsch-Kreinsen, H./Ittermann, P./Niehaus, J. (Hrsg.): Digitalisierung industrieller Arbeit. Die Vision Industrie 4.0 und ihre sozialen Herausforderungen, Baden-Baden, S. 347-364

IG Metall (2017): Industrie 4.0 im Betrieb gestalten. Das Projekt „Arbeit 2020 in NRW“, Düsseldorf

IG Metall Bezirk Baden-Württemberg (Hrsg.) (2018): aufrecht gehen. Wie Beschäftigte durch Organizing zu ihrem Recht kommen, Hamburg

It's OWL (2019): It's OWL: Über uns, Paderborn, https://www.its-owl.de/ueber-uns (letzter Zugriff 18.02.2019)

Jürgens, U. (1984): Die Entwicklung von Macht, Herrschaft und Kontrolle im Betrieb als politischer Prozeß: eine Problemskizze zur Arbeitspolitik, in: Jürgens, U./Naschold, F. (Hrsg.): Arbeitspolitik: Materialien zum Zusammenhang von politischer Macht, Kontrolle und betrieblicher Organisation der Arbeit, Wiesbaden, S. 58-91

Kagermann, H. (2014): Chancen von Industrie 4.0 nutzen, in: Bauernhansl, T./ten Hompel, M./Vogel-Heuser, B. (Hrsg.): Industrie 4.0 in Produktion, Automatisierung und Logistik. Anwendung, Technologien, Migration, Wiesbaden, S. 603-614

Kalkowski, P./Mickler, O. (2009): Antinomien des Projektmanagements. Eine Arbeitsform zwischen Direktive und Freiraum, Berlin

Kelle, U./Kluge, S. (2010): Vom Einzelfall zum Typus. Fallvergleich und Fallkontrastierung in der qualitativen Sozialforschung. 2. Aufl., Wiesbaden

Kelly, J. (1998): Rethinking Industrial Relations. Mobilization, Collectivism and Long Waves, London/New York

Kern, H./Schumann, M. (1977): Industriearbeit und Arbeiterbewusstsein. Eine empirische Untersuchung über den Einfluss der aktuellen technischen Entwicklung auf die Arbeit und das Arbeiterbewusstsein, Frankfurt

Kotthoff, H. (1981): Betriebsräte und betriebliche Herrschaft. Eine Typologie von Partizipationsmustern im Industriebetrieb, Frankfurt/New York

Kotthoff, H. (1994): Betriebsräte und Bürgerstatus. Wandel und Kontinuität der Mitbestimmung, München/Mering

Kotthoff, H. (1995): Betriebsräte und betriebliche Reorganisation. Zur Modernisierung eines ‚alten Hasen', in: Arbeit 4 (4), S. 425-447

Kotthoff, H. (1998): Mitbestimmung in Zeiten interessenpolitischer Rückschritte. Betriebsräte zwischen Beteiligungsofferten und „gnadenlosem Kostensenkungsdiktat", in: Industrielle Beziehungen 5 (1), S. 76-100

Kotthoff, H. (2016): Works Councils in the Mirror of Recent Research, in: Artus, I./Behrens, M./Keller, B./Matiaske, W./Nienhüser, W./Rehder, B./Wirth C. (Hrsg.): Developments in German Industrial Relations, Cambridge, S. 131-156

Kotthoff, H./Reindl, J. (1990): Die soziale Welt kleiner Betriebe. Wirtschaften, Arbeit und Leben im mittelständischen Industriebetrieb, Göttingen

Kuhlmann, M. (2002): Beobachtungsinterviews, in: Kühl, S./Strodtholz, P. (Hrsg.): Methoden der Organisationsforschung. Ein Handbuch, Hamburg, S. 103-138

Kuhlmann, M. (2018): Montagearbeit 4.0? Eine Fallstudie zu Arbeitswirkungen und Gestaltungsperspektiven digitaler Werkerführung, in: WSI-Mitteilungen 71 (3), S. 182-188

Kuhlmann, M./Sperling, H.-J./Balzert, S. (2004): Konzepte innovativer Arbeitspolitik. Good-Practice-Beispiele aus dem Maschinenbau, der Automobil-, Elektro- und Chemischen Industrie, Berlin

Lamnek, S. (1995): Qualitative Sozialforschung. Band 2: Methoden und Techniken. 3. Aufl., Weinheim

Lehndorff, S./Dribbusch, H./Schulten, T. (Hrsg.) (2018): Rough Waters. Trade Unions in a Time of Crisis, Brussel

Lerch, C./Jäger, A./Spomenca, M. (2017): Wie digital ist Deutschlands Industrie wirklich? Mitteilungen aus der ISI-Erhebung Modernisierung der Produktion Nr. 71, München, https://www.isi.fraunhofer.de/content/dam/isi/dokumente/modernisierung-produktion/erhebung2015/pi71_readiness_i4-0.pdf (letzter Zugriff: 21.03.2019)

Lévesque, C./Murray, G. (2010): Understanding Trade Union Power: Resources and Capabilities for Renewing Union Capacity, in: Transfer: European Review of Labour and Research 16 (3), S. 33-350

Lins, D./Ruhe, A.H./Bicer, E./Schäfer, M./Palomo, M.E./Filipiak, K./Niewerth, C./Kreimeier, D./Welling, S./Wannöffel, M. (2018): Industrie 4.0: Mitbestimmen – Mitgestalten. Umsetzungsstand von Industrie 4.0 in nordrhein-westfälischen Industrieunternehmen. FGW-Studie Digitalisierung von Arbeit 06, Düsseldorf

Lüders, C. (2006): Qualitative Evaluationsforschung – Was heißt hier Forschung?, in: Flick, U. (Hrsg.): Qualitative Evaluationsforschung. Konzepte, Methoden, Umsetzungen, Hamburg, S. 33-62

Matuschek, I./Kleemann, F. (2018): Was man nicht kennt, kann man nicht regeln. Betriebsvereinbarungen als Instrument der arbeitspolitischen Regulierung von Industrie 4.0 und Digitalisierung, in: WSI-Mitteilungen 71 (3), S. 227-234

Meuser, M./Nagel, U. (2005): ExpertInneninterviews – vielfach erprobt, wenig bedacht. Ein Beitrag zur qualitativen Methodendiskussion, in: Bogner, A./Littig, B./Menz, W. (Hrsg.): Das Experteninterview. Theorie, Methode, Anwendung, Wiesbaden, S. 71-94

Meyer, A. (2017): Die Internationalisierung von kleinen und mittleren Unternehmen (KMU) und ihre Folgen für die betriebliche Sozialordnung, in: Industrielle Beziehungen 24 (3), S. 347-371

Müller-Jentsch, W. (1992): Einführung in die Soziologie der industriellen Beziehungen. Eine Einführung. 2. Auflage, Frankfurt/New York

Müller-Jentsch, W. (1995): Auf dem Prüfstand: Das deutsche Modell der industriellen Beziehungen, in: Industrielle Beziehungen 2 (1), S. 11-24

Müller-Jentsch, W./Seitz, B. (1998) Betriebsräte gewinnen Konturen. Ergebnisse einer Betriebsräte-Befragung im Maschinenbau, in: Industrielle Beziehungen 5 (4), S. 361-387

Nettelstroth, W./Schilling, G. (2017): Mitbestimmung 4.0. Die digitale Arbeit menschenwürdig gestalten, in: Maier, G.W./Engels, G./Steffen, E. (Hrsg.): Handbuch Gestaltung digitaler und vernetzter Arbeitswelten, Heidelberg, http://dx.doi.org/10.1007/978-3-662-52903-4_11-1 (letzter Zugriff: 22.03.2019)

Niehaus, J. (2017): Mobile Assistenzsysteme für Industrie 4.0: Gestaltungsoptionen zwischen Autonomie und Kontrolle. FGW-Studie Digitalisierung von Arbeit, Düsseldorf

Niemann-Findeisen, S./Berhe, J./Kim, S. (2013): Organizing in der IG Metall. Eine Begriffsbestimmung, in: Wetzel, D. (Hrsg.): Organizing. Die Veränderungen der gewerkschaftlichen Praxis durch das Prinzip Beteiligung, Hamburg, S. 67-91

Niewerth, C. (2016): Zwischen Interessenvertretung und Unternehmensgestaltung: Der Betriebsrat als Promotor in betrieblichen Innovationsprozessen. Study Nr. 321, Düsseldorf

OECD (2019): OECD Stat, Paris, https://stats.oecd.org/Index.aspx?DataSetCode=TUD (letzter Zugriff: 04.03.2019)

Oerder, K./Behrend, C./Stokic, J. (2018): Betriebsrat 4.0. Digitalisierung aus Sicht der Betriebsräte und ihr Potenzial als Gestalter der digitalen Arbeitswelt in Nordrhein-Westfalen. FGW-Studie Digitalisierung von Arbeit 07, Düsseldorf

Offe, C./Wiesenthal, H. (1980): Two Logics of Collective Action. Theoretical Notes on Social Class and Organisational Form, in: Political Power and Social Theory 1 (1), S. 67–115

Ohnemus, J./Erdsiek, D./Viete, S. (2016): Nutzung von Crowdworking durch Unternehmen. Ergebnisse einer ZWE-Befragung, Mannheim

Osterloh, M. (1993): Interpretative Organisations- und Mitbestimmungsforschung, Stuttgart

Pfeiffer, S. (2015): Warum reden wir eigentlich über Industrie 4.0? Auf dem Weg zum digitalen Despotismus, in: Mittelweg 36 24 (6), S. 14–36

Pflüger, J./Pongratz, H.-J./Trinczek, R. (2010): Fallstudien in der deutschen Arbeits- und Industriesoziologie. Eine Bestandsaufnahme, in: Pongratz, H.-J./Trinczek, R. (Hrsg.): Industriesoziologische Fallstudien. Entwicklungspotenziale einer Forschungsstrategie, Berlin, S. 23-70

Rehder, B. (2003): Betriebliche Bündnisse für Arbeit in Deutschland. Mitbestimmung und Flächentarif im Wandel, Frankfurt/New York

Rehder, B. (2006): Legitimitätsdefizite des Co-Managements. Betriebliche Bündnisse für Arbeit als Konfliktfeld zwischen Arbeitnehmern und betrieblicher Interessenvertretung, in: Zeitschrift für Soziologie 35 (3), S. 227-242

Schatzmann, L./Strauss A.L. (1973): Field Research. Strategies for a Natural Sociology, Englewood Cliffs

Schmidt, R./Trinczek, R. (1999): Der Betriebsrat als Akteur der industriellen Beziehungen, in: Müller-Jentsch, W. (Hrsg.): Konfliktpartnerschaft. Akteure und Institutionen der Industriellen Beziehungen, München/Mering, S. 103-128

Schroeder, W. (2016): Konfliktpartnerschaft – still alive. Veränderter Konfliktmodus in der verarbeitenden Industrie, in: Industrielle Beziehungen 23 (3), S. 374-392

Schroeder, W./Fuchs, S. (2019): Neue Mitglieder für die Gewerkschaften. Mitgliederpolitik als neues Politikfeld der Gewerkschaften. OBS-Arbeitsheft 97, Frankfurt

Schumann, M./Einemann, E./Siebel-Rebell, C./Wittemann, K.P. (1982): Rationalisierung, Krise, Arbeiter. Eine empirische Studie der Industrialisierung auf der Werft, Frankfurt

Schwemmle, M./Wedde, P. (2018): Alles unter Kontrolle? Arbeitspolitik und Arbeitsrecht in digitalen Zeiten. Friedrich-Ebert-Stiftung, Bonn, http://library.fes.de/pdf-files/wiso/14087.pdf (letzter Zugriff: 21.03.2019)

Silver, B. (2005): Forces of Labour. Arbeiterbewegung und Globalisierung seit 1870, Berlin/Hamburg

Spath, D. (Hrsg.) (2013): Produktionsarbeit der Zukunft – Industrie 4.0., Stuttgart

Streeck, W. (1979): Gewerkschaftsorganisation und industrielle Beziehungen: einige Stabilitätsprobleme industriegewerkschaftlicher Interessenvertretung und ihre Lösung im westdeutschen System der industriellen Beziehungen, in: Matthes, J. (Hrsg.): Sozialer Wandel in Westeuropa: Verhandlungen des 19. Deutschen Soziologentages in Berlin 1979, Frankfurt, S. 206-226

Thünken, O. (2018): Bewegung im Betrieb. Organizing-Projekte und die Revitalisierung der industriellen Beziehungen, in: Industrielle Beziehungen 25 (2), S. 231-251

Trinczek, R. (2018): Betriebliche Regulierung von Arbeitsbeziehungen, in: Böhle, F./Voß, G.G./Wachtler, G. (Hrsg.): Handbuch Arbeitssoziologie. Band 2: Akteure und Institutionen, Wiesbaden, S. 619-682

Turner, L./Hurd, R.W. (2001): Building Social Movement Unionism: The Transformation of the American Labor Movement, in: Turner,L./Katz, H.C./Hurd, R.W. (Hrsg.): Rekindling the movement: Labor's quest for relevance in the twenty-first century, Ithaca, S. 9-26

Urban, H.-J. (2016): Arbeiten in der Wirtschaft 4.0. Über kapitalistische Rationalisierung und digitale Humanisierung, in: Schröder, L./Urban, H.-J. (Hrsg.): Gute Arbeit. Digitale Arbeitswelt – Trends und Anforderungen, Frankfurt, S. 21-45

Verdi (2011): Handbuch bedingungsgebundene Tarifarbeit, Berlin

Walton, R.E./McKersie, R.E. (1991): A Behavioral Theory of Labor Negotiations. An Analysis of Social Interaction Systems. (Reprint von 1965), Ithaca

Weltz, F. (1977): Kooperative Konfliktverarbeitung, in: Gewerkschaftliche Monatshefte 28 (5), S. 291-301

Wetzel, D. (2012): Mehr Gerechtigkeit wagen. Der Weg eines Gewerkschafters, Hamburg

Wetzel, D. (2013): Für eine neue gewerkschaftliche Agenda, in: Wetzel, D. (Hrsg.): Organizing. Die Veränderungen der gewerkschaftlichen Praxis durch das Prinzip Beteiligung, Hamburg, S. 13-29

Wetzel, D./Weigand, J./Niemann-Findeisen, S./Lankau, T. (2013): Organizing: Die mitgliederorientierte Offensivstrategie der IG Metall. Acht Thesen zur Erneuerung der Gewerkschaftsarbeit, in: Wetzel, D. (Hrsg.): Organizing. Die Veränderungen der gewerkschaftlichen Praxis durch das Prinzip Beteiligung, Hamburg, S. 47-63

Wittig, P./Nöllenheidt, C./Brenscheidt, S. (2013): Grundauswertung der BIBB/BAuA-Erwerbstätigenbefragung 2012 mit den Schwerpunkten Arbeitsbedingungen, Arbeitsbelastungen und gesundheitliche Beschwerden, Dortmund, https://www.baua.de/DE/Angebote/Publikationen/Berichte/Gd73.pdf?__blob=publicationFile&v=2 (letzter Zugriff: 03.01.2019)

Wright, E.O. (2000): Working-Class Power, Capitalist-Class Interest, and Class Compromise, in: American Journal of Sociology 105 (4), S. 957-1002

FSC
www.fsc.org
MIX
Papier | Fördert
gute Waldnutzung
FSC® C083411

Kolibri 360 GmbH
Ferdinand-Jühlke-Straße 7
99095 Erfurt, Deutschland
produktsicherheit@kolibri360.de